APRENDER A APRENDER

JOSÉ LUIS GALDÁMEZ

Aprender a Aprender

LA ADQUISICIÓN DE COMPETENCIAS CON APRENDIZAJE SIGNIFICATIVO

Un análisis de la cognición y los mecanismos del aprendizaje para saber aprender

> "No puedo enseñar nada a nadie,
> Solo puedo hacerles pensar"
>
> Sócrates

Copyright© José Luis Galdámez Martínez

Todos los derechos reservados

ISBN-13:9798357298454

Sello: Independently published

Depósito Legal: V - 3462 – 2022

*A mi querida hija Ana,
viuda de mi hijo Diego
y madre de mis nietos*

ÍNDICE

EXÉGESIS DEL AUTOR 9

PRÓLOGO DE INTENCIONES 13

ÍNDICE COMENTADO 21

CAPÍTULO CERO 31

LAS COMPETENCIAS 31

0.1.- LAS COMPETENCIAS EN LA UNIVERSIDAD ESPAÑOLA 31

0.2.- EL CONCEPTO DE COMPETENCIA. 32

0.3.- TIPOS Y MODALIDADES DE ORGANIZACIÓN 34

0.4.- REFLEXIONES SOBRE ALGUNAS COMPETENCIAS 37
    0.4.1.- APRENDER A QUERER Y SENTIR. 37
    0.4.2.- APRENDER A HACER. 38
    0.4.3.- APRENDER A CONVIVIR. 39
    0.4.4.- APRENDER A SER. 40
    0.4.5.- APRENDER SOBRE EL CONOCER, QUERER, SENTIR Y SER. 40
    0.4.6.- SABER HACER. 41

0.5.- APRENDER A APRENDER 41

CAPÍTULO 1 47

LA COGNICIÓN. "LA MATERIA PENSANTE" 47

1.1.- DELIMITACIÓN DEL CONCEPTO DE COGNICIÓN 49

1.2.- TEORÍA DE LA MENTE 51

1.3.- AUTONOMÍA Y ACOPLAMIENTO 56

1.4.- LA COGNICIÓN VIVENCIADA 57

1.5.- AGRUPACIONES DE LAS FUNCIONES COGNITIVAS 58
1.5.1.- FUNCIONES COGNITIVAS BÁSICAS O INSTRUMENTALES. 58
1.5.2.- FUNCIONES COGNITIVAS SUPERIORES O FENOMÉNICAS. 59
1.5.3.- FUNCIONES ATÍPICAS O DE APOYO. 62

CAPÍTULO 2 66

ELEMENTOS Y MECANISMOS DE LA COGNICIÓN 66

2.1.- LA INFORMACIÓN 66
2.1.1.- FUNCIONALIDAD DE LA INFORMACIÓN. 70

2. 2.- LA PLASTICIDAD CEREBRAL 73
2.2.1.- LA PLASTICIDAD Y EL FUNCIONAMIENTO CEREBRAL. 75
2.2.2.- LA PLASTICIDAD, POSIBILIDADES Y OPORTUNIDADES. 78
2.2.3.- LA PLASTICIDAD Y LA EDUCACIÓN. 79

2.3.- LA EMERGENCIA. 81
2.3.1.- EMERGENCIA DE LAS FUNCIONES MENTALES EN EL CEREBRO. 85
2.3.2.- LA EMERGENCIA EN BIOLOGÍA. EL NACIMIENTO DE LA VIDA. 86

CAPÍTULO 3 88

EL CONOCIMIENTO 88

3.1.- CONCEPTUALIZACIÓN DEL CONOCIMIENTO 88

3.2.- EL CONOCIMIENTO Y SU FIABILIDAD 92
3.2.1.- LA ELABORACIÓN MENTAL. 93

3.3.- ESTRUCTURA DEL CONOCIMIENTO 99
3.3.1.- OPERACIONES EN LA GENERACIÓN DEL CONOCIMIENTO. 101

3.4.- EL CONOCIMIENTO, EL LENGUAJE, EL PENSAMIENTO Y SUS RELACIONES. 102

3. 5.- DE LA INFORMACIÓN AL CONOCIMIENTO 104

3.6.- LA GESTIÓN DEL CONOCIMIENTO. (La Epistemología) 106

3.7.- PROCESO DE ADQUISICIÓN DEL CONOCIMIENTO 110

3.8.- FORMAS DE EXPRESIÓN DEL CONOCIMIENTO 111

3.9.- LAS REPRESENTACIONES Y EL CONOCIMIENTO 113
   3.9.1.- MAPAS MENTALES Y TRANSFERENCIA DEL CONOCIMIENTO. 116
   3.9.2.- TIPOS DE CONOCIMIENTO. 117
   3.9.3.- A MODO DE CONCLUSIÓN. 118

CAPÍTULO 4 120

LAS FUNCIONES COGNITIVAS 120

4.1.- ANÁLISIS DE LAS FUNCIONES COGNITIVAS BÁSICAS 120
   4.1.1.- LA ALERTA Y LA ATENCIÓN: Puerta de entrada de la información. 120
   4.1.2.- LA SENSO-PERCEPCIÓN: Transporte y traducción de la información. 121
   4.1.3.- LA MEMORIA: almacén, organización y evocación de la información. 123
   4.1.4.- TIPOS Y CLASIFICACIÓN DE LA MEMORIA. 126
   4.1.5.- LA PLASTICIDAD EN LA MEMORIA, EL APRENDIZAJE Y LA EDUCACIÓN. 134
   4.1.6.- MORFOLOGÍA, FUNCIONALIDAD Y BIOQUÍMICA DE LA MEMORIA. 140

CAPÍTULO 5 150

LAS FUNCIONES COGNITIVAS SUPERIORES O FENOMÉNICAS. 150

5.1.- LA INTELIGENCIA 150
   5.1.1.- ARQUITECTURA FUNCIONAL DE LA INTELIGENCIA. 156
   5.1.2- ELEMENTOS PARA EL DESARROLLO INTELECTUAL. 161
   5.1.3.- SÍNTESIS DE LOS CONDICIONANTES DE LA FUNCIÓN INTELECTUAL. 165
   5.1.4.- MEDIDA DE LA INTELIGENCIA. 166

5.2.- LA CONCIENCIA Y EL PENSAMIENTO 173
   5.2.1.- LA CONCIENCIA. 174

5.3.- EL PENSAMIENTO 193
   5.3.1.- DESARROLLO FUNCIONAL DEL PENSAMIENTO. 200
   5.3.2.- ELEMENTOS QUE SE CONJUGAN EN UN PENSAMIENTO. 201
   5.3.3.- CONEXIÓN DE LO NEURAL CON LO FENOMÉNICO. 204

5.4- SOPORTE NEURAL DEL SÍ-MISMO PERSONAL 208

CAPÍTULO 6 213

LAS FUNCIONES COGNITIVAS ATÍPICAS O DE APOYO. 213

6.1.- LA MEMORIA DE TRABAJO: Logística de la cognición 213

6.2.- EL LENGUAJE SEMÁNTICO 214

6.3.- LA FUNCIÓN AFECTIVO-EMOCIONAL 214

6.4.- MEMORIA OPERATIVA O DE TRABAJO 215
6.4.1.- PENSAR, RAZONAR, DEDUCIR, APRENDER, DECIDIR. 218
6.4.2.- SOPORTE NEURAL DE LA MEMORIA DE TRABAJO. 219

6.5.- EL LENGUAJE 220
6.5.1.- CONCEPTUALIZACIÓN Y FUNCIONES DEL LENGUAJE. 221
6.5.2.- ANÁLISIS FENOMENOLÓGICO DEL LENGUAJE. 226
6.5.3.- EL LENGUAJE CREADOR DE CONCEPTOS. 228
6.5.4.- ONTOGENIA Y FILOGENIA DEL LENGUAJE. 229
6.5.5.- LA ORGANIZACIÓN FUNCIONAL DEL LEXICÓN. 231
6.5.6.- GENERACIÓN DE LA PALABRA. 232

6.6.- LA EMOCIÓN 233
6.6.1.- CONCEPTUALIZACIÓN DE LA EMOCIÓN. 233
6.6.2.- FUNCIONALIDAD DE LAS EMOCIONAES. 239
6.6.3.- EL PROCESO EMOCIONAL DESDE EL ESTÍMULO A LA RESPUESTA. ... 242
6.6.4.- ONTOGENIA Y FILOGENIA DE LA EMOCIÓN. 249
6.6.5.- MECANISMOS PSICO-BIOLÓGICOS DE LA EMOCIÓN. 249

CAPÍTULO 7 255

CONSTRUCTOS PSICOLÓGICOS DEL PROCESO MENTAL 255

7.1.- LAS ACTITUDES 255
7.1.1.- CONCEPTUALIZACIÓN DE LAS ACTITUDES. 256

7.2.- CONFIGURACIÓN DE LAS ACTITUDES 263
7.2.1.- EL FONDO VITAL. 264
7.2.2.- EL FONDO DE CIVILIZACIÓN. 265
7.2.3.- EL FONDO VIVENCIAL. 270
7.2.4.- FUENTES DE ALIMENTACIÓN DEL PROCESADOR ACTITUDINAL. 272
7.2.5.- EL PROCESADOR ACTITUDINAL. 274

7.3.- SÍNTESIS CONCEPTUAL DE LAS ACTITUDES **275**
    7.3.1.- DEL MÍ-MISMO-PERSONAL, ¿QUÉ ES REALMENTE MÍO? 276
    7.3.2.- LIBERTAD PERSONAL. EL MÉRITO Y LA CULPA. 279

7.4.- EL TEMPERAMENTO **283**

7.5.- EL CARÁCTER **284**

7.6.- LA PERSONALIDAD **286**
    7.6.1.- CONCEPTUALIZACIÓN DE LA PERSONALIDAD. 286

CAPÍTULO 8 289

SOPORTE NEURO-FUNCIONAL DE LA COGNICIÓN 289

8.1.- LA ESTRUCTURA Y FUNCIÓN CEREBRAL **289**

8.2.- EVOLUCIÓN DEL CEREBRO DEL ANIMAL AL HOMBRE. **293**

8.3.- EMERGENCIA DE LAS FUNCIONES MENTALES DEL CEREBRO. **294**

8.4.- EL ENFOQUE FUNCIONAL **295**
    8.4.1.- LA PLASTICIDAD NEURONAL. 298

8.5.- ENFOQUE CELULAR **301**
    8.5.1.- LA NEURONA. 301
    8.5.2.- TRANSMISIÓN DEL IMPULSO NERVIOSO 303
    8.5.3.- LA SINAPSIS, ESTRUCTURA BÁSICA EN LA MEMORIA. 306
    8.5.4.- LOS MENSAJEROS QUÍMICOS. 309
    8.5.5.- LOS RECEPTORES POSTSINÁPTICOS 314

8.6.- ENFOQUE TISULAR **314**
    8.6.1.- ORGANIZACIÓN DE LAS REDES DEL CEREBRO. 315

8.7.- ENFOQUE MOLECULAR **321**
    8.7.1.- BASES MOLECULARES DE LA NEURO-TRANSMISIÓN EN EL CEREBRO. 321

8.8.- ENFOQUE NEUROCIENTÍFICO **325**
    8.8.1.- PATRONES DE ACTIVIDAD NEURONAL. 327
    8.8.2.- SISTEMA DE CATEGORIZACIÓN DE SEÑALES. 330
    8.8.3.- LA REENTRADA RECURSIVA. 330
    8.8.4.- SISTEMAS DE VARIACIÓN VICARIANTE. (Degeneración de Edelman) 332
    8.8.5.- POTENCIACIÓN Y DEPRESIÓN A LARGO PLAZO. 332

CAPÍTULO 9 335

EL APRENDIZAJE Y LA ENSEÑANZA 335

9.1.- CONCEPTUALIZACIÓN DEL APRENDIZAJE 335

9.2.- TIPOS DE APRENDIZAJE 339
9.2.1.- APRENDIZAJE POR CONSTRUCCIÓN: 341

9.3.- CONCLUSIONES 348

9.4.- MEMORIA Y APRENDIZAJE 350
9.4.1.- PROCESO BIOLÓGICO DEL APRENDIZAJE. 351

9.5.- ESTRATEGIAS DEL APRENDIZAJE. APRENDER A APRENDER 354
9.5.1.- PROCESAMIENTO EN EL APRENDIZAJE DE TEMAS COMPLEJOS. 355
9.5.2.- ASIMILACIÓN Y ACOMODACIÓN DEL CONOCIMIENTO 355

9.6.- APRENDIZAJE Y REPRESENTACIÓN DEL CONOCIMIENTO 360

9.7.- LA FORMACIÓN DE ESQUEMAS, CONCEPTOS Y CRITERIOS 361

9.8.- MEMORIA, APRENDIZAJE, ENSEÑANZA, INFORMACIÓN Y CONOCIMIENTO 362

9.9.- LA ENSEÑANZA 364
9.9.1.- CONCEPTUALIZACIÓN DE LA ENSEÑANZA. 364
9.9.2.- EL APRENDIZAJE DEL APRENDIZ. 367

9.10.- ESTRATEGIAS Y MECANISMOS DEL APRENDIZAJE 370

9.11.- RECUERDO Y CONOCIMIENTO 379
9.11.1.- PROCESO DE SELECCIÓN DE LOS RECUERDOS. 379

CAPÍTULO 10 383

SÍNTESIS DE LIBRO, ESTRATEGIAS Y TÉCNICAS DE APRENDIZAJE . 383

10.1.- PLANTEAMIENTO DE UNA NUEVA COSMOVISIÓN 383

10.2.- ¿QUÉ ES LA INFORMACIÓN? 385

10.3.- ¿QUÉ ES EL CONOCIMIENTO? 388

10.4.- ¿QUÉ ES LA MENTE? **390**

10.5.- ELEMENTOS QUE POSIBILITAN EL PROCESO MENTAL **392**
    10.5.1.-EL CEREBRO. 392
    10.5.2.-LA INFORMACIÓN. 392

10.6.- EL APRENDIZAJE **396**
    10.6.1.- ELABORACIÓN DEL CONOCIMIENTO. 397
    10.6.2.- EL APRENDIZAJE SIGNIFICATIVO. 399
    10.6.3.- APRENDIZAJE SIGNIFICATIVO AUTÓNOMO 400
    10.6.4.- LA ESTRUCTURACIÓN DEL CONOCIMIENTO CON EL APRENDIZAJE. 402
    10.6.5.- OTRAS TEORÍAS DEL APRENDIZAJE SIFGNIFICATIVO. 404

10.7.- ESTRATEGIAS Y TÉCNICAS DE APRENDIZAJE **405**
    10.7.1 – SUGERENCIAS Y TÉCNICAS PARA MEJORAR EL APRENDIZAJE. 406
    10.7.2.- ARMAS DIDÁCTICAS PARA LA ORGANIZACIÓN DEL CONOCIMIENTO. 411

EXÉGESIS DEL AUTOR

Me parece conveniente comenzar ofreciendo al lector el perfil biográfico del autor, por aquello de que no nacemos, nos nacen y en gran medida somos un producto social. Así que conociendo la biografía de alguien ya se puede atisbar mucho del cómo es, cómo piensa y de que pie cojea; paso a contarles mi vida.

Me nacieron en plena guerra civil (1937), unos padres maestros de escuela nacional en Tobarra (Albacete), fans de la cultura y católicos, así que en mi infancia debí leer o me contaron, Historia Sagrada, poesía, cuentos y obras épicas, griegas (Homero) y españolas como los Episodios Nacionales de Galdós.

Muy pronto vinimos a Valencia donde nos acogieron muy bien y nos facilitaron sentirnos muy valencianos e incluso ser forofos del club de futbol Levante U.D. A su vez, participamos en la catequesis y en actividades de Acción Católica.

La España que viví era invertebrada y pobre, lo que me llevó a cursar bachiller en el único instituto de enseñanza media y luego Medicina en la Facultad de Medicina de Valencia. A la vez leía la filosofía de Kant y el psicoanálisis de Freud. También leí otras obras clásicas de griegos, romanos y españoles (permitidos por el Index) y para poder aparentar cultura, llegué a leer la Divina comedia de Dante y El Paraíso Perdido de Milton, sin duda indigestos.

Fui buen estudiante y colaboré como alumno interno en el Servicio de Psiquiatría, Neurología y Neurocirugía del único Hospital, el General de Valencia. Servicio que dirigía el Prof. J.J. Barcia Goyanes, decano y rector que fue de la facultad de Medicina y de la Universidad de Valencia. También participé como aprendiz en un programa de psicoterapia psicoanalítica, (era un requisito necesario como decían las sociedades de psicoanalistas para poder ser terapeuta). Fui espectador asiduo del Teatro Universitario de vanguardia (TEU), pertenecí a la Tuna de la Facultad de Medicina y asistí a casi todas las pocas conferencias que se daban sobre ciencia y cultura filosófica en Valencia.

Como médico, obtuve plazas y ejercí como titular de Psiquiatría y Neurología en varios hospitales psiquiátricos de Sanidad Nacional y en Centros de especialidades de la Seguridad Social, en esta última plaza me mantuve en ejercicio hasta la jubilación.

En los primeros años de ejercicio, tuve consulta privada y a la vez fui becario de investigación del Instituto Cajal del CSIC que conllevaba el ejercicio médico de neuro-psiquiatra en el Hospital General de Valencia.

Las circunstancias, la afición y la coyuntura me llevaron a introducirme en Psicotecnia, al tener acceso a los importantes trabajos de investigación y aplicación que en esta especialidad desarrolló el que fuera pionero mundial de la Psicotecnia Prof. Mira López. Catedrático de Psicología Experimental primero y que también desempeñó después la primera Cátedra de Psiquiatría que tuvo Barcelona, cátedra que regentó hasta su exilio tras la guerra civil.

Esos conocimientos, me llevaron a participar en el claustro de la primera escuela de negocios que se creó en Valencia (Escuela de Altos ejecutivos) promovida por la fundación DEYFOR y años más tarde también pertenecí al claustro de la Escuela de Empresa "LLuis Vives" de la Cámara de Comercio de Valencia. Estas actividades me llevaron a ejercer como asesor en organización y dirección de empresas, en la especialidad de Recursos Humanos, actividad que estuve desarrollando hasta mi jubilación definitiva a los 72 años.

Los planteamientos que se proponen en el libro están apoyados en mi experiencia como neurólogo, psiquiatra, profesor y consultor de RRHH en empresas y corporaciones, donde tuve que conocer y comprender, explicar y medir la forma de ser, pensar y comportarse de las personas, además de explorar sus competencias. En unos casos para ejercer la ayuda personal, en otros, para decidir el diagnóstico y la actuación terapéutica y en otros para definir la orientación, posibilidades y expectativas personales y profesionales. También busqué ayudar a "aprender a aprender" en el ejercicio de la docencia.

Con ese pobre bagaje tuve que desarrollar mi trabajo apoyándome en la experiencia, la intuición y en la propia introspección, herramientas necesarias cuando he tenido que confeccionar diseños curriculares de enseñanza poco conocidos en España, o elaborar y aplicar cuestionarios o pruebas proyectivas, buscando obtener información sobre actitudes, rasgos caracteriales o de personalidad o diseñar y elaborar protocolos de competencias y las experiencias que ahora pretendemos trasladar en la confección de este libro.

Este perfil de experto en todo y sabedor de nada, me ha llevado a ser básicamente autodidacta, ya que la referida invertebración del país, me llevó o mejor nos llevó a nuestra generación, a ser psicólogos, cuando no existían facultades de Psicología, expertos en organización empresarial, sin facultades de Económicas ni Empresariales y en unos momentos en que el PIB español era inferior al de cualquier multinacional americana de relieve. En esos años la única psicología sabida era la derivada del pensamiento aristotélico-escolástico y todo lo más, los rompedores y modernistas, seguían el dogma psicoanalítico. La filosofía era "eso" de los silogismos en bárbara y en filosofía, solo los más atrevidos conocíamos algo de Ortega y Gasset.

En el bufete "Estudio para la Organización de Empresas" de Antonio Ivars, fui colaborador y participé como miembro del claustro en la escuela de Altos Ejecutivos de la Fundación Deyfor. Allí se tradujo por primera vez al castellano a Peter Druker. En ese ambiente precario con una retahila inacabable de limitaciones, se vivía una realidad próxima a la actual, pero diferente, pues ahora hay paro y entonces no había empleo. Tanto entonces como ahora, cada persona se debió y debe preocuparse de crear su propio empleo. Este contexto me formó, deformó y conformó y me lleva ahora a escribir este libro, en el que subyace un deseo de empujar al lector a pensar por sí mismo, a tener curiosidad, a continuar y seguir aprendiendo demostrando interés por los nuevos saberes.

PRÓLOGO DE INTENCIONES

Este libro nace con un propósito global: Facilitar el esfuerzo que todos debemos realizar para ampliar y consolidar el conocimiento de lo que la mente sea. No se trata sólo de mejorar nuestra cultura, se trata de disponer del suficiente bagaje de conocimientos para conocer y comprender a las personas y al SÍ Mismo Personal, porque el ser humano es un co-ser, un-ser-con, ya que somos un ente social que necesita hacer del otro un tú para poder proyectarnos en la vida. Además en nuestra cultura la orientación ética es esencialmente projimal.

Sin entrar en los aspectos éticos, el ser humano, en su devenir cotidiano, necesita por su propia naturaleza, conocerse a sí mismo y comprender cómo son los demás y también cómo funciona la mente, porque la mente es lo que somos, es lo que nos hacer ser quien somos y cómo somos y además debemos saber que somos la obra de los otros en nuestro propio YO, porque nos nacen y nos hacen y en definitiva somos lo que nos permiten ser. Esto suena a exageración pero la realidad es esa.

Para poder lograr nuestros intereses, para desarrollar nuestras actividades vitales, familiares, profesionales y sociales, empleamos los conocimientos y por lo tanto debemos ir ampliando esos conocimientos a la par que se va desarrollando nuestra experiencia y se van materializando nuestros proyectos. Todos nuestros pensamientos, quehaceres, emociones y deseos los desarrollan las funciones mentales, lo que constituye una cantidad enorme de actividades que es necesario conocer.

En este libro nos centraremos en las funciones cognitivas, porque al ser el instrumento operativo de la mente, su conocimiento nos permitirá comprender los pormenores de su funcionamiento y nos aportará la posibilidad de enriquecerlos, hacerlos más amplios y eficaces y en definitiva nos permitirá conocer y mejorar nuestra forma de ser y comportarnos, a la vez que podrá aumentar nuestra empatía y estar más comprometidos con la tarea de orientar y controlar mejor nuestras relaciones y responsabilidades con los demás.

El Consejo Europeo en su recomendación de 2018 sobre competencias establece como competencia clave la de "Aprender a aprender" y también señala las tres áreas y las nueve sub-competencias que la componen, propone:

<u>Para el área personal:</u>

- Autorregulación
- Flexibilidad
- Bienestar

<u>Para el área social</u>

- Empatía
- Comunicación
- Colaboración

<u>Para aprender a aprender</u>

- Mentalidad de crecimiento
- Pensamiento crítico
- Gestión del aprendizaje

El marco conceptual en que se sitúa la competencia "Aprender a aprender" fue publicado en junio de 2020.

Al ser "aprender a aprender" la competencia básica y síntesis de otras muchas competencias, hemos elegido esta competencia como título del libro, para que nos sirva de paradigma y nos oriente en el proceso de conocer lo que la mente sea. Además en el año 1984 **Novak**[1] **y Gowin**[2], miembros del equipo de **Ausubel**[3] en la Universidad de Cornell (NY) publicaron el libro "Aprendiendo a aprender" donde desarrollaron técnicas de aprendizaje para facilitar el Aprendizaje Significativo que desarrolló **Ausubel**.

---

[1] (Joseph D. Novak, (1933..) pedagogo polaco, (nacionalizado español en 1980) Prof. U. Cornell y Pública de Navarra)

[2] (Joroslaw Gowin, (1961....)Político y filósofo polaco)

3(David Ausubel, (1918-2008), médico EEUU, prof. U. Nueva York, diseñador la teoría del aprendizaje significativo)

La coincidencia de títulos, (yo no conocía la existencia del libro de **Novak-Gowin**), unido a que desarrolla herramientas gráficas para facilitar el aprendizaje, nos lleva a dedicar la última parte del capítulo 10 a conocer "Los mapas Conceptuales" que son herramientas que desarrollaron con organizadores gráficos para representar el conocimiento de manera organizada. También incluimos otras herramientas con las que nos gustaría ayudar al lector a interesarse por estudiar cómo mejorar la memoria, organizar el pensamiento y jerarquizar las redes neuronales del conocimiento.

Por otra parte, pensamos que el hecho de aprender es algo más que conocer e incorporar información; el libro se propone ayudar a conocer cómo funciona la mente y cómo debemos adquirir los conocimientos necesarios para valorar la importancia que tiene organizar la simbolización del pensamiento y los conocimientos. "Aprender a aprender" se define como *"la competencia de proseguir el aprendizaje para seguir aprendiendo"*, lo que nos permitirá organizar el sistema de aprendizaje y persistir en él. Con este propósito buscamos tener conciencia de la necesidad de aprender, no solo de la información que captamos del exterior, sino también de nuestro Sí-Mismo Personal, de la intimidad de nuestros conocimientos y de los procesos que los desarrollan en el propio aprendizaje, lo que a su vez nos permitirá identificar mejor las oportunidades disponibles y superar algunas de las dificultades que podamos tener para lograr un buen aprendizaje. También nos puede llevar a esforzarnos en la construcción y organización de nuestro propio conocimiento a partir de los aprendizajes y las experiencias adquiridas, porque este libro pretende llevarnos a saber cómo aplicar esos conocimientos y esas habilidades en amplios sectores y contextos, como son: la escuela, la casa, el trabajo, la presentación de temas a un auditorio o ante un tribunal de oposiciones, y en cualquier caso podrá ayudarnos a conocer cómo ampliar nuestra cultura, como mejorar la enseñanza o tutela de familiares y aprendices, o cómo plantear y desarrollar proyectos en el trabajo o en la gestión de actividades.

En definitiva, saber adquirir el conocimiento es tanto como conocer por lo menos las 3/4 partes de lo que somos, porque (como estudiaremos con más detalle en el libro), en síntesis nuestra mente está constituida por dos elementos, un continente y un contenido. El continente es el cerebro, que además es operador y procesador de la mente y el contenido que es la información. El conocimiento se desarrolla mediante la organización y procesamiento de la información. El cerebro lo fabrica el genoma que heredamos y nosotros lo más que podemos hacer es cuidarlo y desarrollarlo, pues como le pasa al resto de nuestro cuerpo, para mantener su salud y su fuerza, se necesita gimnasia y buena parte de ese cuidado del cerebro se desarrolla por el proceso del aprendizaje y la actividad mental. Por otra parte, los contenidos de nuestra mente (el conocimiento), dependen en lo absoluto de la riqueza, amplitud, consolidación, elaboración y organización que podamos darle a esos conocimientos.

Pretender desde este libro aprender a aprender para poder conocer más y saber pensar mejor, es algo parecido a querer ser capaces de tener ideas variadas, útiles, cualificadas e importantes, aptas para saber cómo proponer soluciones a los problemas, cómo tomar decisiones, cómo saber encontrar las mejores opciones en las situaciones complejas y también nos puede ayudar a ser capaces de elaborar hipótesis sobre las causas y las consecuencias de lo que está sucediendo, así como prever los resultados de las nuestras propias acciones o de lo que está ocurriendo en nuestro entorno.

Si lográsemos ampliar los conocimientos al nivel que exige el saber manejar las herramientas de nuestro pensamiento con más precisión, amplitud y con la consistencia que nos va exigiendo la vida, estaríamos en disposición de alcanzar el "saber sapiencial", aunque por otra parte conviene recordar el dicho: *"quien no se atreve a buscar el cielo, suele quedarse husmeando en la basura"*.

Querer ampliar los conocimientos al nivel de poder cubrir todas las exigencias de la vida y saber manejar con suficiencia todas las herramientas de la inteligencia-pensamiento, sería haber alcanzado ese saber sapiencial que al parecer tenía **Erasmo de Róterdam**[4], porque lo sabía todo de todo y se dice que fue el último sabio que lo poseyó, nos conformaremos con algo menos, siguiendo la idea de que *"lo mejor es enemigo de lo bueno"*, nos conformamos con llegar a tener un nivel suficiente, para poder gestionar nuestros propósitos con un razonable nivel de eficacia.

Así pues, nos centraremos en plantearnos cómo tener conciencia de la necesidad de aprender a aprender y de hacerlo para poder "saber-saber" que

---

[4] (Erasmo de Róterdam, (1466-1536), monje agustino, holandés. Humanista y filósofo del Renacimiento)

equivale a poder alinear nuestro bagaje de conocimientos para poder profundizar más y elaborar mejor nuestros pensamientos y con ello desarrollar mejor nuestra conducta.

Sabemos que no pensamos con nada distinto que con palabras, que son el elemento primigenio con que se construyen los conocimientos y con esas dos herramientas, lenguaje y pensamiento, podremos cumplimentar en gran medida nuestra ambición de saber-saber y de saber ser.

La llamada cultura (que en nuestra época es un concepto algo difuso y mal asignado), desde luego forma parte de los conocimientos y los saberes. Pero ahora nos referimos a nuestra verdadera cultura, la de España y la de Europa, la que ha sido capaz de universalizarse bajo el formato de cultura occidental, esa cultura merece ser defendida y protegida. Los conocimientos que aporte este libro, pensamos que puedan ser un granito de arena que ayude a conservarla y tanto mejor si pudiese servir para mejorarla y protegerla, porque desde luego está en riesgo. No se lee, se escribe solo en los WhatsApp, que emplean un nuevo lenguaje apoyado en quitar acentos y algunas letras de las palabras o cambiar nombres por adjetivos. También nos afectan los emoticones, que bloquean la forma de transmitir la prosodia y evitan transmitir los mil matices que tienen la emoción y la afectividad con los que siempre acompañamos al lenguaje y al pensamiento. Al leer este libro seguro que en algo mejorará la cultura del lector.

Ese "pequeño objetivo" exige ya tener una disposición al estudio continuado y contrastado y es seguro que con esos saberes será posible lograr un desarrollo más adecuado y eficaz del proyecto vital que cada uno debe ir configurando y reconfigurando cada día.

El núcleo duro de "aprender a aprender" está en el cómo conocer cómo es y cómo funciona el cerebro, que es la complejísima maquinaria que hace posible el aprendizaje y con él la adquisición de conocimientos, datos, metodologías, habilidades y experiencias, que son los contenidos necesarios para generar y desarrollar la inteligencia. Ese reto se parece a la Línea Maginot, que se construyó como invulnerable, pero se la pudo sobrepasar dando un rodeo. Como la Neurociencia no ha conseguido aún el suficiente conocimiento morfológico y funcional del cerebro, nosotros salvaremos el problema de no poder dar una descripción rigurosa y precisa de las funciones cerebrales que soportan el proceso cognitivo, nos conformaremos con los conocimientos que tenemos, unos adquiridos o elaborados de forma empírica y otros apoyados en la solvencia científica que nos aportan los expertos y los investigadores en las distintas materias que estudiamos. Con toda esa información nos centraremos en describir la estructura y funcionamiento del cerebro y de las funciones cognitivas que de él emergen, ya que su aplicación es fundamental en nuestras vidas.

También vamos a conocer algo de los mecanismos neuropsicológicos de las emociones que colorean, dan fuerza y establecen la dirección de nuestro pensamiento y nuestras vidas. Buscamos también comprender cómo se desarrollan los pensamientos y las conductas humanas, cómo se solucionan los conflictos y qué procedimientos se pueden emplear para mejorar nuestra eficacia. Sin un conocimiento de lo neuropsicológico es muy difícil comprender cualquier fenómeno humano y es más difícil aún encontrar la mejor manera de intervenir, ayudar o participar en proyectos de mejora o corrección de la conducta o en la solución de problemas, conflictos y crisis.

Nuestro pensamiento influye y es influido por nuestras actitudes y comportamientos, se generan secreciones hormonales que promueven sensaciones de odio, de miedo, de afecto o de felicidad. Por otra parte, los pensamientos se nutren de la forma que tenemos de entender el mundo y la vida, de desarrollar las relaciones, de la imagen que tenemos de nosotros mismos y también de la imagen que creemos que tienen de nosotros los demás, es decir, de quien y de cómo somos. La filosofía de vida que vamos incorporando de forma consciente o inconsciente, condiciona nuestra salud, especialmente la mental y configura nuestros proyectos y objetivos vitales, lo que a su vez remodela nuestra conducta y los mecanismos adaptativos que aplicamos en las distintas situaciones.

Estamos convencidos de que uno de los nudos gordianos que tenemos en nuestra vida es saber cómo incorporar y tratar los conocimientos y experiencias necesarios para nuestro desarrollo personal, social y vital. Creo que esa sabiduría solo la tuvo el campesino Gordias, luego rey en la mítica Frigia, nosotros carecemos de ella y es más, pensamos que esas estructuras mentales que se requieren para el desarrollo óptimo de nuestras vidas, son y así debe ser, una construcción personal. No se puede aprender chino en un programa de 7 días, ni existe el sistema de construir nuestra forma de comprenderlo y aprenderlo por correspondencia.

Pensamos que la vida es analógica, no está compuesta de unidades discretas, es un todo continuo y cambiante, al igual que todas las personas. Convivimos adaptándonos y readaptándonos en un continuo devenir en el que influimos y nos influyen todos los elementos de nuestro entorno (personas, situaciones, modas, éticas sociales y otras doctrinas) y nos da miedo la libertad, porque, nos guste o no, conlleva responsabilidad. Aunque no suelen servir los modelos muy estandarizados en ninguna de las actividades humanas, buena parte de la población mundial se acoge a ellos y se "cosifica".

Filosofando podíamos decir que "las cosas no son, solo nos parecen", pero necesitamos tomarlas como ciertas para sobrevivir. Profundizando algo más, pensamos que la Ciencia (con mayúscula), o mejor, el quehacer científico, funciona estableciendo leyes fidedignas, que según nuestro planteamiento, las consideramos como parcelas que se van digitalizando del total analógico que es la vida, de ese hecho se deriva la permanente falta de exactitud en la aplicación de tantas y tantas verdades apodípticas como han sido rebatidas a lo largo del tiempo.

Aunque estemos aún el prólogo, adelantaremos un esquema de cómo se desarrolla el conocimiento y sobre todo la capacidad intelectual. Para adquirir los conocimientos, una parte la recibiendo con la información que captamos del exterior y otra parte de la información se obtiene por el procesamiento y elaboración que realiza nuestra propia cognición, ambas necesitan la actividad de la maquinaria cerebral, tanto para poder captar la información, como para asilarla en la memoria, traducirla con lenguaje semántico dándole significado y simbolización para haciéndola comprensible operar con ella aunque no esté presente y finalmente para procesarla y aplicarla con nuestra conducta. El mecanismo que hace posible el conocimiento, requiere organizar la información, bien por su significado o por otros referentes. Pero sobre todo, es la correlación que establezcamos entre conocimientos y razonamientos lo que permitirá la creación de nuevos conocimientos y el aprendizaje para operar con ellos en el día a día. Así es como se produce el desarrollo de la conducta inteligente.

Yendo un poco más allá, el hecho de conocer todo ese proceso nos servirá también para conocer los resultados de su aplicación, lo que a su vez será útil para ampliar, optimizar y corregir errores, modificar estrategias y adecuar las conductas. Y toda vía más, nos permitirá poder prever mejor el futuro que se avecina, para poder estar prevenidos, lo que a su vez es el signo clave de la inteligencia.

Al ir incorporando conocimientos se despierta la curiosidad científica, que a su vez es un aliciente generador de nuevos conocimientos, con lo que aumentan los referentes, se amplía la perspectiva con la generación de opiniones y criterios con los que se desarrolla una forma de razonar más consistente y mejor avalada, lo que permite elaborar mejor esos razonamientos, incluso también el cerebro se fortalece y físicamente crece con la producción de nuevas proteínas en las sinapsis neuronales. También se amplía la capacidad de anticipación y se adquiere mayor precisión y solvencia. Estos son los referentes que se emplean para organizar los saberes que permitirán organizar la ignorancia y a su vez nos reducirá la incertidumbre y ganar seguridad.

ÍNDICE COMENTADO

Para comprender, estudiar y aprender las cuestiones de la mente que hemos comentado en el prólogo, seguiremos el programa que ahora daremos como un índice comentado. Lo hacemos con el fin de anticipar un esquema de lo que se va a leer o estudiar en este libro y así evitar sorpresas, esperando, que si las hay, sean favorables.

El libro distribuye sus contenidos en once capítulos, un preámbulo con el número cero, nueve capítulos dedicados a desarrollar el proceso cognitivo, principalmente la gestión del conocimiento, y el último capítulo lo dedicaremos a hacer una síntesis de lo estudiado y dar información y referencias de diversas herramientas y técnicas didácticas de aprendizaje.

Todo el libro está salpicado de párrafos escritos entre comillas y con letra cursiva, queremos así resaltar su importancia, buscamos que esos párrafos se graben "a fuego" en la memoria, porque con ellos logrará el lector recoger la esencia de los diversos contenidos del libro. Algunos de esos párrafos son copia literal de las aportaciones que han dado al tema autores cualificados (de los que damos su nombre y datos personales) y otros son nuestras aportaciones, que en forma de síntesis, ofrecemos al lector.

Esos párrafos nos parecen más útiles que los índices bibliográficos que suelen ponerse en los libros. Hoy disponiendo de buscadores en internet, creemos que carecen de utilidad para los lectores.

<u>El capítulo cero</u>. Está dedicado a describir lo que son las "las competencias". Este comienzo responde al porqué del título del libro, que estudia la primera y más importante de las competencias, que es "aprender a aprender", aunque en realidad saber aprender es el requisito necesario y también la síntesis de las demás competencias.

Saber aprender es saber adquirir los conocimientos, a su vez es la finalidad esencial de la cognición. Con ella se pueden aumentar los saberes y mejorar la estructuración del pensamiento y también la organización funcional del cerebro. Lo que sin duda alguna amplía la elaboración y eficacia de la gestión intelectual, que es el propósito fundamental del libro.

La Unión Europea propone las competencias como componente nuclear de los currículos que deben seguir los alumnos en los ciclos académicos y esa prioridad también incluye a la formación del profesor y a la evaluación de la calidad que alcanzan las instituciones académicas. Las competencias se entienden como el conjunto de conocimientos, habilidades y destrezas necesarias para adquirir suficiencia en la realización de un trabajo intelectual u operativo, en un contexto académico o laboral determinado.

Se han desarrollado entidades como el proyecto Tuning, donde cooperan más de cien instituciones universitarias, representativas de la Unión Europea, para determinar puntos de referencia de las competencias genéricas que los estudiantes han de adquirir por el hecho de ser universitarios y las competencias específicas de cada disciplina o campo temático. Las competencias describen los resultados del aprendizaje, que es lo que el estudiante sabe y puede demostrar que ha adquirido, una vez completado un curso académico o todo el proceso de aprendizaje universitario. Por todo ello pensamos que es conveniente conocer lo que son las competencias y a ello dedicaremos el capítulo 0.

Los conocimientos son información organizada, es el material con el que se construye el contenido del pensamiento y se proyecta en la capacidad de expresarnos y comunicarnos. También es el medio necesario de poder disponer de contenidos informativos con los que construir criterios, actitudes y valores o para poder inferir consecuencias o razonar. En gran medida, es lo que nos permite ser quien somos. En definitiva, es la llave de poder tener o no tener los saberes necesarios para poder ser quien queremos ser o en su defecto quedarnos a distancia de esos objetivos en el desarrollo de nuestro proyecto vital.

<u>El primer capítulo.</u> Plantea una visión general de lo que es la cognición, que es el tema central que se va a tratar en el libro. Este capítulo pretende dar un enfoque global, con perspectiva unitaria, continua e integradora del proceso cognitivo.

"Concebimos la mente humana como una realidad ontológica que se desarrolló en el proceso de la evolución y que llevó a los homínidos a adquirir una mayor y mejor organización del cerebro mediante la incorporando de información. Este es el hito que permitió a los homínidos lograr el desarrollo evolutivo del Homo Sapiens".

A nuestro entender, se debe considerar la cognición como un todo, como: *"un proceso continuo, integrado, interdependiente e indivisible"* Por lo que su parcelación es artificiosa y puede interferir en lograr una comprensión integral del concepto de cognición. Al ser un proceso fuertemente unitario, sus funciones no están parceladas y todas ellas son a la vez partícipes de toda la cognición.

Por otra parte, hemos de tener presente que en el desarrollo de la actividad cognitiva, intervienen dos elementos fundamentales: uno material e instrumental, que es *"el cerebro"*, que actúa a la vez como continente o almacén de la información y como operador y procesador de esa información, con la que se construyen los conocimientos y los nuevos contenidos mentales. El otro elemento fundamental en la construcción del conocimiento es metafísico, intelectual, psíquico, es más evanescente y etéreo, es *"la información"*. *"El procesamiento y la elaboración que el cerebro realiza operando sobre la información, es el sistema con el que se generan sus productos: los conocimientos, las ideas, los pensamientos, los juicios y los significados o procesos más complejos, como son los razonamientos, la previsión de consecuencias, la organización de la ignorancia o la creación de nuevos contenidos intelectuales".*

"Nuestra hipótesis concibe la mente como un producto nacido del tratamiento y gestión que el cerebro desarrolla gracias a la energía que se obtiene del exterior mediante los alimentos, siguiendo las directrices organizativas que establece la información".

<u>El segundo capítulo.</u> Estudia con cierto detalle tres conceptos o fenómenos que intervienen y condicionan el proceso cognitivo y por tanto son necesarios para saber y poder comprender mejor qué es el aprendizaje y cómo se elabora el conocimiento. Estos tres elementos son: *"la información, la emergencia y la plasticidad cerebral"*.

Comenzaremos este capítulo dejando establecido que la materia prima de que está hecho el conocimiento es *"la información"*, a la que dedicaremos especial atención, por ser (según nuestra propuesta de una nueva cosmovisión planteada en un libro anterior) uno de los tres elementos constituyentes del universo y es evidente que la mente es algo que está en el universo. Una vez conocido lo que es la información, debemos pasar a estudiar los procesos neuronales gracias a los que se desarrolla. En estos procesos se opera un fenómeno al que llamamos *"la emergencia"*, responsable del muchísimos procesos en el universo y que para nosotros es muy importante porque explica el cómo surge la conciencia–pensamiento desde algo tan material y proteico como es el cerebro. También conoceremos *"la plasticidad cerebral"*, peculiar característica del cerebro que hace posible la memoria y la permanente remodelación de las estructuras neuronales para desarrollar su función. Con esta idea se puede establecer el aserto de que la información es el artífice de la inteligencia, que nos lleva a plantear la hipótesis de concebir la inteligencia, no como algo que se posee en mayor o menor medida, porque es heredada por el genoma, sino que debe entenderse como una posibilidad. No es algo con lo que se nace, si no que se construye por la incorporación y procesamiento de la información. A lo largo del libro defenderemos esta hipótesis con muchos argumentos, lo que además nos abrirá caminos para poder mejorar nuestras capacidades.

El tercer capítulo. En este capítulo comentaremos *"el conocimiento"*. Para valorar su importancia, dejaremos establecido que la cognición está compuesta por dos elementos: uno es *"el continente, que además es el operador de los procesos cognitivos, ese elemento es el cerebro"*. El otro elemento clave es *"el contenido" que es el resultado de la significación, la simbolización y la organización de la información, ese elemento es el conocimiento"*. El cerebro es el elemento material, proteico y físico; el conocimiento es el elemento inmaterial, metafísico, esencial y simbólico, es por tanto este segundo elemento la clave de la cognición y por su importancia dedicaremos este capítulo a *"conocer el conocimiento"*.

Comenzaremos definiendo y analizando lo que es, cómo se configura y cómo se manifiesta para formar las opiniones, criterios, saberes, y otros constructos complejos que son condicionantes de nuestra forma de ser y comportarnos, tales como son las actitudes o la personalidad.

El conocimiento comienza siendo una información simbólica, a la que llamamos representación; esa información captada del entorno, no es la realidad misma, es una composición figurativa de esa realidad. El proceso del aprendizaje comienza por la atención, que es dirigida, orientada y por la conciencia que elije lo que considera conveniente, de entre todo el ruido informativo existente. Esta información ya seleccionada, es transducida con un soporte adecuado, que son los potenciales eléctricos de acción y las reacciones químicas, con las que permite su transporte a través de las vías neuronales. En ese estadío la información es una representación insignificante, sin significado, no es comprensible, aún no es una percepción ni un conocimiento, es una sensación.

Para ser comprensible, debe ser traducida por el lenguaje semántico, con lo que pasa de ser una información ya comprensible, que adquiere un significado, se simboliza y se convierte es una percepción. En la percepción están contenidos algunos (no todos) aspectos de la realidad, porque la información captada es incompleta, tanto por ser elegida y seleccionada por la conciencia de entre toda la información ambiental, como porque al añadirse contenidos derivados de la experiencia, interés, oportunidad, peligro y valores presentes en la memoria del sujeto, hace que lo que se percibe nunca sea una fotografía exacta de la realidad. Por eso sabemos que la percepción es una creación personalísima. *"Las cosas no son, solo nos parecen"*.

La percepción al tener significado y estar relacionada y organizada semánticamente, se afianza como un conocimiento. Ese conocimiento ya se puede correlacionar e integrar con los otros conocimientos existentes en la memoria, generando saberes opiniones, criterios ....

<u>El cuarto capítulo.</u> Comenzaremos a estudiar, con cierto detalle, las diversas funciones cognitivas. Comenzando por las llamadas *"funciones cognitivas básicas o instrumentales"*, denominación derivada de estar sus actividades muy vinculadas a las estructuras físicas del cerebro. Incluyen: *"la alerta y la atención"* (puerta de entrada de la información), *"la sensación y la percepción",* (transporte de la información desde los sentidos a la corteza cerebral) y *"las memorias de corto y largo plazo",* (que son las formas de almacenaje, organización y evocación de la información-conocimiento).

En este capítulo incluiremos una descripción esquemática, pero aun así compleja, de los procesos bioquímicos que hasta ahora se conocen (y queda bastante por descubrir), con los que se desarrollan las memorias (estructura fundamental para el desarrollo de la inteligencia y también de todas las demás funciones de la cognición), porque, como veremos, es evidente que conocer y emplear la memoria es imprescindible para el desarrollo de cualquier nivel de capacidad intelectual de nivel "sapiens", (a pesar de la dirección que han tomado las directrices que establecen los programas educativos en España).

El quinto capítulo. Entramos ya a estudiar el núcleo duro de la cognición, *"las funciones cognitivas superiores o fenoménicas"*, grupo en el que incluimos: *"La inteligencia"*, responsable del aprendizaje, el razonamiento, la elaboración de conceptos, las inferencias, la solución de problemas, la anticipación y previsión de consecuencias, la organización de la ignorancia y la capacidad intelectual, que por cierto, en contra de lo que opina mayoría de personas, incluso algunos profesionales y expertos, la inteligencia no es algo que se tiene, es algo que se adquiere, como intentaremos demostrar al estudiar su génesis. Finalmente estudiaremos *"la conciencia y el pensamiento"*, a los que los definió **Crick**[5], como *"los directores de la orquesta mental y cúspide de la gestión cognitiva"*. A este tandem conciencia-pensamiento, le atribuimos una íntima y especial integración de difícil segregación, Las consideramos como un todo, algo así como si la conciencia fuese la fotografía y el pensamiento la película y por esa condición de directores y cúspide de la cognición, le prestaremos especial atención.

El sexto capítulo. Lo dedicaremos a estudiar un grupo de funciones, que denominamos *"funciones cognitivas atípicas"*, a las que tradicionalmente no se las consideran como cognitivas, pese a que son de la mayor importancia en la operativa y en la gestión de la cognición. Son: *"la memoria de trabajo, el lenguaje semántico y la emoción-afectividad"*. Este grupo de funciones realmente no reúne los requisitos establecidos por la neuro-psicología formal para ser consideradas entre las funciones cognitivas típicas, pero son elementos fundamentales y claves para la cognición.

"La Memoria Operativa o de Trabajo" de hecho no es una memoria, porque ni su función es la típica de las memorias, ni en su funcionamiento operan los mismos mecanismos neuronales. Como enseguida veremos, es un operador logístico fundamental para el aprendizaje y la actualización de conocimientos.

---

[5] (Francis Crick, (1916-2004), físico inglés co-descubridor del modelo en espiral del ADN y Premio Nobel de Medicina.)

La segunda función atípica es *"El lenguaje"*; es imprescindible para conformar a la propia conciencia-pensamiento, es el artífice de lo más humano del ser humano, como son su capacidad de hablar, de pensar y de imaginar. Gracias a su función de traductor semántico hace viable la comunicación y el aprendizaje, lo que a su vez permite la organización de los conocimientos y saberes tanto por su significado como por ser una herramienta fundamental para la digitalización de los contenidos mentales, es sobre todo el elemento primordial para hacer viable ese diálogo intimo entre el Yo y el Mí que es el pensamiento,

La tercera función atípica es "La función afectivo-emocional", es también un elemento clave de la cognición y de la vida. Da color, motivación y fuerza a toda la cognición, con ella se adquiere la direccionalidad y en gran medida establece la razón de ser y la motivación que guía nuestra existencia. En los últimos años su estudio ha despertado el mayor interés, tanto por la difusión del concepto de Inteligencia Emocional, como por que se conoce su íntima relación con las funciones de memoria y razonamiento y en definitiva porque ha perdido el papel de fuerza peligrosa que nos lleva al "mal camino"

El séptimo capítulo. Lo dedicaremos a conocer algunos *"constructos psicológicos de los procesos mentales"*. Son agrupaciones conceptuales de rasgos psicológicos con las que se establecen tipos y características específicas que perfilan las formas de ser y comportarnos las personas. Estas agrupaciones permiten una catalogación consistente de los conceptos psicológicos que han ido naciendo en la psicología a lo largo de su historia. Esta conceptualización se ha desarrollado para mejor comprender el funcionamiento integrado de la mente humana. Este grupo lo componen: Las *"Actitudes, el Temperamento, el Carácter y la Personalidad"*.

El octavo capítulo. Necesitamos también conocer algo de la *"morfología y funciones de las estructuras cerebrales"* encargadas de hacer posible la captación de la información, su almacenaje y su gestión, para poder generar el adecuado nivel de saberes y pericias que se requieren para lograr un idóneo desempeño en los desarrollos personales y profesionales. Tema importante, porque no podemos olvidar que es mucho más que probable que el nivel de exigencias que nos imponga la vida, siga aumentando de forma exponencial en esta nuestra sociedad del conocimiento y si no se tiene ese conocimiento se posiciona esa persona como inculta e incompetente. También nos plantearemos como emergen desde el cerebro funciones fenoménicas como la conciencia, el pensamiento y la inteligencia y así entramos en el túnel oscuro que es considerado como el problema más difícil de resolver que tiene planteado la ciencia: ¿Cómo desde la materia cerebral física y proteica, puede nacer la conciencia-pensamiento, tan evanescente tan sutil, tan parecida al concepto de alma inmortal? Haremos también aproximaciones y comentaremos sobre algunas hipótesis actuales que parecen estar cerca de dar una explicación razonable al problema de ¿cómo nace la conciencia?

El noveno capítulo. En este capítulo nos plantearemos el proceso de "la *enseñanza y el aprendizaje*", prestando especial atención, al concepto de "aprendizaje significativo", el sistema que por antonomasia nos permite adquirir y mantener lo que es el tesoro de la cognición, el conocimiento.

El aprendizaje significativo adquirió consistencia científica tras los trabajos de **Ausubel** y ha conseguido explicar cómo logra el cerebro la adquisición y consolidación de los conocimientos y esta hipótesis se ha convertido en la referencia primordial para el desarrollo de sistemas pedagógicos y didácticos que asumen y aplican prácticamente todos los pedagogos.

También incluirnos alguna verdad apodíptica (verdad fundamental sobre la que se construye toda una teoría) como por ejemplo: que todo aprendizaje es una creación que elabora el propio aprendiz. Lo que a su vez se traduce en la idea (poco común) que el maestro no enseña, solo ayuda, orienta y controla al alumno, pero el que aprende solo es el aprendiz. Comentaremos los sistemas que pueden facilitar el aprendizaje, la consolidación de la memoria y la fluidez de la evocación, para facilitar la expresión y aplicación de esos conocimientos. Así propondremos que se acepte que todo lo que captamos y aprendemos es creativo, que no es una copia fiel de la realidad y también recordaremos que la memoria es el sustrato básico de la inteligencia y de paso nos detendremos en conocer lo que es y lo que no es la inteligencia y otras muchas referencias a todo aquello que facilite y oriente al lector para elaborar una concepción coherente y práctica de la cognición y el aprendizaje, el conocimiento, la enseñanza y temas directamente relacionados con la adquisición de saberes y su aplicación. Ciertamente estos son contenidos imprescindibles para el buen funcionamiento de la inteligencia, la organización de esos saberes, la capacidad y habilidad para expresar y aplicar los saberes. Finalmente pretendemos motivar al lector para que oriente sus intereses en la ampliación permanente de nuevos conocimientos y en la revisión de los anteriores.

<u>El décimo capítulo</u>. Lo dedicaremos a plantear. Una *"esquematización de los contenidos del libro"* y a transcribir algunas sugerencias, con las que se puede facilitar la consolidación de la memoria y el aprendizaje, también veremos *"algunas herramientas que ayudan a la organización del conocimientos y con ello a mejorar la capacidad cognitiva y otras que pueden ser útiles en el aprendizaje significativo"*.

El libro no está orientado a ningún grupo específico de personas y todo lo más queremos que sea útil a todas las personas que puedan estar interesadas en conocer cómo funciona la mente, cómo aprender mejor, cómo mejorar el uso de los saberes. Nos esforzaremos en ayudar, para que su complejidad no impida hacerlo asequible.

No es este un libro de auto ayuda, buscamos que sea sobre todo motivador y de verdad que nos gustaría que pudiese llegar a ser un referente significativo en los y criterios que elabore y desarrolle el lector tras la asimilación y aplicación de los contenidos que presentamos.

CAPÍTULO CERO

LAS COMPETENCIAS

0.1.- LAS COMPETENCIAS EN LA UNIVERSIDAD ESPAÑOLA

El proceso de convergencia con el Espacio Europeo de Educación Superior desarrolló una profunda transformación en la estructura de las enseñanzas y titulaciones oficiales de la universidad española. A partir del curso 2010-11 se generalizó el nuevo sistema de títulos de grado y posgrado. El nuevo modelo lleva aparejada una amplia revisión de los planteamientos y objetivos de las enseñanzas y del camino y procedimientos para alcanzarlas.

Esa nueva reglamentación confió a las propias universidades la facultad de configurar su oferta formativa. Las titulaciones están diseñadas por las propias universidades de acuerdo con sus criterios y conforme a los intereses de la comunidad en que operan, si bien han de ser evaluadas por un proceso de verificación que asegura determinados niveles de calidad y una correcta adecuación al marco establecido, que fue consolidado por el Real Decreto 822/2021, de 28 de septiembre de las Enseñanzas Universitarias.

Esa modificación en la estructura y la orientación de las enseñanzas universitarias ha determinado una significativa transformación que se traduce en un cambio de enfoques y prioridades, que está especialmente orientado a prestar la mayor atención al papel de la cognición en el aprendizaje humano. Del reduccionismo conductista que se había concentrado en la transmisión de conocimientos al alumno, se da paso al constructivismo que se centra en estudiar los procesos cognitivos que determinan el aprendizaje y la generación de los conocimientos.

Se pasa de un modelo de aprendiz pasivo que recibe enseñanzas del profesor, a la figura de estudiante activo que recibe información y la transforma en sus propios conocimientos, mediante un proceso que requiere el esfuerzo creativo del alumno. La nueva reglamentación plantea un contexto diferente que exige a la universidad proporcionar una formación más amplia y dotada de más cualidades, que son necesarias para poder finalizar los estudios. Los programas de estudio para la obtención de títulos de grado y posgrado, deben estar concebidos conforme a los modelos de enseñanza-aprendizaje orientados al desarrollo de *"competencias"*, por lo que los planes de estudio deben incluir la enumeración de las competencias que deben alcanzar los estudiantes para completar sus ciclos académicos universitarios.

0.2.- EL CONCEPTO DE COMPETENCIA.

Se entiende que una persona tiene una determinada competencia cuando posee *"el conjunto de características, saberes y habilidades necesarias para lograr el desempeño idóneo o efectivo de un trabajo o la gestión de aquellas situaciones que exijan el desarrollo de acciones con determinada adecuación y eficacia"*.

El modelo teórico europeo sobre el que se fundamenta el desarrollo del programa formativo orientado al desarrollo de competencias, sitúa a esas competencias como elemento central de la planificación metodológica de los programas educacionales en las Universidades Europeas.

Este planteamiento implica una ruptura o cambio metodológico, puesto que supone superar el enfoque lineal tradicional del proceso Enseñanza-Aprendizaje que se podría esquematizar en (contenidos -> métodos -> evaluación) y asumir un enfoque innovador en el que todas las decisiones relativas a la metodología de enseñanza deben realizarse a partir de las interrelaciones que se establezcan alrededor de las competencias a alcanzar, para llevar a cabo los procesos de enseñanza-aprendizaje, los métodos de trabajo a desarrollar en cada uno de estos escenarios y los procedimientos de evaluación a utilizar para verificar la adquisición de las metas propuestas.

En definitiva, una competencia es algo que se demuestra cuando se ejerce, es una potencialidad que se convierte en acto cuando se aplica, no es algo que se piensa, sino algo que el estudiante hace y que está orientada al desempeño profesional más que a los criterios científico-académicos. Así que la planificación del proceso de enseñanza-aprendizaje debe asumir los principios de una metodología activa y práctica. Una metodología que permita al sujeto enfrentarse a situaciones reales o simuladas, no sólo para adquirir y desarrollar conocimientos, habilidades y actitudes, sino también para demostrar el nivel de consolidación de las competencias adquiridas en el proceso académico.

El modelo de competencias puede entenderse como una espiral donde sus primeros niveles son más invisibles, porque están situados en la personalidad profunda del estudiante con sus rasgos personales, sus características y sus motivos. La espiral asciende y se expande hacia un segundo nivel en el cual están los valores y las actitudes situadas a medio camino entre lo observable directamente y lo profundo de la personalidad. El tercer nivel es directamente observable por los resultados académicos. Finalmente la espiral llega hasta los conocimientos y las habilidades que se demuestran con la acción, es decir, con la aplicación de las competencias adquiridas en los quehaceres propios del ciclo académico que ha cursado.

Al ser una competencia un conjunto indisoluble de conocimientos, habilidades, actitudes y valores, la enseñanza orientada a su adquisición implica la necesidad de manejar diversas modalidades organizativas, nuevos métodos de enseñanza y diferentes sistemas de evaluación. El sistema educativo no puede circunscribirse a la lección magistral y al examen final tipo test. Debe dar paso al manejo de diversas modalidades docentes y distintos métodos y estrategias de evaluación para cada materia.

Las modalidades organizativas y las formas de desarrollar los procesos de enseñanza-aprendizaje deben ser acordes con el propósito que se formula el profesor a la hora de establecer comunicación con los alumnos, teniendo en cuenta que no es lo mismo hablarle a los estudiantes, que hablar con los estudiantes y hacer que ellos aprendan entre ellos, a la vez que esforzándose en que los alumnos se adapten a los recursos y medios con que cuenta la institución.

Frente a los planes en que se contemplaba, casi con exclusividad, la modalidad de clases teóricas y alguna práctica, para la adquisición de competencias, es necesaria una planificación que incluya diversas modalidades en las que se desarrollen las diversas actividades que deben desarrollar los estudiantes.

0.3.- TIPOS Y MODALIDADES DE ORGANIZACIÓN

La clasificación de las modalidades organizativas que se han propuesto sigue dos criterios básicos. Por un lado debe responder a las necesidades organizativas de los centros, departamentos y gestores responsables de la Ordenación Académica de las Universidades. Por otro lado la clasificación debe estar de acuerdo con su carácter presencial o no presencial. Las modalidades organizativas de la enseñanza universitaria pueden agruparse en siete tipos. Cinco de ellas son actividades presenciales que reclaman la intervención directa de profesores y alumnos: clases teóricas, seminarios, clases prácticas, prácticas externas y tutorías. Las otras dos son no presenciales ya que se refieren a actividades que el estudiante puede realizar libremente bien de forma individual o en grupo.

Esta propuesta permite la distribución de tareas entre el profesorado, su valoración en cuanto a volumen de trabajo y la organización temporal coordinada de las materias de un curso y del conjunto de la titulación. Las modalidades a utilizar y el peso que cada una de ellas debe tener un programa formativo, debe hacerse mediante acuerdos tanto intra-disciplinares (que competen a profesores y departamentos) como inter-disciplinares (que competen a equipos docentes y centros).

La competencia "aprender a aprender", es considerada como básica y envolvente de las demás competencias, porque alienta a adquirir la disposición y la actitud adecuada para incorporar conocimientos y experiencias y para ser competente en aprender y aplicar esos saberes.

Así pues el aspecto nuclear del nuevo enfoque es el concepto de competencia, que debe responder a las preguntas: "¿Qué hemos de aprender?, ¿Cómo hemos de aplicar y poner en práctica lo que hemos aprendido? ¿Qué actitudes, emociones y valores subyacen al proceso de enseñar y aprender?". Lo que podría contestarse si las competencias que una persona posee resultaran de la combinación dinámica de: capacidades y valores, más conocimientos y habilidades.

María Luisa Sevillano[6]: entiende que competencia supone "valores, actitudes y motivaciones, además de conocimientos, capacidades, habilidades y

---

[6] (María Luisa Sevillano, Pedagoga española (Catedrática de Didáctica y Organización Escolar en la UNED)

destrezas, todo ello formando parte del ser integral que es la persona, una persona que está insertada en un determinado contexto, en el que participa e interactúa, considerando también que aprende de manera constante y progresiva a lo largo de toda su vida". La competencia a alcanzar se obtiene combinando los atributos pertenecientes a tres categorías fundamentales:

- los conocimientos que son el componente del saber
- las capacidades que son el componente del saber hacer
- las actitudes que son el componente del saber ser y el saber estar.

La Ordenación de las Enseñanzas Universitarias de 2007 exigía que se especificaran en cada titulación unas competencias básicas, que son comunes a todas las disciplinas y otras competencias específicas para cada área temática, que son específicas del conocimiento concreto de esa disciplina.

Las ocho competencias básicas definidas por la Unión Europea para el conjunto de los países que la forman y están adaptadas al sistema educativo español son:

1. Competencia en comunicación lingüística.
2. Competencia matemática.
3. Competencia en el conocimiento y la interacción en el mundo físico.
4. Tratamiento de la información y competencia digital.
5. Competencia social y ciudadana.
6. Competencia cultural y artística.
7. Competencia para aprender a aprender.
8. Autonomía e iniciativa personal.

Para el desarrollo y expresión de las competencias básicas se requieren cuatro saberes:

- Saber conocer
- Saber hacer
- Saber estar
- Saber ser

Conocer la estructura de las competencias hace posible, a quien las aprende, desarrollar un aprendizaje paso a paso lo que permite ir auto-evaluando el dominio que se tiene de ella. Generalmente las normas que deben tener las competencias se estructuran en torno a los siguientes componentes importantes:

- Unidad de competencia
- Elemento de competencia
- Criterios o indicadores de desempeño
- Problemas e incertidumbres
- Niveles de competencia
- Saberes esenciales
- Evidencias

Unidad de competencia: Es el desempeño concreto de una actividad o problema en un área disciplinar, social o profesional. Una competencia global se compone de varias unidades competenciales.

Elementos de competencia: Son desempeños de actividades muy concretas con las que se pone en acción la unidad global de la competencia.

Indicadores de desempeño: Son criterios que marcan la idoneidad con la cual se debe llevar a cabo la unidad de competencia y de cada uno de sus elementos. Se suele medir con indicadores que señalan el nivel de logro, lo que orienta sobre la evaluación del desempeño de manera progresiva.

Problemas: Son la dificultades que se pueden presentar y si su solución está dentro de las capacidades de la persona a la que se le considera poseedora de esa competencia.

Niveles de competencia: Señala los grados diferenciados de la complejidad, en relación a los de autonomía, responsabilidad, uso de conocimientos, habilidades y actitudes dentro de una estratificación ocupacional se cuantifica con niveles de calificación.

Saberes esenciales: Describen los contenidos concretos que se requieren en:

- La parte afectivo-motivacional (ser)
- la parte cognoscitiva (saberes)
- la parte de ejecución (hacer).

Para llevar a cabo cada elemento de competencia y cumplir con los indicadores de desempeño formulados.

Evidencias Son las pruebas más importantes que debe presentar el aprendiz para demostrar el dominio de la competencia y de cada uno de sus elementos. Las evidencias son de cuatro tipos:

- Evidencias de conocimiento
- Evidencias de actitud
- Evidencias de hacer
- Evidencias que indican su nivel de posesión de los contenidos de la competencia.

En esta sociedad del conocimiento, se busca que mediante la tipificación de competencias en los sistemas de enseñanza, poder lograr que cada persona pueda asimilar unos conocimientos rigurosos y el desarrollo de estrategias eficaces; tiene que saber qué pensar y cómo actuar ante las situaciones relevantes a lo largo de la vida y debe hacerlo partiendo de criterios razonables y susceptibles de crítica, porque va a necesitar adaptarse a las exigencias cambiantes de los contextos y ha de ser capaz de desarrollar un pensamiento reflexivo, crítico y creativo.

0.4.-REFLEXIONES SOBRE ALGUNAS COMPETENCIAS

0.4.1.- APRENDER A QUERER Y SENTIR.

El ser humano es un ser con... es un co-ser, lo estableció ya **Aristóteles**[7] (al postular que *"se es en tanto que se co-es"*). Desear, querer y amar lo que se hace, es condición obligada para alcanzar buenos resultados. Las motivaciones pueden ser más externas, como el deseo de reconocimiento, prestigio social, recompensas económicas, etc.; o más internas como el deseo de saber, de realizar bien el trabajo, superarse o alcanzar nuevas metas. Los seres humanos estamos motivados, interna y externamente, en distintas proporciones según circunstancias. Es preferible tener motivación interna, puesto que las fuentes externas tienden a ser más pasajeras. Las personas con capacidad de auto-motivarse internamente, mantienen los niveles altos de interés, aun cuando las recompensas externas disminuyan o desaparezcan. Lograr una proporcionada combinación de motivación externa e interna es lo deseable.

---

[7] (Aristóteles, (384 aC-322 aC). Filósofo de Grecia antigua, padre de la filosofía occidental)

0.4.2.- APRENDER A HACER.

La actividad académica ha puesto siempre más énfasis, en desarrollar medidas y sistemas para transmitir conocimientos que interés en los procedimientos, las prácticas, los modos de hacer y sobre todo en priorizar el protagonismo del aprendiz. Hoy ya vamos sabiendo que no enseña en maestro, sino que es el aprendiz quien aprende. El maestro, ayuda, orienta, motiva, aclara y controla el aprendizaje, pero es solo el aprendiz quien incorpora y crea su propio conocimiento. Mediante el principal mecanismo del aprendizaje que es el aprendizaje significativo que desarrolló **Ausubel** y cuyos procesos y mecanismos neuronales veremos con detalle al estudiar el conocimiento. También allí estudiaremos las diversas clases de conocimiento, entre ellas el conocimiento procedimental, que se refiere a saber hacer las cosas. Esta forma de saberes hoy presenta una demanda especial en la sociedad. Aquel planteamiento de la enseñanza que se apoyaba en abarcar los saberes de la teoría, porque la práctica es una elementalización, ya no es aceptable. No se trata solo de especialización profesional, hay que aprender a hacer, no se trata de aprender una actividad definida en un trabajo profesional estable en el tiempo. Hoy se requiere un continuo aprender a hacer tareas que están en permanente cambio, que dependen de conocimientos procedentes de distintas disciplinas o áreas del saber y que han de desarrollarse con enorme adaptabilidad por los distintos contextos culturales y de idioma. En la posmodernidad, la nueva economía y el trabajo tienden a estar desmaterializados". Serán cada vez menos dependientes de la "materia" (como fabricar objetos) y más dependientes del conocimiento, la comunicación, el asesoramiento, la planificación, el desarrollo de estrategias, de relaciones interpersonales y la creación, la innovación. Aprender a hacer ya no es aprender prácticas rutinarias. La nueva economía exige cada vez más, nuevas competencias. Los vehículos los fabricarán y montarán los robots y los diagnósticos médicos que deban seguir un protocolo, los emitirán ordenadores, de hecho ya es así en la mayor parte de la clínica neurológica. El tener un empleo para toda la vida que aún conocemos y que exige tareas repetitivas, va a ir desapareciendo y cada persona deberá ir capacitándose para crear su propio empleo, aunque pertenezca a una gran organización o corporación pública y esa situación exige del trabajador iniciativa, proyecto personal con actitud para trabajar en grupo, disposición para asumir riesgos y resolver conflictos, y también tendrá que adquirir competencia en tareas de planificación, toma de decisiones y evaluación de resultados y mejoras.

0.4.3.- APRENDER A CONVIVIR.
La globalización exige no solo adquirir saberes, es necesario ser competente de forma urgente porque es importante para convivir en los diferentes y simultáneos espacios y con diferentes personas y a todos los niveles: familiar, escolar, laboral, cultural y de idioma. Estamos ya en la sociedad globalizada del conocimiento y la información y aumentará mucho más.

El derecho a la paz se declaró prioritario en los comienzos del siglo XXI y curiosamente hoy 24 de Febrero de 2022 ha estallado la guerra entre Rusia y Ucrania con grave riesgo para involucrar a Europa y a la OTAN, lo que pone en tela de juicio la capacidad de convivencia que tiene la sociedad y especialmente los políticos, para el desarrollo del bienestar personal y social. Pese a la adquisición de ese derecho, los problemas generados por la violencia en la familia, los derechos de género, la escuela, la empresa, el vecindario y los medios de comunicación de masas, están alcanzando cotas alarmantes. Va a ser necesario descubrir de nuevo cómo asumir y desarrollar el respeto al otro. Por el momento proponemos comenzar por esforzarnos en lograr la conformación de nuestra propia identidad personal, que contemple en nuestro esquema actitudinal: comprender y valorar la personalidad de los demás, el respeto ante los supuestos derechos de los demás, y sobre todo la actitud projimal que permita hacer del otro un TÚ. La inmigración plantea retos de carácter ético y político, que no legitiman la falta de respeto y comprensión a los valores y cultura de las minorías, pero se debe apostar por que también sean los inmigrantes los que faciliten las exigencias de adaptación e integración en la cultura del sitio donde se instalan. Es necesario comprender y aceptar la necesidad de someterse al orden vital que se les impone en tiempo, forma y posibilidades. Pero especialmente se deben exigir respuestas educativas apropiadas para los hijos de los inmigrantes y compromiso a los profesores para adecuar sus valores, actitudes, metodologías y prácticas. La educación tiene una doble misión: mostrar la complejidad y diversidad de la especie humana y a la vez las semejanzas e interdependencias entre todos los seres humanos. Todas las personas compartimos una estructura mental, unos universales cognitivos, emocionales y lingüísticos. Aprender a convivir no es un conocimiento meramente declarativo, sino que es sobre todo procedimental. Es decir, se adquiere practicándolo y exige tiempo y condiciones adecuadas. Como dijo

Marina[8] *"La amplitud de pensamiento y el comportamiento responsable y solidario, sólo se alcanza con una metodología de enseñanza-aprendizaje en consonancia con el modelo de vida que nos espera".*

0.4.4.- APRENDER A SER.

El desafío del siglo XXI exige nuevas formas de educación, no es tanto preparar a las nuevas generaciones para vivir en una sociedad determinada, sino dotar a cada persona de competencias y criterios que le permitan comprender el mundo permanentemente cambiante que le rodea, para poder comportarse de forma solidaria y responsable. Más que nunca la función esencial de la educación es proporcionar a todos los seres humanos la libertad de pensamiento, de sentimientos, de imaginación y de creatividad, que se necesitan para dar sentido a su vida y alcanzar las cotas más altas posibles de bienestar y estabilidad.

La educación es un viaje interior desde el nacimiento hasta la muerte. El desarrollo del ser humano se ha de dar en todas las potencialidades personales: intelectuales, afectivas, morales, estéticas y sociales; en todos los contextos, de familia, trabajo, ocio y a lo largo de todas las etapas del ciclo vital. Este concepto de educación cuestiona la distinción tradicional entre educación básica y educación permanente, entendida ésta como mejora, promoción o reconversión profesional. La meta deseable es *"dar más años a la vida y más vida a los años"* y conlleva una disponibilidad educativa constante, brindando nuevas posibilidades educativas, medios para ampliar o perfeccionar la formación profesional y sistemas para satisfacer el deseo de saber, de querer belleza, el afán de superación personal y de autorrealización. La autoestima, el optimismo y la solidaridad, son valores que orientan hacia una vida más feliz.

0.4.5.- APRENDER SOBRE EL CONOCER, QUERER, SENTIR Y SER.

Es curioso que las personas estén obligadas a conocer miles de cosas sobre el mundo natural y sociocultural (salud, matemáticas, física, química, biología, historia, sociología, economía,...) y apenas se les oriente a recibir conocimientos sobre sí mismos, sobre sus pensamientos, sus sentimientos, sus motivaciones o sus afectos. Cuando es evidente que conocerse uno a sí mismo y a los demás, debería despertar mucha mayor atención y quizá sea

---

[8] (José Antonio Marina, (1939.....) filósofo y escritor español premio de Nacional de Ensayo)

de más práctica y de más utilidad y más interesantes que los conocimientos que normalmente se exigen. Además, las teorías de la mente no son algo meramente teórico, de hecho, tienen una importante relevancia práctica en nuestra sociedad del conocimiento.

0.4.6.- SABER HACER.

El concepto general de competencia nació en el contexto laboral y se ha ido extendiendo al campo educativo y sobre todo al del entrenamiento tutelado (coaching). En este último campo se ha entendido como un medio para "saber hacer". Definir la competencia "saber hacer" resulta complejo, debido a la cantidad de matices en los que se puede poner la atención y sobre todo por el carácter transversal de la misma.

0.5.- APRENDER A APRENDER

Esta competencia es una síntesis y a su comprensión dedicaremos más espacio. Hace referencia a los conocimientos comunes que las personas debemos tener sobre el mundo y que se utilizan en nuestra vida cotidiana. Incluye todos los conocimientos, escolares, sociales, culturales que se consideran básicos sobre distintos ámbitos de la realidad natural, de la convivencia y de los valores, de los que se ocupan las distintas ciencias y saberes, también el conocimiento sobre la propia identidad personal, los conocimientos sobre cómo se estructura el conocimiento mismo y la meta-cognición.

En tiempos de mis padres, (que eran maestros), los padres que llevaban sus hijos a la escuela pedían que les enseñasen a leer, escribir y las cuatro reglas, hoy el repertorio de exigencias mínimas es muchísimos más alto, en calidad, cantidad y amplitud. Hoy es necesario no solo tener conocimientos, es necesario además saber que para tener conocimientos se requiere asimilar la información y organizar y consolidar lo aprendido, es necesario tener memoria y aprender datos e informaciones de memoria y operar con la memoria para mantenerla operativa, porque se ha de recordar a los educadores y legisladores de la enseñanza que la memoria es necesaria para incorporar y desarrollar las informaciones y para adquirir los conocimientos que son necesarios para generar y organizar criterios, para planear y desarrollar estrategias y para poder elaborar nuevos conocimientos propios, orientados a resolver problemas, tomar saber decisiones y poder aplicarlas eficazmente.

Conocer requiere también estar motivado para el esfuerzo y comprometerse con los proyectos formativos de desarrollo personal y social. Aprender a saber es una evidente necesidad para responder a las demandas de la sociedad del conocimiento, tanto a nivel profesional, como a nivel social y cultural. También desde el punto de vista personal, es condición imprescindible para que la persona se pueda desarrollar con plenitud, percibir la satisfacción de sentirse capaz de ejercitar las capacidades humanas y poder disfrutar del saber y de dar sentido a la vida.

Cada persona ha de saber comprometerse con su propia formación. Ha de querer aprender de forma independiente y autónoma en un mundo cambiante. Ha de querer ser competente para evaluar y tomar decisiones sobre qué, cuándo, cómo y porqué necesita aprender. El interés y motivación son claves necesarias para un aprendizaje eficaz. Cuando el conocimiento que se adquiere resulta relevante, significativo y está bien organizado, es mejor y más fácil y su asimilación se puede integrar y aprovechar de forma más duradera y eficaz.

La Unión Europea define la competencia aprender a aprender como: *"La habilidad para iniciar el aprendizaje y persistir en él, para organizar el propio aprendizaje y gestionar el tiempo y la información eficazmente, ya sea individualmente o en grupos"*.

Esta competencia conlleva ser consciente del propio proceso de aprendizaje y de la necesidad de que cada persona incorpore conocimientos para poder establecer correlaciones, detectar posibles oportunidades y ser capaz de superar los obstáculos con el fin de culminar el aprendizaje con éxito.

Las situaciones que requieren un desempeño creativo, flexible y responsable, son situaciones en las que se conjugan los cinco pilares fundamentales en que se apoya el entrenamiento y la educación:

- *Aprender a aprender,*
- *Aprender a innovar,*
- *Aprender a hacer,*
- *Aprender a convivir,*
- *Aprender a ser.*

Y desde luego son necesarias para hacer frente a los retos del siglo XXI, y que de seguro se incrementaran en los siguientes siglos. Se considera que esos saberes y habilidades son imprescindibles para llevar a cada persona a descubrir e incrementar sus posibilidades de realización personal.

Cambios como la globalización, el amplio abanico de modelos económicos y sociales basados en el conocimiento, la competencia entre las diversas regiones económicas mundiales, los avances en igualdad entre hombres y mujeres y otros hechos y circunstancias, han detectado la necesidad de impulsar el aprendizaje a lo largo de toda la vida, un aprendizaje que garantice una formación integral y actualizada de forma permanente, dada la aceleración histórica en que vivimos y la enorme rapidez con que se producen innovaciones y cambios.

Las sociedades industriales del siglo XX promovían una enseñanza capaz de aprender el dominio de herramientas y procesos, pero las rápidas transformaciones económicas y sociales y los nuevos retos de la sociedad del conocimiento y de la información que se desarrollan en un mundo globalizado, requieren disponer de nuevas capacidades de adaptación, lo que, en el plano personal, exige a cada persona seguir aprendiendo a lo largo de toda la vida. A su vez significa la necesidad de implantar nuevos enfoques y metodologías que permitan a las personas garantizar su participación en la sociedad y evitar la exclusión social. Estas exigencias no sólo aparecen por las demandas del mercado, sino por las características de la sociedad del conocimiento y por los cambios en la organización social y en las relaciones personales que exigen una gran flexibilidad mental y una actitud proactiva ante el cambio y la incertidumbre.

Se trata además de alcanzar unas metas colectivas compartidas con los nuevos valores sociales y la búsqueda de un desarrollo sostenible, que promueva una sociedad culta, curiosa, comprometida y estructurada.

El aprendizaje a lo largo de toda la vida es tan antiguo como la propia humanidad. Solo en los últimos años es cuando se ha comenzado a hacer una reflexión crítica sobre el aprendizaje y el conocimiento. Se abre un debate en torno a la necesidad de adquirir una estructura cognitiva organizada, bien referenciada, flexible y abierta a la innovación y al cambio.

En este contexto, aprender a aprender es la herramienta que garantiza la educación y la capacitación a lo largo de la vida para toda la ciudadanía, incluyendo a las personas con pocas oportunidades en cualquiera de los escenarios de aprendizaje (formal, no-formal o informal).

La Unión Europea viene proponiendo desde el año 2004 normas, sistemas y programas que permitan a sus ciudadanos alcanzar los conocimientos y pericias necesarias en cada momento para lograr idoneidad y autonomía personal, social y laboral. En la llamada sociedad del conocimiento en que vivimos, es necesario que las personas tengan la capacidad de planificar de forma autónoma lo qué quieren hacer con sus vidas y saber qué recursos se necesitan para conseguirlo y también cómo conseguirlo, lo que significa que es necesario aprender a aprender.

La Unión Europea se propone hacer compatibles la democracia y la competitividad económica en el escenario mundial. El conocimiento se hace diariamente más complejo, los planes y sistemas de enseñanza formal ya no pueden garantizar un conocimiento sólido, amplio y válido para toda la vida, como parecía ocurrir hasta hace muy pocos años. Esta situación impone la necesidad de reforzar la autonomía personal para aprender tanto en los distintos contextos y con otras personas, como porque es necesario hacer frente a situaciones variables y absolutamente nuevas.

Planteamos una pregunta: "¿Qué competencias necesitaríamos poseer para lograr un bienestar personal, social y económico?" Sin duda se necesita un amplio rango de competencias para enfrentarse con soltura a los complejos desafíos, individuales y colectivos del mundo presente y futuro, pero podemos centrarnos en un número reducido de categorías, que están interrelacionadas entre sí:
    1. Usar herramientas de manera interactiva.
    2. Interactuar en grupos heterogéneos.
    3. Actuar de forma autónoma.

Cada persona estudiosa y especialmente cada estudiante, debe ser protagonista de su aprendizaje, tomar conciencia de lo que aprende y buscar mantener a lo largo de la vida el sentimiento de sus competencias personales y de sus carencias. Trabajar en esa dirección implica además, crear un ambiente favorable al aprendizaje.

La competencia "aprender a aprender" conlleva ser consciente del propio proceso de aprendizaje y de las carencias que señalan el camino para adquirir el nuevo aprendizaje. Es necesario buscar las oportunidades disponibles y ser capaz de superar los obstáculos, con el fin de culminar cada aprendizaje, lo que siempre abrirá la puerta de nuevas incertidumbres y desconocimientos.

En el plan Bolonia se contempla que los principales objetivos de la enseñanza universitaria son aumentar la competitividad de la universidad europea, para lograr un alto rendimiento en su desempeño profesional. Como procedimiento propone comenzar ayudando a la formación de profesores y alumnos para promover su orientación hacia la cobertura de los objetivos que deben tener marcados.

Para lograr este objetivo, ya comentamos antes que se ha propuesto involucrar a los estudiantes en un tipo de experiencia educativa, donde se promueva el desarrollo de competencias que les ayude a alcanzar la excelencia, en:

- Ampliar saberes (conocimientos)
- Saber hacer para adquirir habilidades (procedimientos)
- Saber ser (tener esquemas actitudinales adecuados) para ser personas responsables.

Todos los seres humanos y todas las culturas tienen y han sufrido enfermedades, desviaciones y conflictos, nuestra cultura también. Esos peligros, conllevan riesgos y dejan taras que a su vez promueven el desarrollo de defensas personales duras, hacia sí mismos y hacia los demás lo que nos lleva a cierta rigidez conceptual que nos impide tener flexibilidad y comprensión en la forma de valorar y justipreciar las situaciones, a las personas y a la propia sociedad.

Las mismas tecnologías, que tan importante servicio prestan al desarrollo y a la protección humana, también están maltratando severamente nuestro idioma y nuestra cultura, están dañando la construcción del pensamiento, que para nacer y desarrollarse necesita absolutamente el apoyo del lenguaje, que además es la materia prima con la que se elabora la inteligencia. Nuestros universitarios raramente estudian en un libro, recurren a internet y allí escogen los escritos más cortos y concretos. Leí hace poco que en Chile nadie está dispuesto a leer más de seis páginas, me temo que en España y puede en toda Europa, pase lo mismo. Insistimos en que las personas no pensamos con nada distinto que con palabras y si no sabemos hablar, tampoco sabremos ni pensar ni razonar. Pero los planes de enseñanza, al parecer no consideran muy útil insistir en aprender bien el idioma materno, con el que pensamos y con el que se construye nuestro Sí-Mismo-Personal.

Las redes sociales y WhatsApp parecen poseer toda la sabiduría del mundo y está calando la opinión de que no se necesita nada más. También se está maltratando la carga afectivo-emocional que necesariamente lleva la comunicación verbal en su semántica y en su prosodia, con los emoticones solo se transmiten rudimentarios gestos que son insuficientes para transmitir la enorme y sutil riqueza de la comunicación afectivo-emocional. Si no se cuida el idioma, si no se lee y no se dialoga, no se escribe y no se piensa, se entorpece y deteriora la inteligencia y se daña a la sociedad entera.

CAPÍTULO 1

LA COGNICIÓN. "La materia pensante"

En lenguaje doméstico a la cognición se la denomina "la materia pensante" o también "eso con lo que se piensa". Con más calado científico la cognición es *"el sistema (estructural y funcional) que permite incorporar, asimilar, retener organizar y procesar informaciones con las que crea conocimientos a partir de las informaciones que se captan del entorno. La información captada se coteja con la ya existente en la memoria con lo que nace un nuevo conjunto informativo, que mediante su gestión y organización genera nuevos conocimientos que pueden aplicase en forma de criterios, habilidades y competencias, con los que se amplía la comprensión de la vida y la adaptación al entorno".*

En este capítulo nos centraremos en desarrollar una visión global de la cognición y en los siguientes capítulos la iremos estudiando con más detalle y con diferentes perspectivas, las distintas funciones cognitivas que la componen (según la concepción de la Psicología formal).

Nosotros pensamos que *"la cognición es un todo continuo, unitario, integrado, Inter-dependiente e indivisible"*. Además esta primera panorámica nos podrá servir también de enganche para comprender, incorporar y retener mejor los siguientes capítulos, en los que estudiaremos cada una de las funciones que componen la cognición de forma más detallada y con sus distintas peculiaridades. Estamos ahora presentando una visión global de la cognición, para que sirva de enganche en el aprendizaje significativo que pretendemos promover en el libro. Ya que para lograr un aprendizaje consistente y elaborado, debemos primero generar una visión global del tema, que luego servirá de referencia para aprender con más facilidad sus diferentes aspectos y detalles, pudiendo así ampliar y enriquecer el conocimiento.

"La cognición es la función cerebral encargada de gestionar el procesamiento de la información con la que se ha de generar el conocimiento y sus desarrollos". Este proceso comienza por la captación de la información del entorno o del propio interior del individuo y concluye con la aplicación de los conocimientos en el quehacer de la vida.

En toda la cognición participan dos elementos fundamentales: *"el cerebro"* que es el operador instrumental y *"la información"* que es el contenido de la cognición. El cerebro es el continente y la maquinaria de toda la cognición. Su directa relación con las funciones cognitivas es absoluta, tanto con las que llamamos funciones cognitivas básicas o instrumentales, como con las funciones fenoménicas o las que denominamos funciones cognitivas atípicas. *"Entendemos que el conocimiento es el resultado de la información organizada y elaborada"*.

La información, tanto la que se incorpora del exterior, como la que se produce con la actividad del propio cerebro cuando procesa la información ya memorizada, es la materia prima con la que se generan nuevos elementos informativos como son los conocimientos, los pensamientos, las creaciones o las fantasías.

Como apuntamos arriba, *"La cognición es un todo continuo, unitario, integrado, interdependiente e indivisible*. Pero para facilitar su estudio se la trocea y parcela individualizando sus diversas funciones. Comenzaremos su estudio agrupando las funciones cognitivas en tres tipos:

> 1.- *Las funciones cognitivas básicas o instrumentales*, en las que se incluyen: la alerta, la atención, la sensación, la percepción y las memorias.
>
> 2.- *Las funciones cognitivas superiores o fenoménicas,* que incluyen: la inteligencia, la conciencia y el pensamiento.
>
> 3.- *Las funciones atípicas o de apoyo*, grupo que proponemos nosotros (aún poco asumido por los autores), en el que incluimos funciones e instrumentos cognitivos nucleares de la cognición, que además son el soporte imprescindible para desarrollar las funciones de todo el proceso cognitivo, pero no tienen las características específicas que se les atribuyen a las funciones cognitivas clásicas. En este grupo incluimos: *"la memoria operativa o de trabajo"* que asume la gestión logística para el

trasiego por todo el cerebro de la información, "*el lenguaje semántico*", que hace comprensible y simbólica la información entrante, por lo que la consideramos el artífice del pensamiento y de todo el conocimiento y finalmente "*la función afectivo-emocional*", que es el combustible de la cognición, aporta color, calor, energía, direccionalidad y motivación de la cognición.

1.1.-DELIMITACIÓN DEL CONCEPTO DE COGNICIÓN

En el proceso mental, muy pocas o ninguna de sus actividades queda fuera de la cognición. En unos casos porque se definen funciones mentales a partir de constructos empíricos como la personalidad o las actitudes, en los que se integran funciones muy distintas, generando conjuntos de rasgos conductuales, que han permitido a los estudiosos de la mente crear entidades nosológicas.

En otros casos, como el libre albedrío o la voluntad, son viejos conceptos de difícil catalogación, porque se refieren a concepciones más ético-filosóficas que psicológicas y su construcción y esencia es controvertida. Además, muchos de los contenidos de este tipo de conceptos que están presentes o son tenidos en cuenta de alguna forma, en el proceso cognitivo.

La actividad mental, genera un enorme conjunto de procesos y contenidos, unos conscientes y otros inconscientes y todos participan de la gestión del conocimiento. Unos son los generadores fundamentales de los contenidos mentales, como son las funciones fenoménicas, otros actúan como operadores o facilitadores de la cognición como son la memora de trabajo, o el lenguaje y otros facilitan su enriquecimiento, como ocurre con la carga afectivo-emocional que enriquece las actividades relacionadas con la adquisición, organización, orientación y aplicación de la información y el conocimiento como ocurre con la emoción afectividad.

Como ya hemos comentado, los procesos cognitivos funcionan como un todo integrado, generando lo que llamamos "la mente" y es muy difícil poder saber a ciencia cierta, donde empieza y donde termina cada función cognitiva en el conjunto de la actividad mental.

Existen otras connotaciones filosóficas y religiosas, que acuñadas por escuelas filosóficas o psicológicas pretenden aclarar cuáles son los conceptos que conforman el edificio de la cognición. A lo largo de la historia de la filosofía o la psicología se han acuñado diversos términos (no siempre consistentes), para definir funciones o grupos de funciones cognitivas. Por ejemplo términos como el libre albedrío (téngase en cuenta que el libre albedrío es uno de los pilares del liberalismo al plantear la libertad individual, derecho fundamental del ser humano y también es condicionante básico en el concepto legal de culpa), es un concepto empírico y muy elástico, porque en sentido psicológico y antropológico, la libertad individual es como mucho, un bien restringido. Algo parecido pasa con la voluntad, que en su esencia es el resultado de tener razones para...

El conjunto de todas funciones cognitivas que se expresan en la conciencia-pensamiento, es la síntesis de todo el proceso mental. Su función se caracteriza por movilizar, controlar y emplear todas las funciones cognitivas, tanto las de nivel más básico, como la atención, la senso-percepción o la memoria, como las más complejas, como son las lingüísticas o intelectuales. Su gestión es tan importante y se desarrolla con tal finura, precisión y consistencia, que nos permite tener una cognición dotada de una enorme riqueza, sutileza y creatividad.

El puesto de mando del proceso cognitivo es la conciencia-pensamiento, es capaz de asumir el planteamiento y la resolución de problemas, el aprovechamiento de todos los recursos biológicos, mentales, cognitivos, ejecutivos y emocionales del sujeto y especialmente es el pensamiento, función esencialmente humana, el que nacido del diálogo íntimo entre el YO y el MI, genera un radical sentimiento íntimo de unidad personal, pese a su evidente dualidad.

Aun reconociendo la evidente certeza de unidad que nos transmite íntimamente la conciencia-pensamiento, cuando la describimos, lo hacemos diferenciando sus partes, llegamos a veces a desmenuzarla más aún en sus elementos, así hablamos alguna vez de los diferentes "YOS" de la conciencia, lo que puede llevar a engaño. Quizás una explicación sería decir que la mente es una y múltiple, la inteligencia es una y múltiple y la conciencia lo es también. Otra aclaración más estructuralista sería decir que todo el proceso mental es en su esencia un fabricante y su propio producto, el fabricante fundamentalmente es el cerebro, aunque también participan otras funciones y sistemas corporales como el sistema endocrino o el sistema vegetativo. El producto es en general la información.

La información es la materia prima que emplea el cerebro para operar con ella. A la información se la elige de entre las muchas posibilidades que ofrece el ruido ambiental, solo se capta, se organiza y se procesa la información elegida, modificando por correlación sus contenidos y creando nuevos contenidos informativos. Para lograr todos estos objetivos, es necesario que la conciencia-pensamiento controle y coordine todas las funciones cognitivas y el cerebro procese y planifique toda la actividad mental y coordine la actividad de los diversos órganos corporales y sus funciones.

El proceso que se sigue en la función cognitiva es el siguiente: La información que llega a través de los sentidos es captada, transducida y trasportada hasta las cortezas cerebrales, donde gracias al lenguaje es traducida y adquiere significado semántico que la hace comprensible, pudiendo así ser simbolizada, clasificada, organizada y gestionada. Además, el lenguaje permite su digitalización. El lenguaje, al estar soportado por unidades discretas, permite operar con sus contenidos o con sus significados, para ser clasificados, organizados y aplicados, tanto por todos los operadores cognitivos, como por los operadores externos que transmiten y emplean la información, lo que hace posible la escritura y la expresión oral de las diferentes lenguas, que a su vez, son aptas para ser digitalizadas y transmitidas con infinidad de soportes, incluso con lenguajes de diferente concepción como son el lenguaje-máquina de la informática o el código Morse.

En la función mental, la información está encargada de generar productos tan sofisticados como son las ideas, los proyectos, las creaciones, las fantasías, los saberes, las memorias, los sentimientos o tan complejos como son la conceptualización, el análisis y la síntesis de problemas y situaciones, la creación, las escalas de valor generadoras de la motivación y también la capacidad de anticipación para prever el futuro. También gestiona las ambiciones que se derivan de los proyectos personales que elabora la inteligencia-pensamiento y además, toda esa información está cargada de afecto y de emoción, por la participación integrada del sistema límbico-emocional del cerebro.

1.2.- TEORÍA DE LA MENTE

Esta teoría establece que: *"Los seres humanos estamos dotados de un sistema nervioso que posee capacidades cognitivas que emergen por la actividad de complejas redes neuronales, ejerciendo influencias recíprocas entre el sistema nervioso, el cuerpo y el entorno"*. De acuerdo con este planteamiento, el cerebro no ejerce totalmente el mando del cuerpo. *"Toda la actividad mental resulta de un proceso emergente y global, que atraviesa el cerebro, el cuerpo y el mundo"*. Es algo que nace, que emerge y que se produce por la compleja relación de las estructuras neurales, con el resto del cuerpo y con las funciones mentales que a su vez coparticipan y se relacionan con el entorno.

Todos los seres vivos en general y los seres humanos en particular, en su acoplamiento estructural con el mundo, nacemos, crecemos y nos desarrollamos creando un mundo propio y personal, nacido de nuestra relación con el entorno que nos acoge, es decir, los seres vivos recreamos dentro de nosotros mismos un universo personal con el que nos comunicamos generando un tipo de información peculiar y característico que es el que nos define como seres vivos. El gato crea en su cabeza el mundo de los gatos y la araña el de las arañas y con esos universos se establecen las relaciones que se han de mantener con el entorno y con los demás. Es fácil así entender cómo nos podemos comprender a nosotros mismos y a los miembros de nuestro entorno cultural cercano, pero comprendemos menos a los sujetos que vivieron en otras épocas o que proceden de culturas actuales diferentes. Ya no nos debe parecer un monstruo el legislador que compuso el código de **Hammurabi**[9] o por qué se condena a muerte a **Rushdie**[10] por escribir unos versos irónicos sobre Mahoma.

"El cerebro, no tiene ni la primacía ni el control total sobre las decisiones o las acciones, por lo tanto, tampoco las tiene el YO sobre el cerebro, sino que su forma de operar es la de colaborar activamente con los demás sistemas dinámicos, que son el cuerpo, la mente, el entorno, las circunstancias del momento y la estructura social con su cultura". Todo este planteamiento nos invita a reconsiderar la organización de los seres vivos, pensando que su estructura interna se basa en una estrecha colaboración entre esos sistemas dinámicos que son: el cerebro, con sus funciones de dirección, coordinación y gestión funcional, la mente, con sus contenidos y elaboraciones psicológicas, el cuerpo encargado de la captación y administración de la energía, el

---

[9] (Hammurabi (1810-1750 a.C.) 6º rey de Babilonia)
[10] (Salman Rushdie (1947...) escritor y poeta hindú ahora en EEUU)

entorno, que asume el papel de cliente que nos acoge y considera o nos penaliza y rechaza y finalmente la sociedad y la cultura que matizan promueven o inhiben la motivación y la direccionalidad de nuestro comportamiento.

Siegel[11] propone una concepción original de la mente, la define así: *"La mente es el proceso de regulación del flujo de energía e información que atraviesa nuestro cuerpo y nuestras relaciones; un proceso emergente, auto-organizado, que en los seres humanos da lugar a diferentes actividades mentales como percibir, sentir, pensar, imaginar, recordar, soñar o desarrollar conductas inteligentes y en el que la experiencia subjetiva o conciencia de sí mismo, juega un papel fundamental".*

Gracias a la conciencia-pensamiento, los seres humanos podemos modificar el flujo de la información que nos llega e incluso podemos modificar la información en que estamos inmersos, por eso somos capaces de crear a la vez nuevas relaciones con otras personas y con el mundo, buscando encontrar la dirección adecuada para lograr la mayor salud y bienestar. Si lo pensamos bien, *"lo que todavía no tiene forma, ni sentido, no puede ser percibido ni utilizado por ningún ser vivo y por lo tanto no puede hacernos ni bien, ni mal".*

Siguiendo esta perspectiva, *"proponemos conceptualizar la mente y fundamentalmente la cognición como un proceso regulador de información que se desarrolla a través de diferentes actividades mentales como percibir, sentir, pensar o decidir, lo que de hecho es la actividad inteligente. Dicha información no nos viene dada por sí misma, sino que se produce y emerge en las relaciones que el ser humano mantiene con otros seres humanos y con el entorno que a todos acoge. Es en esas relaciones donde la información se integra y se acopla. La mente no es algo separado de nuestro cuerpo ni de nuestras relaciones, es algo que emerge de ambos y que a la vez los regula. La inteligencia y la conciencia-pensamiento son aspectos de esa mente emergente, con funciones sin duda sorprendentes, pues nos permite percibir desde dentro el flujo de la información, para así generar la forma en que dicho flujo debe ser comprendido y regulado por nuestra mente".*

---

[11] (Daniel J. Siegel (1957...) médico estadounidense y prof. de la U. California)

Esta concepción de la mente nos lleva a plantear la cognición con una perspectiva poco conocida, la de ser un proceso a la vez integrado, unitario y múltiple. Es un todo continuo, correlacionado e interdependiente, que nos permite vivenciar nuestra unidad de forma radical, es nuestro Sí-Mismo-Personal, pero que más que ser, ocurre, está siendo y cambiando, tanto en el plano físico como en el mental.

Desde otra óptica hemos d tener presente que nuestro "ser así" nuestro "mantener una forma de ser unívoca", tiene más de tópico que de realidad, porque en ese discurrir del estar siendo con los demás, a los que modificamos y nos modifican de forma sistemática, lo consolidamos de tal forma que nos lleva a ser algo distintos con cada persona con la que nos relacionamos, hasta el punto de parecer personajes que estamos haciendo una representación de papeles distintos ante cada persona o grupo, (esposa, amigos hijos clientes) con los que nos relacionamos y también parecemos distintos en cada rol que desempeñamos.

Esa concurrente unidad y disparidad nos aporta "pluralidad" que gana fuerza individualizante pese a estar adherida a un rotundo sentimiento unitario de ser YO, un ser distinto y unívoco.

A través de la inteligencia y la conciencia-pensamiento, los seres humanos podemos observar nuestra propia mente y fijarnos en cómo la usamos para modificar el curso de nuestras vidas, para aprender nuevas habilidades, para reflexionar sobre lo que tiene sentido o para elaborar nuestro proyecto transcendente, orientándolo en la dirección de los objetivos vitales que creemos que deben establecerse. A través de una adecuada gestión intelectual y del pensamiento, podemos modificar el flujo de información de una manera más concreta en la dirección de preservar la salud o lograr una adecuada realización personal, lo que es algo muy cercano al concepto de libertad.

"Tanto el Sí Mismo Personal, como la propia conciencia, se construyen como consecuencia de un doble proceso de diferenciación e integración". La diferenciación permite que las partes de un todo mayor puedan afirmarse en su individualidad y a la vez se diferencien como algo único y especializado. Pero además, para que dichas partes puedan mostrar todo su potencial, es necesario un proceso de integración, que es un reconocerse como parte de una totalidad mayor que nos acoge y da sentido, en aquello que cada una de

dichas partes colabora por separado, de manera convergente, generando así la emergencia de una nueva realidad propia que es el Sí-Mismo Personal.

Al percibir el mundo que nos rodea, tenemos una evidente sensación de captar la realidad, nos da la impresión de que lo que percibimos es lo verdadero. Decimos: me lo va a decir Vd. a mí, que lo he visto con mis propios ojos. "Normalmente *lo que creemos con mayor firmeza cada uno de nosotros, es nuestra verdad segura, que en gran medida proviene de lo que vemos con nuestros propios ojos físicos y mentales*".

Cuando se conoce el complejo mecanismo que debe desarrollar la mente para percibir e interpretar la realidad del entorno, se sabe que la certeza que tenemos de percibir la realidad es ilusoria. Esa realidad, tan tozuda, tan contundente, que de forma tan realista se percibe y se vivencia, es la que nos lleva a seguir aferrados al sentimiento de que la percepción es como una fotografía de lo que vemos. La realidad es muy otra, lo exterior nos ofrece y nos envía su información, pero para ser percibida esa información de la realidad y sobre todo para poder comprenderla, debe ser interpretada a la luz de nuestros propios conocimientos, experiencias, apetencias, prejuicios e incluso según nuestra conveniencia o interés. La senso-percepción del mundo sensible es siempre una interpretación, por lo que el proceso de conocer es siempre empírico y de hecho es una creación específica de la persona que percibe.

López Ibor[12] dijo: "*La percepción es un encuentro creador*", nosotros diríamos; que "*la percepción es un hacerse el encontradizo con lo que se quiere percibir*". Los componentes propiamente informativos del conocimiento no están en el mundo mental. Esos datos y objetos que nos interesa captar, están en el mundo de la física y otras ciencias, pero no están situados en el ámbito simbólico de la mente, ese ámbito es más evanescente y más creativo. Para entender la distinción entre esos dos ámbitos es necesario conocer la vía o proceso que, partiendo de los elementos físicos del mundo exterior, es capaz de producir como resultado la creación simbólica de los contenidos del universo mental. Para ello deberemos conocer los sistemas y procedimientos que emplea la cognición para percibir e interpretar la realidad y que en definitiva es el objetivo que iremos desarrollando a lo largo del libro, "Cómo adquirir el conocimiento".

---

[12] (López Ibor, (1906-1991), médico español, prof. U. Madrid)

1.3.- AUTONOMÍA Y ACOPLAMIENTO

El binomio autonomía-acoplamiento del ser humano plantea consideraciones interesantes. Los seres humanos somos autónomos, es decir, mantenemos nuestra identidad, lo que nos lleva a generar dominios cognitivos propios. Creamos nuestros espacios con sentido propio. No nos apropiamos de la información ya existente en el entorno, sino que es a partir de esa información del entorno, como generamos una información y opinión propias. Pongamos el siguiente caso: un alimento, no es algo que el entorno nos suministra, sino que es un concepto creado por la relación que se establece entre las personas y el entorno, en esa larga relación que tenemos con el entorno, se produce un acoplamiento estructural, que es el que da sentido de nutriente a la sustancia físico-química y la convertimos en alimento. Si no se hubiese producido esa interrelación recíproca, el nutriente sólo sería una sustancia química. Es a través del nuevo sentido que emerge de la relación entre las personas y el entorno, cómo la sustancia química se puede convertir en un nutriente o en un tóxico.

La función del sistema nervioso no es atrapar y aceptar la información procedente de lo que captamos con nuestras percepciones, lo que en realidad se produce es una relación mantenida, activa, coherente y con sentido, con la que se van generando unos patrones de actividad propios, que operan como una red circular sensomotora de las neuronas y la información, que además es con la que se controla nuestra propia conducta.

En realidad la persona no actúa a partir de las decisiones que toma su cerebro, ni tampoco las toma su YO o la conciencia por sí misma. *"El hombre actúa a partir de crear una síntesis decisoria que emerge como resultado de múltiples y recursivas interacciones entre diferentes sistemas dinámicos, representados por el cuerpo, el cerebro, nuestros saberes y actitudes y el mundo con sus relaciones sociales y culturales"*. Este planteamiento es complejo y contrario al pensamiento racional o lineal al que estamos acostumbrados, pero si lo analizamos bien, veremos que es una versión más realista y que permite una visión más profunda de la vida.

Los procesos cognitivos, desde luego, emergen del cerebro, pero lo hacen como resultado de los patrones conceptuales que vamos generando en la continua relación que tenemos con el entorno, con la percepción y acción que vamos elaborando y repitiendo. Vamos a intentar explicar esta idea. Es el acoplamiento sensomotor entre un ser vivo y su entorno, lo que modula, pero no determina, la formación de unos patrones propios de la actividad neuronal y estos patrones son los que dan forma al acoplamiento sensomotor, es decir, promueven gran parte de las decisiones que solemos tomar. Así pues, la conducta que habitualmente desarrollamos es la que van generando las vías y mapas neuronales, que a su vez van estableciendo las formas de percibir pensar y actuar.

Es la totalidad del ser vivo dotado de un cuerpo, con un sistema nervioso auto-organizable y autónomo, el que determina la permanente construcción del Sí-mismo. Por tanto, es el Sí Mismo Personal ("que es una simbolización casi protéica que hacemos de nuestro darnos cuenta)" el que va estableciendo, merced a una compleja interrelación con el mundo, ese "mundo nuestro" que adquiere un sentido muy personal. Es el mundo en el que se vive y con el que nos comunicamos a través de la mente, es el que configura nuestra historia, los saberes y los esquemas de motivación y valor y por así decirlo, cada persona va creando durante toda su vida su propio mundo.

El mundo cognitivo no es algo externo a la persona, es un mundo propio, creado por esa misma persona a través de su relación con la parcela del mundo con el que él convive, al que pertenece y que esa persona ya ha pre-especificado y representado internamente en su cerebro. Es como si realmente existiese en la memoria de cada persona el esquema de relaciones que ya tuvo y tiene consigo mismo y con el entorno.

En esta idea se evidencia la capacidad que tiene el ser vivo al acoplarse con el entorno como un ser que actúa con autonomía y ese acoplamiento es algo que se va creando con la propia acción de sujeto. La forma en que expresa esta acción, es un resultado que emerge de la actividad en la que participan un ser vivo y su entorno. Este acoplamiento e interpretación selectivos, es lo que nos hace tener distintas impresiones al contemplar un paisaje como la Albufera de Valencia. El inmobiliario ve terrenos para construir, el agricultor campos, el artista paisajes y el cazador patos volando.

1.4.- LA COGNICIÓN VIVENCIADA

La experiencia subjetiva que tenemos ya vivenciada es central para comprender la mente. La cognición no sólo se relaciona con procesos neuronales, corporales o de relación con los demás, es también algo que tiene una actividad por sí misma, una actividad que le es propia y que percibimos subjetivamente. Es ahí donde se realizan nuestras conversaciones entre el YO y el MI, es lo que llamamos pensamiento, lo que implica que esa experiencia que tenemos de nosotros mismos como sujetos, es la que se genera con mi cuerpo y con mi mente, que están situados en el mundo en una permanente relación y remodelación con los demás a la vez que con nosotros mismos. Es en ese discurrir co-existiendo, donde el ser humano está en permanente cambio. De forma constante se producen encuentros y reencuentros con modificación mutua entre el YO y el entorno, generándose así nuevas readaptaciones. Es así como discurre, se adapta, se modifica y es modificado el ser humano, en un permanente devenir del estar siendo con los demás.

Veremos ahora, de forma muy esquemática, los grupos de funciones cognitivas con las características que a cada uno de esos grupos le hemos atribuido y posteriormente analizaremos con detenimiento las características de cada función y por separado.

1.5.- AGRUPACIONES DE LAS FUNCIONES COGNITIVAS

1.5.1.- FUNCIONES COGNITIVAS BÁSICAS O INSTRUMENTALES.

"Este grupo de funciones están encargadas de las tareas de seleccionar, captar, transportar, organizar, almacenar y evocar la información. Son desarrolladas por: la alerta, la atención, la sensación, la percepción y las memorias" Estas funciones están soportadas y procesadas por estructuras cerebrales bastante bien conocidas morfológica y funcionalmente y se conoce también su secuencia. El proceso comienza con las funciones de puerta de entrada de la información que llega del entorno o del interior del individuo y estimula los sentidos. (Es la sensación). Sigue con el transporte de esa información a través de las redes neuronales hasta llegar a la corteza cerebral. (Es la percepción). La información recibida por los sentidos es vehiculada hasta la corteza cerebral recorriendo soportes físicos, eléctricos y químicos. En la corteza cerebral producen cambios significativos que son el mecanismo que genera la memoria y el aprendizaje, (Es la memoria y el aprendizaje), que estudiaremos con detenimiento más adelante...

Al llegar la información a la corteza cerebral, es traducida, por el lenguaje semántico, haciéndola comprensible, es decir adquiere significado, lo que permite su estructuración, organización, y categorización. (Es el conocimiento). En la siguiente etapa del recorrido, con la información ya configurada como conocimiento, al haber adquirido significado y ser comprensible, ya ha adquirido capacidad digital que le permite desarrollar formas complejas de organización, por distintos referentes como son los valores o el interés el espacio-tiempo... y puede ser almacenada en la memoria de largo plazo para su posterior recuperación y aplicación, (Es la evocación). En esquema este es el proceso de la cognición que gestionan las funciones cognitivas básicas o instrumentales.

1.5.2.- FUNCIONES COGNITIVAS SUPERIORES O FENOMÉNICAS.

La consciencia, Cabe diferenciar en ella dos partes, una es la "consciencia" que opera coordinando la atención y la percepción, es el "darse cuenta"; ante cualquier evento o situación, se encarga de seleccionar y elegir los contenidos informativos a los que se debe prestar atención para ser captados y remitidos a la corteza cerebral. Una vez en la corteza cerebral, son traducidos por el lenguaje, adquieren significado comprensible y pueden pasar a ser procesados por las funciones fenoménicas.

Otro aspecto es la conciencia en sí misma, es la que asume la dirección y control de toda la cognición, es la que desarrolla el procesamiento fenoménico de las llamadas funciones superiores (inteligencia, conciencia y pensamiento) que actúan de forma tan integrada y unitaria, de forma que es difícil distinguir donde acaba la actividad de una y comienza otra, son un verdadero núcleo unitario, al que le llega toda la información captada y se le integra la actividad de los procesos cognitivos atípicos que son la memoria de trabajo, el lenguaje semántico y la emoción. Con toda esa información la conciencia genera sus propios productos informativos, que generalmente son la síntesis definitiva del proceso cognitivo. A estos productos se les denomina fenoménicos.

Para describir el procesamiento fenoménico de los contenidos informativos, es necesario describir por separado la actividad y el momento de actuación de cada una de las funciones, pero nosotros estamos convencidos que esa dicotomía es ficticia y en realidad todo ocurre al unísono, gracias a la sorprendente eficacia integradora que tiene el sistema de "reentrada recursiva" del cerebro, que estudiaremos e intentaremos comprender más adelante, en el capítulo 8.

Haciendo una descripción lineal, superficial y esquemática del proceso de las funciones fenoménicas, partiremos situándonos en cualquier evento o momento de la vida. El sujeto que va a tener la experiencia consciente capta infinidad de estímulos físicos que estimulan los sentidos y son portadores de información, son la luz, los sonidos, el tacto etc. De entre todo el ruido ambiental, la consciencia realiza una selección de los estímulos (informaciones), que considera más interesantes o convenientes para ser procesados.

El proceso comienza correlacionando las informaciones o conocimientos recién adquiridos y los ya existentes en la memoria permanente, función que se realiza gracias a la actividad logística de la memoria de trabajo y que veremos en el siguiente párrafo numerado. Esos contenidos informativos correlacionados y purgados, son procesados y gestionados por las funciones fenoménicas, trabajando al alimón la inteligencia y la conciencia-pensamiento, que desarrollan el procesamiento, contrastación, correlación, elaboración y creación de esos contenidos informativos, con lo que generan nuevos conocimientos y nuevos productos informativos específicos de las funciones fenoménicas.

En esquema, el mecanismo que se sigue es el siguiente: la conciencia que actúa como directora de toda la cognición, al vivenciar una situación determinada, elige aquellas informaciones más convenientes o adecuadas de entre el ruido existente. Seguidamente reclama de la memoria de trabajo la presentación en conciencia de aquellos contenidos memorizados que estén de alguna forma relacionados con la situación que se está vivenciando y establece correlaciones entre estas dos informaciones. A la vez, participan la inteligencia y el pensamiento procesando y elaborando nuevos contenidos informativos resultantes de la conjunción de las dos informaciones.

Todo ese proceso fenoménico genera nuevos conocimientos, creaciones, modificaciones o ampliaciones de la información y caso de ser coherentes y adecuados a los referentes con los que la conciencia desarrolla la selección, quedan elegidos para ser de nuevo remitidos por la memoria de trabajo a la memoria a largo plazo para su almacenamiento.

Toda la información anterior ya memorizada y la de nueva creación son productos que se generan por correlación y procesamiento entre las informaciones. Estos contenidos fenoménicos, que se explicitan en la conciencia de forma estática y en el pensamiento de forma dinámica, son como la foto y la película de la cognición consciente. En caso de incompatibilidad entre la información que se adquiere y la ya existente, se puede producir el efecto de "disociación cognitiva", que puede producir la eliminación o la modificación de esas informaciones.

Así es como se elaboran proyectos, se orienta la conducta hacia los objetivos, se establecer previsiones de futuro o se prevén las consecuencias. Ese mismo proceso es el que genera el aprendizaje y con él la elaboración de conocimientos y el desarrollo de conductas inteligentes.

La generación de contenidos informativos fenoménicos permite también que cuando pienso, lo hago con mi subjetividad y tengo certeza y seguridad de autonomía, con mis pensamientos genero mi idea de transcendencia, que me lleva a considerar el devenir como camino motivador de mi desarrollo personal, con lo que se justiprecia el valor o interés de esos contenidos. También se establecen otras jerarquías de valor o prioridad que ayudan a decidir entre lo que se considera más o menos importante. Con la experiencia y los conocimientos que se van adquiriendo, se generan estructuras más amplias y con mayor estabilidad como son los criterios, las actitudes y en general todo ese cúmulo de saberes que nos permiten juzgar con rapidez y actuar con determinación.

En la etapa fenoménica de la cognición, intervienen también otras funciones cognitivas a las que denominamos atípicas como son *"la memoria operativa o de trabajo", el lenguaje semántico y la emoción–afectividad"*.

La cooperación del lenguaje en la etapa fenoménica de la cognición aporta la significación y simbolización a la información captada, lo que transforma la información en conocimiento. Con él se explicita y define quién soy, quien he sido y quien seré y aun estando en permanente cambio, nos permite saber que seguimos siendo siempre el mismo y distinto de los demás. Gracias a esa información con significado y capacidad simbólica, la conciencia es capaz de generar la construcción del Sí–Mismo-Personal, que nos permite tener consciencia de ser conscientes, tener historicidad, ser capaces de gestionar esos contenidos informativos y operar con ellos para desarrollar las capacidades de la gestión intelectual, tales como son el razonamiento, la inferencia, la simbolización o la creación.

Disponer de información simbólica y con significado, permite desarrollar la función específica del pensamiento que es el diálogo entre el YO y el MI. Finalmente hemos de recordar que la memoria de trabajo está durante toda la cognición encargándose de la logística de los contenidos informativos, con lo que se pone la información a disposición de todos los dispositivos y en cada uno de los momentos de ese proceso. Gracias a la eficiencia de la memoria operativa o de trabajo, la cognición recibe la información apropiada para poder elaborar sus contenidos.

1.5.3.- FUNCIONES ATÍPICAS O DE APOYO.

Incluimos en este grupo: *"La memoria operativa o trabajo, El lenguaje semántico y La emoción-afectividad".* Como estamos viendo, son operadores absolutamente necesarios en la cognición, pero su naturaleza y procedencia neuronal son diferentes a las funciones cognitivas típicas. La memoria de trabajo, atiende la logística de la información. El lenguaje semántico permite que la información significante pero incomprensible, adquiera significado comprensible, que cuando llega a la corteza, será traducida y obtendrá significado para poder ser comprensible, simbolizable y organizable. La emoción–afectividad le añade fuerza, calor y color a los contenidos mentales, genera motivación y direccionalidad a los proyectos y a la conducta dándole la perspectiva de ser ventana abierta al mundo, a la vez que mantiene la intimidad personal.

La memoria de trabajo ni es memoria, ni es función cognitiva típica, se encarga de la logística del contenido de la cognición, que es la información o conocimiento. A requerimiento de la conciencia, recoge la información apropiada que está asilada en la memoria permanente y la presenta en conciencia, donde se establece una correlación y procesamiento entre los contenidos informativos ya memorizados y las nuevas informaciones que se están vivenciando. De esta relación nacen nuevos y distintos contenidos que de nuevo son remitidos por la memoria de trabajo a la memoria permanente. *"Así nace el conocimiento"*.

Lo mismo ocurre con el pensamiento, cuando requiere información memorizada para establecer correlación con los nuevos productos elaborados por deducción, razonamiento, inferencias o creación, se crea una nueva información con nuevas perspectivas y conclusiones, que es remitida de nuevo a la memoria permanente. Otro tanto ocurre con la información que es procesada por la inteligencia.

Realmente, lo que nosotros creemos que pasa, es que todas las operaciones de la cognición se realizan al mismo tiempo y están operando al unísono con la participación de todas las funciones cognitivas, (gracias a que el cerebro dispone de mecanismos de reentrada recursiva) por lo que la memoria operativa también tiene una tarea a la vez unívoca e integrada. Esta opinión de univocidad se ha fortalecido a partir de la hipótesis propuesta por **Edelman**[13] con *el "Sistema de Reentrada Recursiva del Cerebro"*, hipótesis apoyada experimentalmente. Este sistema neuronal lo estudiaremos con detenimiento más adelante, porque desde luego permite comprender la univocidad de la cognición y otras muchas dudas que se planteaban al estudiar el soporte morfológico de la cognición.

La descripción esquemática de los procesos cognitivos, permite saber cómo se memoriza y cómo se aprende, En definitiva son cuatro los elementos informativos que intervienen en el procesamiento que realiza el cerebro:

- La información captada que aportan los contenidos informativos que se están vivenciando.
- La información nacida del procesamiento que realizan las funciones fenoménicas de la cognición.
- La información ya existente en la memoria permanente relacionada con la situación que se está ahora vivenciando
- Los nuevos contenidos informativos nacidos de la correlación y procesamiento que se establece entre la información actual con la que ya tenía la memoria permanente, que esté relacionada con la información que se está vivenciando.

Por tanto, los conocimientos y saberes se generan siguiendo un proceso en el que los contenidos informativos que asila la memoria permanente, están en continua contrastación con los conocimientos y vivencias nuevos que se van incorporando con la experiencia y el aprendizaje, Así se generan, conjugan y remodelan nuevos conocimientos, que también se contrastan y conjugan con los elementos informativos que han generado la inteligencia y el pensamiento. *"Esta conjunción de contenidos informativos enriquecidos por*

---

[13] (Gerald Edelman, (1929-2014), médico EEUU, Prof. U. Rockefeller, Premio Nobel de medicina)

esa permanente actualización, son las herramientas, adecuadas para generar las capacidades, saberes, experiencias y pericias que permitieron a los homínidos llegar a ser Homo Sapiens".

CAPÍTULO 2

ELEMENTOS Y MECANISMOS DE LA COGNICIÓN

En este capítulo comentaremos algunos elementos, especiales de la cognición que conviene conocer, porque explican muchas de las circunstancias y pormenores de los procesos cognitivos. Incluimos en este grupo: *"La Información, la Plasticidad cerebral y la Emergencia"*. Partiremos estudiando la información.

2.1.- LA INFORMACIÓN

Habitualmente, el estudio y comprensión de la mente se aborda considerando que el universo está formado sólo por la materia y la energía, Sin embargo, nosotros proponemos incluir la *"información"* como un elemento fundamental en la composición del universo. Con esta cosmovisión seremos capaces de comprender mejor los fenómenos, las cosas físicas del mundo y muy especialmente, comprenderemos mejor los procesos y contenidos de la mente y además conseguiremos abordar de forma más real y con mayor fundamentación científica el estudio de los procesos mentales.

En un anterior libro proponíamos una cosmovisión distinta para lograr una mejor forma de conocer todas las cosas que componen el universo. *"Al incluir la información como elemento constituyente del universo, pasamos a entender que todas las cosas del universo están compuestas de "materia, energía e información", de forma que la información, apoyándose en la energía, organiza la materia"*.

Para centrarnos en nuestro tema, podríamos indagar qué opina la gente sobre estas ideas. Si preguntamos a personas en la calle ¿de qué está hecho el mundo? Podrían decirnos que está hecho de materia, de átomos, o quizá puedan decir que de partículas elementales e incluso podrían señalar a la energía, como las ondas electromagnéticas o la luz. Si la persona conoce la física, podrían advertir que ambas, materia y energía, son en el fondo la misma cosa, como estableció **Einstein**[14]. Estas contestaciones no incluyen cosas como los saberes de las personas, cómo saben las abejas construir sus panales o incluso cómo adivina el agua que ha de cristalizarse a 0º C.

Esas contestaciones tampoco nos ayudan a comprender como funciona el pensamiento de las personas o sus ilusiones, ni tampoco cómo se desarrolla, el lenguaje, la inteligencia o la conciencia y desde luego esas cosas pertenecen a este mundo.

Nuestra hipótesis parte proponiendo una nueva cosmovisión, que se basa en *"concebir la información como el elemento que apoyándose en la energía, organiza la materia"*. Por lo que incluimos la información como un elemento cardinal de la cognición y establecemos también que *"para entender el universo, es necesario incluir la información como un componente fundamental de su ontología"*.

Conocer el cómo se elaboran los contenidos de la mente desde el cerebro ofrece grandes dificultades, derivadas tanto de la propia complejidad del cerebro, como también porque se plantea con un enfoque conceptual y una metodología inadecuadas que suelen ser los medios que se emplean al abordar los quehaceres de la ciencia formal. Solo se consideran elementos constituyentes la energía y la materia y además las investigaciones y desarrollos suelen emplear una metodología racionalista y lineal.

La rigidez de estos enfoques, que creemos inadecuados, se debe a que aún se siguen los hábitos y sistemas de trabajo derivados de las enseñanzas de **Descartes**[15] y **Newton**[16] que sin duda hicieron importantes aportaciones para la ciencia, tanto que fueron capaces de calar profundamente en nuestra cultura y en la urdimbre que sustenta nuestra forma de pensar y trabajar. Son elementos que ya forman parte del sentido común y de los hábitos de investigación científica.

---

[14] (Albert Einstein, (1879-1955), Físico alemán, Prof. U. Berlín y Princeton, considerado como genio universal, Premio Nobel de Física)
[15] (René Descartes, (1596-1650), filósofo racionalista francés, padre del método cartesiano de la filosofía moderna)
[16] (Sir Isaac Newton, (1643-1727), científico inglés, considerado el científico más grande de todos los tiempos)

Esa visión y esas normas han impuesto a la ciencia una determinada visión del mundo y una metodología de trabajo rigurosa que nos lleva a organizar nuestro pensamiento de acuerdo con reglas racionalistas y con tendencia a entender la realidad de forma lineal.

Pensamos que el estudio de la mente exige un posicionamiento distinto, si se quiere resolver el problema considerado el más difícil de la humanidad: *"cómo desde la materia, que es el cerebro, puede generarse algo tan sublime como la ilusión o la fantasía"*. Querer resolver ese problema con microscopios o cálculos complejísimos es como querer analizar la ilusión de una persona con un fonendoscopio.

Cierto es que el enfoque racionalista tradicional está evolucionando. La física por ejemplo, ha logrado que la materia se vaya haciendo cada vez menos material y si no, que se lo pregunten a las partículas elementales, Del mismo modo la psicología ha evolucionado llevándola a que sea menos mental, menos espiritual y más física, más cercana al concepto de materia.

Centrándonos en el ser humano, hemos de convenir que tanto en su naturaleza física, como en su mente, la información ocupa un lugar preferente. La diferencia entre ellas está en la distinta forma que tienen de transmitir la información; En la biología la información se transmite genéticamente y está codificada en la memoria del genoma, que es el que determina la forma de expresarse la construcción del cuerpo. En la mente, la información cultural se transmite (habitualmente) por aprendizaje y está codificada en la memoria a largo plazo. Allí se procesa y guarda en el cerebro generando todos los contenidos cognitivos, como son la memoria, el darse cuenta, el pensar, resolver problemas por razonamiento lógico o tener ilusiones.

Como dice **Mosterín**[17] *"La evolución génica ha resuelto el problema inventando el cerebro. Los cerebros son capaces de registrar los cambios al instante, y de procesar la información rápidamente. Además, son capaces de transmitir esa información de cerebro a cerebro, creando y acumulando así una creciente red de informaciones, que recibe el nombre de cultura"*.

A penas se ha dedicado atención a estudiar la información. Solo los medios periodísticos o lectivos se suelen referir a ella y es solo como medio de

---

[17] (Jesús Mosterín, (1941-2017), antropólogo y filósofo de la ciencia español, Prof. U. de Barcelona)

comunicación. Quizá **Stonier**[18], aunque prestó más atención al pacifismo que a la información, fue capaz de proponer tres teoremas para la física de la información, relacionando la conexión entre la información y la organización:

- *"Todas las estructuras organizadas contienen información y ninguna estructura organizada puede existir sin contener alguna forma de información".*
- *"La adición de información a un sistema se manifiesta al hacer que el sistema esté más organizado o reorganizado".*
- *"Un sistema organizado tiene la capacidad de liberar o transmitir información".*

Estos son sólidos argumentos para la hipótesis que proponemos. También en física cuántica se va entendiendo mejor la información, se la considera como una fuerza directriz en el estudio de las partículas elementales, lo que no evita que siga teniendo entre los científicos ese regusto "de ser algo extraño", El propio **Wheeler**[19] escribió: *"Considero que mi vida en la física se divide en tres períodos. En el primero estaba casado con la idea de que todo eran partículas...En mi segundo período todo eran Campos... Ahora mi nueva visión es que todo es Información".*

La Información es la "sustancia inmaterial" de la que están hechas la estructura y la organización de todas las cosas. Su conocimiento integral es necesario para comprender cómo trabaja el universo concebido en su totalidad y muy especialmente como trabaja la mente humana en la que la información ocupa un lugar fundamental porque es el contenido de la mente.

Al repasar algunas definiciones de información veremos el discreto conocimiento que de la información se tiene:

- La RAE dice: información equivale al hecho de informar. A su vez, en sus tres primeras acepciones define así lo que es informar: Enterar o dar noticia de algo. Completar un documento con un informe. Fundamentar o inspirar algo, como en la frase: los valores que informan el sistema democrático.

---

[18] (Tom Stonier, (1927–1999), biólogo y científico de la información alemán, Invest. U. Rockefeller y Prof. U. Bradford).

[19] (John A. Wheeler, (1911-2008), físico EEUU, Miembro del plan Manhattan para la B. atómica y de hidrogeno y Prof. U. Princeton)

- Wikipedia define la Información como noticia o dato que informa acerca de algo.
- Con otra perspectiva también se define la información como un recurso que otorga significado o sentido a la realidad, ya que mediante códigos y conjuntos de datos, da origen a los modelos de pensamiento humano.
- Otros entienden por Información: a un conjunto organizado de datos procesados y ordenados para su comprensión, que aportan nuevos conocimientos al individuo o que construyen un mensaje.

Todas estas definiciones tienden a describir la información, bien por su contenido, bien por la forma en que se puede presentar. Pero a nuestro modo de ver no explican lo que es la información. No contemplan su esencia. Sin embargo hay alguna excepción:

- **Claude Shannon**[20] define la información como "la reducción de la incertidumbre".
- **Chiavenato**[21] dice: la información consiste en un conjunto de datos que poseen un significado, de tal modo que reducen la incertidumbre y aumentan el conocimiento de quien se acerca a contemplarlos.

Parecen que estas dos últimas definiciones son más acertadas y cercanas a la idea de información que nos interesa.

2.1.1.- FUNCIONALIDAD DE LA INFORMACIÓN.

Conceptualmente, para que opere la información debe existir algún grado de incertidumbre o desconocimiento. La información requiere que algo sea digno de interés, porque la información es aquello que aporta el valor de la sorpresa o que resuelve cierta ignorancia.

En la puerta de entrada de los estímulos del mundo exterior subyace la información, que reciben los sentidos, pero estos estímulos son significantes, que carecen de significado. Para tener significado y ser comprensibles, necesitan primero ser transducidos (transducir es transformar un tipo de

---

[20] (Claude Shannon, (1916-2001), matemático e ingeniero EEUU, Invest. De Bell y MIT autor de la Teoría matemática de la Información y probabilidad)
[21] (Idalberto Chiavenato, (1936...), Psicólogo, Abogado y MBA brasileño, experto en Dir. y Admón. de Empresas y R.R. humanos)

señal o energía, en otra de distinta naturaleza) por las estructuras neuronales de los sentidos, encargados de convertir las energías físicas que los activan, en potenciales eléctricos, que en forma de trenes de impulso eléctrico transportan la información. Pero esta información es aún un significante sin significado comprensible, (su comprensión aún es muy difícil). En el otro extremo del camino que recorre la información, es decir en la corteza cerebral, se produce una traducción a cargo del lenguaje semántico, que se encarga de traducir esos contenidos informativos dándoles significado, haciéndolos así comprensibles. Cuando la información ya es comprensible, podrá generar conocimientos y para ello deberá ser organizada, simbolizada y correlacionada con otros contenidos que existan ya en la memoria y que tengan algún tipo de relación con la información entrante. Esa información ya puede organizarse por significado o por otros referentes, para ser capaces de generar conocimientos, que son estructuras informativas organizadas.

Generar conocimientos requiere la participación de elementos creativos propios de la persona que capta la información, lo que hace del conocimiento una creación personal. El conocimiento es una construcción simbólica de la información, que ya permite elaborar contenidos más abstractos y amplios, como son los conceptos, criterios, opiniones y los esquemas actitudinales y en general lo que entendemos como conocimiento.

Una vez que la información está dotada de significado, y está organizada y correlacionada con otras informaciones ya memorizadas anteriormente, son esos conocimientos ya comprensibles y codificables los que se asilan en la memoria permanente, de donde podrán ser evocados al ser requeridos.

El proceso de aprender y disponer de saberes, representa el soporte fundamental de lo que llamamos inteligencia. Por lo tanto, es gracias a los conocimientos almacenados en la memoria, cómo podemos disponer de ellos para ser utilizados por el sistema cognitivo. *"Ese es el mecanismo que nos permite aprender, ser capaces de tener saberes y desarrollar conductas inteligentes"*.

Ya hemos dicho varias veces que *"la cognición es un todo continuo, unitario, integrado, Inter-dependiente e indivisible",* es un todo donde participan todos los procesos cognitivos en la captación y producción de todos los contenidos, tanto informativos como operativos de la cognición. Al considerarse la conciencia-pensamiento como el vértice y director de la cognición, se le atribuye la función global de coordinar todas las elaboraciones generadas por las distintas funciones cognitivas y una vez elaboradas, se podrán organizar, cotejar y adaptar, para crear conceptos, conclusiones, soluciones, decisiones, planes, proyectos y órdenes de ejecución.

Aunque es claro y fácil de entender, este esquema da una visión fría y pobre de la cognición, para evitarlo debemos comentar dos procesos enormemente importantes de la cognición por los que esta adquiere su carisma y su sorprendente eficacia. Uno de ellos es el sistema que nos permite tener la posibilidad de tener un aprendizaje continuo y con permanente actualización de sus contenidos, esta facultad está a cargo de la memoria permanente.

Otra sorprendente cualidad se deriva de otra singular característica del cerebro que es la "*plasticidad cerebral* "que veremos a continuación. Con la incorporación de las informaciones, al ir recorriendo las diversas redes neuronales y las sinapsis que sirven de contacto entre las neuronas, ese recorrido va creando huellas por la generación de nuevas proteínas, lo que sirve para desarrollar nuevas redes y mapas cerebrales que de hecho modifican la estructura del cerebro y generan una nueva y particularísima forma de priorizar determinadas vías neurales, que a su vez son el sustrato que nos permite tener una forma de pensar y de ver las cosas personal y propia y en definitiva de ser como somos.

Así pues, los contenidos de la memoria están siempre actualizándose, pero la cantidad y calidad de esa renovación y el continuo aprendizaje, dependerá de varias circunstancias tales como: la actitud y condiciones de la persona, las características y circunstancias de su entorno, su interés por el aprendizaje y las oportunidades que se le puedan presentar.

Por lo tanto es el permanente trasiego de la información a través de las redes neuronales, el que determina la reorganización funcional de sus estructuras, que a su vez lleva a la mente, estar en permanente modificación y reestructuración. Por tanto, "*es así como la información se recibe de forma permanente y con dinámica continua, también es continua la forma como se está produciendo una correlación, contrastación y cambio entre la información que se está recibiendo y la que está guardada en la memoria, lo que a la vez va generando nuevas rutas y mapas neurales que facilitan la organización (estructural y funcional) de los contenidos cognitivos*".

Es el proceso cognitivo el que permite el continuo aprendizaje y la permanente corrección y actualización de datos, convicciones, criterios, decisiones y saberes. Cierto es que para que la persona posea conocimientos adecuados, consistentes y actualizados, es imprescindible que esté en formación permanente, atenta a la vida, que las informaciones y conocimientos que adquiere tengan coherencia y calidad suficiente y que la persona esté interesada en mantener un continuo reciclaje, con actitud permeable para poder actualizar, corregir y modificar esos saberes, criterios, verdades y mitos, y para poder elaborar criterios y saberes más consistentes.

Podríamos decir que *"somos productos y productores de nosotros mismos y esa es nuestra servidumbre y es también donde radica nuestra libertad y nuestra responsabilidad"*.

2. 2.- LA PLASTICIDAD CEREBRAL

Se puede definir la plasticidad cerebral como *"la capacidad que tiene el sistema nervioso de remodelar la estructura de las sinapsis, aumentando su número y su eficiencia, a la vez que reorganizando las conexiones sinápticas, modificando los mecanismos bioquímicos y fisiológicos a la vez que desarrollando el crecimiento o activando vías alternativas de comunicación. Este mecanismo se pone en marcha como respuesta al tránsito de la información a través de sus estructuras neuronales o como mecanismo adaptativo para reparar lesiones. Esta es la capacidad cerebral que habilita a las estructuras neuronales para soportar el mecanismo de la memoria, el aprendizaje, la organización de los conocimientos, la elaboración de criterios y saberes, la rehabilitación neural y la adaptación al medio"*.

La plasticidad cerebral se expresa de distintas formas en el cerebro, cuando se refiere a las modificaciones que se producen en las neuronas, como respuesta a su actividad, hablamos de "plasticidad neuronal". Si no existiera la plasticidad, deberían estar especificadas en el genoma las órdenes para todas las neuronas del cerebro y sus conexiones, sin dejar nada al azar o a la experiencia. La manera que tiene el cerebro de esculpir sus complejas características estructurales y funcionales, es esperar que la actividad neuronal, al hacer transitar la información por sus redes neuronales, genere nuevas proteínas con las que se desarrolla su remodelación y refinando. *"Eso es la plasticidad neuronal"*.

La plasticidad neuronal es un tema complejo y muy importante, A finales del S.XIX **Cajal**[22] presentó su hipótesis sobre la plasticidad sináptica. Hasta entonces no se tenía conocimiento de los soportes neuronales de la memoria. D. Santiago postuló: *"El ejercicio mental facilita un mayor desarrollo de las estructuras nerviosas en las partes del cerebro en uso"*. Así dejó constancia de que las conexiones existentes entre grupos de células podrían ser reforzadas con multiplicación de terminales nerviosas por el ejercicio mental.

Pasó más de un siglo para que los neurocientíficos descubrieran que los cambios que genera la plasticidad sináptica es el sustrato morfológico que determina los distintos tipos de memoria, tanto en las formas más simples de aprendizaje no asociativo, como en las formas más elaboradas de memoria declarativa. **Rita Levi Montalcini**[23] demostró e identificó la existencia de los factores tróficos del crecimiento neural, que son los que hacen posible la reestructuración de las sinapsis, confirmando de forma experimental la plasticidad neuronal y **Álvarez-Buylla**[24] también ha contribuido de forma muy significativa al conocimiento de esta singular capacidad de remodelación y crecimiento del sistema nervioso que es la plasticidad.

Como veremos más adelante, las sinapsis son las estructuras inter-neuronales que conectan y transmiten señales entre las neuronas. Los cambios dependientes de la actividad neuronal que se produce por la transmisión sináptica son debidos a un gran número de mecanismos, conocidos colectivamente como "plasticidad sináptica". Esta plasticidad sináptica se puede dividir en tres grandes categorías:

1. Plasticidad a largo plazo: se refiere a cambios ocurridos en la sinapsis para consolidar la memoria a largo plazo o permanente, generándose así la memoria y el aprendizaje.

2. Plasticidad homeostática: es la plasticidad que se produce a ambos lados de la sinapsis, que permite a los circuitos neuronales

---

[22] (Santiago Ramón Y Cajal, (1852-1936), médico español Prof. U. Valencia, Barcelona y Madrid, Premio Nobel de Medicina, Padre de la Neurociencia)

[23] (Rita Levi Montalcini. (1909-2012), médico italiana, Premio Nobel de Medicina)

[24] (Arturo Álvarez-Buylla, (1958....), médico mexicano, hijo de exiliados españoles, Prof. U. San Francisco, Premio Príncipe de Asturias de Ciencia)

mantener unos niveles apropiados de excitabilidad y conectividad necesarios para lograr el equilibrio homeostático.

3. Plasticidad a corto plazo: que es el fundamento de los procesos de memoria a corto plazo, que dura desde unos 20 milisegundos a minutos y permite a las sinapsis realizar funciones computacionales en los circuitos neuronales, que se traducen en un fortalecimiento de la sinapsis, pero sin creación de proteínas.

2.2.1.- LA PLASTICIDAD Y EL FUNCIONAMIENTO CEREBRAL.

Desde un punto de vista funcional, *"la plasticidad del cerebro es la capacidad que tiene este órgano para configurarse y reconfigurarse a lo largo de la vida"*. Merced a esta neuro-plasticidad, las redes neuronales se organizan y reorganizan de acuerdo con las vivencias, experiencias y conocimientos que se van incorporando a la memoria. Este mecanismo se mantiene a lo largo de toda la vida. Los cambios neuronales se producen de forma más evidente en las llamadas ventanas de oportunidad, como la que tiene el niño en sus primeros años para aprender el idioma materno.

El cerebro, rector de la vida del ser humano, debe ir cambiando de manera constante en ese ocurrir del estar siendo. Esa capacidad es la plasticidad neuronal. Son varios los mecanismos de plasticidad, pero el más importante es sin duda la plasticidad sináptica, pues son las sinapsis de las neuronas las que tienen que cambiar su forma de comunicarse entre ellas, para que se produzcan esos cambios estructurales en las sinapsis al transmitir la información y son de hecho el sustrato físico con el que se genera la memoria.

La acción de los estímulos portadores de la información que se transmite por las vías neuronales, hace que las conexiones sinápticas cambien mediante la generación de nuevas proteínas, que promueven el crecimiento de la sinapsis y esos cambios se convertirán en las huellas que han de servir a la memoria para recordar las actividades que se desarrollaron al transmitir las informaciones, *"eso es la memoria"*.

Así es como se generara la memoria permanente de las informaciones que debe guardar el cerebro. Son pues los estímulos que provoca el paso de la información que se transmite de unas neuronas a otras, lo que promueve la activación de nuevas sinapsis o el fortalecimiento de las ya existentes, mediante la creación de dendritas, espinas o botones o creando nuevos receptores sinápticos que se acoplarán en esas sinapsis, *"esos cambios de la estructura neuronal son la clave física de la memoria"*.

Si existen sinapsis más fortalecidas es porque recibieron más tráfico de información y por eso se reforzaron y en caso contrario otras neuronas con menor función quedan debilitadas. De forma que al ser útiles, son más usadas y con ello se fortalecen y si no se usan, se debilitan y hasta desaparecen. Ese continúo cambio de fortaleza según la información que trasmiten, a su vez genera mapas que señalan los caminos prioritarios que se siguen para trasmitir la información, lo que a su vez facilita la especialización de circuitos y favorece la organización y eficacia de la evocación o recuperación de los recuerdos y conocimientos. *"Este es el mecanismo físico de la plasticidad que tiene una enorme importancia en el eficaz desarrollo de los procesos mentales, por lo tanto son el sustrato básico de la memoria y con ella de la inteligencia"*.

Para que se genere la memoria, se requiere la puesta en marcha de mecanismos celulares y moleculares, que en el caso de la memoria permanente, es la producción de proteínas, que además, de ser la materia que fortalece la sinapsis, es el señalizador que genera la ubicación de lo aprendido. Además, los caminos que recorre la información al dejar huellas, sirven al cerebro para priorizar rutas y esas rutas forman mapas, que al repetirse con cierta frecuencia se fortalecen y sirven para facilitar la evocación del recuerdo, lo que a su vez mejora el aprendizaje y también permite la creación de patrones que como caminos prioritarios de la información, facilitan la evocación de la memoria. Por eso el aprendizaje es tanto más ágil y eficiente, cuanto más se repita lo que se estudia y también se aprende más y mejor lo que ya se conoce y se aplica.

La plasticidad sigue el principio de: "o se usa o se pierde". Y ese principio es el que determina que se refuercen y se creen nuevas sinapsis útiles o que se debiliten y mueran las innecesarias. Además aclara cómo el aprendizaje de los conocimientos y las experiencias remodelan el cerebro y crean de hecho materia cerebral, podemos afirmar que: *"el saber sí ocupa lugar"*.

La plasticidad instaura un nuevo orden neuronal que define al cerebro como un órgano dúctil y mutable que de forma permanente está señalizando mapas. La plasticidad involucra a distintos factores, niveles y condicionantes, cuyas características e implicaciones principales podrían esquematizarse así:

- El cerebro tiene la capacidad de cambiar, adaptarse y albergar el aprendizaje a lo largo de toda la vida. La plasticidad es el mecanismo neuronal que subyace al aprendizaje.
- El cerebro cambia como respuesta a los estímulos que recibe del ambiente o del propio individuo, lo que aclara que el cerebro no está completamente determinado genéticamente. Esos cambios se producen por la interacción de factores genéticos, epigenéticos y filogenéticos, es decir, por la herencia, las incidencias físico-químicas y sobre todo por la actividad mental.
- La plasticidad se desarrolla más en ciertos periodos, estos períodos sensibles son ventanas de oportunidad, que favorecen o dificultan los cambios necesarios para el aprendizaje.
- La plasticidad tiene limitaciones relacionadas con el funcionamiento y la organización cerebral, como son la neurogénesis (generación de nuevas neuronas) y la apoptosis, (proceso ordenado de muerte neuronal, que está programado genéticamente).
- El funcionamiento del cerebro es plástico y su organización es integrada.

El uso que se hace del cerebro es el determinante de su desarrollo y de su permanente reconstrucción, ese uso es el substrato físico que subyace a la memoria y con ella a la inteligencia. No seguir aprendiendo es empobrecer y debilitar al cerebro, lo que es determinante para la conducta inteligente. Por lo tanto, *"el aprendizaje es el procedimiento con el que más y mejor crece, se mantiene, se estructura y organiza el cerebro y es con ello como se elabora y mejora la inteligencia"*.

Lograr una eficiente aplicación de la plasticidad neuronal tiene también limitaciones y condicionantes, que están relacionados con factores genéticos y filogenéticos, que son capaces de imponer severas restricciones al desarrollo y funcionamiento del cerebro. La plasticidad es la resultante, por una parte, de la conjunción entre posibilidades y limitaciones biológicas y por otra, es el resultado de las posibilidades y los límites individuales y sociales que son condicionantes importantes de la experiencia vital, por lo que en definitiva *"la plasticidad está condicionada por el juego entre las limitaciones, las posibilidades y las oportunidades"*.

La plasticidad se expresa según la tensión esencial y existencial del individuo, la que se establece entre la apertura del ser humano al aprendizaje, a la relación con los demás y a la vida o a la cerrazón de las relaciones, con la consecuente restricción de sus experiencias o lo que es peor, a la renuncia del aprendizaje continuado por pérdida de compromiso en la incorporación de informaciones y conocimientos. Estos son los condicionantes fundamentales que juegan en el desarrollo cerebral y en el desarrollo de la inteligencia.

Es preciso hacer una reflexión insistente sobre las consecuencias que tienen para las personas el estilo de vida voluntario o impuesto, Recordemos lo dicho: *"En el cerebro existen elementos de rigidez y de plasticidad que se conjugan para facilitar o limitar el aprendizaje y el desarrollo y la organización cerebral. La plasticidad tiene una doble dimensión: por una parte, está condicionada por la genética y la salud cerebral, por otra, por la apertura al contacto interpersonal y especialmente por la adquisición de conocimientos, informaciones y experiencias, lo que a su vez son los límites de esa relación"*.

2.2.2.- LA PLASTICIDAD, POSIBILIDADES Y OPORTUNIDADES.

Si la convivencia social, la crianza y la educación estimulan la construcción y la permanente remodelación del cerebro, se entiende bien cómo los diversos ámbitos educativos, sociales y culturales, favorecen o limitan el mayor o menor desarrollo cognitivo e intelectual gracias a la plasticidad. *"La plasticidad, es el proceso que consolida y permite al cerebro ser el fabricante de la mente"*, todos los procesos mentales son cerebrales, pero no todos tienen el mismo valor para el desarrollo de la organización y consolidación de los mapas neuronales. Es la calidad de la actividad mental lo que mejor configura su consolidación y desarrollo. Más allá de la herencia recibida, son las circunstancias morfológicas las que inciden en el desarrollo cerebral del sujeto, pero sobre todo son los factores que provienen del entorno social y cultural los que son más importantes. Es la relación con las personas y la vida misma, lo que promueve el aprendizaje, ahí es donde están los condicionantes que mejor permiten el desarrollo del cerebro y la mente. El contexto natural, personal y social cambiante, son los principales artífices del desarrollo, configuración y organización neuronal del cerebro, de ahí la complejidad que tiene su estudio y la necesidad de que su abordaje tenga un enfoque multidimensional y multifactorial.

"El ser humano no puede ser bien entendido sin que se conozcan sus diferentes dimensiones y los distintos niveles de su organización, que van desde el nivel morfológico al químico, del genético y neurológico al vital, social y cultural. Es lo adquirido por la experiencia y los conocimientos, unido al nivel de organización, estructuración de sus saberes y la proyección que hace de su capacidad para transcender de sí mismo a través de su proyecto vital, lo que permite su desarrollo y cualificación"

Pensamos que la educación debe entenderse considerando la capacidad plástica del cerebro y los factores que caracterizan su desarrollo, asumiendo a su vez, que el sujeto de la plasticidad es un sujeto complejo y que su desarrollo funciona en varios niveles que están determinados por distintos factores. *"El ser humano no es el único constructor del Sí-mismo, ni de su propia identidad personal. Su YO y con él su propio cerebro, crece y se estructura navegando entre las posibilidades que le permite el genoma, las oportunidades que le brinda el entorno y los límites que impone su condición motivacional y personal"*. El desarrollo cognitivo es una construcción psicológica, social, cultural y cerebral y por todo ello, humana. Esa construcción se da en el marco de la relación entre la genética y el entorno, con los que se configura la relación entre posibilidades y límites, que son los que enmarcan y definen las oportunidades aprovechables. Nuestra síntesis se podría expresar diciendo *"Los seres humanos se construyen entre su libertad y su capacidad de adaptación a las reglas y leyes, entre su adaptación al medio y su capacidad para transformarlo, entre sus posibilidades y sus oportunidades, entre su historia y su proyecto vital"*.

2.2.3.- LA PLASTICIDAD Y LA EDUCACIÓN.

Educar no debe ser un conformar y adoctrinar a las personas con los modos de hacer y pensar de un determinado colectivo humano, debe ser sobre todo, una actividad orientada a favorecer la convivencia con los demás, a la vez que a potenciar sus aptitudes, para interpretar y transformar la realidad social de la que forma parte, es decir, promover la autonomía, la ductilidad, la confianza en sí mismo, la iniciativa y la convivencia projimal y social.

La plasticidad neuronal es el soporte que hace posible el aprendizaje y la educación, si el cerebro no fuera plástico, el aprendizaje sería imposible, pero además, si el ser humano no fuera educable, no tendría la oportunidad de incorporarse a una cultura, no podría aprender, ni transformarse o transformar el mundo en el que vive. Sin educabilidad no tendría la posibilidad de construir proyectos ni de esforzarse en la consecución de objetivos o ideales.

La capacidad de aprender bajo la influencia o tutela de terceros, está fundamentada en la plasticidad de las estructuras cerebrales y además, representa la posibilidad de incorporar la cultura de las demás personas mediante la comunicación y la interacción. Implica pues, la capacidad de aprender, de enseñar y también la capacidad de apropiarse, transformar y extender la experiencia del patrimonio social y cultural acumulado por las generaciones anteriores.

Los conceptos de plasticidad y educabilidad van más allá de los planteamientos reduccionistas que entienden la educación como un sistema para moldear, domesticar o adoctrinar a los individuos. La educación debe promover las posibilidades creadoras del sujeto y de su cerebro, a las que se llega estimulado y condicionado su relación con el mundo y el entorno, que por otra parte, están también en permanente cambio y evolución y la vida discurre en paralelo con una interactuación que condiciona, construye y reconstruye a ambos. *"La plasticidad entendida como la capacidad de aprender, enseñar, relacionarse, comunicarse y transformarse a sí mismo y al entorno, es la que otorga a las personas el papel de artífices y constructores de su propia identidad y también es la que determina su responsabilidad y su libertad"*.

Una pedagogía centrada en el concepto de plasticidad cerebral, debe promover el encuentro convergente entre la plasticidad orgánica y la educabilidad académica y social. Esta convergencia es importante para el desarrollo de la educación, tanto para promover las cualidades biológicas del sistema cognitivo, como las del medio que interactúa con el sujeto y que le aportan conocimientos, experiencias y cultura de valores, estilos de vida y reglas de convivencia social.

"Por todo ello, pensamos que las ideas de plasticidad, educabilidad y de capacidad para la construcción del sí-mismo personal, son consustanciales con la concepción del ser humano entendido como un ente complejo, cambiante, que más que ser, está siendo, en un devenir donde actúa modificando a los demás y en el que es a su vez modificado y que, también a su vez, está generando una compleja e impredictible forma de ser y de actuar,

que se manifiesta en los horizontes de libertad y de responsabilidad, que deben ser los marcos en los que se configura la construcción de su propia identidad".

2.3.- LA EMERGENCIA.

Por emergencia se entiende el hecho de que *"en la constitución de un todo existen propiedades que no tienen individualmente las partes que lo constituyen. El todo es algo nuevo y de más valor, que la suma de sus partes, aunque nace de la conjunción e interacción de las partes que conforman a ese todo"*. Por ejemplo, los aminoácidos de una bacteria carecen de la propiedad de reproducirse y la bacteria sí posee esa capacidad.

Para nosotros el problema de la emergencia se centra en comprender cómo el cerebro, merced a la actividad e interacción de sus redes neuronales, es capaz de generar algo tan sorprendente e inmaterial como son la inteligencia, la conciencia o el pensamiento y para ello debemos conocer la relación existente entre el cerebro y la mente.

"Podemos definir un sistema emergente como aquel en el que las entidades que lo conforman interactúan entre sí, de tal forma que surgen propiedades colectivas distintas a las que tienen estas entidades de forma individual". Son estas propiedades colectivas que surgen debido a la interacción, a las que nosotros vamos a llamar *"propiedades emergentes"*.

La cuestión cerebro-mente fue planteada por primera vez el siglo V a.C., por **Hipócrates**[25] ya afirmaba que *"todos los procesos mentales emanan del cerebro"*. **Santo Tomás de Aquino**[26] aportó la idea de que el alma es la generadora de la conciencia y ésta no solo es distinta del cuerpo, sino que es de origen divino.

Esta misma dualidad fue explicitada en el siglo XVII por **Descartes** con su idea de que los seres humanos tienen una naturaleza dual: el cuerpo, hecho de sustancia material, la llamada por él *"res extensa"* y la mente, que deriva de la naturaleza espiritual del alma, que denominó *"res cogitans"*. Aunque ya

---

[25] (Hipócrates, (460-370 aC), médico de la antigua Grecia, padre de la medicina científica)

[26] (Santo Tomás de Aquino, (1224-1274), filósofo y teólogo tomista italiano, introductor del pensamiento aristotélico en el cristianismo)

aceptó que el alma recibe señales del cuerpo y puede influenciar a este en sus acciones.

Con el pensamiento de **Descartes** ya se comenzó a aceptar la idea de que el origen de ciertas acciones como: pasear, comer, percibir, también los apetitos y pasiones e incluso algunas formas de aprendizaje, están mediatizadas por el cerebro y pueden estudiarse racionalmente. Sin embargo, la mente aún se considera sagrada y por su naturaleza no es adecuada para la ciencia.

Noah[27] comenta que las religiones dualistas como la desarrollada por **Zaratustra**[28] entienden el mundo como una batalla cósmica entre el Dios bueno (Aura Mazda) y el malo (Angra Mainyu) y la humanidad debe ayudar al Dios bueno en esa batalla. Considera **Noah** que ese dualismo persiste en algunas concepciones religiosas como el Cristianismo y tiene su raíz cultural en esa pugna entre el mal que está contenido en la carne, es decir, en el cuerpo y el bien, que está en el espíritu. En el catecismo leíamos que los enemigos del hombre son tres: el mundo (la sociedad), el demonio (el mal) y la carne, (el cuerpo).

Es notable que estas ideas hayan persistido tantos años y que aún estén vigentes. **Popper**[29] y **Eccles**[30] en 1980 se adhirieron a este dualismo coincidiendo con **Santo Tomás**, entendiendo que el alma es inmortal e independiente del cerebro.

La investigación neurocientífica y su conexión con los fenómenos de la mecánica cuántica, hace que aumenten los estudios sobre la conciencia. Algo se ha avanzado, pero la verdad es poco lo conseguido, porque los procesos emergentes son muy complejos, es decir, representan algo más y distinto que la suma de sus partes. Por lo tanto, entender el correlato neuronal de la conciencia, es mucho más complicado que estudiar cualquier propiedad del cerebro.

Se dice que quien sabe plantear bien un problema, lo tiene ya casi resuelto. Parece pues, que la mejor manera de plantear adecuadamente las preguntas,

---

[27] (Yuval Noah, (1976...), historiador Israelí, Prof. U. Hebrea de Jerusalén)
[28] (Zaratustra, (1300 a 1200 a C), profeta iraní fundador del Mazdeismo)
[29] (Karl Popper, (1902-1994), filósofo austriaco-británico, Prof. De London Economic School),
[30] (John Eccles, (1903-1997), médico australiano, Invest. U. de Camberra, premio Nobel de medicina)

es apoyarlas en un ejemplo que explicite la naturaleza del problema. "Supongamos", como decía **Leibniz**[31] "que existiese una máquina cuya estructura produce pensamientos, sentimientos y percepciones; imaginemos esa máquina ampliada, pero conservando las mismas proporciones, de manera que podamos entrar en ella como si fuera un molino... ¿qué veríamos allí? Nada más que unas piezas que se empujan y mueven unas a otras, pero nunca encontraremos nada que pueda explicar el pensamiento o la percepción".

Leibniz, con esta metáfora quiso mostrar que el pensamiento, los sentimientos y la percepción, no se pueden explicar mediante mecanismos o a partir de la acción de las partes, como proclaman los materialistas. La mente es más y distinta que las redes neuronales del cerebro que la soportan. Hoy se sabe que los estados mentales tienen evidentes correlaciones físicas, eléctricas y bioquímicas en el cerebro, sin embargo, estudiando al cerebro, parece que sólo se puede conocer con seguridad si está pensando o no, es decir, cuando está en actividad, pero es imposible conocer lo que está pensando. Además, es evidente que tenemos una radical certeza que nos dice que el pensamiento no es como la leche que segrega la mama, es algo distinto, lo llamamos estado psicológico del cerebro, pero la verdad es que aún no sabemos con certeza cómo ocurre este fenómeno.

Por otra parte, veremos que la emergencia, es algo que ocurre con relativa frecuencia en la naturaleza y así podremos ir aceptando que las propiedades emergentes de las funciones mentales fenoménicas, lo que nos llevará a proponer el enfoque emergentista de la inteligencia y de la conciencia-pensamiento y pensamos que podrá darnos una visión más clara de lo que ha venido considerándose como el problema más difícil de la ciencia: *"El ¿cómo desde la materia cerebral puede emerger algo tan evanescente como la conciencia?"*

Nosotros estamos muy cerca de creer que la inteligencia y la conciencia, pueden aflorar (emerger) a partir de la interacción que se produce entre los diversos contenidos informativos que se procesan y gestionan en las estructuras cerebrales. Estas estructuras están formadas, por enormes cantidades de neuronas interconectadas, conformando redes neuronales, lo

---

[31] (Leibniz, (1646-1716), filósofo racionalista, Sacro Imperio R.G, con Descartes y Spinoza son los 3 grandes racionalistas del S.XVII)

que ofrece gran atractivo para investigadores y diseñadores de máquinas inteligentes y desde luego en neurociencia se cree "a pies juntillas" que desde el cerebro emerge la conciencia.

El concepto de emergencia de la mente, por sí mismo no ofrece la guía de cómo construir un sistema que genere la consciencia o la actividad inteligente, ni ofrece las razones que puedan explicar el por qué debería funcionar ese sistema. La idea de que la conciencia, el pensamiento y la inteligencia son elementos emergentes del cerebro es la que despierta interés.

Es el concepto de emergencia el que puede apoyar la idea de creer que algo como la conciencia puede tener una causalidad física, mientras que es poco verosímil suponer que el pensamiento pueda tener otra explicación. Por ese mismo motivo, aquellos que no aceptan las explicaciones mecanicistas respecto a la mente humana, les produce estupor el cómo la interacción local puede producir el comportamiento emergente, porque piensan que esta proposición es algo parecido a querer conocer el pensamiento de las personas por imposición de manos sobre su cabeza.

A nuestro juicio, esas "cosas" que emergen del cerebro como el pensamiento o las ilusiones y que tanto rechazo produce aceptar que puedan emerger desde la materia cerebral, se debe a que la sociedad e incluso muchos científicos, no otorgan a "esas cosas" la condición ontológica de información. Como vamos argumentando a lo largo de este libro, es fácil de comprender cómo se genera la emergencia de la información organizada que nace desde el cerebro. A nuestro juicio la solución es clara si se acepta que los contenidos cerebrales de la conciencia, la inteligencia y el pensamiento proceden de la información que le llegó desde el exterior o del interior de la persona, al cerebro y en él se procesó, generando productos informativos sutiles y evanescentes como la ilusión o la metáfora, pero la materia prima que es la información llegó tanto del exterior de la personas, como de su propio interior, conformando productos informativos que se han ido generando en el cerebro, como son las funciones fenoménicas. Esta solución es tan sencilla como aceptar que la música de un CD no nace del plástico, sino del tratamiento que ha recibido el CD al grabarse la información musical que oímos.

2.3.1.- EMERGENCIA DE LAS FUNCIONES MENTALES EN EL CEREBRO.

"El cerebro es el centro biológico instrumental que recibe los estímulos del interior del individuo y del entorno. Al recibir estos estímulos, los procesa, los integra, los correlaciona entre sí y con las experiencias cognitivas, emocionales y de motivación que ya tiene acumuladas de antemano en su memoria. Con todo ello, elabora y ejecuta respuestas dentro y fuera del organismo".

La mayoría de los neurocientíficos coinciden al considerar a la inteligencia y la conciencia-pensamiento son productos emergentes del cerebro, por lo que se acepta como cierto el considerar que los mecanismos mentales emergen en la actividad cerebral. Sigue sin conocerse de forma satisfactoria el cómo ocurre este proceso, no se conoce de forma concreta y detallada o bioquímica el cómo los procesos cerebrales producen los procesos mentales. Las contestaciones que se proponen para explicar este problema suelen tener base empírica. No se dispone aún de una sólida fundamentación científica capaz de explicarla. Por lo tanto, sigue siendo misteriosa la relación que hay entre el cuerpo y la información, para que surja la mente, la inteligencia y la conciencia-pensamiento.

De todas formas, actualmente ya se conoce con bastante detalle el funcionamiento del cerebro en sus niveles morfológico, celular y molecular, pero solo existen explicaciones empíricas para explicar el cómo desde ese cerebro emergen funciones fenoménicas como la conciencia-pensamiento, la inteligencia, o la forma de proyectar conductas creativas, esperanzadas e ilusionantes para el futuro.

En un libro anterior "El lenguaje artífice de la conciencia", propusimos una hipótesis para explicar cómo nace y emerge la conciencia y con ella el pensamiento a través del lenguaje. Dada su función de traductor semántico, el lenguaje traduce y hace significativo, comprensible y simbólico al lenguaje eléctrico con el que lo transmiten las redes neuronales. Al producirse esta traducción, lo que se transmite es información, logrando así la comprensión significativa y la simbolización de los procesos cognitivos y emocionales, que permiten el nacimiento de la historicidad y el sentimiento unívoco del YO.

Podemos entender también como se genera el Sí-Mismo Personal, que es el que dota al ser humano de la capacidad de tener consciencia de que es consciente. Haciendo una parodia para explicar nuestra concepción del Sí-mismo personal diríamos: *"La persona física es el vehículo. El personaje simbólico es el Sí-mismo personal que es el conductor y el lenguaje es el combustible que le permiten al ser humano discurrir por mundos inmateriales y atemporales, conjugando su pasado y su presente, y también le permite proyectarse en el futuro otorgando cierta autonomía al diseño de su proyecto trascendente, que es el aliciente del viaje y su fuente de ilusión y gratificación"*.

2.3.2.- LA EMERGENCIA EN BIOLOGÍA. EL NACIMIENTO DE LA VIDA.

Una posible referencia a la emergencia es tener presente el siguiente planteamiento: *"Para que se origine la vida, solo es necesario, a grandes rasgos, que en un organismo o en un sistema, se conjuguen un "metabolismo" y "un replicador". El metabolismo, compuesto por proteínas y demás, sustancias se encarga de extraer energía del entorno y el replicador contiene la información necesaria para promover el crecimiento, hacer reparaciones y reproducirse"*.

Para confirmar esta posibilidad de la emergencia, fueron necesarias teorías razonables y experimentos efectivos que pudieron confirmarla. Una teoría experimental que confirmó esta posibilidad tan singular fue lograda en 1979. **Eigen**[32] y **Schüster**[33] publicaron el libro: *"El hiperciclo, un principio de la auto-organización natural"*, buscando descifrar el origen de la vida por medio de la auto-organización de los sistemas físicos inorgánicos. Pudieron llegar a generar un sistema vivo similar al que se supone que emergió en el principio de los tiempos de nuestro planeta. El sistema con el que se logró esa emergencia vital se le llama *"teoría de los hiperciclos catalíticos"*, que son una forma de auto-organización porque son capaces de producir nuevos niveles de organización con características y propiedades únicas que no tenían las organizaciones jerárquicamente inferiores, es decir, son nuevas organizaciones emergentes. Este logro les permitió obtener el Premio Nobel de Química en 1967.

---

[32] (Manfred Eigen, (1927-2019), físico y químico alemán Dir. Instituto Max Planck, Premio Nobel de Química)

[33] (Peter Schüster, (1941...), químico austriaco del Inst. Planck y Prof. U. de Jena y Viena)

CAPÍTULO 3

EL CONOCIMIENTO

Aprender a aprender es buscar la mejor forma de incorporar conocimientos, por lo tanto conocer que es el conocimiento es objetivo central de este libro, pero hemos de dejar claro que la conceptualización de lo que es el conocimiento, es una tarea que tiene una endiablada complejidad que nos obliga a intentar dar una perspectiva integral y algunos análisis concretos para poder conocer los distintos aspectos y problemas que plantea *"conocer el conocimiento"*.

3.1.- CONCEPTUALIZACIÓN DEL CONOCIMIENTO

"El conocimiento es el producto del aprendizaje. Se genera por un proceso en el que se construyen significados y se simbolizan las informaciones recibidas", esa información al ser traducida por el lenguaje semántico adquiere significado y es estructurada, ordenada y clasificada por la memoria y demás funciones cognitivas. Con esas informaciones captadas del entorno o procesadas por la propia cognición, se generan nuevas construcciones informativas con las que se construyen nuevos conocimientos y saberes más allá de la simple reproducción literal o fotográfica de lo que se ha percibido.

El conocimiento está fundamentalmente ligado a la memoria y está influido por elementos tales como la experiencia, la cultura o la capacidad de abstracción. *"Los conocimientos junto con las memorias, la capacidad de abstracción, el razonamiento, la síntesis y la inferencia, son el sustrato fundamental de los contenidos que hacen posible la inteligencia"*.

La forma habitual de generar el conocimiento se produce correlacionando las informaciones que se perciben del exterior con las que ya se poseen y tienen alguna relación significativa con la nueva realidad que se percibe. Además, los contenidos informativos que están guardados y organizados en la memoria, ya están revestidos con sentimientos y emociones, lo que añade fuerza y color a lo que se está aprendiendo. Además esos conocimientos poseen la virtud de generar convicción, certeza o confianza, conformando el contenido de "lo que se sabe". Los conocimientos siempre están dotados de significado y a la vez poseen capacidad semántica para poder explicitar lo aprendido mediante el lenguaje u otros vehículos de comunicación.

"Desde la perspectiva fenoménica, el conocimiento puede entenderse como: la unión del sujeto con el objeto", porque al adquirir la información, solo se captan algunos rasgos o características del objeto que se está aprendiendo, esa limitación se corrige con la simbolización de ese objeto que conlleva otras muchas referencias: como son concebir de forma integral el objeto aprendido (no vemos la parte trasera o ciega del objeto, la imaginamos), su utilidad, valor, estética, adecuación a la situación etc. y toda esta información se incorpora de forma más o menos inconsciente a la vez que el objeto aprendido,.

Por lo tanto, la persona que aprende, va creando todo un mundo imaginado o creado por ella. *Así es como se crea una representación interna, simbólica y muy personal del objeto*. Además, ese nuevo conocimiento adquirido y creado, modifica de alguna forma a la persona que aprende.

El conocimiento se puede definir como *"la operación por la cual el sujeto capta al objeto y produce internamente de ese objeto una representación simbólica. Cuando se adquiere un conocimiento, algo nuevo nace, es una representación del objeto que se incorpora al sujeto, con lo que este se modifica y en cierta medida, cambia su modo de ser y comportarse"*.

En el primer momento de la captación del objeto, es una representación simbólica de lo que se percibe, es como captamos algo externo, pero el conocimiento cotidiano da lugar al fenómeno de identificación con el que se profunda más ese conocimiento. Ese proceso tiene varios aspectos. Por una parte, involucra al sujeto con el objeto que se conoce, es como una sintonización con el objeto, pues como ya sabemos la conciencia dirige la atención y selecciona de entre todo el ruido ambiental, aquello que le interesa. Existe pues una polarización del sujeto hacia el objeto para que su atención esté enfocada hacia ese objeto. Por otra parte, el proceso de simbolización que se produce a la vez que el de significación, aporta muchos matices a la percepción, que ayudan a la interpretación y significado que se capta, Con la traducción semántica, llegan tantos matices como tenga la palabra o idea con la que se comprende la esencia de lo percibido y además, ayuda a que esa percepción sea algo propio o íntimo del sujeto que percibe o aprende.

De la polarización marcada por la conciencia hacia lo interesante se deriva también una consecuencia importante, pues ya sabemos que el aprendizaje no es significativo hasta que el sujeto no tiene referencias previas de lo que está aprendiendo y para involucrarse en el tema que estudia el aprendiz debe tener cierto conocimiento relacionado con el tema y mejor aún si el tema despierta su interés, porque si no es así, el conocimiento obtenido es un pseudo conocimiento y el tema a aprender no cala, no llega, no modifica al sujeto y por tanto, ese conocimiento carece de importancia.

El conocimiento humano encierra un sinfín de definiciones con bordes muy difusos y planteamientos dispares de forma que la definición de conocimiento oscila entre el planteamiento más sencillo que lo define como *"todo aquello que se sabe acerca de algún aspecto del mundo real o de ficción"*, (lo que ya atribuye anticipadamente cierta certeza de contenidos a la percepción de lo real), hasta definiciones más elaboradas como: *"Conocer es un acto consciente e intencional del sujeto para captar e incorporar mentalmente las cualidades del objeto, que sabemos que es cambiante y su conocimiento no es totalmente objetivo"*, (con esta definición solo se atiende a cómo es el proceso de la adquisición del conocimiento).

Además el conocimiento no es, ocurre, lo que llevo a **Popper** decir: *"La verdad en ciencia siempre es provisional"*. En la práctica, lo que suele hacerse es desmenuzar las partes integrantes del proceso de conocimiento, con el fin de comprenderlas, aún a sabiendas de que el conocimiento funciona como un todo.

Conviene también aclarar la diferencia entre el conocimiento sensible y el conocimiento intelectual. El primero se capta por medio de los sentidos y puede servir de estímulo inicial para que funcione la mente y capte las esencias de los objetos. El conocimiento de tipo intelectual que trasciende más allá de lo puramente sensible, genera nuevos atributos por correlación con los contenidos similares que almacena la memoria, a las que se le añaden las referencias emocionales y de valor que le aporta la emoción.

Se dice que *"una imagen vale más que mil palabras"*, sin embargo, el conocimiento intelectual no se puede captar bien si no se enfoca con bases simbólicas o conceptuales y además el nivel intelectual es la materia prima para la ciencia con la que se elaboran tésis universales (que son aplicables a todos los casos que estudia esa tésis), por eso no podría realizarse un aprendizaje con imágenes o medios sensibles si no se acompañan de soportes conceptuales. Así debe quedar señalada la característica fundamental del conocimiento intelectual, puesto que desborda el nivel sensible, trasciende más allá del dato encerrado en el espacio y/o en el tiempo, porque el conocimiento intelectual escapa a esas categorías discretas de espacio y tiempo. Es esencialmente analógico, por tanto sin límites precisos.

El conocimiento es capaz de generar relaciones semánticas entre los contenidos de unos conocimientos con otros, que a su vez se relacionan con otros contenidos y saberes, así se facilita la creación de una organización compleja de informaciones y saberes relacionados, bien por el contenido, bien por la relación espacio-temporal o también por el interés, por la carga afectiva u otros referentes. Gracias a estas relaciones se genera una forma de organización del conocimiento que le permite ser evocado con facilidad desde cualquier punto de la red, con tal que tenga alguna relación con lo que se aprende. Además, los conocimientos que se poseen sirven de enganche a los nuevos conocimientos, lo que sirve de vínculo para incorporar los nuevos conocimientos que estén relacionados con los ya existentes. *"Así de facilita el aprendizaje significativo"*.

La captación de los valores que soporta el conocimiento, es el terreno que estudia la axiología (Rama de la filosofía que estudia los valores de las cosas). En el conocimiento del ser humano inciden los valores de varias maneras:

- La amplitud de captación de valores de una persona, es decir, su horizonte axiológico. Depende de su madurez y su educación, se es más capaz de captar valores o estos son más refinados y más importantes cuanto mayor sea su horizonte axiológico.
- La autenticidad conductual de una persona también depende de lo amplio que sea su horizonte axiológico. De no poseerlo, vivirá exclusivamente de valores prestados, es decir, conocidos solo por la publicidad o el sentido común, pero sin haber vivido una experiencia directa con ellos.

- La motivación humana puede ser intrínseca o extrínseca. La primera está en función de valores; la segunda en función de presiones externas, coerciones y obligaciones. Gracias al conocimiento directo de los valores, el sujeto puede deslizarse desde una motivación extrínseca hasta una motivación más interna, en función de esos mismos valores.
- La moralidad humana depende de la construcción y elaboración que se haga y de la conducta que se derive de ellas.
- La libertad, se obtiene mediante una asimilación y fundamentación previa de un esquema de valores. El hombre actúa libremente cuando actúa guiado por una estructura de valores. En ese momento es capaz de adquirir una cierta autonomía al liberarse de los condicionamientos y de los estímulos físicos e ideológicos que le presionan desde el entorno.

El condicionamiento por valores, es un tema importante porque los valores generan direccionalidad, orientan y dirigen la intención hacia aquello a lo que damos valor. Es valioso aquello que nos parece interesante, atractivo o importante. Además, al promover valores, se genera emoción y con ello motivación para alcanzar el objetivo, lo que sin duda es una herramienta fundamental para estimular interés por alcanzar el conocimiento.

3.2.- EL CONOCIMIENTO Y SU FIABILIDAD

Otro aspecto importante del aprendizaje es conocer la fiabilidad de la información o del conocimiento que se adquiere. A la tarea de descubrir la fiabilidad, validez o certeza que tiene una información o conocimiento, se han dedicado desde siempre las distintas escuelas y corrientes filosóficas. A nuestro juicio no se ha logrado una solución consistente o razonable que permita valorar con seguridad cuanto de verdadero existe en cualquier conocimiento humano.

El conocimiento es un misterio, es un abismo insondable, que no tiene fondo, por lo tanto, las soluciones que se proponen son precarias y siempre pueden ser reformadas y mejoradas. Es tanta la impregnación de emociones, mitos, creencias, conveniencias o incluso errores que recalan en nuestros conocimientos y criterios en cualquier acto cognoscitivo, que nunca se llega a poder tomar la distancia y la perspectiva suficientes para juzgar el acto cognoscitivo de un modo claro y objetivo. *"Nuestras definiciones y soluciones acerca del conocimiento y su validez están siempre afectadas por esa contaminación inicial que impide la claridad objetiva".*

Este problema se plantea de la siguiente manera: ¿Qué certeza tiene el conocimiento? ¿Qué criterios sirven para discernir si los conocimientos son válidos o no lo son? El problema surge a partir de la vivencia del error. En un momento dado, el sujeto se pregunta si aquello que tomaba como verdadero, en realidad es falso. Esta duda le lleva a reflexionar y tratar de determinar un criterio para poder distinguir lo verdadero de lo falso.

En cualquier caso será bueno plantearnos, no ya el tema de la verdad, sino la validez de la ciencia y de la investigación científica. Con menores pretensiones podemos partir planteándonos qué es en esencia el conocimiento que logramos con la elaboración mental.

3.2.1.- LA ELABORACIÓN MENTAL.

Para conseguir el aprendizaje del conocimiento no basta con la simple observación o recopilación de datos. La mera acumulación de datos no es todavía conocimiento. Si no se le diera un cierto tipo de elaboración mental, no se elaborarían hipótesis ni se tendría un método para la investigación de dichas hipótesis. La ciencia requiere el análisis y la síntesis, que son operaciones típicamente intelectuales con las que se produce propiamente el resultado sistematizado del conocimiento, es el que se suele considerar apto para ser difundido y aprovechado. Este conocimiento consiste en una serie de proposiciones debidamente fundamentadas estructuradas e hilvanadas lógicamente y que una vez integradas puedan elaborar lo que entendemos como ciencia fiable. Simplificando podríamos quedarnos con que lo científico requiere cuanto menos del análisis y la síntesis y casi siempre requiere además la confirmación experimental.

"El análisis". Consiste en lograr la explicitación de elementos implícitos que contiene ese conocimiento. La mente es capaz de descubrir una serie de elementos, relaciones y estructuras que pasan inadvertidos para el neófito en el quehacer intelectual o científico. Gracias a esta profundización, el investigador es capaz de detectar el orden que se le presenta, conectar datos, ver sus relaciones e implicaciones y puede también descubrir sus causas y consecuencias. Es el elemento típico del conocimiento científico, dentro de la corriente aristotélica, que se da precisamente gracias al análisis.

La elaboración de una hipótesis es posible gracias a una intuición, todavía oscura, pero plausible acerca de una posible relación entre distintas variables o elementos que se están observando y que aparecen con una cierta regularidad. El análisis intelectual es la operación que consiste en saber "leer por dentro", es decir, captar el significado de los fenómenos observados. Sin estas tareas, la simple acumulación de datos, registros, hechos y fenómenos, sería un puro conglomerado de datos sin orden ni sentido. El origen de la ciencia está en esa chispa luminosa del científico al que se le ocurren hipótesis y posibles explicaciones de los fenómenos que estudia. Pero además, se requiere la síntesis, que va de las partes al todo. En cierto modo es una operación inversa al análisis.

La síntesis. Es el medio con el que el científico encuentra unidad allí donde los elementos parecen estar desconectados. La síntesis emplea una óptica integradora para lograr una visión amplia, capaz de captar el orden que hay entre los elementos que parecían estar dispersos o que inclusive parecen opuestos. La síntesis ve la armonía y la congruencia entre los diversos fenómenos. Las grandes teorías que interpretan el universo tienen origen en la mente del científico, cuando de pronto logra captar relaciones aparentemente lejanas, pero que simplifican notablemente la formulación del fenómeno estudiado. (Así se configuró nuestra cosmovisión del universo).

La duda surge cuando la aportación que la mente hace es solo intuición. De ahí la necesidad de las leyes y teorías científicas. En opinión de **Hume**[34] no es necesaria tal universalidad y necesidad de leyes, opina que es la costumbre la que nos ha inducido a ese juicio exagerado que cree necesarias la elaboración de leyes universales. También, **Kant**[35] establece su *teoría de las formas a priori*, implantadas en el conocimiento humano, gracias al funcionamiento del intelecto aplicado a la observación de fenómenos. El fenómeno intelectual es de por sí una síntesis en el que intervienen datos materiales externos al sujeto y datos a priori aportados por el sujeto. Así es corno se explica la universalidad, la certeza y otras categorías científicas.

---

[34] (David Hume, (1711-1766), filósofo escocés de la ilustración, figura clave en el empirismo naturalista)
[35] (Immanuel Kant, (1724-1804), filósofo prusiano, uno de los pensadores más influyentes de la filosofía universal)

La consecuencia es que estas formas de asegurar a priori la verdad o la certeza, impiden el conocimiento de la cosa en sí. Sin pretender dar una solución solvente a este problema, nosotros planteamos el problema de la siguiente forma.

Creemos que la vida es analógica y que la ciencia es el sistema con el que se van digitalizando algunas parcelas de los contenidos que integran al universo, pero creemos también que esa digitalización, por una parte, ya nace presuponiendo que el universo está regido por leyes estables y por otra parte, al exigir una parcelación y delimitación de ideas y conceptos poniéndoles contornos definidos, es decir creando realidades discretas, quiebra la esencia de las cosas, se abren fisuras y es en esos resquicios donde se esconde la duda, la incertidumbre y la inseguridad. Veamos algún ejemplo, más arriba decíamos que la elaboración del conocimiento científico se podría ejemplarizar en el análisis y la síntesis de lo que se está investigando; pues de ser así, esa metodología de la investigación científica quiebra el clásico axioma aristotélico que establece" El *todo es distinto y superior a la suma de las partes*". En ciencia las reglas y leyes se generan parcelando y concretando las diversas situaciones en el acontecer de la vida y por eso mismo, en las actividades humanas. Por ejemplo, en la aplicación de la justicia se desarrollan leyes orientadas a protocolizar la comprensión y valoración de los hechos, es decir se protocoliza o siguiendo nuestros términos, se digitaliza la vida, lo que se traduce en que el juez deba la mayoría de las veces aplicar su experiencia o su intuición, es decir, aplica "su justicia", lo que por petición de principio, es de hecho una injusticia.

Nosotros pensamos que la operación de síntesis proporciona innegablemente una perspectiva, desde la cual se captan también los datos integrados. Mejor dicho, gracias a la perspectiva del científico, es como se logra esa operación de síntesis y no todos logran esa perspectiva. Por lo tanto, aceptamos que siempre hay una aportación por parte del investigador en la elaboración del conocimiento científico, pero de esta aceptación no se debe inferir que dicha aportación tenga que oscurecer la realidad o la certeza en sí misma.

Una singular ayuda a la solución de ese problema lo aportó **Husserl**[36] con su metodología de investigación fenomenológica, al proponer que "*lo verdadero*

---

[36] (Edmund G. Husserl, (1859-1938), filósofo y matemático Checo, Prof. U. Friburgo y Gotinga, Fundador de la Fenomenología Trascendental)

no es el objeto, sino su esencia", es decir, lo cierto es la realidad en sí misma, sin causas o consecuencias, sin interpretaciones de ningún tipo.

Captar la esencia es partir de una especial iluminación, en donde el sujeto capta aspectos de la realidad tal como se dan en su consciencia. La consciencia es el lugar de la síntesis. Lo cierto a nuestro juicio es que la única realidad que se puede captar es la que se construye y se explicita en la consciencia.

Desde el punto de vista antropológico lo importante es destacar el valor de la ciencia como producto o realización del hombre. Su operación de síntesis es la creatividad. Sin ella, los datos quedarían dispersos, y no habría unidad ni orden, se presentarían sin ilación lógica ni estructura. El conocimiento científico es una expresión del orden humano que de alguna manera sintoniza con el orden de la naturaleza.

Veamos ahora la estructura y orden del conocimiento científico. Gracias a la operación de análisis y de síntesis, el científico es capaz de producir y expresar una serie ordenada de tesis sobre el objeto o situación que estudia. Pero no sólo se hace hincapié en el orden y la estructura del conjunto de verdades que aparecen como cuerpo científico de la hipótesis, sino que el objeto o situación, que se expone en esas proposiciones, es el orden y la unidad que se ha revelado en la investigación científica. El ser humano lo que descubre es ese orden, es la regularidad de las leyes y la armonización entre los diferentes fenómenos que se dan y así lo plasma en su hipótesis científica. Esta es una de las grandes glorias del saber humano.

Es conveniente hacer notar la exageración que constantemente se ha colado acerca de la universalidad y la necesidad de las leyes científicas. El universo manifiesta un cierto orden y una cierta regularidad en sus fenómenos; que es lo que se pretende expresar en las leyes científicas. Pero esto no quiere decir que esa universalidad deba ser total y definitiva. Esa necesidad tampoco es apodíctica, por lo menos en lo que se refiere a la regularidad del universo. El hombre, por su cuenta, ha pretendido otorgar una necesidad y universalidad absoluta a sus leyes, pero eso ha sido desmentido una y otra vez por el avance de la observación y la finura de los experimentos que se van efectuando.

Una cosa es el orden y otra es la rigidez y la inflexibilidad que se ha pretendido para el conocimiento científico. Tal vez le ha faltado humildad al investigador al no proponer explícitamente los límites y las condiciones, dentro de las cuales se dan los fenómenos que ha estudiado. *"Extrapolar hacia una universalidad una hipótesis, es pretender una obra que el hombre no ha podido realizar aún"*. El espíritu científico no es fácil de adquirir, requiere fidelidad a la realidad, búsqueda interminable, rigor en las deducciones, estructuración metódica, expresión exacta y pese a todo, están presentes las inexorables limitaciones del ser humano que necesariamente redundarán en las limitaciones que sus descubrimientos conllevan.

Al comentar la importante aportación que para la investigación científica representó la Fenomenología que elaboró **Husserl** como doctrina filosófica y metodología de trabajo, nos lleva comentar muy superficialmente el método fenomenológico.

Este método consiste en la descripción neutra de las esencias, Para entenderlo, veamos el concepto de consciencia. Ser consciente es el hecho de darse cuenta de algo. La descripción que pretende la fenomenología no busca encontrar las causas, a diferencia de la explicación con la que sí se remite a las causas. La descripción se circunscribe al dato presente, sin conectar con entes ausentes, se centra en el fenómeno, por eso esta descripción es neutra en cuanto que hace "*epojé*". (Por epojé se entiende el hacer caso omiso de las otras circunstancias que concurren en lo que se está estudiando, es dejar en suspensión nuestro juicio y todo aquello que conocemos, para lograr un estado en el que sea imposible negar o afirmar algo, es ponerlo todo inicialmente entre paréntesis).

La fenomenología hace epojé de las teorías, causas y demás elementos que no representan el fenómeno. De esta forma busca tener evidencia absoluta sobre el fenómeno, que se presenta ante el sujeto desnudo, sin añadidos, y esto suele bastar para obtener evidencia y certeza de elementos metafísicos. La epojé de la fenomenología puede prescindir Inclusive del ser del fenómeno, es decir, de que objetivamente el fenómeno sea así.

Este inciso nos facilitará abordar el concepto de "evidencia". Podemos distinguir dos tipos: la "evidencia asertiva" y la "evidencia apodíctica". La primera se refiere a los hechos que se nos presentan de determinada manera. La segunda se refiere a lo que es necesariamente de cierta manera y además no puede ser de otra manera. La fenomenología pretende con ésta última llegar a formular una ciencia en sentido estricto, que no varíe en cada momento, sino que sea completamente válida para todos.

El objeto de la fenomenología es la esencia. Una esencia no es un hecho, sino un valor necesario y unitario. Describir esencias en función de intuiciones intelectuales es lo que pretende la fenomenología. Si esas esencias tienen evidencia apodíctica, serán aptas para constituir la base de una ciencia en sentido estricto. Una verdad apodíptica es para **Descartes** el "cogito ergo sum"

Veremos ahora un brevísimo esquema de las cinco corrientes filosóficas históricas que adoptan posturas claras ante el problema de alcanzar la verdad o cuanto menos la certeza de las cosas.

- **Escepticismo**: *"Consiste en dudar de todo",* por tanto, no se le otorga ninguna validez al conocimiento. Esta postura es demasiado pobre además, para ser congruente con ella, el escéptico no puede defender su propia postura, ya que en ese momento caería en la contradicción de sostener como verdaderos sus argumentos.
- **Empirismo**: *"Sostiene que sólo son válidos los conocimientos que pueden fundamentarse a través de la experiencia sensible".* Gran parte de las corrientes científicas del siglo XX como el conductismo, o el positivismo lógico, se colocan en esta postura. Consideran lo que es verdadero, cuando se refiere a lo que no proviene de los sentidos, en ese momento falla el empirismo por limitar demasiado el origen del conocimiento válido.
- **Racionalismo**: *"Sostiene que los sentidos engañan y por tanto solamente son válidos los conocimientos basados en el razonamiento intelectual".* **Platón**[37] era típicamente racionalista. Sólo las ideas son verdaderas y cuando los sentidos se adecuan a ese conocimiento también poseen verdad, pero no por sí mismos. Esta postura también limita demasiado el origen de los conocimientos verdaderos. Hay que admitir que los sentidos son una fuente de información válida, con las debidas precauciones y

---

[37] (Platón, (427-347 a.C), Filósofo griego, alumno de Sócrates y maestro de Aristóteles, se le considera fundador de la filosofía académica)

en todo caso, la relación y significación de esa información es lo que puede dar lugar al error.
- **Idealismo:** "Afirma que los únicos conocimientos válidos son los fenómenos producidos por el sujeto cognoscente". Pero ese conocimiento válido no palpa el objeto, no introducimos en la mente la mesa que conocemos, no la metemos dentro del cerebro, lo conformamos simbólicamente y por eso lo deformamos en algo. Con lo que se aleja del objetivismo y del realismo ingenuo. **Kant** reconoce la importancia de consciencia del sujeto y requiere una mayor investigación acerca de lo que aporta al sujeto dar una respuesta fundamentada ante este problema.
- **Realismo**: Esta postura está más cerca del sentido común, pues *"afirma que podemos alcanzar al mismo objeto con nuestro acto cognoscitivo"*. Lo que desde luego no es cierto, al ver la mesa solo vemos alguna de sus partes, las otras las suponemos. El realismo puede combinarse con una síntesis de empirismo y racionalismo y así obtendríamos una postura más completa para explicar el conocimiento como una unión de objeto y sujeto en la que se produce, tanto a partir de los sentidos como a partir de la cognición, un ente que representa al objeto, y que, aunque no es él mismo, sí es normalmente eficaz para reproducir su conocimiento simbólico.

La validez de seguridad que se le da al conocimiento, siempre está afectada por la personal digestión del individuo, por lo que siempre son una interpretación simbólica, lo que limita la objetividad, tan apreciada en lo científico.

3.3.- ESTRUCTURA DEL CONOCIMIENTO

Se dice que todo sistema tiene una estructura, aunque en el caso del conocimiento la realidad es que carece de ella, ya que el conocimiento es un contenido potencial de la mente, que para manifestase requiere apoyarse en estructuras como el lenguaje semántico que permite, además la comprensión y expresión de sus contenidos, su organización por significado o su jerarquización por valores. También la memoria que asila los contenidos de la mente está organizada en redes tridimensionales con nodos y enlaces que permiten su potente sistematización y la fácil recuperación de las informaciones. Toda esta estructura no es propia del conocimiento, su operatividad la realiza el cerebro mediante el procesamiento y organización de la información que es lo que genera los diversos productos de la cognición, entre ellos el conocimiento.

Aun así en el conocimiento, cabe distinguir:

- La estructura biológica que subyace al pensamiento, esa estructura es el cerebro.
- El proceso funcional en el que se apoya, para determinar los cambios que produce el cerebro al procesar la información generando la memoria y organizando los contenidos del conocimiento.
- El desarrollo del conocimiento, lo que requiere disponer de la estructura cerebral perceptiva capaz de recibir la información y también el procesador de la información para jerarquizarla y organizarla, generando lo que llamamos conocimientos.
- El poder disponer de un soporte capaz de generar la representación simbólica de lo percibido y del conocimiento, que merced al lenguaje semántico, logra la simbolización de contenidos con los que se desarrollan los criterios, las actitudes y los saberes.

Podemos distinguir cuatro elementos en todo conocimiento:

- La operación psicológica.
- El sujeto que aprende el conocimiento.
- El objeto conocido.
- La representación de la información de lo aprendido que queda guardada en la mente del sujeto.

De estos cuatro elementos interesa conocer:

- La operación psicológica que se realiza con el aprendizaje para adquirir un conocimiento. Por cuanto el conocimiento se puede entender como la organización de la información que se ha incorporado.
- La relación entre sujeto (aprendiz) y objeto (lo que se aprende), que se convierte en el conocimiento que se ha adquirido, que no

- es otra cosa que la representación simbólica y de lo que se ha conocido.
- En relación con el sujeto, podemos aclarar que adquirir el conocimiento implica un proceso que realiza el aprendiz para aprehender la información y elaborar su organización con la que se genera el conocimiento. Nos interesa mucho saber lo que ocurre en ese proceso, ya que nuestra misión es favorecerlo. Sin embargo conocer el objeto que se aprende nos interesa menos, porque estamos dispuestos a conocerlo todo.
- La representación cognoscitiva que permanece en la mente del sujeto es quizá lo que más nos interese, porque con ello conoceremos algo de lo que se puede lograr aprendiendo a aprender.

3.3.1.- OPERACIONES EN LA GENERACIÓN DEL CONOCIMIENTO.

Tradicionalmente se han considerado que son tres las operaciones cognoscitivas para el aprendizaje intelectual:

- La simple captación, con la que se elaboran conceptos.
- El juicio con el que se desarrollan proposiciones.
- El razonamiento, que genera juicios que están compuestos por ideas.

"La simple captación". Genera un concepto o idea, que es el elemento esencial y unitario que se capta para obtener el sentido y significado de un objeto o una situación. Por lo tanto, *"el concepto se refiere la simbolización con la que se comprende al objeto, pero que se aplica por igual a todos los objetos o seres del mismo grupo o especie"*, (el concepto gato se aplica a todos los gatos).También existen pre-conceptos o intuiciones en los que la mente capta un cierto sentido, pero todavía no es un concepto consolidado, (me parece que son golondrinas).

Es importante conocer el valor del preconcepto intelectual con el que el ser humano es capaz de pensar y alcanzar significados, aun cuando todavía éstos no queden definidos y formulados en forma conceptual. Este tipo de intuiciones o pre-conocimientos son frecuentes en la consciencia. En ella se captan significados, síntesis, sentidos, explicaciones o soluciones a los problemas, sin necesidad de que estos contenidos tengan un formato conceptual totalmente definido. *"El concepto es una formulación posterior que se logra mediante el análisis detenido y la síntesis del contenido intelectual captado por intuición"*.

"El juicio". No es solo reunir dos conceptos (la voluntad genera tesón). *"Lo propio del juicio es la afirmación o negación de una existencia, en donde dos conceptos se expresan en el sujeto y en el predicado de la proposición"*. (Pepita es alta). Es así como la operación mental se refiere a existencias, mientras que la simple aprehensión se refiere sólo a esencias.

"Los dos principios básicos de todo ente son la esencia y la existencia". Emitir un juicio, por tanto, consiste en afirmar que algo existe. Las esencias, en cambio, ni afirman ni niegan nada, son neutras, pues todavía no aluden directamente al ente como poseído. *"La función del juicio es bajar el mundo de las esencias al mundo de las existencias, que es el mundo real"*. *La función cognitiva encargada de captar la relación entre los dos conceptos (esencia y existencia) es la consciencia"*. Según sea la amplitud de esa consciencia, así será la profundidad y la amplitud de posibilidades de las relaciones que se puedan captar.

"El razonamiento". Consiste en generar un conocimiento nuevo en función de otros juicios previamente captados"*. De la ilación de las premisas nace una conclusión. Tradicionalmente se han distinguido dos tipos de razonamiento, la deducción en la que a partir de premisas universales se llega a una conclusión particular o menos universal y la inducción que partir de casos singulares, se concluyen tesis universales. Los silogismos son la forma más sistematizada de argumentación deductiva. Estos razonamientos son la base de la ciencia.

3.4.- EL CONOCIMIENTO, EL LENGUAJE, EL PENSAMIENTO Y SUS RELACIONES.

Si el lenguaje se concibe solo como traductor del pensamiento, se menosprecia su importancia, ya que si el pensamiento se pudiese generar con independencia del lenguaje, éste solo sería un instrumento para codificar sus contenidos. Hoy afirmamos que *"el lenguaje es un determinante primordial del pensamiento"*. La hipótesis más representativa de este enfoque es la propuesta por **Sapir**[38] y su alumno **Whorf**[39]. Según esta hipótesis *"el lenguaje determina y modifica nuestra manera de ver el mundo"*. Esta disquisición nos lleva a pensar que la estructura lingüística de cualquier cultura condiciona de forma significativa el cómo percibimos la realidad.

Se ha dicho que el lenguaje es el vehículo del pensamiento porque lo contiene y lo expresa, de modo que no habría distancia entre ellos. **Peirce**[40] llega a decir: *"la expresión y el pensamiento son una sola cosa, de forma que el lenguaje se convierte en un lazo de unión con la realidad, esa es la forma con la que la mente configura lo que percibimos"*. Y así llegamos a la vinculación directa del lenguaje con el conocimiento del mundo que nos rodea. Para abordar el conocimiento de cualquier ámbito, el lenguaje es esencial. *"La ciencia empieza en la palabra"*.

El conocimiento es el producto dinámico que se genera con el aprendizaje y desde luego no es algo lineal, son muchas las variables que inciden en su construcción, lo que hace que sea complicada su gestión.

El conocimiento se genera en el proceso cognitivo, en él la persona construye sus propios significados y es esa persona, a partir de la percepción de la realidad circundante, la que organiza el significado de los conocimientos que ha adquirido, incluso es la que organiza sus propias creaciones. Porque la cognición dispone de capacidad para crear nuevas realidades más allá de una simple y fiel reproducción de la realidad percibida, porque el proceso cognitivo está mediatizado por la experiencia, la abstracción, la creación, las emociones, los intereses y los valores. Es decir, *"la cognición posee capacidad para crear nuevas realidades sean ciertas o imaginaria"*.

"La diferencia que existe entre el sujeto y el objeto que percibe es similar a la que se da entre el conocimiento y la parte de realidad que no ha podido captar ese conocimiento". Para captar la realidad, el sujeto tiene que generar artificios de simbolización que le permitan concebir en su mente cómo es y cómo funciona alguno de los aspectos de esa realidad, para así conseguir su interpretación con la mayor objetividad posible. *"Gracias a la simbolización*

---

[38] (Edward Sapir, (1884-1939), antropólogo y lingüista EEUU, Prof. U. Yale)
[39] (Benjamin Whorf, (1897-1941), alumno de Sapir lingüista de U. Yale)
[40] (Charles Peirce, (1839 -1914), filósofo EEUU, Prof. U. Hopkins, padre del pragmatismo y la semiótica)

es cómo el sujeto logra una interpretación lo más fidedigna que le es posible de lo que esa realidad sea".

Es la acción del sujeto la que hace posible la construcción conceptual y simbólica del objeto y por ello puede formalizarla a su criterio, darle sentido o relacionarla con sus otros contenidos mentales. Por lo tanto, *"es la acción que el sujeto ejerce sobre sus ideas lo que permite la construcción del conocimiento simbólico, sin que sea necesaria la presencia de la realidad percibida"*. Por medio de las representaciones simbolizadas que hacemos de la realidad, podemos conversar, estudiar, reflexionar, razonar o elaborar hipótesis y tener fantasías respecto a la información que captamos.

3. 5.- DE LA INFORMACIÓN AL CONOCIMIENTO

La información que se recibe suele estar implícita en la fuente energética que estimula los sentidos (luz, sonido, sensación, calor etc.), este estímulo suele contener un mensaje subyacente y ese mensaje es la información que se transmite. Hay que recordar que *"la estructura de todo mensaje tiene un emisor y un receptor, se transmite a través de un canal y está en un contexto en el que existen más cosas, el llamado ruido ambiental"*. Por lo tanto un mensaje nunca es una simple nota

Con el lenguaje semántico se logra la mejor y más importante forma de hacer comprensible la información, permite reconstruir los recuerdos y los saberes de la memoria y también organizarlos por significado, por conceptos y criterios, lo que hace posible la emergencia de la inteligencia, de la conciencia y del pensamiento.

Así pues, la información para organizarse como conocimiento requiere del lenguaje semántico que la hace comprensible y le permite también que pueda organizarse y transmitirse con otros formatos para elaborar composiciones complejas, como notas del pentagrama musical, símbolos matemáticos, o nuevos lenguajes como son el morse o los ceros y unos del lenguaje máquina de la informática.

Comentaremos los tipos de conocimiento que existen, tanto en función de su contenido, como por su forma de transferencia.

En un amplio sentido podría decirse que el conocimiento es esencialmente global y universal, es el que definíamos en el prólogo como "saber sapiencial", es saberlo todo de todo, y esa forma de sabiduría es inabordable, por ello los saberes te se han agrupado en ocho grupos menores:

- *"Filosófico"*. Busca el porqué de los fenómenos con base en la reflexión racional, sistemática y crítica, procurando la comprensión de la realidad en su contexto más universal.
- *"Científico"*. Se caracteriza por la búsqueda constante de leyes y principios que rigen los fenómenos naturales. Es resultado de un método riguroso y objetivo; aspira a poder dar razón de todas sus afirmaciones, de sistematizarlas, fundamentarlas y probarlas.
- *"Empírico"*. Es el que surge en el día a día del ser humano, su medio de formación es la experiencia, esta última obedece al contacto del hombre con los objetos, medio por el que se establecen una serie de conjugaciones que crean conceptos. El hombre forma teorías a partir de lo que ve y siente, pero sin llevar esa teoría a la comprobación exhaustiva, es un conocimiento basado netamente en lo sensorial, es decir, es lo que la persona capta a través de los sentidos.
- *"Intuitivo"*. Se adquiere a través de los sentidos y no está sometido a ninguna clase de duda, es inmediato y nos permite saber si un objeto es o no es. Por ejemplo, una vez que hemos conocido los conceptos de luz y oscuridad las identificaremos al instante, simplemente con presenciarlas.
- *"Religioso"*. Este es un saber fundado en la fe y en los dogmas que admiten la existencia de creencias arraigadas en el espíritu pensante del ser humano, no existe un criterio definitivo sobre la falsedad o veracidad del mismo.
- *"Declarativo"*. Este es resultado de un proceso cognitivo que desarrolla la mente del sujeto y se funda en las construcciones teóricas que él mismo ha hecho durante un periodo de tiempo, algunos expertos tienden a catalogarlo como memoria a largo plazo, o lo que es lo mismo, sería el resultado de los contenidos informativos adquiridos por la percepción cognitiva unida a la experiencia. Por lo tanto sería el conocimiento hecho práctica.
- *"Procedimental"*. Este es un tipo de saber que se produce como consecuencia de la experiencia, donde la persona determina como debe de actuar o comportarse ante una situación que ya ha vivido. Por ejemplo, una persona sabe cómo debe abrir el grifo de

su cocina o conoce cómo encender un electrodoméstico, porque ya lo ha hecho otras veces. Es un conocimiento que se establece por la práctica reiterada de una acción, a la cual, el individuo vincula un determinado resultado. El usuario entiende este conocimiento como un saber comprobable y cierto.
- *"Directo"*. Es aquel que la persona obtiene por sí misma, en este caso, el individuo crea sus propios conocimientos fundado en sus experiencias y en sus conexiones con el mundo exterior, por lo que el mismo, esgrime sus propios criterios conforme a su análisis. El individuo crea en sí su propio conocimiento, que para él resulta válido.

3.6.- LA GESTIÓN DEL CONOCIMIENTO. (La Epistemología)

La gestión del conocimiento es la tarea de la Epistemología. Es un concepto que engloba *"la generación, representación, adquisición o gestión del aprendizaje y la transferencia de los saberes.* Otra rama de la filosofía muy parecida es la *"Gnoseología"* que estudia el origen, las características y las limitaciones del conocimiento, es decir, la posibilidad de verdad en el conocimiento, su origen y su esencia.

Se suelen distinguir tres tipos de conocimiento:

- El conocimiento proposicional, que se asocia con "saber qué".
- El conocimiento práctico, se asocia a la expresión "saber cómo".
- El conocimiento directo, que en idioma español se asocia con "conocer" (en vez de "saber").

Las universidades y centros de formación reglada, son centros de gestión del conocimiento y deben tener como objetivo fundamental la generación y la transferencia de los saberes, orientando a su vez a los alumnos y a la sociedad toda, sobre sus posibles aplicaciones. La gestión del conocimiento implica los siguientes aspectos:

- Adquisición
- Generación
- Representación
- Transferencia.

"La adquisición del conocimiento". Es la actividad con la que el aprendiz incorpora nuevos conocimientos. Para facilitar esa incorporación, se emplean sistemas o medios orientados a optimizar los procedimientos de adquisición de la información. La forma más adecuada de adquirir conocimientos es el aprendizaje significativo, que se produce cuando los conocimientos a incorporar ya están de alguna forma representados en la memoria del aprendiz, es decir, son explícitos y el aprendiz ya tiene de antemano referencias o contenidos memorizados que están relacionados con la nueva información que debe aprender. Para el aprendiz, la adquisición de ese conocimiento, es más sencilla que la adquisición de conocimientos totalmente nuevos porque en este caso al carecer de referencias en la memoria permanente falta el anclaje capaz de fijar, correlacionar y jerarquizar esa nueva información.

"La generación de conocimiento". Difiere poco de la adquisición de conocimiento. Cuando el aprendiz adquiere el saber, el conocimiento que se genera en su cerebro es tácito y para que se pueda aplicar ese saber, se ha de convertir en conocimiento explícito, lo que implica que la persona sea capaz de asimilarlo y comprenderlo para así poderlo explicitar. En esta fase el aprendiz del conocimiento debe buscar en su memoria los datos que ya posee sobre el tema y debe analizar también los protocolos de que disponga, que estén relacionados con los procesos de gestión que debe realizar. Para poder así hacer una síntesis de los conocimientos más relevantes que servirán de enganche y referencia.

"La representación del conocimiento". Para organizar, explicitar y poder transferir el conocimiento, este debe plasmarse en algún lenguaje apto para representar de forma comprensible la información que contiene. Por tanto debe emplearse un mecanismo que transforme el lenguaje tácito en lenguaje explícito. El conocimiento explícito, además de ser un proceso, es un producto ya que en él se elabora tanto el vehículo que va a servir para transferir la información que soporta, como el instrumento que la expresa (con letras, palabras o números) y el contenido en sí del conocimiento, El vehículo que se emplea es generalmente un lenguaje semántico, por lo que a su vez es necesario su aprendizaje para poder generar y transferir esos conocimientos explícitos.

"La transferencia del conocimiento". Es el proceso de comunicación con el que se establece un traspaso de los conocimientos a un agente receptor. Para

llevar a cabo la transferencia de esos contenidos, el receptor debe contar con alguna información previa del conocimiento que va a recibir, al igual que ocurre en el aprendizaje significativo. Es evidente que si me transmiten problemas que cuantifican senos y cosenos, antes debo saber algo de trigonometría.

La gestión estructurada del conocimiento científico, técnico o de organización, requiere concebir el conocimiento como un proceso que opera sumándose a lo que ya es conocido y que a su vez incluye un cuerpo de creencias, mitos y representaciones simbólicas de valores, informaciones o experiencias, que deben cotejarse con los contenidos que aporta la nueva información y su contexto. Así podrá ponerse en marcha la actividad mental que sirve de guía para el desarrollo de las operaciones de contrastación y aprendizaje.

"La adquisición del conocimiento se concibe como el protocolo que establece una guía de las tareas que gestionan la adquisición de la información entrante, que debe no solo ser interpretada, sino que también debe establecer conexiones con las redes de conocimientos ya existentes en el aprendiz, para que pueda generar conexiones sólidas que estructuren el aprendizaje". Cuanto menos se debe tener una idea conceptual o global del tema con el que se trabaja y este debe poder engarzarse en la red neuronal en la que se ha de insertar el nuevo conocimiento. También es muy conveniente conocer el objetivo, es decir, el proyecto que se plantea, la finalidad que se busca o el problema que se quiere resolver.

La línea que separa la información que soporta el conocimiento, de la adquisición del mismo, depende de diferentes variables difícilmente controlables, tales como la traducción semántica necesaria para hacer comprensible y significativa la información, su representación, su codificación, su jerarquización y quizá otras herramientas intelectuales que faciliten la traducción y su posible aplicación a problemas o situaciones concretas. Por ejemplo, para aplicar logaritmos es necesario saber manejar la tabla, pero además deberá saberse en qué operación aritmética y como se va a ejecutar. En cualquier caso, *"el conocimiento solo es operativo en la medida que el receptor ha recibido y comprendido el significado de la información"*. Un informe lleno de tablas con símbolos, donde no exista una leyenda de fácil interpretación, suele ser juzgado automáticamente como ruido ambiental.

Debe distinguirse entre conocimiento y razonamiento; el conocimiento está ligado a los sistemas de aprendizaje significativo de informaciones externas, que requieren significación, simbolización, representación y almacenamiento organizado de la información en la memoria permanente. El razonamiento está vinculado con los mecanismos deductivos y de cálculo, que son necesarios y que debe realizar el aprendiz, para que esa información pueda movilizar los motores de inferencia con los que se han de elaborar esas deducciones o razonamientos.

Por tanto, para incorporar de forma sólida, la información que recibimos se debe saber antes interpretar los datos que captamos, lo que requiere disponer ya de ciertos conocimientos capaces de establecer la correlación y combinación de la nueva información con otras informaciones ya memorizadas. Por ejemplo, para el estudio de un cuadro clínico que permita incorporar con facilidad nuevos conocimientos sobre su etiología o los mecanismos biológicos que en él operan, se debe conocer antes algo de ese cuadro clínico.

Para la gestión estructurada del conocimiento científico o técnico, de organización o de creación, es importante partir concibiendo el conocimiento como un proceso en el que opera la suma de la información que se recibe, con los saberes y los conocimientos que se están gestionando y que guardan relación con las informaciones consolidadas que tenga el individuo sobre ese tema. Además, se debe tener presente que también influyen las correlaciones que se establecen con el cuerpo de creencias, mitos, emociones, deseos, experiencias, valores y actitudes que tengan algún vínculo con el tema. Porque para construir el nuevo conocimiento se cotejarán todos esos contenidos y referentes, a los que deberá mantener vinculados y orientados hacia el contexto del proyecto o actividad mental que sirve de guía a las operaciones mentales del aprendizaje.

Según este planteamiento el conocimiento se crea a través de un protocolo que marca y guía las siguientes tareas:

- Tareas relacionadas con la gestión de la información entrante que, por una parte deben ser interpretadas y procesadas y por otra deben tener las condiciones necesarias para establecer conexión con las redes de conocimientos que estén relacionados con los ya existentes.

- Procurar que la información que se incorpora, esté relacionada con el problema que se quiere resolver o la hipótesis en la que se trabaja y por la que se quiere adquirir ese conocimiento.
- Tener en consideración las consecuencias previsibles que puedan derivarse de esta gestión.

"Aprender exige digerir y metabolizar la información, codificarla y cotejarla con la información que ya se posee, para que pueda convertirse en un conocimiento que se guardará en las estructuras de la memoria permanente. Así se generará lo que llamamos un aprendizaje significativo".

3.7.- PROCESO DE ADQUISICIÓN DEL CONOCIMIENTO

El aprendizaje sigue el siguiente proceso: Al recibir la información se comienza interpretando los datos que definen la información del objeto percibido por los sentidos, (Forma, color, ángulos etc.). Con esos datos de lo percibido el lenguaje semántico le da nombre y significado y también lo simboliza. Cuando ya tiene nombre y significado y se le puede comprender o entender, se produce una llamada a las redes conceptuales de la memoria permanente, para que la memoria de trabajo traiga a la consciencia los conocimientos previos, con los que se ubica, compara, correlaciona e interpreta la información captada, en relación a los conocimientos que ya se poseen sobre ese elemento informativo.

Por ejemplo, me regalan un libro de **Goethe**[41] con el título "Las Cuitas del Joven Werther", viene a mi memoria "el efecto Werther" que indujo 40 suicidios entre sus lectores, a su vez viene a mi cabeza que si en vez de haberse escrito a finales de 1700, se escribiera hoy, quizá no tendría ese efecto y también me pregunto ¿Cómo Napoleón pudo considerarlo uno de los mejores libros por él leídos? También pensé en el suicidio de enfermos depresivos.

Así sucesivamente, se elabora una red amplísima de pensamientos ideas y recuerdos que solo son posibles porque antes estuvieron ya en la memoria y la persona los relaciono con la información actual. Esa conjunción de informaciones genera en la mente opiniones, juicios de valor, estados de ánimo y un sinfín de contenidos mentales que de alguna forma modifican las

---

[41] (J. Wolfgang von Goethe,(1749-1832), fue escritor alemán)

escalas de valor y la conducta y sobre todo, actualizan la memoria sobre el tema.

Este es el primer paso del aprendizaje, en el que se desarrolla una serie de procesos:
- La creación de un modelo de interpretación que permite llegar a conclusiones (síntesis).
- Se organizan en contenidos homogéneos (conceptos)
- Promueve el que surjan nuevas ideas o criterios (abstracción)
- También generan (saberes, actitudes y opiniones).

Supongamos que el regalo del libro ocurrió porque la persona que lo regalo sabía que yo iba a dar una charla sobre las razones aparentemente banales que inducen al suicidio. Esa circunstancia puede hacer que yo trate de incorporar más conocimientos sobre las causas del suicidio valoradas como banales. Con lo que va a participar mi mundo de intereses, que me lleva a buscar una retahila de líneas de información y conocimiento que va desde otros casos similares al de Werther, a otras muchas situaciones, experiencias o recuerdos para documentar la tésis que debo elaborar para la conferencia.

Todo ese juego de motivaciones y nuevas informaciones adquiridas, me llevaría posiblemente a configurar cambios en mi criterio sobre las causas del suicidio, podría potenciar la aparición de soluciones para evitarlo y un sinfín de elaboraciones mentales que sin duda amplían mi interés por el conocimiento y los saberes, junto con cierto cambio de actitudes respecto a la literatura, a los cambios de la cultura social, a las formas de prevención del suicidio y otras muchas más áreas de interés.

Por lo tanto, *"no es exagerado decir que el aprendizaje nos cambia fundamentalmente, pues modifica nuestra propia forma de ver el mundo"*.

En otro capítulo trataremos de sistematizar, con cierto detalle, los esquemas que permiten seguir los pasos que se desarrollan en la adquisición del conocimiento y también algunas propuestas para explicar cómo se aprende a "saber, saber".

3.8.- FORMAS DE EXPRESIÓN DEL CONOCIMIENTO

Existen dos formas básicas de conocimiento, el conocimiento tácito y el explícito.

- *"Conocimiento tácito"*. Son los saberes que tiene un individuo sin haberlos aprendido mediante enseñanza formal. Este conocimiento responde a preguntas sobre ¿Cómo se hacen las cosas? ¿Cómo se bebe el agua? ¿Cómo se levanta del suelo uno por sí mismo? Tiene un activador consciente y otro inconsciente, por lo que es difícil hacerlo explícito en su totalidad. Este saber engloba todas las habilidades que tienen las personas adquiridas por la experiencia y que se transfieren de manera informal, como ocurre con montar en bicicleta.
- "El conocimiento explícito". Es aquel conocimiento que ya está representado y documentado. Se utiliza como medio para transmitir los saberes en la enseñanza formal. Conscientemente el sujeto se orienta a la adquisición de conocimientos que le permitan plantearse y resolver los problemas propios de la materia que se estudia. Su adquisición siempre es consciente. La representación de este conocimiento es la interfaz entre el cerebro y el mundo exterior. Es un conocimiento que simboliza y representa la realidad de forma tangible. Está dotado de la capacidad de crear, representar y transferir el conocimiento, este el tipo de conocimiento es el que nos hace diferentes de los animales.

Creemos que el abuso de soportes audio-visuales con la introducción de emoticones u otros sistemas con limitada capacidad conceptual y semántica para transmitir la información, van en detrimento del lenguaje oral o escrito, también al introducir palabras en otro idioma distinto al del texto que leemos. Se está limitando la capacidad de aprendizaje y se empobrece la capacidad de conceptualización de la sociedad. Hasta tal punto se implanta esta tendencia, que según un estudio realizado en la Universidad de Santiago de Chile, el 84% de los chilenos entre 16 y 65 años no entiende bien lo que lee. Lo que significa que se empobrece masivamente el conocimiento imprescindible para entender por correlación el significado de lo que debe aprenderse.

Es necesario resaltar la trascendencia del lenguaje como elemento determinante para el desarrollo del conocimiento. Pues no existe conocimiento sin un léxico o sin la terminología necesaria para desarrollar su contenido. *"Conocer el significado de los términos es una parte fundamental del texto con el que se representa el conocimiento, especialmente cuando se pretende mostrar ese conocimiento con cualquier representación lingüística".*

3.9.- LAS REPRESENTACIONES Y EL CONOCIMIENTO

Las representaciones son formas simbólicas de albergar la información, están construidas por la cognición para "representar y transportar la información captada de la realidad por las redes neuronales". Actúan como un significante de la información captada que aún no tiene significado semántico. Cuando la información que se transmite, aún no es comprensible, el formato que soporta esa información para su recorrido por las estructuras neuronales del cerebro, es de potenciales de acción eléctrica. Cuando la información ya adquiere su significado, por el lenguaje semántico se hace comprensible y se simboliza, jerarquiza y ordena por la memoria, construyendo el conocimiento.

Al percibir un objeto éste no entra en el cerebro como tal, se percibe una representación simbólica del mismo, con la información (parcial) de las características captadas por los sentidos del objeto percibido (color, forma, ángulos..). Esa información está vehiculada por señales de potencial eléctrico para su transmisión a través de las redes neuronales y por procesos químicos al atravesar las sinapsis. Al ser traducida por el lenguaje, se vehicula con palabras que hacen comprensible su contenido y simbolizan su significado. No nos entra en la cabeza el vaso que vemos, si no que le damos significado con una palabra que a su vez es un símbolo que promueve en la memoria infinidad de matices, que por la cultura le atribuimos a la palabra vaso y que son aportadas a la conciencia para generar la percepción. Con esas connotaciones del concepto percibido, se organizan las redes neuronales, bien por el significado que le damos a esa palabra, bien por otros muchos referentes.

Por otra parte, la información soportada por las representaciones, al hacerse comprensibles por el lenguaje, se digitaliza pudiendo entonces expresarse con diversos formatos tales como imágenes, conceptos o descripciones. Así pueden ser relacionadas con otros conocimientos memorizados con anterioridad. Por tanto, *"las representaciones son formas no comprensibles de simbolización de la información, que emplea el cerebro para vehicular su trasiego por las redes neuronales".*

En la corteza cerebral se hace comprensible el mensaje informativo mediante la traducción del lenguaje semántico. Esa traducción que le da significado y simboliza la información, ya permite pensar o hablar de la realidad sin estar en ella y también se la puede transmitir. Es así como podemos saber algo de cómo es la realidad, es el sistema que permite qué objetos o entidades puedan ser vivenciados, es decir, puedan ser comprendidos, analizados o expresados sin que estén presentes.

El objeto percibido da a la persona sentido de la realidad vivida o pensada lo que le aporta fiabilidad, es decir, permite que la elaboración mental que se hace de la realidad tenga sentido para el sujeto que la percibe, lo que se logra en la medida que se le dé a la mente una imagen semánticamente comprensible de los objetos, eventos o ideas percibidas, porque ya tiene referencias de ellos en la memoria permanente.

Por otra parte, la representación permite estabilizar la dinámica de los sucesos y los objetos identificados, podríamos decir que este sistema de representación simbólica es el que crea nuestro concepto del presente (que es una ficción), toda vez que en sentido estrictamente físico, el presente no existe, los eventos y la vida, ocurren, no son fijos ni estables, están ocurriendo, tampoco tienen forma o estructura preestablecida, la fijación y estabilidad de los significados se logra gracias a la simbolización que hacemos de los objetos o las situaciones percibidas al hacerlos atemporales. La vida misma, no es, está siendo, ocurre y discurre con soporte analógico, lo que genera una intrincada mezcla de lo estable y lo precario, lo fijo y lo variable, lo cierto y lo incierto, lo que es y lo que nos parece. Como ya sabemos, la representación nunca es idéntica a lo representado, pues la representación de la realidad es dinámica y múltiple y está construida por el propio sujeto que la percibe apoyándose en esa personal percepción, a la que adorna de acuerdo con su idioma, su criterio, la historia de las relaciones que existan con esa percepción, su cultura, y sus valores.

Así pues, la representación es como un substituto del objeto, es la reunión de un "significante" (la información) y de un "significado" (el contenido de la información) que es el sentido que le damos a esa información y la simbolización que de ella hacemos.

Según la perspectiva y la posición que cada individuo tiene en la estructura social, suele tener una interpretación distinta de los demás y esa realidad, incluso se puede transformar, ya que la realidad no es una entidad fija, pues como la vida misma, no es, ocurre y las cosas no son, solo nos parecen.

Al ser comprensible, la información ha evolucionado de sensación a percepción, pues ya es un contenido informativo con significado, que en cierta medida es una creación del propio sujeto que está aprendiendo. Ese conocimiento ya se puede correlacionar e integrar con otros saberes que pueda tener la persona en su memoria para formar opiniones y criterios.

A la información captada se le añade subjetividad y se la tiñe con la valoración personal que le da sentido abstracto, lo que determina su enriquecimiento por el que la información pasa a ser conocimiento que ya permite su contrastación con las elaboraciones construidas por el propio sujeto y apropiadas a su vida e historia, a la cultura en que vive y a las circunstancias del momento.

Los contenidos ya elaborados se conjugan y correlacionan como un conjunto articulado de referentes ya existentes, que promueven una síntesis híbrida de información que de hecho generará el personalísimo conocimiento del sujeto, con él que podrán ir creando nuevos criterios y perfilando sus actitudes. Todo este proceso que hemos descrito, es una elemental y simple parodia del proceso de la senso-percepción y el aprendizaje, que explica por qué el conocimiento de la realidad nunca es una copia fiel de la misma.

La organización de los conocimientos se realiza en estructuras reticulares y en tres dimensiones llamadas "redes neuronales", que permiten establecer muchas correlaciones semánticas, afectivas, espacio-temporales o simbólicas al mismo tiempo y que operan simultáneamente en diferentes zonas del cerebro. La organización de estas redes tridimensionales está siendo modificada continuamente, configurando conocimientos muy variados, tanto por el aprendizaje de nuevos conocimientos, como porque la dinámica de contenidos del contexto, normalmente es variable y también lo son las líneas de interés y motivación individuales y sociales, que ni son ni deben ser rígidas.

El conocimiento de algo nunca es idéntico a ese algo que se conoce. Los seres humanos para incorporar la información del mundo exterior o del interior, la procesamos e integramos, es decir, la creamos según nuestras referencias y así que aprendemos de nuestros de propios conocimientos. Este conocimiento almacenado en el cerebro es el mundo personal que construimos, es nuestro mundo, que está disponible para ser utilizado por el sistema cognitivo. Somos capaces de tener saberes y desarrollar conductas inteligentes, pero esas percepciones, conocimientos y criterios, son construcciones personales y por tanto no idénticas a la realidad.

Todo este complejo procesamiento se desencadena por la acción del aprendizaje, al que también se le añaden cargas emocionales o condicionantes derivados de las escalas de valor, interés u oportunidad que dan color y personalizan los conocimientos anteriores.

Todo aprendizaje modifica las redes neuronales, tanto en sus conexiones, como en su organización, porque la memoria y el aprendizaje-conocimiento modifican de hecho las estructuras y la organización de las redes neuronales. Es decir, cambian su estructura física y funcional, quedando esos cambios modificados de forma permanente y continua, *"Este es en síntesis el proceso con el que se genera el conocimiento humano"*.

3.9.1.- MAPAS MENTALES Y TRANSFERENCIA DEL CONOCIMIENTO.

La transferencia de conocimientos se suele realizar planteando proposiciones con lenguaje semántico y se suele recurrir a la abstracción, por lo que su comprensión puede ser compleja. Esta dificultad la aminora el cerebro recurriendo a la construcción de mapas mentales, con los que adquiere la capacidad de captar el concepto que subyace al tema que se aprende.

Los mapas mentales van naciendo conforme las informaciones que se aprenden van dejando huellas en las vías neuronales que recorren y ese es el sustrato de la memoria. Al adquirir un nuevo conocimiento relacionado con los ya aprendidos, el cerebro recuerda el camino que recorrió la información anterior conformándose redes tridimensionales donde los nodos contienen los conceptos y las vías neuronales de comunicación se encargan de comunicar unos nodos con otros. Cada nodo asila una información o conocimiento, que al quedar enlazados por significado u otros referentes van creando estructuras neuronales complejísimas e intercomunicadas. Así se construyen redes complejas con mayor o menor cantidad de nodos conceptuales y con una organización mejor o peor, según sea mayor o menor la cultura y los conocimientos estén más o menos sistematizados.

Conforme discurre la vida los distintos aprendizajes que se van adquiriendo, y además de ir construyendo nuevas redes también se van especializando algunos circuitos. Por eso, al ir repitiéndose la captación de ciertas áreas del saber, sus conexiones se van fortaleciendo más en unos circuitos que en otros, lo que crea prioridades, es decir, van reforzándose y haciéndose más rápidos y potentes unos caminos de aprendizaje que otros. Así se van especializando mapas mentales, que no son otra cosa que *"una selección de los circuitos que por ser los más usados son los que mejor funcionan en rapidez, seguridad, referencias y otros factores que habitualmente se interpretan como dotes intelectuales, erudición, competencia, profesional o cultura.*

Es mediante estos mapas mentales como se establecen relaciones entre el nuevo conocimiento que se capta y el conocimiento que ya dispone la persona que lo interpreta. Lo que explica que las personas que mejor aprenden, son las que más saben, porque este potente instrumento fomenta y aviva las posibilidades del procesamiento de los conocimientos que se desarrollan en el cerebro, como son el fortalecimiento y la organización de la memoria, la mayor capacidad del aprendizaje y su riqueza semántica, que es lo que permite detectar con precisión los significados y los matices de la información.

El conocimiento. *"Es todo lo que se sabe o debe saberse acerca de algún elemento del mundo real o ficticio,* Desde el punto de vista neurocientífico, para que haya conocimiento basta con que se activen las neuronas y se desarrollen las relaciones sinápticas entre ellas, creando así la memoria permanente del conocimiento aprendido. Gracias a la plasticidad y a la versatilidad del lenguaje, se pueden manipular o integrar los conceptos con mil matices de significado y es posible generar redes semánticas organizadas y jerarquizadas que mantienen relación más o menos estrecha con otros muchos conocimientos.

3.9.2.- TIPOS DE CONOCIMIENTO.

Según sean los contenidos y su transferencia, se pueden diferenciar cinco tipos de conocimiento.

- *"Conocimiento procedimental"*. Este conocimiento es el paradigma que representa *"el cómo se hacen las cosas"*.
- *"Conocimiento declarativo"*. Se refiere al conocimiento sensorial de objetos y hechos. Es esencial para interpretar el mundo

externo y al propio YO en un contexto. *"Es el conocimiento de lo que se sabe"*.
- *"Conocimiento de consecuencias o de razonamientos"*. Se apoya en la inferencia de expectativas a partir de conocer hechos, objetos o procedimientos. Este tipo de conocimiento es el que sienta las bases para generar razonamiento de predicciones sociales o económicas, como ocurre en el análisis "del caso" que se emplea en escuelas de negocio. *"Este conocimiento es el paradigma de la conducta inteligente"*.
- *"Conocimiento conceptual o de definiciones"*. Es el conocimiento elaborado, sintetizado y formulado de cosas, procedimientos, hechos o consecuencias. Este tipo conocimiento fundamenta los contenidos epistemológicos y se representa de forma textual. *"Este conocimiento se utiliza como recurso académico, para precisar y sintetizar la información de forma verbal y consistente, eludiendo al máximo las interpretaciones personales"*.
- *"Meta-conocimiento"*. *"Es el saber lo que se sabe y lo que se desconoce"*. *"Es también saber organizar la ignorancia"*. El meta-conocimiento permite poder anticiparse en el conocimiento de cómo van a ocurrir las cosas, es decir, permite guiar la planificación del aprendizaje. Este tipo de conocimiento incluye la información de lo que se sabe: los conocimientos, definiciones, procedimientos, objetos y hechos que se poseen, lo que permite organizar la existencia de un nivel de conocimiento abstracto y de previsión del futuro El magistral ejemplo de este tipo de conocimiento fue la elaboración del sistema periódico de elementos de **Mendeléyev**[42]

3.9.3.- A MODO DE CONCLUSIÓN.

La relación entre la información y el conocimiento es muy estrecha. Por una parte, el conocimiento se genera a partir del procesamiento de la información y por otra, la información es conocimiento implícito o tácito, es decir que aún no se ha organizado ni expresado. A su vez el conocimiento tácito es una forma de conocimiento adquirido casi siempre por la práctica y tiende a automatizarse. Cuando una información está representada

---

[42] (Dimitri Mendeléyev, (1834 – 1907), químico ruso, creador del sistema periódico de elementos)

semánticamente, ya es explícita y por lo tanto es así como se hace comprensible. *"La expresión semántica de la información se considera afín al conocimiento"*.

Los formatos para representar el conocimiento pueden ser de distinto tipo: lingüístico, visual, auditivo o táctil. El recurso más poderoso para representar conocimiento es el lingüístico. No es el único, pero sí el más potente y se utiliza también para codificar los contenidos que están expresados por medio de otros formatos de representación del conocimiento, como los visuales, o los auditivos.

La representación lingüística del conocimiento es crucial en la cultura. El lenguaje basa su funcionamiento en unas reglas que dotan de solidez al conocimiento. La calidad e importancia del conocimiento depende de la calidad del contenido y de la facilidad de acceso al conocimiento representado. Por eso se dice que nosotros mismos no somos algo más que nuestro lenguaje y conviene respetar el idioma materno con el que pensamos. Debemos fomentar su uso y su enseñanza. Es más, está, establecido como un derecho fundamental del ser humano, el poder tener acceso al aprendizaje de la lengua materna y disponer de facilidades para su expresión.

CAPÍTULO 4

LAS FUNCIONES COGNITIVAS

En este capítulo y en los dos siguientes veremos con más detalle, cómo opera, genera y elabora sus contenidos cada una de las funciones cognitivas. Las presentamos artificialmente individualizadas, aunque en realidad son actividades que emergen de un proceso continuo, integrado, interdependiente e indivisible, pero por razones didácticas las separaremos en tres grupos:

El capítulo 4º.Trata de las funciones cognitivas básicas u operativas, grupo en el que incluimos la Alerta y la Atención, la Sensación, la Percepción y las Memorias de Corto y de largo plazo.

El capítulo 5º. Incluye las funciones cognitivas superiores o fenoménicas, en el que se sitúan la Inteligencia, la Conciencia y el Pensamiento,

EL capítulo 6º Dedicado a las funciones cognitivas atípicas, o instrumentales, formado por la Memoria Operativa o de Trabajo, el Lenguaje y la Emoción.

4.1.- ANÁLISIS DE LAS FUNCIONES COGNITIVAS BÁSICAS

4.1.1.- LA ALERTA Y LA ATENCIÓN: Puerta de entrada de la información.

Están gestionadas por el Sistema Reticular Ascendente que es la estructura neuro-anatómica responsable de desencadenar y mantener la alerta. Su activación genera un aumento del ritmo cardíaco y de la presión arterial. (Así se prepara el organismo para la alerta y la acción. También se estimula la alerta sensorial, la disposición para moverse, para actuar y para responder. Sus funciones comienzan al despertar y deben continuar activas para que puedan mantenerse disponibles todas las estructuras cerebrales, con sus funciones de cognición y otras endocrinas y vitales que hacen posible el llamado *"tono cortical"* que describiera **Paulov**[43].

4.1.2.- LA SENSO-PERCEPCIÓN: Transporte y traducción de la información.
Son gestionadas por los órganos de los sentidos y las redes neuronales que vehiculan la información desde los sentidos a la corteza cerebral. Son la atención, la sensación y la percepción, que como ocurre en todo el proceso cognitivo, están asistidas por la consciencia.

"La atención". Se encarga de detectar y orientar a la mente hacia aquellas informaciones existentes en ese momento y lugar, cuyos contenidos ofrecen más interés, desechando los no interesantes, que conforman *"el ruido ambiental"*. Así es como se establece la selección adecuada de elementos informativos según los criterios que marca la consciencia (que es la directora y supervisora de esta función y de todo el proceso cognitivo). Esta elección es la que determina lo que vamos a atender, es decir, lo que vamos a ver y oír y de lo que nos vamos a enterar, porque así lo ha decidido la consciencia priorizarlo. La consciencia perceptiva impone así una censura y orientación de la información que nos llega, por la selección y elección. Esto ya induce a comprender que la percepción no sea fidedigna ya desde la captación de la información. *"Lo que percibimos no es una fotografía exacta de la realidad"*.

"La sensación". Comienza cuando el agente externo estimula algún sentido y provoca la transducción de señal, es decir, transforma el elemento físico que estimuló el órgano sensorial, (luz, sonido, etc.) en un potencial de acción eléctrico, que es la forma con la que se transporta la información a través de las vías neuronales. Esos trenes de potencial eléctrico son los portadores de la representación de información, pero esa información no es aún comprensible, es información tácita.

"La percepción" Comienza cuando el lenguaje semántico interviene, lo que ocurre al llegar la representación portadora de la información a la corteza cerebral. En la corteza se ejerce la función traductora, función esta que compete ya a la percepción. Haber percibido implica haber dado significación a la información recibida en la consciencia (la información que se transmite se denomina representación hasta que adquiere significado). Al tener significado las representaciones ya son comprensibles, ya son la información

---

[43] (Ivan Paulov, (1849-1936), médico ruso Prof. U. San Petersburgo, Premio Nobel de Medicina)

y una vez, al ser organizada se convierten en conocimientos, que son aptos para establecer correlaciones por significado y cotejarse con otros referentes ya memorizados que tengan alguna relación con la nueva información que se percibe.

De forma que los conocimientos que se adquieren, se cotejan y correlacionan con otros contenidos informativos que tengan alguna relación co los nuevos conocimientos. Estos enganches servirán de para quedar integrados en las redes neuronales de conocimientos y saberes, adquiriendo capacidad para el desarrollo de la conducta inteligente. *"Ese es el proceso del aprendizaje significativo"*.

Así pues, el paso de la sensación a la percepción, implica una interpretación y valoración de las sensaciones recibidas. Esta elaboración es propia y creativa, de cada persona, es la forma con la que la información captada, se traduce mediante el lenguaje semántico y adquiere así un significado comprensible. Además, el lenguaje simboliza la información le da el significado mental que tiene esa información para es aprendiz, con lo que el contenido percibido adquiere valores y expectativas especiales que iremos comentando a lo largo del libro.

Posteriormente las informaciones percibidas se correlacionan con los conocimientos, creencias, expectativas y valores propios que tiene ya memorizados el sujeto que percibe esa información y a su vez recibe también la impregnación afectiva, a cargo del sistema límbico-emocional, que le da color, calor, dirección, fuerza y escala de valor al contenido informativo.

En síntesis, el proceso de la senso-percepción es el siguiente: Con la información captada y elegida, comienza la sensación. La reciben los sentidos desarrollando la primera etapa de la cognición. Con la sensación ya se establece un cierto análisis y procesamiento de esa información, que permite por ejemplo, diferenciar en la visión los colores, los ángulos, la orientación y otros aspectos diferenciales, que facilitan la transducción de señales. En el caso de la visión, son las ondas electro-magnéticas de cierta longitud de onda, las que van a convertirse en potenciales eléctricos, que son los que soportan y transmiten la información desde la retina a los núcleos del tálamo y de allí a la corteza cerebral.

Al llegar la información a la corteza, se desarrolla la traducción y con ella, la obtención de significado y la simbolización de la información, tarea que genera lenguaje semántico. A esta función la denominamos percepción. Tras sufrir otras transducciones, en cada una de las sinapsis por las que transita la información en su recorrido, se genera una enorme amplificación de la señal y se distribuye por las diversas redes y núcleos cerebrales. Así se desarrolla la percepción. En este momento se produce la mediación del lenguaje y la emoción, que con la información ya dotada de significado y simbolizada es conjuntamente procesada e interpretada.

En la función de la senso-percepción, se procesa y organiza la información y se convierte en conocimiento. Este conocimiento al correlacionarse con otros de significado similar existentes en la memoria permanente y se genera un nuevo conocimiento producto de la contrastación entre ambos.

Así adquiere la información sentido comprensible, grado de valor, adecuación, y multitud de señalizadores que la sitúan en condiciones de poder ser evocada en los diferentes contextos de ese conocimiento y además la adornan de color afectivo, de interés y otros condicionantes. *"A ese producto final le llamamos conocimiento"*.

La información que venía vehiculada por potenciales de acción agrupados en ráfagas eléctricas es traducida por el lenguaje semántico adquiriendo significado y simbolización. Pudiendo ya ser correlacionada, clasificada y organizada según su significado y otros referentes, sin estar presente el objeto o asunto de que trata la información.

El otro elemento que incide es la emoción, que reviste de fuerza, interés y valor a los contenidos informativos. De esta forma el interés, el significado y la relación espacio-temporal, permiten la jerarquización y organización de los contenidos informativos. Con lo que la sensación pasa a ser "percibida" el decir, interpretada y enriquecida con valor, orientación, datos espacio-temporales y demás elementos significativos que conlleva.

4.1.3.- LA MEMORIA: almacén, organización y evocación de la información.

La información que estamos percibiendo se traslada a la corteza cerebral, donde se procesa, se traduce, se correlaciona y se almacena, para poder ser evocada al ser requerida., La capacidad de evocación debe ser primero codificada y organizada de acuerdo con los diversos referentes con los que se ha agrupado por significado, relación espacio-temporal, valor del contenido etc.

La memoria es una función cognitiva desarrollada estructural y funcionalmente por el cerebro. Es el soporte fundamental del pensamiento y la inteligencia, pues a ambas funciones les aporta los contenidos informativos con los que deben operar para desarrollar su función. Se puede decir incluso que es uno de los elementos centrales de todos los procesos cognitivos, incluida la consciencia o cuanto menos lo es de una parte de la conciencia consciente, que, es la que nos permite saber que estamos siendo, es el *"cogito ergo sum"* de **Descartes**.

Así pues, *"funcionalmente la memoria es el proceso que permite retener informaciones, experiencias y conocimientos pasados"*. En términos prácticos, *la memoria y el aprendizaje son dos aspectos del mismo proceso. Con el aprendizaje se incorporan las informaciones en la memoria. Los recuerdos, son la expresión de haber ocurrido antes un aprendizaje con el que se construyó la memoria"*. Por tanto, *"el aprendizaje es el proceso por el que adquirimos el conocimiento, mientras que la memoria es el proceso por el que el conocimiento es codificado, organizado, almacenado, consolidado y después recuperado"* y *"los recuerdo son el contenido de la memoria que cuando están estructurados y organizados, los llamamos saberes, son el contenido del conocimiento"*.

El aprendizaje y la memoria son dos elementos inseparables, están íntimamente relacionados, no se consigue separar el aprendizaje de la memoria, ni resulta posible realizar la distinción entre ambos dentro de los circuitos neuronales, el aprendizaje necesita a la memoria y sin memoria no hay aprendizaje. Para medir lo aprendido se aplican pruebas de memoria, porque es en la memoria donde se expresa la recuperación de las informaciones adquiridas. Por otra parte, el conocimiento es la base de la inteligencia, pues es mediante la correlación que se establece entre los conocimientos, las experiencias ya adquiridas y consolidados, cómo es posible desarrollar el análisis, la síntesis, la inferencia y el razonamiento que generan lo que entendemos por inteligencia.

Para que el aprendizaje se produzca, son esenciales: la atención, la correlación con los conocimientos experiencias y vivencias ya memorizadas, la comunicación, la categorización, el lenguaje y el componente afectivo., Cuando se aprende de forma estructurada, se incorporan más conocimientos y se elaborará más cultura relacionada con la información del tema que se está aprendiendo. También intervienen otras funciones como la alerta, la atención, la motivación o la carga afectiva, los esquemas de valor y actitud y en definitiva todas las funciones que forman siempre un "continuum" de difícil individuación en el proceso mental.

El aprendizaje es un proceso por el que el cerebro es capaz de modificar la conducta para adaptarse al medio que nos rodea, y hace del aprendizaje la principal herramienta de adaptación del reino animal. Para modificar la conducta es necesario que se produzcan cambios en el sistema nervioso y esos cambios aportan la capacidad de adaptar las estructuras mentales para el aprendizaje lo que se denomina plasticidad cerebral. Cuanto más cambiante sea el entorno y mayor versatilidad se requiera en el modo de vida, más adaptativa será la conducta. *"La plasticidad es quizá la característica más peculiar del cerebro"*.

Llamamos memoria a lo que aprendemos y también a lo que tenemos almacenado en el cerebro. La memoria nos informa sobre lugares sucesos, personas o situaciones y sobre todo define lo que cada persona somos lo que nos aporta historicidad y sentido de continuidad.

La memoria primigenia de los seres vivos es la genética, la que hace que el hijo de la serpiente sea una serpiente y el del perro un perro y no al revés. Esta memoria está contenida en el ADN, que contiene la información memorizada en el genoma del ovocito resultante de la fecundación del óvulo por el espermatozoide y hace que ese ovocito se desarrolle y llegue a convertirse en un individuo con las características específicas de la especie de sus padres. Sin embargo, esa información por sí misma no es capaz de generar nada; para ser capaz de generar un lagarto o un caballo, necesita los recursos que facilita la célula, con sus enzimas, sustratos y los medios con los que es capaz de procesar y trasmitir el mensaje genético necesario para que se pueda generar un ser muy parecido a los padres, pero distinto de ellos.

En el proceso evolutivo de las especies, el mecanismo de la memoria genética es muy avanzado. Antes, las distintas especies dispusieron de otras formas de transmisión de la memoria genética, por ejemplo la partenogénesis. Hoy también se ha aprendido a emplear sistemas distintos de los naturales para la transmisión de la información genética, como es la clonación, que se desarrolló en el caso de la oveja Dolly donde se tomó un ovocito de una especie distinta a las ovejas, le quitaron su núcleo y lo remplazaron con el núcleo de una célula de oveja, haciendo que la información del ADN nuclear produjera una nueva oveja, con el cerebro propio de las ovejas y sus atributos para albergar y hacer funcionar el tipo de actividad mental que tienen las ovejas.

La memoria no es un proceso unitario, lo que se entiende como memoria es un conjunto de diferentes sistemas que operan de forma coordinada interactuando entre sí y con toda la cognición. La memoria tiene la facultad de hacerse consciente cuando se desea, aunque en realidad la evocación del recuerdo a voluntad solo es posible para una pequeña parte de la memoria, ya que tenemos un colosal patrimonio cognitivo inconsciente que no se rige por la norma de recordar cuando se desea, en él participan sensaciones, emociones y otros contenidos mnémicos que nos resultan indescifrables.

Resumiendo; aprender no solo es incorporar los contenidos informativos que se almacenarán en la memoria, es un proceso neuropsicológico cerebral en el que intervienen muchas funciones cognitivas: alerta, senso-percepción, significación, simbolización, asociación, categorización, correlación con otros conocimientos o experiencias y la valoración con diversos parámetros. Además se asocia a otros conocimientos relacionados y anteriormente aprendidos y finalmente se requiere del apoyo de otras memorias inconscientes tales como el saber moverse para coger el libro.

4.1.4.- TIPOS Y CLASIFICACIÓN DE LA MEMORIA.

El proceso de la memoria se desarrolla en dos etapas sucesivas: la memoria a corto plazo y la memoria a largo plazo. La memoria a corto plazo es un sistema con el que se almacena una cantidad limitada de información durante un corto período de tiempo. Es una memoria inmediata para los estímulos que acaban de ser percibidos, tales como la clave de un programa informático que se retiene durante el breve tiempo o se olvida si no lo anotamos. Se trata de una memoria frágil y transitoria, se desvanece en poco tiempo y es vulnerable a interferencias.

Si una información memorizada a corto plazo se repite con cierta frecuencia, la información así captada se consolida como memoria a largo plazo, porque los cambios neurales que produjo ese aprendizaje activan otros mecanismos de plasticidad cerebral que producen cambios ya estructurales en las sinapsis con la creación de nuevas proteínas. Estos cambios constituyen el soporte físico de la segunda etapa de la memoria, llamada memoria a largo plazo o permanente Es más, toda memoria a largo plazo o permanente, antes fue memoria a corto plazo.

La memoria a largo plazo puede tener una duración indefinida. Para que el recuerdo se pueda mantener y evocar, se necesita que se produzcan modificaciones estructurales en la sinapsis con creación de nuevas proteínas.

Las memorias pueden agruparse según distintos criterios que desarrollaremos es el siguiente cuadro:

A.- La memoria según la duración del recuerdo:

    A.1. Memoria a Corto Plazo.

    A.2. Memoria a largo plazo.

    A.1.1.- Las memorias a corto plazo pueden ser:

A.1.1. Memoria sensorial: La que se obtiene de forma inmediata, al activarse el receptor del órgano sensorial por la acción del estímulo físico (luz, sonido etc.) portador de la información.

A.1.2. Memoria de corto plazo común: La que dura como máximo unas pocas horas y se debe al simple aumento de fortaleza de las sinapsis, sin cambio morfológico, sin creación de nuevas proteínas.

A.1.3. Memoria de Trabajo: Es la que usamos habitualmente para el trasporte intra-cerebral de la información a través de sus redes neuronales. Su actividad es imprescindible para poder desarrollar el mecanismo logístico de la cognición y por lo tanto para desarrollar el pensamiento, la memoria y la inteligencia y también para transformar la memoria de corto a largo plazo, es decir, para la consolidación de la memoria.

En realidad la memoria de trabajo no es una memoria, es la gestora logística de la información entre las distintas estructuras cerebrales, es una importantísima función transportadora de la información en el desarrollo de los distintos procesos cognitivos, por lo que la consideramos una función cognitiva cuyo estudio se desarrolla en el grupo de funciones cognitivas instrumentales o atípicas. Por su función de distribuidora general de los contenidos informativos y su operatividad, se convierte en el núcleo central de la memoria a largo plazo, es el proveedor de los contenidos del pensamiento y la inteligencia, por lo que le dedicaremos una especial atención en este libro.

A.2.1.- La memoria a largo plazo, según opere de forma consciente o automática se divide en:

A.2.1.1.- Memoria tácita, implícita o automática: Almacena la información que no es fácilmente explicable, por ejemplo: ¿Qué hay que hacer para correr? O las habilidades motoras que se usan de forma inconsciente en la mayoría de las ocasiones, como saber nadar; se asocia sobre todo con actividades motoras del cuerpo o con reconocimientos automáticos, como reconocer a una persona por su acento o el timbre de voz al hablar. Las distintas especies animales suelen tener algunas memorias implícitas muy desarrolladas, como las abejas, que saben hacer los panales o las palomas mensajeras que se orientan muy bien en el espacio.

A.2.1.2.- Memoria explícita o consciente. Almacena lo explicable, los conocimientos, lo que permite recordar acontecimientos, números, hechos etc. Es en esencia el recuerdo con los detalles del pensamiento integrado y requiere un estado consciente para retener la información integrada y para poder evocarla.

A.2.2- Memoria a largo plazo según sea la función de los contenidos memorizados en:

A.2.2.1.- Memoria procedimental: Es la que contesta a: saber cómo se hace algo. Es la que opera en la adquisición y utilización de los esquemas cognitivos o motores. Son indispensables para el desarrollo de las funciones del pensamiento, lo que hacemos o pensamos. Por ejemplo, poner un e-mail requiere saber cono se pone y también saber lo que se pone. Los esquemas motores, son necesarios para actuar y comunicarnos con el entorno, por ejemplo, saber ir en bicicleta.

A.2.2.2.- Memoria declarativa: Contesta a la pregunta: saber qué es algo. Almacena información de datos, hechos o experiencias que se aprenden o vivencian a lo largo de tu vida. Conforma el contenido memorizado más importante de lo que entendemos por inteligencia. A ella solo se accede de forma explícita.

A.2.3.- La memoria declarativa, según la cualidad de sus contenidos, se subdivide en:

A.2.3.1.- <u>Memoria episódica o autobiográfica</u>. Contesta a las preguntas: ¿qué, con quien, dónde y cuándo? Es la que nos permite recordar nuestras experiencias dentro del contexto, del tiempo y del espacio, la usamos para recordar los acontecimientos y las experiencias personales.

A.2.3.2.- <u>Memoria semántica o conceptual</u>. Contesta a la pregunta: ¿qué es eso? Nos sirve para memorizar y recordar los hechos, es el conocimiento objetivo, el tipo de conocimiento que adquirimos en los libros, conforma los contenidos memorizados que entendemos por inteligencia. Conforma los contenidos memorizados más importantes, es lo que entendemos como conocimientos cultural o académico.

La memoria no almacena objetos, elementos informativos o situaciones físicas en el cerebro, la memoria se produce porque el cerebro recuerda el camino y las operaciones que se desarrollaron en las redes neuronales al incorporar una información, una experiencia o un conocimiento. Una vez incorporado el lenguaje semántico a esas representaciones portadoras de la información captada, se les da significado, lo que se logra con el lenguaje, que al emplear palabras como significantes, forman cuerpo con el significado con el que han venido siendo entendidas y así se hacen comprensibles. Con las palabras ya comprensibles se construyen frases y significados para elaborar conceptos y expresiones con los que vamos a poder retener, guardar, correlacionar, organizar o evocar y relatar los recuerdos.

Todo este complejo proceso es mucho más amplio de lo que habitualmente entendemos por memoria, por ello nos parece conveniente insistir en reconsiderar el concepto de memoria.

Es un proceso que nos permite no solo codificar, almacenar o retener las experiencias y las informaciones para poder evocarlas a voluntad, sino que además al ser auto-generativa, nos permite ir purgando los propios contenidos memorizados e ir actualizándolos, además de poder discriminar y elegir los recuerdos más convenientes o adecuados. *"Por tanto la memoria es también un instrumento creador del conocimiento"*.

La memoria en su más amplio sentido, es también la que nos permite saber andar, aprender y usar el lenguaje, así como discernir sobre nuestros criterios y compararlos con los de los demás. Parece razonable considerarla como un constructo nuclear del proceso cognitivo y ese constructo que es la memoria, debe ocupar un lugar primordial en la cognición, rescatándola así del "locus" de hermana pobre que suele otorgársele de entre los demás procesos mentales.

La memoria o mejor dicho, los recuerdos, son la expresión de haber ocurrido antes un aprendizaje que es el proceso por el que adquirimos el conocimiento, mientras que la memoria es el proceso por el que el conocimiento es codificado, almacenado, consolidado y posteriormente recuperado. Como decíamos, el recuerdo es el contenido de la memoria y el saber es el contenido del conocimiento. Pero todo ese proceso es un continuum de difícil segmentación. Decía **Antonio Machado**[44]:

> Cuando recordar no pueda
> ¿Dónde mi recuerdo irá?
> Una cosa es el recuerdo
> Y otra cosa recordar.

La memoria es un proceso mucho más amplio que construir recuerdos y para poder evocarlos, en él confluyen toda una serie de funciones mentales que constituyen lo que hemos denominado proceso cognitivo.

Lo que recordamos cada uno de nosotros es diferente de lo que otros recuerdan de una misma situación, porque el recuerdo, es decir la evocación de la memoria, se forma como una síntesis de los contenidos de la memoria almacenada, que son los conceptos, informaciones o experiencias relacionadas con la situación y que desde luego estuvieron matizadas por las creencias, intereses, oportunidad o deseos que existían cuando se memorizaron y que ahora se están evocando. Esos contenidos son correlacionados con los que son convocados y vivenciados por la conciencia en ese momento, lo que produce una jerarquización de los contenidos de la memoria, que de esta forma prioriza y elige determinados contenidos, de

---

[44] (Antonio Machado, (1875-1939), prestigioso poeta y catedrático de instituto español):

acuerdo con los criterios de valor o prioridad que en ese momento tenga el sujeto. Ya decía **Jorge Manrique**[45]:

> Cómo a nuestro parescer
> cualquiera tiempo pasado
> fue mejor

Es evidente que cada persona tiene recuerdos, experiencias y desde luego pensamientos creativos propios y escalas de valor y prioridad muy personales, por eso, en situaciones en las que varias personas han estado juntas, su recuerdo de esa situación es distinto para cada una de ellas. Se puede decir que la memoria es un elemento clave para establecer nuestra individualidad y nuestra identidad personal.

La memoria siempre comienza siendo una memoria a corto plazo, que luego se desvanece si la información no se usa o carece de interés. En caso contrario, se convierte en memoria a largo plazo o permanente. Esta memoria permanente, se produce cuando las huellas son más fuertes y esa fortaleza se logra por la producción de nuevas proteínas en aquellas sinapsis por las que recorre más veces la información. Este fortalecimiento se va consolidando más y más, conforme la información repite el recorrido, cuanta más frecuencia tenga, más sólida será su fortaleza. La información que recorren las sinapsis, va adquiriendo así referencias significativas o cargas de señalizadores tanto emocionales como de otros diversos contenidos. Por tanto, cuanto más se repase el recuerdo y más se amplíen o refuercen los señalizadores emocionales, los significativos o cualquier otra referencia, tanto, más fortaleza tendrá el recuerdo y será más fácil su evocación.

El recuerdo se construye como una síntesis de los contenidos guardados en la memoria a largo plazo o permanente, que tengan algún tipo de relación con la información que se está vivenciando o que es requerida en un momento dado por la conciencia. Por lo tanto, esos conceptos, conocimientos y experiencias memorizados, son una construcción propia de la persona. Van generándose así modificaciones, correcciones o ampliaciones, que son cotejados con las creaciones propias del sistema cognitivo. Así es como se van generando los recuerdos en la memoria permanente.

---

[45] (Jorge Manrique, (1440-1479), brillante poeta y militar de la nobleza castellana)

"La memoria es un reflejo de cómo el cerebro ha cambiado al recibir la información" La memoria reproduce la dinámica seguida por el cerebro, de tal forma que se pueda repetir su actuación, es decir, el cerebro no retiene y guarda las imágenes o conocimientos incorporados, sino que elabora y retiene mapas, caminos neuronales y formas de actuación, que es lo que luego se evoca y tras correlacionarlo e interpretarlo, se convierte en un nuevo recuerdo evocado. **Einstein**[46] dijo: *"Una mente que ha sido estirada con nuevas ideas no podrá recobrar su tamaño original"*.

Edelman dice: En un cerebro complejo, *"la memoria es el resultado de una relación selectiva que se produce entre la actividad neuronal, que está distribuida por las diversas estructuras neuronales del cerebro en el momento de la evocación y las diversas señales que proceden del mundo, del cuerpo y del propio cerebro"*.

Estos cambios quedan reflejados en la capacidad que tenemos de repetir un acto físico o mental tras un cierto tiempo, a pesar de que el contexto haya cambiado; como ocurre por ejemplo, cuando recordamos una imagen. Lo que es característico de la memoria es precisamente su capacidad de re-crear un acto después de que se haya producido la señal original.

Una propiedad fundamental de lo memorizado en el cerebro, es *"su capacidad de re-categorización constructiva mientras se produce la experiencia, por lo tanto, el recuerdo no es en ningún caso una réplica precisa de una secuencia anterior de sucesos o experiencias anteriores"*. El proceso ocurre de tal forma que al recordar incorporamos mapas mnémicos memorizados, que por alguna razón están relacionados con la experiencia actual y tras establecer una categorización de sus prioridades, se incorporan a la conciencia aquellas huellas o mapas, que tras su valoración, son seleccionados por ser los más adecuados, lo que a su vez modifica la nueva experiencia que estamos vivenciando, haciéndola acorde con los esquemas actitudinales, las escalas de valor que sustentamos y el resto de criterios que poseemos .

Edelman concluye *"la memoria biológica es creativa y no es estrictamente una réplica de lo percibido"*. La neurociencia tiene planteado el reto de

---

[46] (Albert Einstein, (1879-1955) Físico y matemático alemán, premio Nobel de Física y autor de las Teorías de la Relatividad, ejemplo mundial de persona rigurosa, brillante e inteligente)

proporcionar una explicación adecuada de cuáles son los mecanismos cerebrales de los que surge la consciencia. Para ello es necesario comprender primero otros procesos neuronales que ocurren a distintos niveles del proceso mental. Entre los que están:

- La categorización perceptual (que es la valoración de la importancia que se le da a la información).
- La simbolización, que es el conjunto de referencias y otros condicionantes que se le atribuyen a la información primaria y que añaden, valores, deseos, miedos, ilusiones y creaciones que se incorporan de forma más o menos inconsciente en la persona, de acuerdo con su historia y la cultura en que se desenvuelve.
- La conceptualización (que es el significado que se le da a la información).
- La valoración (que es la relación que tiene la información con los esquemas ideológicos y de valor de la persona).
- La memoria (que es el contenido informativo guardado).
- Los procesos de organización de la red tálamo-cortical (que es el sistema neuronal de donde se cree que emerge la conciencia).

Si no se comprenden estos procesos, no es de extrañar que la función de la memoria pueda parecer desconectada de cualquier explicación por la forma cómo se desarrollan los mecanismos cerebrales, las experiencias complejas y aparentemente simultáneas de las distintas sensaciones, el estado de humor, las escenas, las localizaciones, los pensamientos, los sentimientos y las emociones, que se producen en secuencias, en serie o en paralelo.

La información cotejada y contrastada con las informaciones ya existentes en la memoria similares o relacionadas con el asunto que se trata, genera, nuevos contenidos informativos que corrigen y amplían a los anteriores y siempre los actualizan. Va generándose así un conocimiento más amplio, contrastado y consistente, de forma que cuanta más información y experiencia haya sido asimilada por la persona, más y mejor se podrá recordar lo que se haya aprendido con aprendizaje significativo. También se fortalecerá lo que se haya repasado, cotejado o planteado más veces o desde otros puntos de vista.

4.1.5.- LA PLASTICIDAD EN LA MEMORIA, EL APRENDIZAJE Y LA EDUCACIÓN.

El aumento del conocimiento neurocientífico y psicológico sobre los procesos cognitivos ha abierto nuevos horizontes sobre el ser humano y su futuro, además nos plantea reflexiones que deben ser tenidas en cuenta. Es necesario conocer el soporte neuro-psicológico para poder plantear y contestar las siguientes preguntas: *"quién se es, quien se puede ser y que puede hacer el ser humano para lograr el conocimiento"*.

Hemos de plantearnos la concepción del ser humano como un todo, que más que ser, está siendo, que ocurre. Ese ocurrir del estar siendo, se desarrolla entre los demás seres humanos y está en permanente interacción con la que recibe de los demás una parte importantísima de lo que somos y lo que vamos a poder ser. Por otra parte, cada uno de nosotros, con la conducta que desarrollamos, también modificamos a los demás, desarrollándose así un continuo intercambio e interacción que se traduce en un proceso vital de construcción moduladora, pedagógica y adaptativa permanente, paralelo al cambio de la sociedad. *"Así se va desarrollando modulando y adaptando cada personas en el ser, de su sí-mismo y en el ser-estar- co-existiendo"*.

Es necesario que conozcamos mejor la cognición, la memoria, la inteligencia y especialmente cómo puede abordarse el aprendizaje, la educación y la formación, para que con estos enfoques, podamos ir superando las viejas dicotomías entre: biología/cultura, cuerpo/mente, genética/entorno, razón/emoción, educación/adoctrinamiento.

La nueva visión del ser humano, que proponemos necesita incorporar los nuevos conocimientos que aportan la neurociencia y la psicología cognitiva. Ahora se entiende al ser humano como un sujeto que posee una conciencia, que es consciente de que es consciente y que su identidad se va formando por la interrelación de él con el entorno social, donde confluyen también factores genéticos y epigenéticos que sitúan al ser humano como producto y como productor de su propia historia. Ya está lejos el modelo estándar de sujeto universal que ofrecían las teorías formalistas. Actualmente al ser humano se le entiende como un ente bio-psico-social-único, personalísimo, en el que se está operando de forma permanente una construcción y reconstrucción bio-antropológica. Asimilar este concepto de sujeto emergente requiere comprender:

- La plasticidad de su cerebro, desde la perspectiva de ser el soporte del aprendizaje y el conocimiento.
- La multi-dimensionalidad del ser humano, en el que coinciden, por una parte, lo que es, lo que ha sido y lo que desea ser y por otra, el YO nacido de la historicidad y el YO trascendente, que se proyecta hacia quién se quiere ser, con la posibilidad de ser el constructor de su proyecto personal, que es el que dará dirección a su vida y le aportará sentido y motivabilidad.
- Su capacidad narrativa, entendida como su historicidad y su capacidad, más o menos estructurada, para construir su identidad y elaborar sus propios criterios sobre el entorno y su modelo de ser quien quiere ser.

Todo ello determina implicaciones educativas muy complejas, que caen en el ámbito de una pedagogía de la posibilidad y encuadran lo humano también en el marco de las teorías de la complejidad.

La plasticidad neuronal es un concepto complejo y en cierta medida polisémico, cuya utilización e implicaciones transciende los límites de la neurociencia y plantea cuestiones educativas, sociales e incluso, políticas. El concepto de plasticidad nos lleva a asumir que es necesaria una nueva valoración y comprensión del importante papel que juega entender y comprender al ser humano para poder orientar su educación y sus relaciones personales y sociales Este planteamiento determina consecuencias que van más allá de un conocimiento meramente científico de los procesos de su funcionamiento y desarrollo neuronal. Por eso, proponemos un análisis más amplio, que contemple dos vertientes: el conocimiento neuronal de la cognición y el funcionamiento cerebral con sus implicaciones educativas y sociales.

La plasticidad del cerebro es la capacidad que tiene este órgano para configurarse y reconfigurarse a lo largo de la vida. Merced a la neuroplasticidad, las redes neuronales se organizan y reorganizan de acuerdo con las experiencias y los conocimientos que incorpora el individuo, mecanismo que se mantiene a lo largo de toda su vida. Estos cambios neuronales se producen no solo a lo largo de toda la vida, si no muy especialmente en las llamadas ventanas de oportunidad, que son períodos sensibles en los que la experiencia determina de forma más específica el desarrollo del cerebro; es en esos períodos cuando el cerebro es más receptivo para la incorporación de determinado tipo de informaciones, conocimientos y experiencias. Un ejemplo claro de ventana de oportunidad es la que tiene el niño para aprender el idioma materno.

Como con ironía lo plantea el poema de **Nicolás Fernández de Moratín**[47]

> Admirose un portugués
> de ver que en su tierna infancia
> todos los niños en Francia
> supiesen hablar francés
> arte diabólico es,
> dijo, torciendo el mostacho,
> que para hablar en gabacho
> un fidalgo en Portugal
> llega a viejo y lo habla mal
> y aquí lo parla un muchacho.

La plasticidad instaura un nuevo orden neuronal que define al cerebro como un órgano dúctil y mutable. El concepto de plasticidad involucra también a distintos factores, posibilidades y condicionantes, cuyas características e implicaciones principales podrían esquematizarse de la siguiente forma:

- El cerebro tiene la capacidad de cambiar, adaptarse y albergar el aprendizaje a lo largo de toda la vida. Esta es la plasticidad en la que subyace el mecanismo neuronal del aprendizaje.
- El cerebro cambia como respuesta a la estimulación ambiental, lo que significa que no está determinado por su genoma. Los cambios no se establecen solo por la interacción de factores genéticos y epigenéticos, sino que es el aprendizaje y la propia experiencia vital, lo que va modificándolo de forma continua y permanente y durante toda la vida, la organización y la estructuración física y funcional del cerebro.
- La plasticidad se desarrolla con cierta periodicidad, lo que se traduce en períodos sensibles o ventanas de oportunidad, que favorecen o dificultan determinados cambios. Como el

---

[47] (Nicolás Fernández de Moratín, (1737-1780), poeta y dramaturgo español)

- aprendizaje en la primera infancia del lenguaje materno o la dificultad para retener datos concretos de memoria en la vejez.
- La plasticidad tiene también limitaciones para el funcionamiento y organización cerebral, como son los procesos de neurogénesis y la apoptosis.
- El funcionamiento del cerebro es plástico y su organización es integrada.
- El uso que se hace del cerebro es determinante para que pueda desarrollar su continua reconstrucción y su organización.

En síntesis, la plasticidad neuronal es la capacidad de cambio y adaptación que tiene el cerebro, es la que permite adaptarnos a las exigencias del medio y estos cambios están muy mediatizados por el nivel y la clase de informaciones, experiencias y aprendizajes que se reciben.

La plasticidad neuronal tiene también limitaciones impuestas por condicionantes, relacionados con factores genéticos y contextuales, determinados tanto por la biología (que puede llegar a imponer severas restricciones al desarrollo y funcionamiento del cerebro), como por la experiencia que impone su contexto vital y las circunstancias de cada individuo, de forma que la plasticidad es la resultante, por una parte, de la conjunción entre las posibilidades y los límites biológicos y por otra, entre las posibilidades, las oportunidades y los límites individuales y sociales que determinan la experiencia vital.

La plasticidad, como todo en la vida, está condicionada por el juego de las posibilidades con las oportunidades. Pero la plasticidad se expresa también según la tensión esencial entre la apertura o el cierre del ser humano a la incorporación de informaciones, al conocimiento y a los condicionantes propios de su desarrollo cerebral.

La plasticidad tiene una doble dimensión: por una parte, está condicionada por la genética y la salud cerebral y por otra, por la apertura al contacto interpersonal y a la adquisición de experiencias e informaciones, lo que a su vez son los límites de esa relación. Existe pues un paralelismo entre la plasticidad neuronal y la vida humana, en la medida en que ésta se desarrolla y construye entre los límites y las posibilidades que ofrece la genética y la indemnidad cerebral y entre los límites y posibilidades que permite la sociedad y su cultura.

La plasticidad se manifiesta en la anatomía del cerebro en varios niveles: por una parte, se expresa en la capacidad para formar nuevas conexiones interneuronales con creación de nuevas espinas dendríticas, nuevos botones sinápticos o nuevos receptores postsinápticos. Por otra parte, se expresa funcionalmente desarrollando la redistribución codificada de las nuevas informaciones y su asignación a nuevas funciones, es decir construye vías preferentes de comunicación interneuronal que se traducen en mapas que agilizan, amplían y prestan mayor precisión y rigor a ciertos recuerdos y construcciones mentales de la cognición. Por tanto la plasticidad es el concepto fundamental que nos permite entender:

- La organización del cerebro
- El funcionamiento de las neuronas
- El origen de los estados mentales
- Los procesos del aprendizaje y el conocimiento
- Las diferencias que se dan entre los cerebros, está condicionadas por múltiples factores, siendo los más significativos la naturaleza, la crianza y el aprendizaje. Estos factores se constituyen de hecho en artífices de su construcción y reconstrucción permanente, lo que hace del cerebro un órgano dinámico, en continua construcción y que puede remodelarse y trabajar en progreso a lo largo de toda la vida.

La plasticidad es el proceso que consolida al cerebro como base de la mente, pues aunque todos los procesos mentales son cerebrales, la mente no se reduce al cerebro, ya que los procesos mentales se configuran, ocurren y se desarrollan en un contexto natural, cultural y social, de ahí su complejidad y multidimensionalidad. El ser humano no puede ser entendido sin que se conozcan sus diferentes dimensiones y los distintos niveles de su organización, que van desde el nivel físico y químico, al social o al genético, del neurológico, al cultural y especialmente está condicionado por la cantidad y calidad de las experiencias y los conocimientos adquiridos.

La educación debe entenderse con la perspectiva de considerar la capacidad plástica del cerebro y los factores que caracterizan su desarrollo, asumiendo a su vez, que el sujeto es complejo y que su desarrollo funciona en varios niveles y está determinado por distintos factores.

El ser humano es el constructor de su propia identidad personal, su YO y con él, su propio cerebro, navegan entre las posibilidades que le permite el entorno, sus circunstancias y los límites de su plasticidad cerebral. Esa construcción se da en el marco de la relación entre la genética y el entorno, lo que configura la relación entre las posibilidades y los límites, pudiendo en la mayoría de los casos, ampliarse el margen de esas posibilidades y oportunidades.

"Los seres humanos se construyen entre su libertad y su capacidad de adaptación a las reglas del entorno, entre su adaptación al medio y su capacidad para transformarlo, entre sus posibilidades y sus oportunidades, entre su historia y su proyecto vital".

La autonomía del sujeto depende tanto de su plasticidad neuronal, como de sus posibilidades conductuales y sociales, pues está sustentada por una plasticidad cerebral genéticamente heredada, que a su vez sustenta la capacidad para aprender, es decir, para poder incorporar el patrimonio cultural acumulado a lo largo del tiempo, pero también para transformarlo y enriquecerlo. *"Postulamos que se ha de promover la adaptación a la par que la autonomía y esta debe ser la línea fundamental de orientación que guie los sistemas educativos"*.

Educar no debe ser un conformar y adoctrinar a las personas con los modos de hacer y pensar de un determinado colectivo humano. Educar debe ser, sobre todo, una actividad orientada a favorecer la convivencia con los demás, a la vez que a potenciar sus aptitudes para interpretar y transformar la realidad social de la que forma parte, es decir, promover la autonomía, la iniciativa y la convivencia projimal.

La plasticidad neuronal es el soporte que hace posible el aprendizaje y la educación, si el cerebro no fuera plástico, el aprendizaje sería imposible, pero además, si el ser humano no fuera educable, no tendría la oportunidad de incorporarse a una cultura, no podría aprender, ni transformarse o transformar el mundo en el que vive. Sin educabilidad no hay posibilidad de construir proyectos ni de desarrollarlos buscando la consecución de objetivos o ideales.

La capacidad de aprender bajo la influencia o tutela de terceros, está fundamentada en la plasticidad de las estructuras cerebrales y además representa la posibilidad de incorporar la cultura de los individuos mediante la comunicación y la interrelación. Implica pues la capacidad de aprender, de comunicar conocimientos y también la capacidad de apropiarse, transformar y extender la experiencia del patrimonio social y cultural acumulado por las generaciones anteriores. *"Por todo, ello los conceptos de plasticidad y de educabilidad son consustanciales con la concepción de la complejidad humana que muestran como su naturaleza es cambiante, compleja e impredictible. La forma de ser y de actuar de los humanos y se manifiesta en el horizonte de la libertad y la responsabilidad y en él se configura la construcción de su propia identidad".*

En definitiva, *"los conceptos de plasticidad cerebral, de aprendizaje de información y conocimiento, de memorización estructurada y consistente de las informaciones, contextos y situaciones, así como de la forma de incorporarlos, de adaptarlos a una sociedad cambiante y de proyectarlos en la conducta, son y funcionan como un todo interconectado, que permite al individuo ser un modelo único e irrepetible. Un ser que sabe que es, ha sido y será él mismo, pero no lo mismo y que su naturaleza es la de un ser que está siendo y cambiando de forma permanente".* Ese ser humano, para lograr un adecuado nivel de realización, debe integrarse, participar y actuar con y para los demás, que de alguna forma son su propio proyecto.

4.1.6.- MORFOLOGÍA, FUNCIONALIDAD Y BIOQUÍMICA DE LA MEMORIA.
Comenzaremos recordando *"la morfo-funcionalidad de la cognición. Las neuronas tienen un papel central en el funcionamiento del cerebro, están encargadas de percibir los intercambios que se producen entre el medio ambiente y el propio cuerpo y de comunicar estos cambios a otras neuronas, para finalmente, producir las respuestas adecuadas".*

Este proceso esencial de comunicación neuronal se lleva a cabo por vía electro-química. La neurotransmisión química comienza con la liberación de neurotransmisores que actúan como mensajeros químicos transmitiendo la información a las neuronas postsinápticas. Es mediante este proceso, en el que se encajan en los neurotransmisores en receptores de las neuronas postsinápticas, el que modifica su actividad eléctrica y produce una enorme ampliación de la información que se transmite a las redes neuronales receptoras. Lo que resulta determinante para producir cambios funcionales y estructurales, que son el soporte de la consolidación de la información que determina la memoria.

La estructura de las sinapsis consta de tres partes: el botón de la neurona presináptica, la hendidura sináptica entre las dos neuronas y la neurona postsináptica donde están los receptores postsinápticos. La importancia del estudio de los receptores postsinápticos se debe a que son los encargados de recibir la información de los neurotransmisores, encajar con ellos y transmitir esa información para su difusión a un enorme grupo de neuronas conectadas con esa neurona; por eso la mayoría de fármacos de importancia clínica, tales como anestésicos, ansiolíticos, antidepresivos y anticonvulsivos y también los que se emplean en el tratamiento de ciertas enfermedades neurológicas, suelen actuar sobre los mecanismos que se desarrollan en estos receptores.

El botón del axón presináptico, contiene y libera el neurotransmisor que se almacena en vesículas. La hendidura sináptica es un espacio casi virtual, de unos 20-30 nm de espesor y la neurona postsináptica es la que contiene los receptores de los neurotransmisores. Es el botón terminal del axón de la neurona presináptica, el que vierte los neurotransmisores a la hendidura sináptica y los receptores de la neurona postsináptica están normalmente situados en la cara interna de los troncos y espinas de las dendritas de esa neurona.

Desde un punto de vista molecular, la sinapsis es una estructura que tiene una composición neuroquímica y molecular muy compleja y específica, tiene proteínas de adhesión, proteínas de anclaje y de señalización en los receptores, además de los neurotransmisores y enzimas de síntesis. La amplitud y complejidad química de este proceso excede con mucho las pretensiones de este libro. Aquí solo hacemos un pequeño esquema funcional del mismo.

La activación que desarrolla el neurotransmisor en las neuronas receptoras se produce al contactar con los receptores, que son específicos para cada neurotransmisor y los sistemas de adhesión o anclaje hacen que se produzca el encaje de la molécula del neurotransmisor en el receptor y active a la neurona postsináptica; es como encajar la llave en la cerradura. Así encaja el neurotransmisor en el receptor post-sináptico. Con este ensamblaje se activa la neurona postsináptica, lo que permite el paso de ciertos iones a través de la membrana plasmática y también a la proteína G. A su vez, tanto los iones como la proteína G activan a segundos mensajeros, con lo que se produce una cascada de reacciones químicas en otras muchísimas neuronas receptoras, en las que se van a desarrollar las funciones que genéticamente tienen encomendadas.

La memoria está constituida por una colaboración integrada de diversos sistemas neuronales que interactúan entre sí sirviendo a las diferentes funciones mentales que operan con circuitos distintos, lo que hace imposible localizar la memoria con precisión anatómica o funcional. Sin embargo desde la óptica morfológica cabe destacar que algunas áreas y núcleos cerebrales son los más especializados en el asilo de la memoria y en su gestión.

"La memoria explícita". Comienza con el procesamiento de la información en las áreas de asociación prefrontal, límbica, y parieto-occipito-temporal de la corteza que son las áreas que sintetizan la información visual, auditiva y somática. Desde allí la información se transporta a las cortezas del hipocampo y adyacentes (perirrinal, entorrinal, el subículo y circunvolución dentada del hipocampo) y finalmente de nuevo a las áreas de asociación del neocortex. En el hipocampo se procesa y codifica la información y se devuelve a las anteriores áreas de asociación cortical para ser usada cuando se desee. A partir de ese momento ya no depende del complejo del hipocampo para su recuperación. Este tipo de memoria se almacena de forma distribuida en distintas zonas del neocortex.

"La memoria episódica (autobiográfica)". Es la que orienta sobre tiempo y lugar, se almacena en las zonas de asociación de los lóbulos frontales.

"La memoria implícita procedimental de los recuerdos motores". Está ubicada en los ganglios basales y el cerebelo.

"La memoria de las vivencias con alta carga afectivo-emocional". Es gestionada por la amígdala y partes de sistema límbico.

"La memoria del conocimiento semántico". Tiene una organización especial, no se almacena en una región única. Cada vez que se recuerda el conocimiento sobre algo, ese recuerdo se construye a partir de diferentes fragmentos de información y cada uno de ellos se almacena en un lugar especial y distinto de la corteza cerebral.

Los sistemas de neurotransmisión que operan en la memoria son:

- *"Los glutamatérgicos".* (El 84%), que operan con el ácido glutámico y sus sales (Glutamatos) con función excitadora. Se

sintetizan a partir de la glutamina y participan en el desarrollo del cerebro, el aprendizaje, la memoria y la plasticidad sináptica.
- *"Los dopaminérgicos* que operan con dopamina que casi es específica del proceso de consolidación de la memoria, es decir de desarrollar el proceso que lleva a transformar la memoria de corto plazo en memoria de largo plazo.
- *"Los sistemas serotoninérgicos".* Que operan con la serotonina y están muy extendidos por el sistema nervioso central y periférico, su función es de ayuda integral en la regulación de la actividad del cerebro estabilizando el estado de ánimo y también la atención y la memoria.

4.1.6.1.- POTENCIACIÓN DE LA MEMORIA.

El interés de este libro se orienta sobre todo en conocer la funcionalidad de la memoria y el conocimiento que vamos desarrollando a lo largo del capítulo anterior y este capítulo, Hay aspectos muy especiales que creemos conveniente conocer con más detalle, como ocurre con el proceso de la potenciación de la memoria.

El conocimiento de la funcionalidad de la memoria se amplió de forma significativa en 1973, cuando **Lømo**[48] **y Bliss**[49] descubrieron lo que se conoce como *"potenciación sináptica a largo plazo (LTP)"*, (por sus siglas en inglés) que consiste en un aumento sostenido de la eficacia de la transmisión sináptica, es decir la facilitación de la neurotransmisión, que se produce al estimular la sinapsis con estímulos eléctricos de alta frecuencia, este estímulo hace que la sinapsis genere o mejore la comunicación entre la vía colateral de Schaffer y las células piramidales de la zona cortical CA1 del hipocampo y posteriormente también se ha comprobado este hecho en otras regiones del cortex, de la amígdala y el cerebelo.

Posteriormente **Kandel**[50] demostró cómo con una sola aplicación de serotonina en las neuronas sensitivas del caracol Aplysia, también se origina una sensibilización a corto plazo y con cinco aplicaciones se produce sensibilización a largo plazo, de varios días de duración.

---

[48] (Terje Lømo, (1935....), médico noruego, invest. laboratorios Andersen)
[49] (Timothy Bliss (1940...) médico inglés, prof. U. Toronto)
[50] (Eric Richard Kandel (1929....)Médico Austríaco, premio Nobel de Medicina, Prof. U. Columbia)

Quedó así demostrado que los mecanismos celulares y moleculares del aprendizaje y la memoria tienen su foco principal en la plasticidad neuronal promovida por la potenciación a largo plazo y que esta potenciación ocurre tanto por la aplicación repetida de serotonina, como por la descarga eléctrica repetida. Se conoció también que el proceso químico que se desarrolla en ambas es la activación de la sub-unidad catalítica de la proteína cinasa A (PKA), que es la que recluta otra cinasa segunda mensajera, la proteincinasa activada por el mitógeno (MAPK). Esta enzima está especializada en el crecimiento celular, lo que explica la creación de nuevas proteínas en la sinapsis de la neurona receptora, con la que se potencia la sinapsis y se generan las trazas o huellas indelebles que son los señalizadores que guían a la información para generar la memoria a largo plazo o permanente.

El proceso de la potenciación por el que la memoria a corto plazo se convierte en memoria a largo plazo, se denomina *"consolidación de la memoria"* y en él intervienen tres procesos:

- La expresión génica,
- La nueva síntesis de proteínas,
- El crecimiento de conexiones sinápticas.

En el hipocampo se distinguen cuatro regiones: CA1, CA2, CA3, CA4. Y recibe aferencias informativas por tres vías principales:

1. *"La vía perforante"*. Que se proyecta desde la corteza entorrinal a las células granulosas de la circunvolución dentada
2. *"La vía de las fibras musgosas"*. Que contiene los axones de las células granulosas y se dirige a las células piramidales de la región CA3 del hipocampo.
3. *"La vía colateral de Schaffer"*. Que son excitadoras y conectan las células piramidales de la región CA3, con las células piramidales de la región CA1.

Estos descubrimientos permitieron saber por qué con el aprendizaje se activa una potenciación a largo plazo, y esta activación produce espinas dendríticas y reforzamiento a permanente de la sinapsis, lo que constituye el proceso básico de la memoria a largo plazo. Sin embargo, aún no se conocen con precisión los mecanismos neuronales implicados en el aprendizaje, adquisición y consolidación de la memoria. Pero si podemos asegurar que *"el saber sí que ocupa lugar en el cerebro"*.

4.1.6.2.- LOS RECEPTORES DE LA NEUROTRANSMISIÓN EN LA SINAPSIS:

Estos receptores son muy estudiados por las muchas medicaciones que los consideran diana para su acción terapéutica; además su función es primordial para mantener la homeostasis del cerebro, de forma que muchas patologías se relacionan con la disfunción de estos receptores.

Vamos a dar algunas referencias de los más importantes en la función cognitiva.

A - Los receptores glutamatérgicos: Se clasifican en dos familias: la de los receptores ionotrópicos y la de los receptores metabolotrópicos.

> A.1.- Los receptores ionotrópicos. Lo componen a su vez tres familias que actúan como canales de cationes. Son:
> - Receptores NMDA
> - Receptores AMPA
> - Receptores Kainato
>
> A.2.- Los receptores metabolotrópicos (mGlu). Están acoplados a la proteínas G, actúan modificando la respuesta de los canales de membrana y la concentración de segundos mensajeros como el AMPcíclico.

El glutamato es el principal neurotransmisor excitador que se sintetiza a partir de la L-Glutamina. Participa en el desarrollo del cerebro, aprendizaje y plasticidad sináptica. Su función es muy compleja y desarrolla una amplia variedad de mecanismos de señalización y modulación de la transmisión sináptica que hace del glutamato un neurotransmisor importante para los procesos cerebrales

Los aminoácidos glutamato y glicina tienen un papel importante en la síntesis de proteínas. El glutamato está implicado en vías excitatorias del neocortex, la retina y el cerebelo y la glicina se asocia a vías inhibitorias de zonas caudales del cerebro (lóbulo occipital). Sin embargo ambos actúan al integrarse en el funcionamiento de los receptores de glutamato del tipo NMDA, fundamentales en la regulación de sistemas motores, sensitivos y cognitivos.

La concentración del glutamato en el espacio extracelular no debe sobrepasar ciertos límites y por ello la homeostasis del sistema glutamatérgico está muy regulada. Cuando este sistema falla, se produce una liberación excesiva de glutamato que induce sobre-activación de los receptores del tipo NMDA lo que parece tener implicación en enfermedades cerebrales graves, como el síndrome neuroléptico maligno que desarrollan en ocasiones los tratamientos de medicación neuroléptica o por la supresión brusca de terapia dopaminérgica en enfermos de Párkinson puede desencadenar sobre-activación de las proyecciones glutamatérgicas corticales al cuerpo estriado. Se producen el Síndrome Maligno de Hiper Acinesia e Hiper-pirexia, similar al Síndrome Neuroléptico.

Parecen existir evidencias clínicas y experimentales que implican a los receptores gutamatérgicos metabolotrópicos (mGlu) en la etiología de trastornos psiquiátricos como la esquizofrenia, las alteraciones del humor, la ansiedad o la depresión y en los mecanismos de adicción a las drogas.

Receptores NMDA localizados extra-sinápticamente, parecen ser los que activan cascadas de señalización en la toxicidad neuronal.

B.- Los receptores dopaminérgicos:

La dopamina desempeña un importante papel en el refuerzo, la motivación y los procesos de aprendizaje y memoria. Se ha relacionado el núcleo accumbens con la liberación de dopamina y el efecto reforzante de estímulos naturales. La liberación de este neurotransmisor en otras regiones cerebrales también es promotor de diferentes procesos atencionales y mnésicos.

Hay una relación clara entre los procesos de refuerzo cerebral y el aprendizaje asociativo. Además, parece ser que son múltiples las señales neurales que podrían cooperar en el aprendizaje relacionado con los sistemas de refuerzo cerebral. Las neuronas dopaminérgicas proporcionan una señal de refuerzo que podría actuar modificando la actividad de las sinapsis implicadas en diferentes procesos mnésicos.

La dopamina desempeña un papel en el refuerzo de la memoria porque participa en la activación de asociaciones entre refuerzos y estímulos inicialmente neutros. Dichas asociaciones suponen cambios neurales muy estables que perduran en el tiempo. Estos estímulos condicionados inducen la liberación de dopamina del núcleo accumbens, provocando un aumento del estado motivacional. La dopamina es muy importante para el aprendizaje y la memoria en la mayoría de los terminales de los sistemas nigroestriado, mesolímbico y mesocortical.

Parece ser que la dopamina desempeña también un papel importante en la modulación de la actividad neural relacionada con el procesamiento cognitivo general. Por ejemplo, la actividad dopaminérgica parece ser básica para la memoria de trabajo, también en la amígdala y en las proyecciones dopaminérgicas del mesencéfalo que modulan procesos de aprendizaje asociativo, especialmente aquellos que incluyen respuestas hacia estímulos novedosos, reforzantes o aversivos e incluso de memoria de trabajo.

Son clave en la consolidación de la memoria los receptores dopaminérgicos, el D_1 y especialmente el D_2 que promueven el paso de memoria a corto plazo a memoria a largo plazo o permanente.

C.- Los receptores serotoninérgicos: Son un tipo de receptor acoplado a la proteína G y su función es integral en la ayuda a la regulación de la actividad del cerebro en relación a la atención, la memoria, el estado de ánimo, el apetito, el deseo sexual y la temperatura corporal. Algunos estudios han expuesto que también aumenta la plasticidad cerebral y acelera el aprendizaje.

Son un tipo de receptor acoplado a proteínas G y son de tipo ionotrópico. Están ubicados en el sistema nervioso central y periférico. Tienen tanto acción excitatoria como inhibitoria, son activados por el neurotransmisor serotonina, que es su ligando natural.

Los receptores de serotonina modulan la liberación de muchos neurotransmisores entre ellos el glutamato, el GABA, la dopamina, la epinefrina/norepinefrina y la acetilcolina, también hormonas, como la oxitocina, prolactina, vasopresina, cortisol y sustancia P. Los receptores de serotonina, a su vez, modulan distintos procesos biológicos y neurológicos, como la agresividad, la ansiedad, el apetito, la cognición, el aprendizaje, la memoria, el estado de ánimo, la náusea, el sueño y la termorregulación.

Los receptores de serotonina son el objetivo de una gran variedad de fármacos como agentes Antidepresivos, antipsicóticos, anti-eméticos y anti-migrañosos.

"Resumiendo": El proceso bioquímico de la memoria es largo y complejo, lo que nos lleva a comentar que describir su bioquímica sería preciso, pero no

es posible, tanto por su complejidad, como porque aún no es del todo conocido, lo que en parte se debe a la gran cantidad de participantes que intervienen en el proceso: los neurotransmisores, las proteínas que se preforman, los receptores post-sinápticos, las enzimas mitogénicas que promueven la creación de nuevas proteínas y los genes encargados de su expresión, con sus familias y sub-unidades, los cationes y aniones que se transportan y las reacciones químicas que generan. Todas estas dificultades, nos llevan a conformarnos con una esquematización del proceso, que quizá solo sirva para que se comprenda su complejidad.

Sin embargo queremos comentar los trabajos de dos investigadores compatriotas que han hecho importantes descubrimientos que pueden determinar avances en el tratamiento de los déficits de memoria: Uno es **Álvarez Buylla** al que se le concedió el año 2011 el Premio Príncipe de Asturias de Investigación Científica y Técnica por identificar los mecanismos fundamentales de la neurogénesis y comprobar que las células gliales, actúan como guía en la migración en cadena de las neuronas hacia las diferentes zonas del cerebro siguiendo los caminos que marca la glía *"Así es como se ha sabido que siguiendo los trazos que le marca la glía, es como se estructura el cerebro"*, lo que abre pistas sobre el origen de tumores cerebrales, malformaciones y tratamiento reconstructivos con células madre.

Carmen Sandi[51] que ha conseguido inducir memoria duradera de contenidos hipocampo-dependientes, mediante la administración en el IV ventrículo del cerebro, de una molécula sintética de adhesión celular NCAM. En cultivos hipocampales se ha mostrado capaz de activar el factor de crecimiento de los fibroblastos y promover sinaptogénesis, lo que abre expectativas para el descubrimiento de una supuesta "píldora de la memoria".

---

[51] (Carmen Sandi, (1961.....), médico neurocientífica española, prof. investigador U. Politécnica Lausanne Suiza)

CAPÍTULO 5

LAS FUNCIONES COGNITIVAS SUPERIORES O FENOMÉNICAS.

En este grupo se sitúan las siguientes funciones cognitivas: Inteligencia, conciencia y pensamiento.

5.1.- LA INTELIGENCIA

Es la principal operadora del aprendizaje, el razonamiento, la elaboración y la aplicación de saberes y experiencias.

El término inteligencia es difuso y se suele aplicar a muchas habilidades y capacidades que muy poco o nada tienen que ver con la inteligencia. Además lo que se entiende por inteligencia normalmente suele ser un conjunto de capacidades que son generadas por toda la cognición. Por ello, más que definir la inteligencia para su comprensión nos conviene conceptualizarla.

Podríamos comenzar haciendo una pirueta dialéctica: *"la inteligencia como tal no existe"*, pues en realidad parece ser más una posibilidad que el ser humano puede tener en mayor o menor medida, que algo concreto que posea o no.

Los animales son también inteligentes, pero a diferencia de la inteligencia humana, la de los animales trabaja con señales senso-motoras concretas y sin prospectiva. El hombre transforma esas señales en un sistema abstracto de comunicación conceptual que al apoyarse en el lenguaje lo simboliza, con lo que multiplica sus posibilidades, ya que le permite asociar no sólo actos concretos sino también ideas, abstracciones creativas, previsiones complejas y también genera la capacidad para saber lo que sabe y lo que ignora. Es decir, la capacidad para conocer sus saberes, conocer sus ignorancias e incluso el grado en que es capaz de organizar esas ignorancias.

Por otra parte, el lenguaje permite el nacimiento del pensamiento, con él se interiorizan a los otros en el Mí, con lo que se pueden desarrollar las diversas formas de actividad sociocultural, pues es a través de los demás como llegamos a conocernos y a ser nosotros mismos.

Al incorporar el lenguaje, el cerebro dispone de una magnífica herramienta para significar las informaciones que ha captado y procesado y que carecían de significado, pero además, puede categorizar y organizar esas informaciones generando conceptos, criterios y saberes. Lo que a su vez le aporta capacidad para digitalizar de esos contenidos informativos, lo que le permite una mejor operatividad para procesarlos y operar con ellos. Esa es la función específica de la inteligencia. También la inteligencia aporta otras habilidades o herramientas lógicas y matemáticas que pueden emplearse como procesadoras de los conocimientos y experiencias, permitiendo la especialización profesional. En definitiva la inteligencia da perspectiva, brillo y eficiencia a la capacidad intelectual y a su forma de ejecución.

Así se justifica la necesidad de una formación permanente, que aporte los contenidos y referencia que son necesarios para que la capacidad intelectual, que inicialmente era potencial, tenga la posibilidad de desarrollar esa potencialidad mediante la adquisición y actualización de conocimientos y la fiabilización, aplicación y gestión eficaz de todos sus contenidos.

La inteligencia es un sistema que actúa como procesador y ejecutor de todos los contenidos informativos, se alimenta de los contenidos logrados por todas las funciones cognitivas. Por ejemplo el lenguaje que es a la vez traductor e intérprete, que da significado a las informaciones, también es creativo, generativo y atemporal, (porque es capaz de generar inferencias, elaboraciones y desarrollos, síntesis y abstracciones). Permite conjugar el pasado con el presente y proyectarlo al futuro, con lo que se obtiene la historicidad y la capacidad de previsión. Funciones que sin duda asume, integra, procesa y ejecuta también la inteligencia.

La información es capaz de desdoblarse (como los actores que representan dos papeles en una obra de teatro), permitiendo así el diálogo entre el YO y el Mí, fenómeno sorprendente al que llamamos pensamiento, que provee al sujeto de fórmulas lógico-matemáticas y de abstracción. No podemos olvidar que es la memoria, como aportadora de los contenidos informativos, lo hace que al ser procesados por la inteligencia, se generen abstracciones, deducciones, inferencias, síntesis o creaciones de nuevas ideas.

Podemos afirmar que todas las funciones cognitivas, de una u otra forma, participan y son necesarias para hacer efectiva la actividad intelectual.

La inteligencia es un "totum revolutum" es como un Access de Microsoft, pero muy ampliado y mejorado, es una máquina formidable que recoge la información que se gestiona y procesa en los distintos sistemas cognitivos, la integra, la procesa y la adapta a las circunstancias del momento, para alcanzar los objetivos que la conciencia le marca. Es la función cognitiva fenoménica que permite la emergencia de la cúspide del proceso cognitivo, que ostenta junto con la conciencia-pensamiento, tanto en su vertiente de consciencia (operativa) que nos hace conscientes de ser conscientes, como en su vertiente de conciencia (fenoménica) que nos aporta la abstracción argumental, simbólica, ética, afectiva y de transcendencia.

Este concepto de Inteligencia nos obliga a insistir en la idea de considerar la cognición como *"un todo continuo, integrado unívoco e interdependiente"* que se desarrolla como una función global del organismo.

Podríamos decir que *"la inteligencia es la parte de la función global de la cognición que está encargada de la adquisición de conocimientos y su aplicación a la resolución de problemas y a la adaptación vital. Implica pues a todas las funciones cognitivas y cognoscitivas, lingüísticas, emocionales, motivacionales y de personalidad. También está implicada en la conducta que se manifiesta en el comportamiento motor o verbal espontáneo o meditado, que se da como respuesta a las demandas del entorno y la adaptación a las circunstancias"*.

La conducta inteligente implica, necesariamente, una dimensión racional capaz de coordinar los medios con los fines, para alcanzar la adecuada optimización del comportamiento en la resolución de los problemas y la adaptación a la vida. También es necesario disponer de habilidades lógicas para poder comprender y resolver los problemas del entorno y promover un comportamiento adecuado. Por eso insistimos en que la inteligencia es un concepto impreciso y mal definido del que se han dado muchas definiciones, interpretaciones y formas de medición, aunque nos parece que ninguna de ellas es capaz de describir con precisión lo que es la inteligencia.

Se ha definido la inteligencia como: *"la facultad de aprender, comprender y abstraer conceptos, para luego aplicarlos en la resolución de problemas"*. Con un enfoque más operativo se plantea el concepto de inteligencia como *"la capacidad de elegir entre varias posibilidades la opción más acertada para la resolución de un problema"*. Nosotros podríamos definir la inteligencia como *"Una capacidad mental que cuando se posee en grado suficiente, permite aprender con facilidad y rapidez, realizar el análisis y la síntesis de los conocimientos, razonar, planificar, crear y pensar de modo abstracto, comprender ideas abstractas y usar los conocimientos y la experiencia en la resolución de problemas complejos y en la adaptación al medio y a la vida"*.

Podríamos concluir diciendo que: *"la inteligencia es un constructo que abarca toda la cognición que se orienta al producto final que se expresa y se aplica con el desarrollo cognitivo del individuo. En la conducta inteligente confluyen la atención, percepción, comprensión, memoria y aprendizaje, junto con los procesos afectivo-emocionales de motivación, emoción y estímulo social. Y en esa confluencia emergen las funciones más características del ser humano, que son la inteligencia, la conciencia y el pensamiento y que de hecho constituyen un todo integrado de difícil segregación"*.

La inteligencia es un constructo con el que nos referimos al producto final del desarrollo cognitivo del individuo y su aplicación. Podríamos decir que poseer la inteligencia en grado suficiente, permite disponer de facilidad para la adquisición y aplicación de los saberes y las habilidades necesarias para la resolución de problemas complejos y la adaptación al medio. Aunque, como estamos viendo, la inteligencia no es algo se tenga o se posea, por herencia genética, es la posibilidad de disponer de capacidades para adquirir los conocimientos, las herramientas y las habilidades necesarias para poder desenvolverse con soltura ante los problemas a los que deba enfrentarse el individuo. Lo que implica, por una parte, que es necesario disponer de indemnidad cerebral y por otra, requiere haber incorporado y construido los contenidos informativos, saberes, experiencias y habilidades adecuados para resolver bien los problemas que se le presentan y lograr que el proyecto que se elabore, sea acorde con las circunstancias, las posibilidades y las reglas del entorno en el que se aplica.

Un aspecto curioso de la investigación sobre la inteligencia es que a medida que ha evolucionado la forma de concebirla, se ha priorizado mucho más el interés por medirla, que el de validar las hipótesis que puedan explicarla, lo que se ha traducido en generar muchas más investigaciones y trabajos para el desarrollo de instrumentos de medida, que hipótesis sólidas para su conceptualización. De hecho, la búsqueda de los conceptos de inteligencia ha seguido las pautas marcadas por los investigadores que han debido medirla; nosotros mismos hemos trabajado muchos años en la medición y análisis de capacidades, competencias y rasgos caracteriales y es ahora cuando nos interesamos más en serio por perfilar su conceptualización.

A la inteligencia se le atribuye la elaboración de nuevos conocimientos que desarrolla mediante el procesamiento de las informaciones extraídas de la cognición, estableciendo correlaciones con todos los saberes, los ya elaborados e integrados que posee la persona en su memoria y los que necesita adquirir en cada momento para resolver los problemas específico que se le presentan.

Es un proceso complejo que se desarrolla mediante el aprendizaje, la inferencia, correlación, deducción y el razonamiento, con lo que será capaz de estimular el aprendizaje de nuevos conocimientos con los que a su vez puede generar nuevos conceptos y proyectos para hallar soluciones y desarrollar conductas adecuadas. Así se logra organizar y aplicar los saberes, elaborar síntesis y análisis de los elementos concurrentes, inferir deducciones, sacar conclusiones, crear nuevas ideas, planificar procesos, y resolver problemas. Todo ello lo elabora la maquinaria cerebral mediante el procesamiento de la materia prima que es la información, que llega tanto del exterior como del interior, como son los contenidos guardados en la memoria permanente, conformando los conocimientos, experiencias y saberes aprendidos. Con el procesamiento de toda esa información se logra la conjunción, reorganización, inferencia y creación de nuevos conocimientos. *"Eso es la inteligencia, la función cognitiva que ha desarrollado sus capacidades: generativa, creativa y ejecutiva que son su verdadera dimensión"*.

La inteligencia en sentido integral no es algo primario o genético, no es algo que se posee con un determinado nivel. Esta afirmación es contraria a la creencia compartida por mucha gente, incluidos los profesionales de la medicina o la enseñanza. Tenemos suficientes argumentos para demostrar que esta opinión tan común, no es del todo cierta. *"La inteligencia es una potencialidad que se puede desarrollar y para ello se requiere, disponer por una parte de un soporte neuronal indemne y suficiente y por otra se requiere el haber incorporado los datos, conocimientos, herramientas y habilidades adecuadas para poder desarrollar sus funciones y expresar sus contenidos"*.

Haciendo un símil podíamos decir que la inteligencia es una posibilidad, una potencialidad que puede generarse en el ser humano. Emerge del cerebro que es su soporte físico y su maquinaria. Esa máquina es capaz de captar información del entorno y del propio sujeto, puede además, codificarla, procesarla y almacenarla para poder aplicarla en cada momento en los distintos sistemas y estructuras de la cognición y en definitiva proyectarla ejecutando conductas eficaces.

La inteligencia no está localizada en una zona determinada del cerebro, su soporte neural es todo el cerebro y para hacer posible su adecuado funcionamiento se requiere que todas las estructuras cerebrales estén indemnes y operativas, pudiendo así desarrollarse la capacidad intelectual. El otro ingrediente imprescindible, que además, es la condición fundamental para logar la adquisición y el integral aprovechamiento de las capacidades, es el aprendizaje, que incorpora la información con la que se genera el conocimiento, con el que se construyen saberes habilidades y experiencias específicas de la actividad personal y profesional que se desarrolla o se quiere desarrollar y también necesita conocer los soportes culturales del entorno y las reglas de convivencia de la cultura que predomina en el medio social donde se va a aplicar esa inteligencia.

El cerebro para ser un instrumento eficaz, debe estar en condiciones de incorporar primero y emplear después la magnífica biblioteca de su memoria actualizada, que siempre tienen las personas que son verdaderamente inteligentes. La memoria de trabajo, que no sabemos muy bien lo que es, porque no es propiamente una memoria, ni es una actividad operativa de la inteligencia, en general actúa como la función de operador logístico complejo que forma parte de la inteligencia y la consciencia. Pues bien, la memoria de trabajo opera, maneja, organiza y gestiona los contenidos cognitivos. Es por tanto la que permite disponer de toda la información almacenada en la memoria permanente, ya traducida, procesada, comprensible, contrastada, actualizada y corregida con las diversas experiencias, informaciones y aprendizajes que se han ido incorporando en las situaciones que se han vivido. Además, cada nuevo aprendizaje se puede cotejar, contrastar, actualizar y corregir con toda la información que se posea sobre ese tema, y son esos antiguos y nuevos aprendizajes y experiencias los que dan soporte a la inteligencia para ser operativa en cada momento. Por lo tanto. *"Sin memoria de trabajo no habría inteligencia"*

También son muy importantes los factores que interactúan en la adquisición de los conocimientos y las herramientas necesarias para que la inteligencia las procese y las aplique. Primero está el ambiente familiar y social que promueve unos valores y unos incentivos, con los que se premian o reprueban los logros conseguidos en determinada dirección y es también lo que ayuda o dificulta la adquisición de los medios necesarios para lograr los objetivos. Por otra parte, está el tipo de tutela que se impone, permisiva o estricta y su paralelismo o disonancia con la cultura escolar y social del entorno.

Un elemento cardinal que condiciona la adquisición de conocimientos es el lenguaje, por lo que la dedicación a su aprendizaje y el valor que se le otorga, es fundamental para lograr un buen dominio de esta herramienta básica en todas las actividades del ser humano. No podemos olvidar que solo podemos pensar con palabras y todas las construcciones de la cognición requieren de forma esencial el lenguaje. La capacidad para poder comprender, incorporar conocimientos, organizar ideas o proyectar soluciones y expresarlas, requiere disponer de un lenguaje semántico amplio, rico y sólido. Disponiendo de esta herramienta se puede incorporar y organizar la información de forma adecuada y añadir las referencias necesarias para poder transformar la información en conocimiento, mediante su codificación y organización.

Desde esos saberes es como se pueden generar nuevos contenidos mediante la gestión de operaciones, y elaboraciones, desarrollando así los procesos de inferencia, creación, síntesis o diseño de planes y soluciones, que son el resultado del procesamiento de las experiencias, los datos, los saberes las habilidades y las técnicas y metodológicas que se posean.

5.1.1.- ARQUITECTURA FUNCIONAL DE LA INTELIGENCIA.

En el proceso evolutivo de las especies el ser humano heredó unas estructuras neuronales bastante desarrolladas que mediante la ejecución de las órdenes del genoma, van logrando su desarrollo y aplicación. Casi todo lo que se heredó es una potencialidad, es una amplísima capacidad que ha de desarrollarse estructural y funcionalmente y que es propia del cerebro. El reloj genómico establece el programa que señala la secuencia con que se ha de expresar esa dotación genética. A esa primaria dotación de capacidades potenciales de desarrollo, la evolución incorporó informaciones, experiencias y conocimientos que ya necesitaron del lenguaje para poder operar y para que cuando esas operaciones se fueran ejecutando, pudiesen convertirse en el mecanismo de activación funcional del cerebro, que a su vez es el que induce la creación de nueva materia en las sinapsis, sistema por el que se modifica la organización de las neuronas, formando redes, mediante la creación de huellas, vías y mapas, que son las rutas de señalización y dirección de la actividad mental.

Además, hay que recordar que el desarrollo de las estructuras y las funcionalidades intelectuales, puede modificarse por diversos motivos. Por una parte, está la acción epigenética que actúa modificando la forma de expresarse los genes sin alterar su estructura, por otra, puede intervenir el genoma mitocondrial, incidiendo en cambios y variaciones de la expresión genética, pero sobre todo es la actividad funcional del cerebro, que merced a su plasticidad, puede ir modificando de forma continua y permanente la organización de conexiones y circuitos neuronales, generando un continuo cambio estructural y funcional específico de cada persona. *"Esta organización va generando circuitos, redes y mapas neuronales, que son de hecho la herramienta paradigmática en que se apoya la inteligencia y la mayor parte de las funciones cognitivas"*.

Cada información que circula por el cerebro, produce modificaciones en la arquitectura cerebral y con ello se modifica y amplía su funcionalidad. Cada movimiento, pensamiento, sensación, aprendizaje o experiencia, genera un sinfín de huellas, trazas y mapas neurales nuevos, que a su vez determinan modificaciones en las interconexiones y en la organización de los circuitos y mapas neuronales. Así que la arquitectura estructural y funcional del cerebro es tan dinámica y cambiante que resulta imposible representarla con sistemas discretos de procesamiento de datos, como pueden ser los algoritmos o las ecuaciones.

Podemos establecer una comparación entre la inteligencia y las órdenes de ejecución genómica, porque ambas operan con potencialidad. La expresión genética está mediatizada por muchísimos factores: epigenéticos, filogenéticos y experienciales que interactúan con las acciones clínicas, ambientales, culturales, de tutela y de crianza, lo que impide que las posibilidades de nuestro cerebro estén predeterminadas por la herencia. Algo parecido ocurre con la inteligencia y con su aplicación *"se hereda solo la mayor o menor indemnidad de las estructuras cerebrales, todo su desarrollo y aplicación está condicionado por la información y sus aplicaciones, conocimientos, criterios, experiencia, metodologías y otras herramientas y habilidades que confluyen en el desarrollo de competencias y que son la síntesis de las posibilidades de aplicación de la inteligencia."*

Es evidente que pueden quedar predeterminadas limitaciones intelectuales nacidas de minusvalías hereditarias, que van desde la anencefalia, que impone el que no haya telencéfalo, hasta las pequeñas alteraciones que se transmiten genéticamente y que se traducen en mínimas limitaciones intelectuales. Cierto es que dependiendo de la importancia de la alteración estructural y funcional que tenga el sujeto, se podrán compensar algunas de esas limitaciones, en mayor o menor medida, con rehabilitación, adiestramiento y ayudas educacionales.

En cualquier caso, aunque herencia genómica juega un papel importante, en la capacidad intelectual, lo es más en el sentido de generar limitaciones para el potencial desarrollo del cerebro, que por generar superdotación de capacidades. La expresión de la herencia genética está mediatizada por factores epigenéticos y filogenéticos, de ahí que la investigación de estos factores distintos de los que establece el genoma, despierte actualmente un especial interés. Pero no cabe duda que son los factores ambientales de salud, crianza y sobre todo de formación, los que pueden influir tanto o más que lo heredado en el desarrollo intelectual y desde luego ese desarrollo de la actividad funcional del cerebro, es lo que más incide en la forma de ejecución y desarrollo de las estructuras y funciones cerebrales. En definitiva esas estructuras y funciones son el soporte físico que hace posible el nivel de la capacidad intelectual, pero son sus contenidos informativos que se han incorporado, los que determinan en mayor medida su desarrollo y aplicación.

Por otra parte, como la cognición es un proceso único e integrado, todos sus procesos funcionales son los responsables de la adquisición, organización, elaboración, gestión, creación y aplicación de los contenidos necesarios para hacer posible la inteligencia. Sin atención, no hay buen aprendizaje, si falla la memoria, no hay conocimiento, si no hay conocimiento, no hay inteligencia, si no hay contrastación y aprendizaje permanente, hay ignorancia y no hay inteligencia y así sucesivamente caben limitaciones y obstáculos para poder lograr un integral aprovechamiento de la potencialidad de las capacidades intelectuales.

La memoria es el soporte vital de los contenidos cognitivos con los que opera la inteligencia, sin una memoria suficiente no puede haber alta capacidad intelectual. Por otra parte, el lenguaje es el alma de la inteligencia, es el que permite dar significado, simbolizar y digitalizar los contenidos intelectuales, que son elementos necesarios para poder organizar y categorizar esos contenidos y poder comprenderlos y explicarlos. Sobre todo un buen dominio del lenguaje es imprescindible para que el aprendizaje sea significativo, pues esta forma de aprendizaje es una herramienta fundamental, tanto para la adquisición del conocimiento, como para la consolidación y evocación de los saberes y su aplicación.

Por tanto, *"la memoria, el lenguaje, el pensamiento y el aprendizaje son el núcleo duro de los instrumentos con que opera la inteligencia. Y a su vez el aprendizaje y la experiencia son los elementos clave para disponer de versatilidad y actualización de los contenidos con que deben operar esos instrumentos"*. Son pues todos los procesos cognitivos los que actúan como un todo integrado. *"El elemento central para poder desarrollar la inteligencia es toda la cognición"*.

Vamos a repasar ahora los distintos tipos de contenidos que son aportados por las funciones cognitivas y demás factores que participan en el desarrollo de la inteligencia, así como las circunstancias que en ellos operan, para que pueda producirse su desarrollo óptimo.

Intervienen muchos factores culturales, más aún los familiares y sociales y desde luego los educacionales y los profesionales. El aprendizaje escolar y académico, los sistemas de enseñanza empleados, los conocimientos y experiencias, el sentido común que domina en la cultura donde se convive y que marca e impone sus normas y las buenas maneras, son elementos fundamentales en la expresión de la capacidad intelectual en ese medio cultural. Por otra parte, juegan también un especial papel otros factores como la carga afectivo-emocional, el interés y los compromisos del proyecto vital con sus valores y motivaciones personales.

Recordemos que no se piensa con nada distinto que con palabras, ni se construyen conceptos o razonamientos sin establecer supuestos teóricos verbalizados, aunque sean matemáticos. Si la lengua con la que se piensa no tiene palabras para contar más que: uno, dos, tres y muchos (tribus hay en que esto ha ocurrido), difícilmente aprenderán álgebra las persona de esa tribu.

Podríamos extendernos, pero es evidente, la enorme importancia que tienen esos condicionantes y otros parecidos que comentaremos en el capítulo ocho, para la adquisición, elaboración, organización y aplicación de los conocimientos en la actividad inteligente. De pasada solo comentaremos que pese a lo que diga la última ley de enseñanza española, la memoria es un elemento cardinal en el desarrollo de la inteligencia y debe fomentarse en todas las etapas educativas. *"Nos pone los pelos de punta la frase: de memoria nada, todo razonado"*.

También es muy importante conocer y emplear las metodologías adecuadas para el aprendizaje, las herramientas para establecer cálculos, correlaciones, deducciones, inferencias, etc. según sea el área de conocimientos en los que deba aplicarse esa inteligencia. Además, esos conocimientos necesitan cierta solidez y requieren disponer de las habilidades adecuadas para su aplicación, en las que juegan de forma significativa la disposición actitudinal, la motivación para su empleo y la experiencia en su aplicación.

Una vez que se dispone de un buen continente y unos buenos contenidos, también es necesario seguir continuamente incorporando la actualización de conocimientos, la incorporación de estrategias y los nuevos sistemas que permitan seguir aplicando con eficacia ese potencial, porque la inteligencia, como la simpatía es un potencial que se expresa cuando se aplica en la conducta y es reconocida por los demás. Para ello se necesita cuidar el continente y los contenidos, ya que la inteligencia, como la vida discurre, está siendo, necesita cuidados y atenciones, unos más orientados al continente, como son cuidar las condiciones personales de salud y estilo de vida y otros orientados al contenido, como la adquisición de conocimientos, hacer gimnasia mental para fomentar la memoria y seguir aprendiendo de forma permanente con estrategias de aprendizaje significativo, lo que a su vez requiere aprender a aprender. También conviene adquirir hábitos para la ampliación, actualización y aplicación de los conocimientos, lo que es un *"estar al día"* y además, todo ello debe ponerse en juego, mediante la activación de experiencias y conductas que vehiculen la relación e intercambio de saberes con los demás.

Así se podrá construir una óptima capacidad intelectual dentro de las posibilidades que permita nuestra máquina cerebral y corporal, aunque para poder aplicarla, también será necesario que existan posibilidades personales y oportunidades del entorno.

Este planteamiento de la inteligencia es demasiado platónico, en el sentido que él planteó la sabiduría, como algo, que alguien dijo alguna vez, que otro alguien la poseía, aunque quizás estuviera equivocado porque la realidad solo la percibimos como sombras desde la caverna en que estamos encadenados. En otras palabras, según **Platón** parece imposible ser inteligente. Apreciación absolutamente falsa, porque todos hemos conocido personas muy inteligentes.

Si volvemos al principio del capítulo y nos preguntamos ¿Qué es la inteligencia? diríamos que es un constructo que incluye prácticamente todo lo que hemos sido, somos y seremos y también lo que queremos ser. Es decir, incluye todo lo que es la persona en sus aspectos genético, físico, psicológico, social, de elaboración cultural, educacional, profesional, actitudinal y de experiencias y también lo que quiere ser, con sus escalas de valor y de motivación. Sin olvidar donde ha nacido el sujeto, cuál es su suerte y si supo "subirse al carro" cuando pasó cerca de él. Por todo ello podemos decir que la inteligencia es una posibilidad que requiere muchas exigencias previas y algunas oportunidades y que para aprovecharse de ellas se requiere estar a disposición y tener motivación y suerte cuando aparezcan.

Hoy sabemos que con el aprendizaje las neuronas modifican su morfología incrementando el número de sinapsis y receptores sinápticos es decir, "*el aprendizaje se hace carne, la adquisición de la cultura se graba produciendo nuevas proteínas, las que se nacieron con la incorporación de saberes y además sirven de señalizadores para recordar el recorrido que hizo la información al aprender*". Es el aprendizaje lo que nos permite adquirir la información y el conocimiento, llegando a involucrarse en cada uno de nosotros físicamente, en forma de redes y mapas neuronales, que son las estructuras que guían la gestión y aplicación de los saberes.

5.1.2- ELEMENTOS PARA EL DESARROLLO INTELECTUAL.

Con esa retahíla hemos presentado una perspectiva de lo que es la inteligencia para asustar, ahora comentaremos algunos de los elementos que actúan como requisitos necesarios o convenientes, para el integral desarrollo de la inteligencia.

5.1.2.1.- ELEMENTOS NECESARIOS.
- *"El lenguaje"*. *"Es la función cognitiva encargada de traducir y configurar los significados de la información. Es el constructor principal de los saberes y el generador de la emergencia de la conciencia personal, pero además, es el operador esencial del pensamiento. Permite construir el sentido de historicidad, la capacidad de prever el futuro, facilitando la trascendencia y la direccionalidad de la conducta y sobre todo es el elemento que genera la estructuración de las ideas y aporta en gran medida lo que entendemos por pensamiento consistente haciéndolo capaz de soportar la abstracción y el diálogo íntimo, entre el YO y el MI, mecanismo fundamental en el proceso inteligente"*. El lenguaje es necesario para la consolidación, simbolización, organización y evocación de la memoria y ya hemos dicho que la memoria es el contenido central de la inteligencia. *"El lenguaje y su elaboración semiótica, que es el idioma, no es algo que solo sabemos, es en gran medida lo que somos"*.
- *"Las condiciones ambientales"*. Son el vehículo inicial que promueve la cultura y la socialización del niño. A través de las neuronas en espejo, se inicia la adquisición del lenguaje, se inicia la construcción del Sí-Mismo, del YO independiente, son el vehículo del afecto y la empatía y aportan los distintos referentes no semánticos de la cultura, gestos, tono de la voz, ademanes, expresiones faciales etc. Configuran también el sustrato primigenio de los conocimientos y el esbozo cultural, de lo que será determinante para la construcción de esquemas mentales, la organización de criterios y saberes y la localización de los desconocimientos y las carencias.
- *"El soporte afectivo y emocional"*. Iniciado en la etapa pre-verbal y que pervive toda la vida, permite el nacimiento y aplicación de la empatía y también la capacidad para calibrar la intensidad, prioridad y direccionalidad de las relaciones sociales y los objetivos a cubrir, con los que a su vez, se podrá construir un proyecto personal de vida y su orientación y motivación al esfuerzo.

- *"La socialización"*. Necesaria para el desarrollo de la inteligencia operativa y adaptativa, incluye la relación social que permite la construcción de las líneas de conducta, de projimidad, de competitividad, de normas y reglas sociales, de valores del entorno y del difícil equilibrio entre la disciplina y la disposición para cambiar las cosas.
- *"El soporte educacional y académico adecuados"*. Que aporte conocimientos, experiencias y pericias, para valerse por sí mismo, para poder integrarse en la sociedad y que promueve referencias culturales y de conocimientos para construir criterios propios y actuar. También para hacer y hacer que hagan, para colaborar y para modificar y mejorar el entorno, para poder anticiparse a las situaciones que se avecinen, para aprender a aprender en formación continuada y tener motivación para la adquisición permanente de los nuevos conocimientos.
- *"La estructuración personal"*. Es necesaria para construir un suficiente nivel de seguridad en Sí Mismo, que permita elaborar opiniones propias, criterios y posturas y la disponibilidad para adecuarlos y/o modificarlos. Disposición para estructurar las escalas de valor y prioridad. Configuración de los roles y estatus, adecuado ante los distintos grupos humanos y sociales en los que se integre o con los que conviva.

5.1.2.2.-ELEMENTOS FAVORECEDORES.
- *"El aprendizaje significativo"*. Con frecuencia se cree que la inteligencia actúa como un don independiente de los conocimientos y las experiencias que se poseen, pero no es así, toda vez que todo ser humano, para poder aprender, necesita disponer de experiencias y conocimientos previos en los que pueda "enganchar" los nuevos aprendizajes. Este enganche que facilita el aprendizaje significativo, a su vez es un facilitador para que se pueda expresar y aplicar la inteligencia, por eso, cuando esa información y esos conocimientos no están reglados, no están organizados, estructurados y referenciados, se dice que esa persona tiene una inteligencia natural y aun así, para poder expresar esa inteligencia, necesita del lenguaje y referencias epistemológicas adecuadas para configurar los conceptos más básicos y los criterios que vertebran la cultura en la que convive.

Se necesita disponer del adecuado bagaje de contenidos cognitivos y experienciales, no solo para explicar su actuación inteligente, sino para poder pensarla, planearla y aplicarla.
- *"La integración personal"*. El ser humano es una unidad integral que está compuesta, de un cuerpo y una mente insertados en un entorno y una cultura lo que determina una permanente estructuración y correlación de lo biológico, lo psicológico y lo social, que operan como un todo, En esta estructura están también integradas la conciencia y el pensamiento y están tan íntimamente relacionados que conforman una unidad en cada uno de los procesos cognitivos, afectivos, volitivos o conativos que operan. Por lo tanto, los contenidos que elabora la inteligencia necesitan de las informaciones que se reciben, se organizan y se elaboran previamente con cada una de las funciones cognitivas. Esta integración, permite a veces subsanar las deficiencias funcionales morfológicas, psicológicas, sociales o de insuficientes contenidos formativos para estructurar la producción intelectual. Por otra parte cualquiera de esas deficiencias implica determinado grado de limitación intelectual, que requerirá trabajo suplementario para su corrección.
- *"La posesión de los contenidos culturales propios del entorno"*. En nuestra sociedad existe la convicción de que la inteligencia tiene mucho de innato y en cierto sentido es verdad, porque los necesarios soportes neuro-funcionales de la inteligencia son genéticos y son el soporte operativo imprescindible para la adquisición de conocimientos y la expresión eficaz de la inteligencia, es decir, los soportes neuro-funcionales son un requisito necesario pero no suficiente. La información y también otros elementos que operan en la inteligencia pueden compensar, hasta cierto punto, las limitaciones intelectuales de causa biológica. Pero unos soportes neurales con aceptable indemnidad en sus estructuras, son desde luego imprescindibles para el desarrollo y aplicación de la inteligencia que consideramos suficiente.

5.1.3.- SÍNTESIS DE LOS CONDICIONANTES DE LA FUNCIÓN INTELECTUAL.

Además de la indemnidad del cerebro, que es soporte y operador de la inteligencia, la función cognitiva necesita de muchos contenidos intelectuales para su funcionamiento, como son la información, los conocimiento, las experiencias y las herramientas culturales, procedimentales y metodológicas, que aporta la memoria y los productos cognitivos que se elaboran y generan en la inteligencia-conciencia-pensamiento, además de sus funciones de orientación y control ejecutivo. También se requiere de forma absoluta poseer un idioma capaz de elaborar la adecuada organización semántica de las informaciones y su simbolización. Naturalmente son también importantes los mecanismos y sistemas necesarios para la captación y expresión de la información que subyace al lenguaje. Limitaciones como la dislexia, la ceguera para la lectura de escritos y otras patologías de la percepción y la expresión del lenguaje, son frecuentes limitaciones con una importancia dependiente de la gravedad de la lesión o alteración funcional que las provocan.

Además sabemos que el ser humano, en gran medida, es un producto social por lo que hemos de considerar como condicionantes importantes de la inteligencia, la influencia de la cultura en que se desenvuelve la persona y sus circunstancias (posibilidades, oportunidades, exigencias y limitaciones) que le condiciona su entorno. Pensemos por ejemplo que en el momento actual, las limitaciones que se derivarían para el desarrollo cultural, personal y profesional, por no disponer o no conocer en la informática básica o el manejo de los instrumentos de comunicación y localización de la información, serían una gran rémora Estos conocimientos, pericias y habilidades serán, cada vez más amplios, más complejos y más necesarios, para lograr una adecuada adaptación al medio y para la ejecución de los cometidos o la aplicación de los conocimientos.

Es evidente que la carencia de ciertos conocimientos, experiencias o habilidades siempre afecta al desarrollo de algunas actividades o áreas concretas, por ejemplo, si una persona no sabe sumar difícilmente podrá aprender aritmética, pero puede aprender un deporte de competición. Pero si el idioma materno de un individuo no tiene más palabras para los números que uno, dos y muchos, difícilmente podrá aprender a contar o a sumar. Pues bien, es seguro que se nos va a exigir mucho más nivel de conocimientos y pericias con la incorporación de nuevas tecnologías, que son mucho más complejas y que serán cada vez más necesarias para el aprendizaje, el trabajo o para la simple adaptación a la vida. Menos mal que adquirir los contenidos con los que opera la inteligencia, es bastante más fácil que tener que modificar las estructuras neurales que la soportan y procesan. En consecuencia podemos definir la inteligencia humana como: *"una propiedad específica, que emerge con la actividad cerebral, que se hace significativa mediante el lenguaje, que se expresa en el pensamiento y en la conducta y que su efectividad se manifiesta con su aplicación"*. (Por sus frutos los conoceréis, dice el Evangelio de S. Mateo).

"La inteligencia tiene una base biológica, pero una vez está ya constituida e integrada, es la es el aprendizaje y la experiencia las que toman la dirección de la cognición entera, gestionando sus contenidos culturales profesionales y sociales y de saberes en general, que en forma de conceptos, opiniones, inferencias, creaciones o criterios, añaden consistencia, organización sistemática y referencias de apoyo a la actividad inteligente y que se explicitan mediante su expresión y su ejecución".

5.1.4.- MEDIDA DE LA INTELIGENCIA.

La inteligencia es una posibilidad y como tal, conceptualmente la posibilidad es infinita y no se puede medir. Además la inteligencia, como la belleza, no es un concepto discreto que pueda cuantificarse., Los sistemas de medición de la inteligencia lo que hacen es comparar algunos elementos intelectuales que tiene una persona, como el razonamiento o el vocabulario. A partir de esas cuantificaciones, con una fórmula empírica se pretende medir la inteligencia y establecer una calificación con la que se pretende determinar el nivel que posee comparado con cierto grupo de personas. Lo que sin duda es claramente arbitrario. Veamos algunos ejemplos.

El C.I. pretende ser la unidad de medida de la inteligencia, que desde luego se está modificando de forma permanente en cada persona. Por tanto, la inteligencia puede aumentar y disminuir por la adquisición o pérdida de conocimientos, experiencias y habilidades, pericias o referenciadas a una cultura, una actividad o a determinadas situaciones o épocas históricas. También se modifica la inteligencia por la acción de los incentivos capaces de estimular la motivación por adquirir y saber emplear los procedimientos y habilidades que son apreciados en una cultura determinada y también si se priman de alguna forma ciertos saberes o las experiencias respecto a otras, como ocurre con los valores que están referidos a una situación, una época o unas circunstancias. Pues bien, esos son los contenidos con los que opera la inteligencia que afectan a todos los condicionantes y variables que permiten la expresión y aplicación de la capacidad intelectual.

Por todo ello la inteligencia medida en términos de CI es solo un indicador del nivel de los saberes o herramientas intelectuales que tiene un sujeto en ese momento y referidos solo a la cultura específica que ha tenido el individuo y a un área determinada de conocimientos.

Los seres humanos somos seres sociales y la inteligencia humana se desarrolla socialmente, porque la cultura actúa como marco de referencia, ya que es la que aporta los significados y los sistemas con los que se moldean el pensamiento y la conducta. Si aceptamos este planteamiento, hemos de concluir que es la información, la formación y la experiencia lo que le facilita a la persona es poder adquirir esa "inteligencia", ya que es la provisión de los contenidos específicos lo que se considera necesario para que se exprese su potencial capacidad de adquirir cierto tipo o cierto nivel de inteligencia Son esos contenidos los que permiten a esa inteligencia poder explicitarse. Por tanto, la medición del CI sólo aportará cierta significación si se refiere al contexto de la sociedad de la cual proviene el individuo, con su edad, su cultura, su lengua, sus herramientas y sus escalas de valor y motivación.

5.1.5.1- EL COCIENTE INTELECTUAL (CI).

El CI sigue siendo la medida universalmente aceptada para cuantificar la inteligencia. Se han desarrollado muchos sistemas, aquí expondremos los más conocidos agrupándolos según los factores que pretenden medir.

Modelos monolíticos. En 1904 **Binet**[52] fue requerido para estudiar el nivel de inteligencia para la creación de escuelas especiales para niños con limitación intelectual. **Binet** recabó la colaboración de **Simón**[53] y ambos elaboraron pruebas de inteligencia con dificultad creciente para medir nivel intelectual medio de niños con edad, entre 3 y 12 años. A **Binet** le corresponde el honor de haber introdujo el concepto de edad mental y de Cociente Intelectual (CI) aún vigentes. El CI es la Edad mental, partido por la edad cronológica. Si un niño es capaz de resolver correctamente las pruebas que por lo general

---

[52] (Alfredo Binet, (1857-1911), psicólogo, francés, titulado en derecho, cofundador de la psicometría)

[53] (Teodoro Simón, (1872-1961), médico francés cofundador de la psicometría)

resuelven los niños de esa edad (edad mental) y tiene una edad determinada (edad cronológica), el producto de ese cociente es el CI y para evitar decimales se multiplica por 100, por lo que el CI normal es 100.

Para medir la edad mental se tuvieron en cuenta diferentes funciones como la memoria, la fantasía, la imaginación, la atención, la comprensión, la sugestibilidad, la apreciación estética, el sentimiento moral, la abstracción, el pensamiento sin imágenes, el tiempo de reacción, etc. La concepción de la inteligencia que aportan a estas pruebas su multidimensional, basada en diferentes conocimientos y aptitudes; sin embargo cuando se las mide e interpreta, se hace como si la edad mental fuese algo estable y con una sola variable, la edad.

Los estudios de **Binet y Simón** produjeron una influencia relevante, por lo que se desarrollaron con posterioridad otros tests: El test de Stanford Binet-Ternan (1916) y las versiones posteriores (Stanford-Binet, 1960) ampliaron el concepto de CI inicial con más dispersión, pero solo con variaciones de tipo psicométrico.

Modelos factorialistas. Parten concibiendo la inteligencia como una entidad compuesta. El modelo más representativo es el propuesto por **Spearman**[54]. Para superar la concepción monolítica de inteligencia de **Binet-Simón**, propuso crear una nueva concepción para su medición.

Utilizó el análisis factorial como método de trabajo. Supone que si dos áreas temáticas de conocimiento están correlacionadas entre sí en cierta medida, cada una de ellas ha de incluir dos factores, un factor común a ambas y un factor específico para cada una. Se creó así la teoría bifactorial según la cual todas las capacidades de las personas tienen un factor común y primario, que se consideró genético "el factor G de **Spearman**" y un factor aprendido para cada tipo de saber "el factor S". Se elaboraron tests especiales, unos para la medición del factor G, con pruebas de razonamiento basadas en la deducción de correlaciones y otras para la medición del factor S, con pruebas verbales, de cálculo y de concepción espacial. Esta teoría propuso que la estructura de la inteligencia sigue la correlación existente entre lo general y lo particular, es decir, entre unas capacidades que serían innatas y estables, y que se expresan en el razonamiento inductivo/deductivo común a todas las tareas

---

[54] (Charles Spearman, (1863-1945) psicólogo inglés, Prof. U. Londres)

intelectuales. Otras capacidades serían aprendidas con estudio o experiencia y están referidas a especialidades, con lo que varían según el entorno, la cultura, la actividad y la formación adquirida.

Por lo tanto, una parte de la inteligencia que sería heredada se expresa en el factor G, considerado el elemento nuclear de la inteligencia general y otra sería aprendida, constituyendo el factor S y por tanto dependiente del aprendizaje y de la vida.

El concepto de factor G, aún está muy presente en la psicopedagogía y quizás en toda la sociedad occidental, tan influida por los EEUU. Nosotros tenemos serias dudas de esa valoración tan común.

Modelos cognitivos. En estos modelos, el interés no se centra en cómo evoluciona y se desarrolla la estructura intelectual. Se interesan más por lo cualitativo que por lo cuantitativo, lo que llevó a centrar la atención en el análisis de la estructura de la inteligencia, y por lo tanto, propone que el centro de atención se dirija a averiguar la forma en que la mente registra, almacena y procesa la información y cuál es su naturaleza. Destacan los trabajos de **Piaget**[55] y de **Vigotsky**[56] ambos fueron figuras muy relevantes en el estudio del desarrollo cognoscitivo en el siglo XX.

Los resultados de los tests de inteligencia cuando se aplican a sujetos de distinta edad, muestran que la inteligencia crece rápidamente en los primeros años, hasta los catorce o dieciséis años, luego sigue creciendo con más lentitud y es aproximadamente estable en la edad adulta, para comenzar a descender a partir de los cincuenta o sesenta años.

Esta descripción nos parece reduccionista ya que si bien es cierto que el desarrollo de la inteligencia se produce a lo largo de los primeros años, en los que el aprendizaje es masivo, no hay que olvidar que influyen en su desarrollo las diferencias entre grupos; las de distinta edad, o la influencia que tiene el pertenecer a distintas generaciones o haber vivido en circunstancias distintas, con distintas oportunidades formativas, informativas y experienciales.

---

[55] (Jean W. Piaget, (1896-1980), Psicólogo y epistemólogo suizo, Prof. U. Zúrich y París, fundador de la UNESCO)

[56] (Lev Vigotski, (1896-1934), psicólogo Bielorruso, Prof. U. Moscú. promotor de la epistemología y de la psicología histórico-cultural)

Modelo **Vigotsky**. Fundó la psicología cultural soviética y fue el claro precursor de la neuropsicología moderna. Formula su teoría en torno a una idea fundamental *"el desarrollo de los seres humanos únicamente puede ser explicado en términos de interacción social"*. El grupo humano en el cual nacemos, nos aporta la cultura, gracias a ello podemos interiorizar los instrumentos culturales y muy especialmente el lenguaje, que es vehículo y soporte fundamental de todas las funciones del proceso cognitivo y es el que nos permite ser quien somos. Esta interacción con la sociedad, con los "Otros" y especialmente con el "Tu", adquiere un papel preponderante en esta teoría.

Señala también que la inteligencia se desarrolla gracias a los instrumentos o herramientas psicológicas que el niño encuentra en su entorno. Destaca el lenguaje, al que considera como la herramienta fundamental. Plantea que la actividad de la persona y la convivencia con el entorno le llevan a involucrar e "interiorizar" su cultura, desarrollando procesos mentales cada vez más complejos gracias al lenguaje, que de esta forma se convierte en la fuente de estructuración conceptual por excelencia. Si el niño no tiene esas herramientas, queda limitada esa construcción y queda empobrecido el nivel de pensamiento abstracto que puede desarrollar.

El origen social y cultural de la conducta individual y colectiva, es un elemento central en la conservación, desarrollo y evolución de la sociedad. **Vigotsky** define este fenómeno como la *"Ley genética general del desarrollo cultural"*, que establece que en el desarrollo cultural del niño, las funciones aparecen dos veces: primero a nivel social y luego a nivel individual. Primero entre personas, "inter-psicológica" y después en el interior del niño "intra-psicológica". Todas las funciones psicológicas se originan a través de las relaciones entre seres humanos. En este proceso de internalización desempeñan un papel fundamental los "instrumentos de mediación", que son creados y proporcionados por el medio socio-cultural. El más importante de ellos es el lenguaje oral y escrito e incluso el propio pensamiento.

Montessori[57] desarrolla su obra con un planteamiento similar al de **Vigotsky**. A la mente del niño de 0 a 6 años la llama "Mente absorbente" y la compara con una impresión fotográfica en la que la mente "absorbe" el ambiente, las

---

[57] (María Montessori, (1880-1952), la primera mujer médico en Italia, además fue Dr. en filosofía, ingeniero y biólogo, Profª, U. Roma, Creadora del método de enseñanza Montessori)

costumbres, las reglas sociales, el lenguaje y la cultura de su tiempo y lugar. Curiosamente algo similar a las funciones que se atribuyen a las neuronas en espejo descubiertas un siglo después por **Rizzolatti**[58], compatriota suyo.

Este planteamiento se fundamenta en una concepción que integra al individuo que discurre entre las complejas relaciones sociales. Es una concepción anticipada y creativa de la percepción personal. El proceso psíquico de internalización lleva a que una experiencia social, el lenguaje social cotidiano, se convierta en el Sí Mismo personal. El niño durante el recorrido de preescolar o el escolarizado, paulatinamente va transformando el lenguaje, va adquiriendo un uso intelectual del mismo, se va transformando en pensamiento, teniendo como etapa intermedia el lenguaje interno.

En la filogenia del pensamiento y el lenguaje, son claramente discernibles, una fase pre-intelectual en el desarrollo del habla y una fase pre-lingüística en el desarrollo del pensamiento. Esta teoría sostiene: "*El pensamiento verbal no es una forma innata o natural de la conducta, pero está determinado por un proceso histórico-cultural y tiene propiedades específicas y leyes que no pueden ser halladas en las formas naturales del pensamiento y la palabra*".

Otras concepciones de inteligencia. El modelo que propone **Gardner**[59] es el "Modelo de Inteligencias Múltiples". Con óptica conductista, centra su atención en lo que transciende de la inteligencia y por ello dice que son múltiples las inteligencias que tenemos.

Plantea dos cuestiones fundamentales con respecto a la naturaleza de la inteligencia: ¿cuánta inteligencia se tienen? y ¿de qué forma eres inteligente? Para **Gardner** la inteligencia no es única, no tiene un carácter general que agrupa diferentes capacidades específicas con distinto nivel de generalidad, sino que es un conjunto de inteligencias múltiples, distintas e independientes, por ello no se plantea la primera pregunta y se centra en la segunda. De esta forma surge la Teoría de las Inteligencias Múltiples.

El éxito social, académico, afectivo o profesional no puede ser explicado solo a partir de una concepción monolítica o factorial de la inteligencia. Ni

---

[58] (Giacomo Rizzolatti (1937...) Médico Italiano, Prof. U. Parma, descubrió las neuronas en espejo)

[59] (Howard Gardner, (1943....), psicólogo EEUU, Prof., U. Harvard. Premio Príncipe de Asturias)

tampoco que sea solo con el funcionamiento de una adecuada estructura cognitiva como se pueda analizar o ejecutar bien cualquier actividad intelectual. Toda actividad humana al ser conceptualizada por la mente va acompañada por una asignación de valor y de sentido, que le otorga la persona que la conceptualiza.

Gardner define la inteligencia como:

- La capacidad para resolver problemas cotidianos.
- La capacidad para generar nuevos problemas para resolver.
- La capacidad de crear productos u ofrecer servicios valiosos dentro del propio ámbito cultural.

Según su teoría todos los seres humanos poseen cuanto menos ocho inteligencias en mayor o menor medida, por lo que sería absurdo que se siguiera insistiendo en que todos los alumnos aprendan de la misma manera. La misma materia podría presentarse de formas muy diversas, para que permitan al alumno asimilarla partiendo de sus capacidades y aprovechando sus puntos fuertes.

La Teoría de las Inteligencias Múltiples cuyo impacto ha sido muy alto en EEUU, señala los siguientes tipos de inteligencia:

1 - Inteligencia lingüística.
2 - Inteligencia lógica-matemática.
3 - Inteligencia espacial.
4 - Inteligencia musical.
5 - Inteligencia cinético–corporal.
6 - Inteligencia intrapersonal.
7 - Inteligencia interpersonal.
8 - Inteligencia naturalista.

Finalmente debemos recordar que **Gardner** señala que las inteligencias no están limitadas a las que él ha identificado. No obstante considera que las ocho descritas proporcionan un panorama bastante preciso de la capacidad humana, y desde luego piensa que es más consistente que el propuesto por las teorías que miden el C.I.

5.2.- LA CONCIENCIA Y EL PENSAMIENTO

Repetimos hasta la saciedad que *"la cognición es un todo continuo, unitario, integrado, Inter-dependiente e indivisible"*. y así es, pero esa integración, es más sólida todavía entre la sensación y la percepción por una parte y entre la conciencia y el pensamiento por otra, por eso ahora hablaremos de la conciencia-pensamiento.

El máximo desarrollo antropológico del ser humano se logra con la emergencia de la conciencia-pensamiento, con ellas se expresa lo más humano del ser humano. La conciencia y el pensamiento son como dos caras de la misma moneda. La conciencia elabora la síntesis informativa de los contenidos de la cognición y dirige su aplicación y desarrollo. Además, asume las tareas de gestión, dirección y control del proceso cognitivo. También genera el sentido de identidad, de pertenencia, de unidad, de transcendencia, de captación de la realidad y del propio proceso cognitivo. Es decir, integra y dirige las capacidades nacidas de la síntesis informativa y además, asume las tareas de gestión, dirección y control del proceso cognitivo en general.

"Pensar es construir nuevas estructuras mentales, por medio del procesamiento y estructuración de informaciones y datos que se encontraban tanto en el objeto en el que se está pensando, como en las referencias que ya tenía el sujeto".

"Cuando pienso en MI, pienso con mi pensamiento los contenidos de mi consciencia". Mi conciencia soy YO y soy capaz de desdoblarlo en dos, el YO y el MI. Es decir, el pensamiento es la versión dinámica de los contenidos de la conciencia y es capaz de generar el diálogo íntimo, que en definitiva es lo que entendemos como pensamiento. Pero a su vez tiene como funciones especiales la elaboración de criterios y toma de decisiones, la planificación y desarrollo de estrategias y conductas, la integración y dirección de todo el proceso cognitivo para el cumplimentar de los requerimientos vitales, la adaptación al entorno y poder sondear las expectativas, posibilidades y previsiones.

"El soporte neural de la conciencia-pensamiento tradicionalmente está asociado, a la corteza pre-frontal del cerebro, pero su emergencia parce necesitar sobre todo de las estructuras del sistema tálamo-cortical, que con sus mecanismos de "reentrada recursiva" y su potencial de distribución

informativa, la hacen óptima para desarrollar la mayor cantidad de información diferenciada e integrada del cerebro, que al parecer, es requisito imprescindible para generar la emergencia de la experiencia consciente".

Dada su importancia en la cognición veremos ahora por separado la conciencia y el pensamiento.

5.2.1.- LA CONCIENCIA.

En latín se entendió el término conciencia como el conocimiento compartido. Con el uso, el significado se fue dividiendo en dos significados distintos, uno tiene relacionado con *"darse cuenta"* o el *"tener conocimiento de sí mismo"*; el otro, es *"tener o no conciencia o tenerla buena o mala"* en términos de ética o moralidad. La RAE considera los dos términos intercambiables, la consciencia y la conciencia. Ambos se pueden emplear en varios sentidos. Un sentido de la palabra se refiere a estar lúcido o tener despierta la mente, como decir, "el enfermo ha recobrado la consciencia" o "Tengo consciencia de mis limitaciones" El otro sentido es el moral, bien como capacidad de distinguir entre el bien y el mal o bien para señalar lo positivo o negativo de la escala de valores, como "ser persona que tiene conciencia" o que "no tiene conciencia" o también, "tener mala conciencia por una conducta anterior". *"Atendiendo a la arquitectura de la conciencia, hemos de distinguir dos partes diferenciadas, una es la consciencia, que es operativa y otra es la conciencia fenomenológica.*

"La consciencia operativa o instrumental". Es la que nos permite la alerta, el darnos cuenta, *"el saber que soy consciente de ser consciente de mí-mismo, de mi historia y de mis pensamientos"*. Es la parte más protéica de la conciencia, muy cercana a los circuitos neuronales que permiten la lucidez, la atención o la percepción. Esta consciencia operativa incluye la captación de los estímulos por los sentidos, también la atención y la percepción que tiene función más creativa y también incluye al lenguaje para dar significado a los significantes que así adquieren sentido. *"Es la que transforma la sensación en percepción"*.

"La conciencia fenoménica". Es la que genera la vivencia de la persona única que soy yo, lo que llamamos el Sí-Mismo-Personal. Lo que entendemos por mente, que es el conjunto de contenidos y funciones de la conciencia con sus distintos YOS, que son formas fenoménicas de expresar la función mental que se explicita en esos contenidos de la conciencia.

La conciencia instrumental es muy cercana a base más corporal que la genera, está más directamente relacionada con la actividad del cerebro, la conciencia fenoménica es una elaboración emergente compleja, sus contenidos son los de la mente, nacen de la elaboración de la información que emerge por el significado comprensible que aporta el lenguaje semántico y que se desarrolla por la gestión de los productos que se incorporan del exterior o los generados por la cognición, como resultado de su propia tarea de elaboración y creación.

"La consciencia" que entendemos como instrumento, es la que actúa coordinando y estructurando todos los contenidos de la mente: las sensaciones, las imágenes y demás formas de representación de la información, también los recuerdos, los proyectos de actuación y los contenidos de la memoria. Este aspecto operativo de la conciencia, presupone que para que funcione la consciencia, se necesite por una parte, un cerebro que esté activado con los mecanismos necesarios para desarrollar las tareas de manejar, organizar, gestionar y conservar los contenidos de información que procedan del exterior o del interior o que se hayan ido generando por las funciones cognitivas, tales como vivencias, recuerdos, creaciones, ilusiones, fantasías o los proyectos, expectativas, actitudes y criterios.

Los contenidos de "la consciencia" provienen, por una parte, de la información recibida a través de los sentidos, por otra, la información que habiendo sido adquirida con anterioridad, se conserva en la memoria y también participa la información del propio cuerpo a través de la percepción propioceptiva.

La conciencia fenoménica opera con otro tipo de información a la que llamamos fenoménica (de ahí su nombre), está formada por los contenidos creados o elaborados por la propia conciencia, el pensamiento o la inteligencia. Nosotros proponemos la idea de que las cuatro funciones fenoménicas: Inteligencia, conciencia y pensamiento y también el lenguaje, actúan al alimón generando productos informativos mentales tales como la simbolización, la abstracción, la creación y la construcción de proyecto o las previsiones, que además están impregnados por la emoción y los valores afectivos que se atribuyen a la situaciones que vividas por las personas con sus mitos, su imaginación o los temores y demás matices de la realidad vivenciada.

Este sencillo análisis permite comprender por qué a partir de la psicología analítica, los diversos autores tienden más a describir la existencia de las distintas funciones mentales en la conciencia o YOS (como nosotros los denominamos), que otorgar a la conciencia-pensamiento-inteligencia y lenguaje una concepción unitaria.

La consciencia instrumental es una función del cerebro y los estudiosos de Anatomía, Fisiología y Neurociencia, así lo consideran mayoritariamente. Los diversos autores coinciden en aceptar que la base neural del YO es el soporte necesario para el surgimiento de la consciencia y para su funcionamiento. Las únicas lesiones cerebrales que producen pérdida total de consciencia, son las del sistema reticular activador de **Moruzzi**[60] y su actividad es imprescindible para el mantenimiento del estado consciente, al que **Paulov** describió como "*Tono cortical*" y ahora nos referimos a él como "*alerta*" y los sajones como "*arousal*". Pero eso no presupone que sean en esas estructuras neurales las que generen la conciencia, lo mismo que la electricidad no se genera en el fusible, pero sin él no hay luz.

Es evidente la fuerza fenoménica que tiene la conciencia, ya que es vivenciada como ese sentimiento de que me percato, de que existo. Ese saber que estoy siendo y que ese existir me permite darme cuenta de lo que ocurre en Mí-mismo y en mi entorno, distinguiendo lo que me es propio, de lo que percibo del entorno o de los demás, es decir, esa es la capacidad de discernir entre lo que soy, lo que he sido y lo que he visto o hecho y lo que imagino, lo que sueño o lo que deseo. También tenemos clara la distinción entre lo que recuerdo, lo que imagino o lo que vivencio. La conciencia es ese ocurrir en primera persona, que se experimenta como un todo armónico y diferenciado, íntimo y subjetivo. Además, aporta la certeza de que los contenidos de mi conciencia solo los tengo yo y son distintos de los puedan tener los demás.

Mi conciencia me permite sentirme "yo mismo" durante toda mi vida, saber que soy "el mismo", aunque no "lo mismo" y en definitiva sentir lo que soy yo, como alguien distinto de lo que es mi mundo, saberme que soy un ente propio y permanente y esa permanencia la percibo con tal fuerza, que me resulta imposible concebir la nada, el dejar de ser, el no ser, el morir, incluso

---

[60] (Giuseppe Moruzzi, (1910-1986), médico italiano, definió el sistema reticular, Prof. U. Pisa)

no puedo vivenciar el no haber sido antes de nacer, lo que determina cierta ansiedad cuando no se conocen las propias raíces o los orígenes.

Es la fuerza fenoménica de la conciencia la que ha otorgado a su estudio un especial interés, también ha influido la desacralización de la cultura y los avances de la neurociencia, al incorporar técnicas de imagen y control de la función cerebral. Su interés creció al ser considerada su emergencia el problema más difícil de resolver en la actualidad. Llegaron a decir **Dehaene**[61] y **Changeux**[62] en 2003 que comprender la conciencia es "*el mayor desafío intelectual del nuevo milenio*".

Para resolver este difícil problema se están aportando soluciones neurocientíficas, como las propuestas por **Edelman** y **Tononi**[63] que parecen ser las más aceptadas y dada su actualidad y su aceptación, consideraremos sus planteamientos de forma más extensa y detallada en los siguientes capítulos. Como veremos parece que pueden demostrar que la conciencia es una propiedad emergente del cerebro.

5.2.1.1- CARACTERÍSTICAS Y ATRIBUTOS DE LA CONCIENCIA.

Ante la imposibilidad de sintetizar qué es la conciencia, lo que normalmente se hace (como es tan común en ciencia) es optar por un enfoque analítico. Se concibe a la conciencia como la suma de las funcionalidades que la componen, pero otros autores (y así lo consideramos nosotros) proponen que "*el todo es más y distinto que la suma de las partes*", como ya apuntó **Aristóteles**. Concebimos la conciencia como un fenómeno emergente total e integrado.

Ahora queremos estudiar cómo se produce la experiencia consciente. Es una vivencia muy cercana a lo que entendemos como conocimiento y nos vamos a centrar en cómo se adquiriere, cómo elaboro yo mis saberes o cómo localizo mis desconocimientos, cómo estructurar mis criterios y cómo puedo ampliar, aplicar y emplear mis posibilidades intelectuales.

Para poder conocer mejor la conciencia, es necesario conocer sus características fenoménicas, los mecanismos neurobiológicos que la

---

[61] (Stanislas Dehaene, (1965...), matemático y neurocientífico del Inst. de Francia)
[62] (Jean-Pierre Changeux, (1936....) biólogo College de France, director de la Unidad de Neurobiología Molecular del Instituto Pasteur)
[63] (Giulio Tononi, (1960), Médico psiquiatra italiano, Prof. U. Wisconsin)

soportan, también, debemos reflexionar sobre las posturas y criterios aportados por estudiosos e investigadores y finalmente debemos intentar plantear una opinión que quizá pueda permitir una comprensión razonable de ese fenómeno tan complejo.

Veamos algunas características de las funciones que se le atribuyen a la conciencia y las posturas que sustentan algunos autores:

A.- La experiencia consciente se señala como el atributo clave de la consciencia, *"el ser consciente de que se es consciente"*. Esta experiencia aparece tras modificar la naturaleza del estímulo que comienza con la sensación y se transforma en la vivencia personal de "enterarnos", el saber que nos damos cuenta, es decir, es la que nos permite percibir.

Edelman y **Tononi** hablan de la experiencia consciente como de una forma especial de vivencia que genera el cerebro a partir de una serie de elementos captados de la realidad. Pongamos un ejemplo. Cuando una persona está observando la imagen de un objeto, en su cerebro, la imagen percibida se capta de forma íntegra y unitaria, cuando en realidad lo que ocurre es un análisis fragmentado del objeto en sus diversos atributos, color, forma, contraste, etc. ya que sabemos que al percibir un objeto, se activan grupos de neuronas localizadas en distintas regiones de la corteza visual, cada una de ellas capta un tipo de atributos de la imagen. Por lo tanto, lo que se capta es una reconstrucción simbólica, es un "todo" creado por la persona que percibe a partir de un conjunto fragmentado de esa imagen, es mediante la simbolización como se elabora una síntesis de los datos obtenidos por las distintas neuronas implicadas en la captación de los atributos parciales del objeto, logrando la percepción integrada del objeto.

Ver un objeto implica la activación correlacionada de muchos grupos de neuronas en diferentes áreas del cerebro, comienza por la recepción de informaciones captadas del objeto que llegan a las áreas primarias de sensación visual del lóbulo occipital, donde se produce la primera integración de las distintas sensaciones percibidas del objeto, posteriormente la información pasa a las áreas secundarias de simbolización y significación donde el objeto adquiere nombre y significado con infinidad de matices que le añade lenguaje. A la par que se procesa y correlaciona con los contenidos ya existentes en la memoria relacionados con ese objeto, se le añaden carga emocional y otros muchos atributos. Finalmente todos esos contenidos que son la percepción simbólica del objeto, son remitidos a la corteza prefrontal, donde se produce la síntesis final, generando la gestión, dirección y control del proceso cognitivo que ha percibido ese objeto. Finalmente la conciencia concluye con determinadas órdenes de ejecución y órdenes a la memoria operativa para que pase la información final a la memoria permanente. Así se es como se generan otras órdenes para la gestión de una significación simbólica integrada de la experiencia consciente y unitaria que se vivencia.

Esta visión "como un todo" de la percepción se logra gracias a los sistemas de "reentrada recursiva", que permite, con enorme rapidez, obtener la discriminación y la integración simultánea de todas las informaciones que se requieren para poder construir una vivencia global, consistente y única de la experiencia consciente que se ha producido.

El proceso de la experiencia consciente es aún más complejo, porque las neuronas que perciben el objeto, están conectadas con otras neuronas que expresan su nombre, que describen sus características generales, los recuerdos vinculados a ese objeto y los tonos emocionales que genera en ese momento, junto a los que se generaron en anteriores ocasiones. Este proceso explica la enorme capacidad la de red neuronal para generar significados únicos, dotados tanto del análisis discriminador como de la síntesis integradora. Por eso la percepción obtenida en la experiencia consciente es un hecho tan sorprendente.

Llinás[64] plantea que *"el cerebro es un sistema cerrado, capaz de generar sus propios ritmos, basado en las propiedades eléctricas intrínsecas de las neuronas que lo componen y en sus conexiones. Sus estudios con magneto-encefalografía, le llevan a sostener que el sistema tálamo-cortical constituye el sustrato físico óptimo para generar el conocimiento y lo apoya en que las oscilaciones de 40 Hz registradas en áreas corticales, resuenan con las oscilaciones neurales en los núcleos talámicos. Estas oscilaciones progresan desde el polo frontal al occipital con un barrido de 12-13 segundos de duración, período razonable para que el cerebro procese un suceso simple y único, por lo que la experiencia consciente podría ser una sucesión de procesos sencillos en el tiempo, que han generado la emergencia de la sensación global percibida".*

---

[64] (Roberto R. Llinás (1934...) médico colombiano, Prof. U. de Nueva York)

La hipótesis del Núcleo Dinámico de **Edelman** y **Tononi**, también ayuda a comprender como opera la conciencia. Plantean que el problema de la conciencia podría resolverse de forma más adecuada centrándose en sus propiedades fundamentales En este sentido, su hipótesis contiene dos aspectos destacables; por un lado sostiene que un grupo de neuronas puede contribuir a la experiencia consciente sólo si forma parte de una agrupación funcional distribuida a través de interacciones de reentrada recursiva en el sistema tálamo-cortical. Así establecen que la experiencia consciente es un proceso coherente, resultado de interacciones entre grupos neuronales distribuidos por diferentes áreas, que se produce mediante una integración rápida (100-250 ms), lo que es posible gracias a la reentrada recursiva tras la presentación del estímulo.

La reentrada recursiva logra que un gran conjunto de sub-grupos neuronales en cientos de milisegundos se integren y formen un proceso neuronal unificado altamente complejo. El concepto de complejidad, plantea que hay que tener en cuenta la enorme cantidad de estados diferentes que puede tener un grupo funcional de neuronas en un proceso neuronal unificado, lo que exige disponer de una gran diversidad de elementos especializados con conexiones no azarosas entre ellos, para ser capaces de lograr su integración. Así pues, el núcleo dinámico, es capaz de lograr un alto grado de integración dinámica, necesaria para generar estados unitarios en continuo cambio.

"Por reentrada recursiva se entiende el intercambio recursivo y continuo de señales paralelas entre áreas del cerebro recíprocamente conectadas, lo que permite sincronizar la actividad general de distintos grupos de neuronas distribuidas entre numerosas áreas funcionalmente especializadas del cerebro". Así pues, el disparo sincronizado de neuronas dispersas que se encuentran conectadas por la reentrada, es la base por la que se logra la integración de los procesos motores y de percepción. Esta hipótesis a su vez demuestra que la experiencia consciente no tiene lugar en una localización concreta del cerebro, es una emergencia integrada en la que participan simultáneamente muchos grupos neuronales de distinta localización.

Parece estar demostrado que el substrato neuronal que subyace a la experiencia consciente es un proceso neuronal ampliamente distribuido, que gracias a la riqueza y diferenciación del sistema tálamo-cortical, puede luego resultar también muy integrado por la acción de la reentrada recursiva pese a exhibir una elevada diferenciación, dado que sus patrones de actividad se hallan en constante cambio.

"La Teoría de la información integrada (IIT)". Fallecido **Edelmán, Giulio Tononi** ha reunido un grupo de trabajo multidisciplinar que está desarrollando una hipótesis rompedora, con la que está consiguiendo grandes logros, es la Teoría de la Información Integrada, orientada a desentrañar el rompecabezas de cómo una representación física pasa a convertirse en un estado mental pleno, dotado de contenidos fenoménicos y con significado para el sujeto que la experimenta.

Esta teoría postula: *"Que el nivel de consciencia que se experimenta, se corresponde con la cantidad de información integrada y diferenciada que se posee en ese momento"*. A su vez define *"la información"* como *"Una propagación de causa y efecto dentro de un sistema, que puede medirse a partir de la cantidad de incertidumbre que es capaz reducir*. Propone leyes físico-matemáticas para cuantificar la cantidad de información y su nivel de integración, que son parámetros imprescindibles para que se produzca la experiencia fenoménica consciente. Uno de sus importantes logros, es haber descubierto el procedimiento matemático para cuantificar la información integrada que posee el cerebro, Es la llamada *"información integrada Φ, (Fi)"*. La define como *"la cantidad de información efectiva que se puede integrar con el enlace informativo más débil que posea un subconjunto de elementos.* En cierto modo, *phi* Φ representa la sinergia de un sistema; cuanto más integrado sea este sistema, mayor sinergia tendrá y ese sistema será más consciente. Por el contrario, si en un sistema, como el cerebro las regiones individuales están poco interconectadas aleatoriamente, su (Φ) será reducido. Un cerebro con muchas neuronas y espléndidamente dotado de conexiones precisas, (la reentrada) tendría un phi (Φ) alto, lo que indicaría la cantidad de consciencia que produce. Y cuando este cerebro está totalmente despierto, su consciencia tendrá más bits *cerebrales* que cuando está dormido, o anestesiado. De hecho, se ha descubierto una acción común de los anestésicos, que es reducir la actividad del tálamo, desactivando las regiones corticales media y parietal, con lo que disminuye el (φ).

Esta teoría de la conciencia que está avanzando en cómo se puede medir la cantidad de consciencia. Define la consciencia como *"la capacidad de un sistema físico para integrar información"*. (Con lo que tener consciencia no sería privativo de la especie humana). Esta afirmación está matizada por dos propiedades fenomenológicas clave de la consciencia: *"la diferenciación"* y *"la integración"*. Que es la forma que tiene la consciencia de incluir la información como contenido fundamental de la experiencia consciente. Así pues, *"identifica, las cualidades de integración y la diferenciación de la información con la propia consciencia"*. No sitúa a la información como operadora u organizadora central de los contenidos de la conciencia. Su planteamiento y desarrollo, se centra en los mecanismos neuronales que se desarrollan para que se produzca la emergencia de la consciencia.

Por otra parte, al no estar claramente diferenciados los conceptos de consciencia y conciencia, ni en el español ni en el idioma inglés, nosotros pensamos que **Tononi** et all, se refieren a la consciencia instrumental más que a la fenoménica. Con lo que su planteamiento de la Teoría de la Información Integrada, podría no ser tan rompedora o atrevida con sus asertos.

Los dos axiomas centrales de la (IIT) son:

- *"La diferenciación"*. Es la capacidad de poder disponer a la vez de una gran cantidad de experiencias conscientes (formas, colores, localización, significado etc.) que son percibidas como un todo.
- *"La integración"*. Es la vivencia de unidad que aporta la experiencia consciente, resultado de la confluencia de los elementos informativos que han de crear la experiencia unitaria de la consciencia en cada vivencia.

(La (IIT) establece que la consciencia es la capacidad de integrar información. Para entender este postulado es necesario conocer algunos de sus atributos, como son *la informatividad, la unidad y la escala espacio-temporal* de la experiencia subjetiva:

- *"La Información"*. Definida como la reducción de la incertidumbre, es lo que se establece ante una serie de alternativas, cuando una de ellas se consolida, se puede medir mediante *"la función de entropía, que queda cuantificada como: la suma ponderada del logaritmo de la probabilidad de resultados alternativos"*.
- *"La Integración"*. Es la capacidad de conjuntar la información y se puede medir por el Φ que tiene un complejo.

- *"Las Características espacio-temporales"*. Establecen el tipo de conciencia que tiene un sistema. La (IIT) establece la forma en que la información puede integrarse dentro de un complejo y determina, no solo cuánta consciencia tiene, sino también qué tipo de conciencia posee. Así que la cualidad de la conciencia estaría determinada por el tipo de contenidos informativos que tienen las relaciones que vinculan causalmente a los elementos que la componen.

Otro aserto establecido por la (IIT) es que *"la conciencia es generada por las redes distribuidas del sistema tálamo-cortical"* y desde luego cuando se activan " *deben poseer altos valores de Φ, que le permitan ser a un conjunto de redes especializadas al unísono, lo que determina su diferenciación e integración"*, de forma que el sistema tálamo-cortical, parece estar diseñado a propósito, porque en él se produce la confluencia entre las características funcionales de reentrada e intercomunicación entre el tálamo y las mayor parte delas áreas corticales por lo que reúne las exigencias que tiene la conciencia para que se produzca la emergencia de la experiencia consciente.

La validez teórica de la (IIT), es evidente, pese a lo radical y sorprendente de alguno de sus postulados, tanto por el apoyo experimental que la avala, como porque con sus planteamientos e implicaciones se logra explicar de forma coherente, algunas observaciones fenoménicas y algunas experiencias personales, pero pensamos nosotros que pese a ese apoyo y esa solvencia, alguno de sus planteamientos y de las consecuencias que genera, resultan desconcertantes.

B. La intencionalidad. Es la orientación que se da al proceso senso-perceptivo para seleccionar, de entre todo el mundo externo, solo aquellos elementos que hemos de captar, lo que obliga a elegir, cuáles de ellos se deben traer a consciencia para construir de forma integrada nuestros valores, intereses y propósitos, contrastados con los elementos de la realidad externa que interpretamos. Esta es una función clave de la conciencia.

Este proceso implica ligar la atención a la intención, logrando un concepto más amplio, cuya función es seleccionar de entre el entorno, aquellos estímulos que son relevantes para llevar a cabo una acción y alcanzar unos objetivos, **Gazzaniga**[65] dice: *"la atención es el mecanismo cerebral que permite procesar los estímulos, pensamientos o acciones relevantes e ignorar los irrelevantes o distractores"*. Esta función permite a la conciencia-pensamiento mantener la intencionalidad y la dirección, eligiendo las áreas que tengan más interés para generar la percepción y el aprendizaje.

Por lo tanto debe entenderse la percepción como un proceso activo, no estático, (decíamos nosotros, modulando a **López Ibor** en su definición de percepción como *"un encuentro creador"* que *"la percepción es un hacerse el encontradizo con la información que queremos percibir"*), que depende de los intereses, expectativas y experiencias previas del sujeto, por lo que debe activar una amplia gama conductual y emocional por parte del individuo. Este fenómeno ocurre sin solución de continuidad, pero además, gran parte de él es inconsciente; veamos un ejemplo; al hablar, normalmente no buscamos las palabras que vamos a decir en el momento siguiente de la conversación, nos vienen solas a la "boca" y cuando ese mecanismo falla, decimos, "la tengo en la punta de la lengua" y buscamos conscientemente la palabra.

La motivación es el principal inductor de la atención, es la que activa, orienta y focaliza la intencionalidad y las expectativas. Así opera este atributo de la conciencia, además de ser la puerta de entrada de los contenidos del pensamiento.

C. Los qualia: Son las particularidades cualitativas y fenoménicas, que distinguen la propia experiencia consciente de la de los demás. Son características y peculiaridades que acompañan a los estados mentales para enriquecer y matizar la experiencia vivenciada de forma única y distinta para cada persona.

Cuando vemos un paisaje, percibimos ciertas cualidades: el tono de los verdes, la claridad del ambiente, la armonía del conjunto, etc. La vivencia que se experimenta de esa visión, se presenta en nuestra consciencia como subjetiva y distinta al modo en el que se presenta en la consciencia de los demás. Lo que determina que su belleza tenga las peculiaridades que estimulan la emoción que percibimos al contemplarlo. Esos quale son senso-percepciones automáticas que cada persona incorpora a la percepción.

---

[65] (Michael S. Gazzaniga, (1939...), Psicólogo y médico EEUU, Prof. U. California)

D. La Subjetividad. Es una característica esencial de la conciencia. Mi pensamiento y mi conciencia son míos, nadie puede leer mis pensamientos y en esta subjetividad se apoya mi identidad, mi intimidad, mi independencia y en parte, mi sentimiento de libertad. El que la conciencia ontológicamente esté en primera persona, la diferencia de los otros y es un instrumento que da apoyo y seguridad a mi intimidad, mi memoria, mi experiencia, mis valores y mi percepción de la realidad exterior.

E. La Realidad. La experiencia consciente, comporta un especial sentimiento de realidad, lo que se percibe aporta absoluta certeza. Pese a que sabemos que la percepción es una interpretación de la realidad externa, que dista mucho de ser una fotografía o copia fiel de lo percibido, el sentimiento fenoménico de realidad es fortísimo. "Lo he visto con mis propios ojos", se argumenta para confirmar que fue real. El recuerdo, el conocimiento, la experiencia, el esquema actitudinal, los juicios y el pensamiento, son partes esenciales del proceso de conciencia, también son vivenciados como reales y verdaderos y sobre todo son el soporte de nuestra seguridad, pese a que también sabemos que son tendenciosos, parciales o sesgados. Además, esa misma seguridad se transmite al pensamiento.

Aunque la Psicología Cognitiva advierte que la realidad "no es", "solo nos parece" o que la realidad solo la interpretamos, por cierto de forma bastante tendenciosa, cuesta de creer esa afirmación, por la certeza fenoménica que tenemos. Además, se le añade otro argumento no menos sólido, desde la perspectiva evolucionista de la eficacia adaptativa, se le concede la percepción condición de elemento básico para la supervivencia y es evidente su utilidad para el dominio de la naturaleza y la adaptación al entorno. Hemos de convenir que la especie humana en su tarea de dominar las fuerzas de la naturaleza y su adaptación al medio, necesita el sentido de realidad y es evidente que el ser humano ha sido muy eficaz en su adaptación al entorno. Este argumento parece consistente para deducir que las herramientas de percepción de la realidad no deben ser del todo engañosas, pues si no fuese así, no estaríamos ahora en este mundo. Cuando vemos venir un toro, es razonable pensar que es real y verdadero y es prudente protegernos; trae mal agüero pensar que es una interpretación sesgada y no hacer nada. Hay dos consideraciones que apoyan el sentido de seguridad que tenemos, aunque sabemos que la realidad y la verdad no son, solo nos parecen.

Una de esas consideraciones la aporta las Leyes de la Gestalt. El grupo elaborador de la Gestalt: comprobó que tanto la percepción como la conciencia mantienen estructura gestáltica en la construcción de lo percibido y establecieron las reglas o principios que la rigen:

- Principio de Cierre- Nuestra mente añade los elementos ausentes para completar una figura. Existe una tendencia innata a concluir las formas y los objetos que en realidad no percibimos completos.
- Principio de Semejanza- Nuestra mente agrupa los elementos similares en una entidad. La semejanza depende de la forma, el tamaño, el color y otros aspectos visuales de los elementos.
- Principio de Proximidad- El agrupamiento parcial o secuencial de elementos por nuestra mente basado en la distancia.
- Principio de Simetría- Las imágenes simétricas son percibidas como iguales, como un solo elemento, en la distancia.
- Principio de Continuidad- Los detalles que mantienen un patrón o dirección tienden a agruparse juntos, como parte de un modelo. O sea, percibir elementos continuos aunque estén interrumpidos entre sí.
- Principio de Dirección Común- Implica que los elementos que parecen construir un patrón o un flujo en la misma dirección se perciben como una figura.
- Principio de Continuidad– Afirma que el individuo organiza sus campos perceptuales con rasgos simples y regulares que tienden a lograr formas coherentes.
- Principio de Relación entre Figura y fondo- Afirma que cualquier campo perceptual puede dividirse en figura contra un fondo. La figura se distingue del fondo por características como: tamaño, forma, color, posición, etc.

Otra consideración se deriva de que la formación de opiniones y percepciones está muy condicionada por la socialización cultural que nos aporta valoraciones, actitudes y creencias. Son verdades mediadas que nos son dadas por la cultura, lo que nos lleva a saber anticipadamente que debemos entender por concepto toro a un animal peligroso y aun sin certeza, reaccionamos adecuadamente buscando protección.

F. La Semántica. La conciencia es capaz de dar significado a los contenidos de la mente, con ello se refuerza la relación consistente entre los objetos externos y el proceso mental interno. El proceso de traducción que el lenguaje semántico ejerce sobre las distintas representaciones portadoras de la información percibida, es especialmente evidente en la conciencia y en el pensamiento. Sin lenguaje semántico no hay ni conciencia ni pensamiento. Pero a la importancia del lenguaje dedicaremos atención más adelante.

G. La Capacidad de adaptación al medio. Es una de las características esenciales en todos los seres vivientes, también de los dotados de conciencia superior (aunque no exclusivamente).

H. La abstracción y representación interna. Implica la necesidad de formular representaciones abstractas y ajustar esas representaciones dinámicamente, en la medida que la información así lo requiera. La abstracción, el lenguaje materno y la cultura social, etc., no son enseñados regladamente. De hecho los seres humanos tampoco nacen con estas capacidades, pero sí con la capacidad de adquirirlas con su socialización.

I. La predicción y la anticipación. Se trata de un atributo esencialmente proactivo. Supone la capacidad de interpretar de forma anticipada los sucesos que se avecinan o que se derivarán de determinadas conductas o hechos. Son la extrapolación de consecuencias como resultado de la percepción constante del entorno. Uno de los campos en que se ha estudiado este atributo es en el caso del lenguaje. Como hemos comentado más arriba, cuando alguien transmite información hablada, o cuando un individuo realiza una lectura, va realizando una representación anticipada de "lo que viene" que puede o no verse confirmada mientras la comunicación avanza. Es interesante observar que el humor (que por cierto es un atributo específico del ser humano), muchas veces tiene su clave en que es una representación anticipada, que no coincide con lo que luego revela el relato.

En el caso particular de la conciencia, la predicción o anticipación implica que el individuo tiene conciencia de sí mismo tal como es en un determinado momento, pero también puede predecir (con mayor o menor realismo) como será en el futuro. Por ello las leyes que se han formulado para explicar los fenómenos sociales o económicos, tienen márgenes de error mayores que las que explican las leyes físicas. Puesto que resulta imposible predecir con precisión el comportamiento humano.

J. La emoción y la motivación. Se trata de una característica cognitiva sumamente compleja, que condiciona en gran medida la función consciente, la emoción aporta direccionalidad y energía a la cognición y además, de ella emerge la voluntad, que es la fuerza que hace hacer, por el hecho de tener motivos para...

K. El Juicio moral. El concepto de "lo bueno y lo malo", la evaluación de la conducta o de los individuos; desde un punto de vista moral, es una abstracción como lo es bien y el mal. En los seres humanos, aunque los conceptos difieren de una civilización a otra, existen ciertos principios que son denominador común en todas las épocas y civilizaciones. Puesto que el juicio moral (y su formalización) tiene tanta influencia en la forma de pensar que tienen los seres humanos, que puede considerarse, como al fundamental en las líneas de pensamiento, aunque rara vez haya sido examinada en ciencia, esta es una capacidad cognitiva estrechamente vinculada a lo que se denomina "conciencia". El juicio moral tiene de por sí una gran complejidad al igual que la Imaginación.

L. El Sentido de pertenencia. Se ha definido como la capacidad del individuo para recibir información acerca de su propia vinculación, reconociendo en él las características específicas de su especie, cada uno se sabe a sí mismo como similar a los otros miembros de su especie y tiene sentido de pertenencia a ella. Este sentimiento es distinto a la conciencia de Sí-mismo. **Rizzolatti**, al estudiar las neuronas en espejo, confirma matices sobre este sentido de pertenencia. Las neuronas en espejo no solo se activan cuando el individuo imita los actos de otro sujeto, sino que también se activan cuando observa la acción que realiza otro. Este correlato neuronal es un buen modelo, puesto que puede explicar tanto la consciencia del propio cuerpo, como el reconocimiento de su imagen en el espejo.

Existen otras características de la conciencia a las ya comentadas como son: La distinción entre el centro y la periferia, la existencia de un estado de ánimo subyaciendo siempre en toda experiencia consciente, el que la experiencia sensible suele sentirse como algo familiar o cercano, etc.

La conciencia no solo es el elemento central del proceso mental; si no que es el "continuum de todo ese proceso: Atención, sensación, percepción, conciencia, subjetividad, identidad, memoria, lenguaje, aprendizaje, conocimiento, pensamiento, actitudes, voluntad, motivación, emoción, alegría-tristeza, creatividad, fantasía, estrategias conductuales, conducta, autocrítica y valoración ética; todo eso y más es conciencia y no seguimos porque falta aire para leerlo de seguido. La distinción entre los diversos momentos y funciones que en ella se dan, es un artificio nacido de la ciencia en general y la metodología analítico-descriptiva de la Filosofía y la Psicología empírica en particular. El estudio de la conciencia es por tanto un tema clave que merece la máxima atención, tanto en la neurociencia como en todas las ciencias humanas.

5.2.1.2.- LA EMERGENCIA DE LA CONCIENCIA EN LA EVOLUCIÓN.

Edelman comentaba: *"Es innegable que el fenómeno de la conciencia, desde el punto de vista evolutivo, ha surgido del cerebro, pero cómo ocurre, aún no tiene una explicación científica convincente"*. Y hacía la siguiente comparación: *"Si consideramos que la física aún carece de una teoría final que explique con precisión y profundidad, lo que es la materia, con mayor motivo, se comprende que carezcamos de una teoría capaz de explicar la evidente capacidad que tiene la materia, para producir seres conscientes"*. (Aún no habíamos presentado nuestra hipótesis en la que proponemos que es la información la que apoyándose en la energía, organiza la materia y permite emerger la función mental).

Es útil distinguir entre conciencia primaria y conciencia de orden superior. La conciencia primaria se da en los animales con estructuras cerebrales similares a las nuestras, que ya poseen capacidad de generar escenas mentales en las que se procesan e integran una gran cantidad de información, con lo que se guía la conducta presente o inminente del animal. Los animales pueden construir escenas mentales pero, a diferencia de nosotros, tienen muy limitadas las capacidades simbólicas y expresivas, porque carecen de lenguaje semántico. La conciencia de orden superior se construye sobre los cimientos de la conciencia primaria, está implementada con el lenguaje semántico, la abstracción y la historicidad, que aportan sentido de la propia identidad y capacidad de construir y desarrollar los contenidos, tanto de las escenas presentes, como de conectarlas con experiencias y conocimientos anteriores e incluso les permite imaginar desarrollos y consecuencias para poder anticiparse al futuro, proyectando estrategias en prospectiva. Para poder disponer de estas habilidades. Es imprescindible tener capacidad lingüística semántica que le aporte el poder comprender, ordenar y jerarquizar la información para dar claridad y precisión a los proyectos que se elaboren.

Gazzaniga plantea que *"el cerebro con sus mecanismos neurofisiológicos, trabaja al servicio de la persona, el cerebro aparece como un instrumento que procesa la información sensorial, le da significado y ayuda al hombre a insertarse y a manejarse en el mundo".*

Giacomo Rizzolatti, descubrió en los años 90, en simios, las neuronas espejo. Son neuronas que se activan tanto cuando se realiza alguna tarea, como cuando se observa esa misma tarea realizada por otros. Estas neuronas están presentes también en el ser humano, situadas en la circunvolución frontal inferior y en el lóbulo parietal y también está en el opérculo de Broca. Las neuronas en espejo desempeñan un importante papel dentro de las capacidades cognitivas ligadas a la vida social, tales como la empatía (capacidad de ponerse en el lugar de otro), la imitación o la inter-subjetividad.

Estas neuronas espejo o mejor dicho, las redes que las integran, no sólo envían comandos motores sino que también permiten, detectar las intenciones de otros individuos, tanto a monos como a humanos, simulando mentalmente sus acciones. Las neuronas en espejo, también están localizadas en otras partes del cerebro humano, como son las cortezas cingulada y la insular y podrían jugar un rol importante en las respuestas emocionales empáticas. Lo que permite interpretar la etiología de autismo. Hoy también se sabe que en la corteza anterior cingulada de los humanos, existen ciertas neuronas que se disparan en respuesta al dolor, pero que también se disparan cuando la persona ve a alguien que siente dolor.

Las neuronas espejo, en humanos, también están implicadas en la imitación, una habilidad básica para el aprendizaje. Todos hemos visto que al sacar la lengua frente a un bebé, el niño suele hacer lo mismo. Como el bebé no puede ver su propia lengua, es evidente que no ha podido usar retroalimentación visual y corrección de error para aprender esta habilidad. En cambio, debe haber un mecanismo cerebral para establecer una correspondencia entre lo que capta visualmente de la madre, se trate de un gesto o de una sonrisa, el bebé reacciona promoviendo la acción del comando de neuronas motoras que ya posee.

El desarrollo del lenguaje en la primera infancia también requiere una reasignación de ese tipo (perceptivo–motor) entre las áreas cerebrales. Para imitar las palabras de los padres, el cerebro del niño debe transformar las señales auditivas de los centros de la audición de los lóbulos temporales del cerebro en salidas verbales desde el córtex motor. Si las neuronas espejo están directamente involucradas en esta habilidad no se sabe aún, pero sin duda debe haber algún proceso análogo ejecutándose.

También merced a las neuronas en espejo los humanos pueden comparar la percepción que de sí mismos tienen los demás y el cómo son vistos por los otros, lo cual puede ser una habilidad esencial para construir la conciencia de Sí-Mismo, la introspección, la competencia y la adaptación.

Por todo esto y por otras muchas aplicaciones de estos descubrimientos, se puede afirmar que las neuronas en espejo son uno de los más importantes descubrimientos de la neurociencia en la última década.

Damasio, considera la conciencia como un fenómeno creado por el cerebro; *"es como una película integrada de todas nuestras imágenes sensoriales y junto con esa película, el cerebro construye un sentido de YO en el acto de percibir, conocer e interpretar los objetos, un YO que se constituye en actor y portador de sus experiencias, que lo genera en el sujeto de lo que él llama: el sentimiento de lo que pasa"*.

Describe también estructuras neurológicas similares a la reentrada recursiva que mantienen comunicación antero y retroalimentada, capaces de desarrollar el fenómeno de la conciencia *"las imágenes de la mente"*, como él las denomina, con la aportación de las informaciones que de forma permanente se van recibiendo de grupos neuronales que elaboran y procesan contenidos de memoria, emoción, experiencias vivenciadas, esquemas actitudinales y estado de homeostasis del cuerpo.

Con todos esos contenidos, dice **Damasio**, *"podemos interpretar las señales aportadas a las cortezas sensoriales iniciales, de manera que podemos organizarlas como conceptos y clasificarlas en categorías, podemos adquirir estrategias para razonar y tomar decisiones, podemos seleccionar una repuesta motriz a partir del menú disponible en nuestro cerebro, o formular una nueva respuesta"*.

Edelman Afirma *"La estructura funcional del cerebro es la base neural que soporta todas las actividades psíquicas"*.

Su "Teoría de la Selección de Grupos Neuronales" (TGNS) se fundamenta en tres nociones básicas:

1.- *"La noción de mapa neuronal":* Constituido por un conjunto de neuronas receptoras como son las de los sentidos. Las neuronas de la retina, al activarse por la actuación de la luz, generan diversos mapas neuronales conectados entre sí, que serán responsables de provocar la experiencia psíquica de la imagen, que es un quale (singular de qualia). Estos mapas (secuencias organizadas de las huellas neurales) son el soporte de la experiencia psíquica, con sus representaciones cognitivas, imágenes, sonidos, ideas, emociones o recuerdos evocados por la memoria etc.

2.- *"La selección neuronal de grupos de neuronas".* A medida que el organismo emplea sus sentidos, la actividad cerebral está poniendo en marcha el proceso mental, por el que se van seleccionando grupos de neuronas. El cerebro funciona siempre por grupos neuronales. Las neuronas esenciales que forman parte de un mapa, no son fijas; De esta manera, los engramas son más flexibles y pueden mantener la activación de todos los grupos neurales que los constituyen, pero de una forma más flexible u oscilante, ya que, en ellos, pueden activarse unas u otras neuronas.

3.- *"La reentrada recursiva".* Como ya hemos visto, se refiere a que los diferentes mapas y sistemas de mapas, mandan señales unos a otros por vías paralelas y multidireccionales. Así los mapas presentes en el cerebro, están conectados entre sí y presentan precisas vías de activación de unos a otros, en sistemas rigurosos de activación-desactivación y por bucles multidireccionales.

Edelman con su TGNS, permitió explicar cómo pudo ir construyéndose la mente humana de una forma selectiva y evolutiva, desde la construcción y activación de los sentidos hasta la formación de las categorizaciones. Es a través de este desarrollo complejo y relacional de mapeados y categorizaciones, como se forma lo que **Edelman** llama la *"conciencia primaria"* y apoyándose en esta, se desarrolla la *"conciencia de orden superior"*. De esta forma el cerebro va configurando poco a poco su *"cartografía global"* que es una cartografía de mapas parciales.

5.3.- EL PENSAMIENTO

Podríamos comenzar diciendo que *"el pensamiento es el trabajo principal del cerebro, es la capacidad de expresar los conceptos y ejecutar los proyectos. Es además, el sistema que desarrolla, fortalece y hace trascender la capacidad mental del ser inteligente"*. Si quisiésemos dar una definición más sintética, podríamos decir que el pensamiento es *"el desarrollo dinámico de la conciencia"* o como dijimos antes, la conciencia es la foto, y el pensamiento la película que desarrolla las elaboraciones informativas. Es decir, cuando la conciencia está motivada y dirigida en una determinada orientación, el pensamiento se encarga de que sus contenidos se estructuren en forma de una trama narrativa. *"Funcionalmente, el pensamiento es el proceso cognitivo encargado del uso consciente de la información entrante, para crear con ello una nueva información útil al sujeto"*.

La materia prima del pensamiento es la información, en la que están incluidas las percepciones que se van teniendo, los contenidos de la memoria que estén relacionados con las nuevas percepciones, como son las vivencias, los conocimientos, las experiencias y los datos. Además, también desarrolla las creaciones, ideas y razonamientos elaborados por los diversos procesos cognitivos y la propia conciencia-pensamiento.

"El pensamiento es la manifestación más importante del proceso mental que ha sido capaz de desarrollar el Homo Sapiens". *"El pensamiento debe ser entendiendo como la actividad más elaborada de la Inteligencia, puesto que en él confluyen todos los contenidos desarrollados por todas las demás funciones cognitivas del cerebro"*.

El pensamiento, en su íntima relación con la conciencia y el lenguaje, otorga una especial flexibilidad al sistema cognitivo y a la conducta; por cierto, que esa flexibilidad o elasticidad no la tienen los sistemas informáticos o los aparatos basados en Inteligencia artificial, por lo que debe ser considerada como una propiedad biológica que se ha ido configurando lo largo de la evolución. Para funcionar, necesita contar con sistemas y circuitos neurológicos muy sofisticados, logrados por el Sapiens en el desarrollo de su sistema nervioso.

Vygotsky estableció el llamado *"segundo sistema de señales"*, que incluye al pensamiento, al lenguaje y la conciencia, como entidades con capacidad simbólica, (hoy las llamaríamos de última generación). Por todo ello *"consideramos al pensamiento como la cima del proceso cognitivo lógico y consciente"*.

"En la mente se conjuga e integra lo morfológico, con lo funcional y con lo fenoménico, como ocurre al integrar las funciones cognitivas básicas, alerta, sensación-percepción y memoria, mediante la gestión logística de la memoria de trabajo, con la inteligencia, la conciencia, el pensamiento, el lenguaje y la emoción. Se construye así un todo al que llamamos cognición. Es el producto en el que participando todas estas funciones que captan, elaboran, configuran, organizan y ejecutan, la información, haciendo posible la emergencia de la actividad mental y en ellas el pensamiento es su expresión más completa".

Esta superproducción mental es un elemento "sine qua non" para la elaboración discursiva de nuestras ideas y en general para toda la actividad mental. A pesar de ello, *"es evidente que puede existir un pensamiento ligado a estados alterados de la consciencia, (como ocurre en los delirios) el que esto ocurra, demuestra que el pensamiento está estructurado por principios diferentes a los aceptados por la lógica formal"*.

El pensamiento es una actividad envolvente y global del sistema cognitivo, en la que intervienen todos los procesos de la cognición, más los lingüísticos y emocionales. Es una experiencia interna y subjetiva. Posee características propias que lo diferencian de otros procesos, tales como operar de forma simbólica, no necesita de la presencia de las cosas para que éstas existan en la mente y a su vez posee funciones tan importantes, como la capacidad de resolver problemas, razonar o la de establecer diálogo consigo mismo.

En síntesis, *"el pensamiento es la capacidad que tenemos las personas de formar en nuestra mente las ideas y representaciones simbólicas de la realidad, estableciendo la relación y la integración de unas con otras, lo que permite el discurso de la conversación intrapersonal, necesario para la estructuración de las ideas, los planes o los proyectos"*.

La diferencia entre el pensamiento y la inteligencia es que el pensamiento es una actividad, es un proceso dinámico, capaz de organizar, generar y proyectar los contenidos de la mente, incluida los de la inteligencia. Es un operador capaz de emplear la inferencia, la lógica y el razonamiento, para encontrar soluciones, para calcular y para resolver problemas. Junto con la memoria sirve para aprender con facilidad y para hacer análisis y síntesis y junto con el lenguaje, para clasificar organizar y codificar el conocimiento. Todo ello lo logra mediante la interacción tanto de las capacidades biológicas heredadas por individuo, como las adquiridas por el aprendizaje de conocimientos, experiencias y procedimientos o habilidades intelectuales, lo que permite la generación de la propia producción mental, capaz de generar nuevos saberes y creaciones, que se pueden aplicar en el entorno social y en la conducta.

Para la mejor comprensión funcional del pensamiento comenzaremos con una pregunta: ¿Qué ocurre en el cerebro cuando tenemos un pensamiento? La verdad es que a pesar de los avances de la neurociencia, no se sabe con suficiente detalle responder a esta pregunta, pero podemos atrevernos a decir que lo que ocurre en el cerebro cada vez que tenemos un pensamiento es mucho o mejor dicho, es muchísimo lo que en él ocurre. Fundamentalmente se desarrollan distintos flujos de información que discurren en paralelo gestionando procesos de una sobrecogedora complejidad y una enorme riqueza asociativa, que se traducen en la generación de contenidos, como son las síntesis, la elaboración de criterios, opiniones y previsiones, el desarrollo de tácticas y estrategias de conducta o la generación de nuevos conocimientos y habilidades, que buscan y de alguna forma consiguen, una permanente adaptación al medio, generando a su vez nuevas interpretaciones de la cambiante realidad.

Antes de intentar imaginar lo que ocurre en el cerebro durante el pensamiento, es necesario que aclaremos algunas cosas. Por una parte, hay que tener en cuenta que cada individuo tiene un personalísimo esquema de criterios, actitudes, experiencias y conocimientos, nacidos de la mano de su historicidad conforme va aprendiendo, experimentando y proyectando conductas y analizando resultados y consecuencias. De forma que sea cual sea el pensamiento que tenga, es probable que contenga referencias o influencias que reflejen su propia historia. Por otra parte, el enorme número y tipos de procesos mentales conscientes y sobre todo inconscientes, que se desarrollan en paralelo en cualquier persona y en cualquier momento, hace imposible saber qué es lo que encierra un solo pensamiento, sobre todo, si no están asistidos y soportados por el lenguaje. Como se dice coloquialmente, *"el pensamiento se va por los cerros de Úbeda"*.

El pensamiento discurre en la intimidad de lo subjetivo, frecuentemente como un diálogo entre el YO y el Mí. El YO es ponente de las propuestas y ejecutor de las decisiones y el Mí un receptor, crítico y portador de referencias, de saberes, de valores y experiencias, que modulan, corrigen y orientan al YO. El YO y el MI son los actores principales, que dialogan con los otros YOS operacionales. Con ello se captan mecanismos de inferencia, capacidad de anticipación y sobre todo referencias experienciales y cognitivas, que exigen una verdadera subjetividad creativa, que por otra parte, es la base de la intimidad del pensamiento, donde surge el poder del discurso y la metáfora, los conceptos del YO, el pasado y el futuro, entrelazados por creencias, mitos, fantasías y deseos íntimos, generando una trama y un discurso no fácilmente verbalizable. El pensamiento obtiene mayor discriminación y direccionalidad, cuando su contenido tiene una buena estructuración semántica y puede expresarse libremente con lenguaje explícito.

Podemos afirmar por tanto, que en el cerebro ocurren muchas cosas cada vez que tenemos un pensamiento. En primer lugar, porque la mayor parte de la actividad cerebral en la cognición se desarrolla de forma inconsciente, ocurre en segundo plano. Está actividad está a cargo de la consciencia cognitiva que es la encargada de integrar y procesar los contenidos elaborados y gestionados por las diversas funciones mentales.

Los contenidos extraídos de la memoria permanente que presenta la memoria de trabajo ante la conciencia, suelen tener formato representacional, no semántico y por tanto no son directamente comprensibles. Deben ser traducidos al lenguaje semántico para que pueda entenderse la información que soportan. El lenguaje se encarga de realizar la traducción semántica y de aplicar la lógica sintáctica, con la que ganan significación los significantes y los contenidos que vienen a conciencia. Gracias a ello pueden ser entendidos. Las personas con mayor finura perceptiva logran captar algunos de los contenidos inconscientes, se dice: "me lo estaba temiendo" o "me lo olía o lo barruntaba", para reflejar la presencia poco explícita de una consecuencia o una anticipación del futuro.

Al darse la llegada de la información al entramado de las funciones cognitivas superiores o fenoménicas, que está constituido por un proceso continuo que como un todo incluye a la memoria de trabajo, la inteligencia, la conciencia fenoménica y pensamiento y el lenguaje, donde se produce la categorización y organización de las informaciones y su correlación con los recuerdos y conocimientos memorizados y a los que se le añaden los componentes emocionales y de valor, A su vez se genera un diseño de estrategias con posibilidades y alternativas, juicios, criterios, proposiciones e inferencias. Es así como se da pie a la elaboración de hipótesis, proyectos y previsiones de futuro. Con los proyectos elaborados, se construyen otros proyectos cognitivo-ejecutivos, donde terminan de desarrollarse, jerarquizarse y valorarse los distintos aspectos que plantea la información ya estructurada, a la que se aplican baremos de: oportunidad, interés, dificultad, posibilidades, peligros o riesgos etc. A su vez, se establecen planes alternativos, "planes B", de cambio en la conducta a adoptar, por si se producen variaciones que puedan representar algún problema para el proyecto o si se modifican las condiciones del asunto que se estudia.

La creación de planes ejecutivos para el desarrollo de estrategias y acciones orientadas a cubrir objetivos, en el que participan elementos predictivos sobre las consecuencias de esas actuaciones, son razonamientos complejos en los que suelen participar, entrelazarse e influir, los contenidos de las diversas elaboraciones paralelas o ya existentes, en las que están los contenidos de la memoria, la inteligencia, el lenguaje y el pensamiento y en los que lógicamente subyacen otras funciones cognitivas, como la atención o el contenido emocional.

Hemos de insistir que entre los contenidos de la inteligencia, la conciencia y el pensamiento, no hay paredes que los separen o estas son muy porosas y permeables. De hecho entre, el pensamiento y los contenidos de la conciencia fenoménica no hay solución de continuidad, la mayor diferencia entre ellos la determina su dinámica. El contenido de conciencia suele ser más estático, es como la foto de la situación, mientras que el pensamiento es más dinámico, es el relato o la película. La inteligencia tiene un matiz más pragmático, de priorización, de precisión, de racionalidad y de eficacia en la ejecución de los planes y proyectos que se han venido elaborando, es más digital. El pensamiento es más analógico, más creativo, más holístico y secuencial.

Existen otros matices y diferencias, entre estos "cinco magníficos", gestores instalados en la cúpula de la cognición, pero por ahora nos centraremos en considerar cuanto de inconsciente o consciente ocurre entre la memoria de trabajo, la inteligencia, la conciencia, el lenguaje y el pensamiento.

Pongamos un ejemplo en el que participa de forma prioritaria el núcleo formado por la inteligencia-conciencia-pensamiento y lenguaje. Supongamos que tenemos que exponer un proyecto en una reunión de personas. Llevamos unas notas para no perder el hilo, pero no hemos escrito literalmente un discurso, Al comenzar la alocución nos vienen a la punta de la lengua unas palabras que curiosamente no las hemos buscado en la memoria. Transportadas por la memoria de trabajo han venido solas y además, son concordantes y adecuadas con el concepto que queremos expresar. ¿Cómo y de donde han salido esas palabras? y ¿Por qué tenían ilación con el tema general y eran acorde con mis intenciones?

Es evidente que se ha producido un proceso inconsciente de evocación. De entre todos los contenidos de la conciencia, solo tenemos consciencia de aquellos que son propios de la conciencia fenoménica y que tienen significado semántico; son los que se procesan en el lóbulo prefrontal. Son los contenidos que representan la cúspide de la pirámide de todo el proceso cognitivo, lo que popularmente se llama inteligencia.

El pensamiento en cualquier caso requiere la experiencia consciente y también necesita de las actividades intelectuales, porque el quinteto de magníficos hace participar a las demás funciones cognitivas formando un todo que se caracteriza por ser consciente, es el que nos lleva a ser conscientes de que somos conscientes.

No todo lo mental es consciente, ni mucho menos, lo inconsciente domina en cantidad y contenidos, pero que el pensamiento sea consciente, no excluye el enorme impacto de las rutinas inconscientes aprendidas o de las emociones que impregnan el pensamiento. Como tampoco excluye la posibilidad de que pueda reprimirse lo que se percibe como una equivocación o que haya sido motivo de reproche.

Se puede resumir la estructura funcional de la conciencia-pensamiento en los siguientes términos:

1- *"La conciencia-pensamiento es el zenit, de los procesos cognoscitivos y cognitivos"*. Se alimenta de los contenidos informativos que recibe de los demás procesos cognitivos, los pule e integra y a partir de ello, genera otros contenidos, como las creaciones o las abstracciones o los razonamientos. El pensamiento se apoya en las aportaciones que recibe de los demás procesos como la atención, la senso-percepción, la memoria, el lenguaje, la inteligencia o la emoción. Cuando se afecta cualquiera de esos proveedores de contenidos, la conciencia, se altera.

2- *"El pensar se centra en procesar, gestionar y utilizar información"*. La información es la materia prima, que una vez controlada, estructurada y dirigida, induce el nacimiento del pensamiento que es el que integra el producto terminado y generalmente nuevo, creativo y personal, representado por la emergencia de nuevas informaciones, lo que se llama *"tener ideas o estructurar criterios"*. Puede decirse que el pensamiento es una organización clarificación y reestructuración del conocimiento disponible y la generación de nuevas conclusiones, con creación de ideas, criterios y saberes.

3- *"La conciencia-pensamiento es un proceso fundamental y vital por su utilidad práctica"*. Es, junto con el lenguaje, la función que separa al hombre de las demás especies y lo coloca por encima de ellas; por cuanto aporta soluciones novedosas y creativas para resolver los problemas con que se enfrenta. Otras especies pueden disponer de soluciones a sus problemas, pero lo hacen por medio del ensayo-error y no porque hayan generado una transformación de la información para obtener una nueva visión o interpretación propia.

4- "El pensamiento suele ser una función consciente". Aunque a veces discurre de forma parcialmente inconsciente (Los ensueños). Esto explica el por qué algunos problemas, que son un lastre para el sujeto, se resuelven durante el ensueño de forma involuntaria. Ese fenómeno puede atribuirse a que se plantea la previsión de la situación, desarrollando su evolución y proponiendo soluciones. Estos pensamientos se generan por un proceso de reestructuración de la información. Así pues, parece que el pensamiento puede solucionar en forma no del todo consciente, durante el "duerme-vela" algún problema, sin tener consciencia total de cómo se alumbró la solución.

5.3.1.- DESARROLLO FUNCIONAL DEL PENSAMIENTO.

El cerebro es el soporte biológico del pensamiento. Es decir, el pensamiento se manifiesta a partir de la información que recibe el cerebro por la senso-percepción, la memoria y sobre todo la obtiene de la información producida por los productos que elaboran los procesos cognitivos fenoménicos. Con la conciencia forma de hecho un tándem absoluto. Por lo tanto, el poder pensar está vinculado a todas las funciones cognitivas, incluida la emoción y muy especialmente a los productos generados por las funciones fenoménicas.

Así pues, en la conciencia-pensamiento converge una ingente cantidad de contenidos mnémicos, a los que se les va categorizando, valorando, corrigiendo y de entre todo ese sinfín de informaciones, la conciencia elige unos contenidos y aparta otros, según su adecuación, interés o cercanía a la trama del pensamiento.

La atención y la direccionalidad del pensamiento, nacidas del esquema motivacional, también van marcando la secuencia de elementos y contenidos elegidos por la conciencia y con todo ello se desarrolla el curso del pensamiento.

El pensamiento, que es como la narración dirigida y ordenada bajo la batuta de la conciencia, que también dirige y acopla la atención, con la intención y con el valor e interés que se le ha asignado, estableciendo el grado de prioridad, de acuerdo con la fuerza motivacional, la intención y las previsiones.

En el pensamiento se desarrolla otro análisis que establece una valoración categorizada y ponderada con la que revisa las expectativas y las posibles soluciones que se pueden plantear en torno al proyecto elegido y también se consideran las posibles consecuencias. Así ya se puede proceder a la ejecución de la conducta y después de ella a la evaluación de los resultados.

Todo este enorme concurso de informaciones afectos, emociones y compromisos, al haberse jerarquizado, clasificado y gestionado, genera la emergencia de nuevas ideas, estrategias y posibilidades que deben adaptarse a las nuevas previsiones de cómo van a ocurrir las cosas y también qué consecuencias pueden tener y hasta donde cubren o no los objetivos. Finalmente, se valora el efecto que puede tener sobre la prospectiva y hasta donde nos va a llevar. Todo ese análisis y diálogo implica una serie muy amplia de correcciones, adecuaciones y adaptación de los planes.

5.3.2.- ELEMENTOS QUE SE CONJUGAN EN UN PENSAMIENTO.

La respuesta a este planteamiento, requiere tener presente que el pensamiento es un proceso dinámico que discurre casi siempre sobre un diálogo interior, entre los contenidos de la experiencia, los saberes memorizados y los condicionantes del momento que se está vivenciando y además, está influenciado por las actitudes, valores, temores, ilusiones, y deseos, junto con la forma de ver la realidad que tiene el sujeto que piensa. Todo esto conlleva una compleja combinación de elementos cognitivos (senso-percepción, atención, memoria, lenguaje, racionalización...), con elementos afectivos y emocionales, volitivos, conativos y de racionalización, que concurren a la vez. Además, todo ello está siendo orientado hacia la cobertura de objetivos, casi siempre de futuro, puestos en evidencia por el esquema motivacional. Pero además, incide también la meta-cognición, que va señalando las previsiones, las desviaciones y el nivel de riesgo y eficacia que puede derivarse del comportamiento.

El relato de un sencillo instante de la vida cotidiana nos servirá de ejemplo: Al tener el pensamiento: "Debo ir a la tienda antes de que cierren", ya estamos metidos a fondo en la vida mental, implícitamente presuponemos que ya se poseen muchos contenidos y saberes, que concurren muchas circunstancias como interacciones sociales, que se dispone de un lenguaje altamente desarrollado, y se poseen recuerdos ricos en conexiones relacionados con otros contenidos. El pensamiento puede haber surgido cuando entramos en la cocina para beber agua y recordamos, ya tarde, que habíamos prometido hacer la compra ese día. Al entrar en la cocina, vemos el reloj, se acerca la hora de cierre y corremos el riesgo de encontrar la tienda cerrada, lo que pone en marcha elementos emocionales y adaptativos, ¡quiero llegar a tiempo!

Ahora consideremos lo que ocurre en nuestra cabeza. Primero, para empezar a caminar, los ganglios basales, el cerebelo y la corteza motora intervienen en el proceso que pone en marcha el empezar a caminar y sigue con los procedimientos habituales automatizados inconscientes, como abrir el grifo para llenar el vaso de agua etc. Al movernos, unos mapas globales envían señales a nuestro cuerpo, a los brazos y a las piernas, de los que no tendremos noticia consciente. Una serie de interacciones de reentrada entre nuestros mapas visuales, la corteza occipital y las áreas frontales del cerebro, participan en la traducción inmediata de las señales del reloj que nos avisa que se nos está pasando el tiempo y a la vez, la actividad del núcleo dinámico nos presenta una compleja escena contextual acompañada de imágenes de nuestro cuerpo y su homeostasis. En ese momento, llega una fuerte oleada de vida mental de conciencia primaria, un ligero sentimiento de temor convertido, por la actividad cognitiva en una emoción con los necesarios componentes cognitivos y de ansiedad, por la posibilidad de que quizá la tienda ya esté cerrada. Los sistemas de valores ascendentes propiciados por el locus cerúleus, los núcleos del cerebro basal anterior, el núcleo del rafe y el hipotálamo, envían una combinación particular de neurotransmisores que reflejan hasta qué punto son destacadas o sobresalientes todas estas señales. El núcleo dinámico debe registrar las consecuencias neuronales de esta actividad, de los sentimientos, además, de las percepciones y los recuerdos.

En este punto puede emerger una clara invocación del lenguaje a la verdadera vida subjetiva y emocional; una paráfrasis interior, posiblemente vocalizada, ¡Vaya! Tengo que irme a la tienda ya. Y con esta paráfrasis, se pone en marcha, todo el sistema de memoria del lenguaje, situado en el área de Wernicke de la corteza temporal, también la corteza frontal actúa para aportar los conceptos y a través de los puertos de salida, envía señales a los ganglios basales para planificar cómo bajar al garaje, seguido al fin por señales corticales motoras.

Todo esto proceso, quizá se acompañe por pequeñas molestias causadas por la última comida y por recuerdos fugaces de oportunidades perdidas. Añadiendo una pincelada freudiana a esta pequeña descripción de un hecho doméstico, podemos incluir una "emoción": me atenaza una sensación de peligro, relacionado con los castigos que me podían imponer de niño, por haber hecho mal los recados. Ya de paso, quizá nos vengan a la "cabeza" otros fracasos, frustraciones o temores en nuestra vida.

Este relato está lleno de emociones, creencias, deseos y miedos y sobre todo de vida. Pero sea cual sea la combinación o el número de procesos mentales que se producen simultáneamente, su volumen es extraordinario. Algunos están directamente relacionados con nuestra ansiedad, otros pueden estar relacionados con nuestros esfuerzos por controlarla y aun otros son simplemente concurrentes. En otras palabras, algunos eventos cerebrales pueden considerarse causalmente conectados, mientras que otros ocurren en paralelo y son simplemente coincidentes. No obstante, dependiendo de los elementos externos, de los recuerdos o de nuestra reacción frente a la ansiedad o quizá como consecuencia de la jerarquización e importancia que demos a cada elemento que aparece en conciencia, aquello que era simplemente coincidente y no era causalmente significativo, puede volverse inesperadamente muy interesante y convertirse en algo determinante, capaz de cambiar nuestra atención consciente y alterar nuestros sentimientos y acciones de forma imprevisible.

En el ser humano, la continua interacción dinámica entre la memoria, los valores y las categorías, es como se refleja la historia individual, iluminada en cada momento por un presente ya vivenciado. Con la emergencia de una conciencia de orden superior y a través del lenguaje que aporta la simbolización semántica, que es capaz de producir un acoplamiento consciente y explícito de datos, conocimientos, sentimientos y valores, que da como resultado la aparición de emociones y afectos, que colorean y orientan a los componentes cognitivos que experimenta una persona, es decir, emerge un sujeto dotado de un YO transcendente.

Todo este relato está referido, como ejemplo, a un acto sencillo, el verdadero lio aparece con la subjetividad que surge gracias al poder del discurso y la metáfora, al relacionar los conceptos del YO, el pasado y el futuro, entrelazados por creencias y deseos temores y tensiones que pueden expresarse verbalmente y entre los que también juega la ficción y la imaginación creativa.

El número de áreas cerebrales que entran a formar parte del núcleo dinámico y de los mapas globales que se ponen en marcha simultáneamente en una situación tan simple como la descrita, es enorme, es fluctuante y está sujeto a diversas circunstancias. Aun así, lo que puede parecer un gran número de circuitos y de células activadas en un momento dado, no pasa de ser una pequeña fracción del número de combinaciones posibles, si se compara con el enorme repertorio de posibilidades que posee un cerebro. Es precisamente esa posibilidad de añadir nuevas combinaciones, lo que confiere flexibilidad a lo que, de otro modo, sería un comportamiento rutinario.

Además se dan otras las posibilidades añadidas que también ejerce el lenguaje sobre el proceso cerebral, al otorgarle capacidad significante y de simbolización, con lo que los valores adquieren significado y puede emerger un enorme caudal de matices a través del desarrollo de un YO consciente.

Una parte del pensamiento es necesariamente consciente, sea cual sea el juego de los contenidos mentales que puedan estar en activo, en función de los temas que se traten y otra parte será inconsciente y por grandes que sean las fuerzas con que las rutinas inconscientes puedan facilitar o interferir, siempre habrá decisiones conscientes que controla la conciencia.

En cualquier caso, desde los planteamientos desarrollados por el pensamiento que requieren de la conciencia, se puede declarar que todo lo semántico es consciente y el pensamiento también, lo que no excluye, el enorme impacto que ejercen las rutinas y las pulsiones inconscientes aprendidas o las emociones que subyacen y operan sobre el pensamiento, como tampoco excluye la posibilidad de que pueda reprimirse todo lo que el YO percibe, por considerado como una amenaza.

Quizás en el futuro se puedan visualizar y seguir con detalle los procesos cerebrales que acompañan al pensamiento en toda su plenitud y complejidad. Por el momento lo que ocurre en la cabeza cuando un sujeto tiene un pensamiento, es un montón de cosas y buena parte de ellas es, en el caso de los humanos, información inconsciente.

5.3.3.- CONEXIÓN DE LO NEURAL CON LO FENOMÉNICO.

Edelman y Tononi, proponen una interpretación razonable, capaz de conectar el planteamiento fenoménico de la emergencia de nuevos contenidos, con la evolución y consolidación del Sí-Mismo Personal y además, sugieren la base neuro-funcional que lo soporta. Con su hipótesis pretenden explicar cómo la materia se transforma en imaginación, y como a partir de la conciencia de orden superior nace el Si-Mismo Personal y el lenguaje semántico.

Dice **Edelman:** *"El YO es un agente auto-consciente, es un sujeto que va mucho más allá de la individualidad de la base biológica que posee un animal con conciencia primaria. La emergencia del YO humano, conduce a la aparición de la experiencia fenoménica, capaz de enlazar los sentimientos con el pensamiento y la cultura con las creencias. Es capaz de liberar la imaginación y de abrir el pensamiento a la imaginación y a la creación. Puede incluso volar y escaparse, pero manteniendo sus ataduras al tiempo y al espacio, gracias a la conciencia de orden superior".*

Edelman puntualiza: *"Si la conciencia primaria casa al individuo con el tiempo real, la conciencia de orden superior, permite la creación de conceptos del tiempo pasado y del tiempo futuro".*

Así pudo vivenciarse y recordarse todo un mundo nuevo de intencionalidad, categorización y discriminación, con lo que los conceptos y el pensamiento pueden enriquecerse en matices y florecer la conciencia–pensamiento y la creatividad. Se hizo posible promover, no solo las relaciones que prometen una gratificación, sino que también que surja el resentimiento o el amor.

La evolución de los sistemas neuronales que enlazaron el aprendizaje individual, con la adaptación a las circunstancias cambiantes del medio, permite la aparición las escenas que se enriquecen con símbolos y experiencias propias, valores que se conectan con los significados, promoviendo el desarrollo de la intencionalidad capaz de cambiar y enriquecer los procesos adaptativos.

Para que pudiera aparecer el significado y la semántica entre los hablantes homínidos, fueron necesarios cuanto menos los siguientes elementos en su evolución:

- Que los intercambios tuvieran componentes afectivos o emocionales.
- Que los homínidos, tuvieran ya conciencia primaria y capacidad semántica y conceptual avanzadas, ya que sin lenguaje los conceptos solo pueden ser concretos y atemporales, pues dependen de la capacidad del cerebro para construir universales, mediante la elaboración de mapas neurales.
- Para que las comunidades de hablantes pudiera convertir los sonidos en palabras con significado, fue necesario también que se desarrollaran unas vocalizaciones con capacidad de ser recordadas al comunicarse.
- Debieron estar ya desarrolladas ciertas áreas del cerebro para responder a estas vocalizaciones, categorizarlas y conectarlas al recuerdo, permitiendo así la correlación de los significantes con los significados asignados a los objetos, valores y respuestas motoras.
- Finalmente, el valor evolutivo de estos desarrollos cerebrales y mentales, exigió disponer de una memoria amplia de los sucesos

vivenciados, este aumento surgiría a partir de conexiones de reentrada recursiva entre las áreas que median la memoria de los símbolos del habla y las áreas conceptuales del cerebro.

En estas transacciones, es probable que la unidad de intercambio, haya sido un tipo de frase primitiva que, como los gestos, que pueden transmitir sucesos o cosas. La emergencia de la sintaxis a partir de una proto-sintaxis relacionada con gestos, que conectara acciones y objetos con procesos motores, pudo dar como resultado la capacidad de categorizar el orden de las palabras. Esta capacidad probablemente haya requerido la selección de repertorios más amplios en algunas partes de la corteza, como las áreas de Wernicke y Broca, incluso pudo ser la promotora del desarrollo del fascículo arcuato y sus bucles subcorticales asociados. La secuencia durante el desarrollo va desde la fonología a la semántica y desde la proto-sintaxis a la sintaxis.

Nosotros hemos de insistir en que *"el lenguaje posee funciones expresivas que permiten intercambios de sentimientos con juicios y estas transacciones además, de permitir que se designen objetos y sucesos, son siempre portadoras de afectos fuertemente ligadas a los sistemas de valor"*.

Muchos aspectos del habla se realizan a través de rutinas inconscientes. Estas rutinas y la consciencia del significado de las palabras, conducen a un nuevo sistema de memoria extraordinariamente rico que está mediado en parte por las áreas del lenguaje. Aunque las áreas no son por sí mismas responsables del pensamiento, sus interacciones de reentrada con las áreas conceptuales, permiten la creación de un gran número de construcciones simbólicas y de frases abstractas. Una memoria simbólica enriquecida por el lenguaje, permite guardar un número cada vez mayor de símbolos verbales, pues cuando el léxico alcanza cierto tamaño, la capacidad conceptual de la persona se ensancha enormemente, hasta el punto de promover el uso de la metáfora y el pensamiento abstracto y creativo, necesario para la emergencia de la conciencia superior.

Una vez comienza a emerger la conciencia de orden superior gracias al lenguaje, es posible construir un YO a partir de las relaciones sociales y afectivas, lo que en definitiva permite también el alumbramiento del Sí-Mismo-Personal, que es el núcleo central de la conciencia-pensamiento y que presta al YO presencia permanente en sus contenidos, logrando la íntima experiencia de que la conciencia–pensamiento son míos y sus contenidos me son dados en primera persona.

Creemos que *"Quienes seamos nosotros, depende en gran medida de las historias que nos contemos sobre nosotros mismos y estas historias pueden ser más o menos coherentes y pueden poseer capacidad para sostener nuestra identidad, pero también pueden entrar en conflicto y cuestionar esa identidad, propiciando disarmonía y desadaptación y en definitiva patología".*

El YO, como agente activo, puede modular y remodelar las historias en las que vive y que son las que se cuenta cada cual a sí mismo y de modo recíproco, esas narraciones de lo vivenciado, pueden influir y cambiar la narración que el YO venía contándose a acerca de Sí-Mismo, con lo que aparece el valor de la auto ayuda y como no, de la psicoterapia.

Este libro pretende proponer la idea de que *"nuestra personalidad evoluciona a través del tiempo y es modelada por los valores que se mantienen y por las convicciones y decisiones intelectuales o morales que se suscriben y sobre todo por el proyecto transcendente de busca diseñar sobre quién se quiere ser. Contándonos historias sobre nosotros mismos, es como conseguimos construir un sentido único, personal e independiente de la persona que creemos ser, más porque queremos serlo que porque lo seamos".*

Se dice que una experiencia es mía, cuando surge de mí mismo, de mi experiencia personal e intransferible. Es la inmediatez de la experiencia vivenciada de donde surge la subjetividad del YO, el tener la certeza radical de que eso lo he pensado y lo he sentido yo y por eso me pertenece. Pero a su vez el SÍ-Mismo-personal tiene una realidad experiencial, unida a esa perspectiva en primera persona. El ser consciente de la experiencia que tenemos de nosotros mismos en primera persona, es experimentado desde dentro. No es una construcción social que evoluciona a través del tiempo, sino que es una parte de nosotros mismos, integrada con nuestra vida consciente, la cual tiene una realidad inmediata. *"Lo dado en primera persona es para MI lo que realmente SOY YO".*

Solo si se experimenta algo dado en primera persona, es experimentado como mi experiencia. Este sentido de lo dado en primera persona, es una forma primitiva de identidad que constituye lo "mío", arquetipo que incluye a los otros en MÍ. Es decir, la identidad narrativa, es la que se construye en y por la narración que nos hacemos de nuestras propias historias, es la que permite que se complementen la identidad experiencial de los otros en MÍ, con la vivenciada en primera persona. Así se comprende la coherencia de los sentimientos de projimidad en la construcción del Sí-Mismo Personal.

5.4- SOPORTE NEURAL DEL SÍ-MISMO PERSONAL

Creemos que el soporte neural de la consciencia es distinto del que permite la emergencia de la conciencia fenoménica. Con el término consciencia, nos referirnos a la que nos permite estar conscientes, a darnos cuenta, y con el término conciencia fenoménica nos referimos al Sí-Mismo personal, a la emergencia de la experiencia consciente y a la subjetividad fenoménica.

La estructura neural básica de la consciencia es el sistema activador reticular ascendente que se extiende por el bulbo, la protuberancia y el mesencéfalo. La función cerebral consciente, para mantener su actividad necesita de la formación reticular. Su misión no solo es actuar modificando el nivel de actividad, sino también modulando sus entradas y salidas.

El Sistema Tálamo-Cortical parece reunir las mejores condiciones para asumir la actividad de la conciencia fenoménica, pues dispone la mayor concentración de estructuras de reentrada recursiva y su enorme riqueza en interconexiones sinápticas, la optimizan para lograr el procesamiento de la mayor cantidad disponible de información diferenciada e integrada, que son los requisitos centrales que propone **Tononi**, para la emergencia de la conciencia.

Las únicas lesiones cerebrales localizadas que tienen como resultado la pérdida de la consciencia, son las que afectan al sistema reticular activador y desde luego su actividad es necesaria para que aparezca el adecuado nivel tanto de consciencia como de conciencia. Cuando el nivel de activación del tronco encefálico disminuye, los circuitos tálamo-corticales comienzan a oscilar. Este ritmo sincrónico contribuye a la pérdida global de consciencia como ocurre en el sueño no REM. Situación que en el EEG produce los husos característicos del sueño y las ondas lentas. Este fenómeno se llama *"sincronización del EEG"*.

El núcleo reticular del tálamo también funciona como un interruptor para la consciencia, pero esto no supone que se genere ahí la consciencia, lo mismo que la electricidad no se genera en el fusible, pero sin él no hay luz. Esta estructura es necesaria, pero no suficiente. En ambas formas de conciencia, (operativa y fenoménica), se requiere también de la actividad de las neuronas corticales prefrontales, por su papel de director de orquesta y cuanto menos, están implicadas en la estructuración y coordinación de los contenidos mnémicos, especialmente en la toma de decisiones. La corteza prefrontal es la zona cerebral con mayor contenido de neuronas en huso que describiera **Von Ecónomo**[66] caracterizadas por tener una sola dendrita y transmitir la información en un solo sentido. Al parecer juegan un papel importante en las conductas inteligentes y en los comportamientos de adaptación, por lo que parecen aptas para evitar la disonancia cognitiva.

La corteza prefrontal, nos permite cumplimentar la recomendación de **Sócrates**[67] *"conócete a ti mismo"*. Ya que es la responsable de la reflexión, de la consolidación de los propios conceptos y de lo que entendemos por autoestima. También participan otras muchas áreas y zonas cerebrales. En definitiva la conciencia es un producto de la actividad cerebral global, aunque muchas de las actividades que desarrollan las neuronas cerebrales sean inconscientes.

El nivel de consciencia está regulado por cuatro neurotransmisores que juegan un papel específico en la función cerebral:

- *"El sistema noradrenérgico del locus coeruleus"*. Es regulado por la noradrenalina y asume en la vigilia, la alerta y la atención.
- *"El sistema serotoninérgico de los núcleos del rafe"*. Está regulado por la serotonina, promueve el estímulo del nivel de conciencia y frena la acción motora
- *"El sistema dopaminérgico del mesencéfalo"*. Regulado por la dopamina, actúa apoyando y facilitando el movimiento, la emoción positiva y el pensamiento.
- *"El sistema histaminérgico del hipotálamo"*. Regulado por la histamina, está implicada en los fenómenos de alerta y atención y memoria.

La consciencia no es un fenómeno todo-o-nada, sino que existen diversos niveles de conciencia. La transición de la inconsciencia a la consciencia no es simplemente un cambio de una inactividad a una actividad neuronal, sino

---

[66] (1876-1931), psiquiatra y neurólogo rumano, Prof. de neuro psiquiatría en la U. de Viena)

[67] (Sócrates, (470-399 a.C.), creador de la mayéutica. Referente filósofo de la antigua Grecia, cuya luz aún sigue iluminando)

que supone un cambio en el quehacer de las neuronas, cambio que hoy por hoy es poco conocido. Ante ese despertar lento, sobre todo de los niños, que coloquialmente decimos el niño están descomprimiendo

Damasio, desarrolla una síntesis del sustrato neural de la conciencia y del self (Sí-Mismo personal), apoyándose en los cuadros con alteración de la consciencia que se dan en neurología y cuyo esquema transcribimos:

"El YO neural está involucrado en el proceso de subjetividad, una característica clave de la conciencia. Cuando los pacientes presentan incapacidad para reconocer caras familiares, o ver el color, o leer, o reconocer melodías, o comprender el lenguaje, describen el fenómeno, como si les estuviera ocurriendo algo ajeno, que intentan solucionar y con frecuencia lo describen de manera perspicaz y completa. Casi siempre tienen conciencia de cuándo se inició el proceso agnósico y suelen localizar el problema en una parte de su persona, que está supervisando de forma privilegiada su individualidad. Los pacientes con anosognosia completa son incapaces de hacer esta descripción, pero los enfermos con anosognosia transitorias, son más detallistas en el relato, e incluso, pueden describir un YO del que no es el propietario, del que sienten miedo y suele encontrarse asustado ante la experiencia anosognósica".

"No podemos poseer un YO sin alerta o si están suprimidas la excitación o formación de imágenes, como sucede en el coma, pero algunas veces, aunque técnicamente estemos despiertos, en vigilia y en disposición de que se formen imágenes en nuestro cerebro y en nuestra mente. Cuando está alterado el YO neural, como sucede en el delirium o en los estados confusionales de la mente, en las que el YO neural desaparece por completo. En estos casos hay una forma de pérdida de la conciencia, muy distinta a la pérdida de la conciencia observada en el paciente delirante".

Estos hechos ponen de manifiesto la importancia de la reactivación de las imágenes y representaciones, que para **Damasio**, constituyen la base neural del YO. En resumen, para **Damasio** *"el dispositivo mínimo capaz de producir subjetividad, requiere la disponibilidad de las cortezas sensoriales iniciales y las de asociación sensoriales y motrices, también de los núcleos subcorticales del tálamo y amígdala, con propiedades de convergencia capaces de actuar como conjuntos de terceros y producir asociaciones. Este dispositivo neural básico es imprescindible y no requiere lenguaje".*

Damasio insiste en la importancia que tiene de la activación de las imágenes y representaciones, que constituyen la base neural del YO, y que en síntesis son:

- Los acontecimientos clave en la autobiografía del individuo, con los que reconstruye su noción de identidad.
- Los acontecimientos recientes y su proyección futura en la llamada memoria disposicional o memoria del futuro posible.
- Debe estar activada la conciencia del propio cuerpo con las percepciones corporales y emocionales previas al evento actual.

CAPÍTULO 6

LAS FUNCIONES COGNITIVAS ATÍPICAS O DE APOYO.

En este grupo situamos las siguientes funciones: la memoria de trabajo, el lenguaje semántico y la emoción-afectividad. Seguidamente daremos una pequeña referencia de cada una de estas funciones cognitivas para facilitar al el lector una especie de "memento" o recuerdo integrado, que permita un mejor seguimiento de su estudio detallado que abordaremos después en este mismo capítulo.

6.1.- LA MEMORIA DE TRABAJO: Logística de la cognición

Decíamos que la memoria de trabajo no es una memoria, es un sistema de gestión y desde luego su funcionamiento es primordial para el desarrollo de las funciones cognitivas y para la integración de toda la cognición. Nosotros le asignaríamos la función de *"gestor operativo y logístico de la cognición"*.

Desarrolla una función imprescindible en toda la cognición y en cada una de sus funciones, ya que gestiona un proceso complejo por el que ante cualquier evento que se esté vivenciando o a demanda de información por la conciencia o de cualquier otra función cognitiva, desarrolla de forma automática la evocación, de un conjunto de informaciones existentes en la memoria permanente, eligiendo aquellas que tengan relación con los temas de la situación por la que se demanda la información.

Entre las información de la nueva vivencia y las existentes en la memoria, establece una correlación que permite la construcción de un muevo conocimiento. Este conocimiento es por lo tanto una creación propia de la persona que está percibiendo y se construye al cotejar las informaciones, expectativas, posibilidades, dificultades y recuerdos experienciales anteriores que existen en la memoria permanente y tengan relación con las nuevas informaciones que aporta la vivencia actual. Se produce así un proceso de actualización, ampliación, modificación y re-estructuración de la información, generando una nueva información, que es de hecho una creación actualizada del sujeto que percibe. Ese proceso es el que produce el aprendizaje. Los nuevos conocimientos generados por esa correlación y purga entre las informaciones ya existentes y las nuevas, son de nuevo remitidos por la memoria de trabajo a la memoria permanente hasta su nueva evocación. *"Este es en síntesis el proceso del aprendizaje"*.

Así es como se logra mantener el aprendizaje y la adaptación continuada de conocimientos y criterios. *"Esta función hace de la memoria de trabajo el operador cognitivo imprescindible para la creación, actualización, gestión y generación de los aprendizajes y los saberes"*.

6.2.- EL LENGUAJE SEMÁNTICO

El antiguo concepto de cognición no incluía al lenguaje como proceso cognitivo. *"La amplitud e importancia de sus cometidos transciende de los límites de la cognición. Funciones como la traducción semántica de la información, la codificación por significados y por otros mucho referentes, la jerarquización por valores o interés, la simbolización de lo percibido y sobre todo por su función como soporte del pensamiento y su capacidad para hacer posible la expresión de la información, hacen del lenguaje, una función vital en toda la cognición y en todas las facetas de nuestra vida"*. Se llega a decir que "apenas somos algo más que nuestro lenguaje". Dejaríamos de funcionar si no dispusiésemos del lenguaje semántico, igual que ocurriría a la conciencia-pensamiento, si sus contenidos careciesen de significado y demás referentes.

6.3.- LA FUNCIÓN AFECTIVO-EMOCIONAL

Morgado dijo: *"Las emociones son el fuego que calienta a la razón para elaborar sentimientos y por ello juegan, un papel importante en la determinación de las conductas y en la orientación del comportamiento"*.

Conviene distinguir entre sentimientos y emociones. Los sentimientos, tales como el afecto, el cariño, el amor, el desprecio o el odio, son contenidos de la cognición fenoménica, que están elaborados por procesos emocionales intelectualizados. *"Los sentimientos se generan al conjugar los conocimientos, con los razonamientos y las vivencias con las emociones"*. Las emociones en sí, tienen un contenido más primario, nacido de los instintos y los procesos biológicos de defensa y pervivencia de la especie y están vehiculados por una estructura cerebral específica, el llamado cerebro límbico-emocional.

"Las emociones son necesarias en la adaptación y regulación del comportamiento humano y son compañeras muy importantes de los sentimientos". También están presentes, de una u otra forma, en todos los procesos mentales, en algunos de forma más evidente, como los procesos cognitivos, pero también actúan en otros procesos inconscientes aunque pasen desapercibidos, pero aun así generan alteración de la frecuencia cardíaca y otras manifestaciones vegetativas.

Las emociones y los sentimientos los define **Morgado**[68], como *"funciones biológicas del sistema nervioso, imprescindibles para el razonamiento y la inteligencia, que actúan como señalizadores biológicos claves para la adquisición de un sistema de valores coherente con el entorno, para lograr una adecuada capacidad de relación social y en general actúan como estímulo y guía el comportamiento"*.

Pasaremos ahora a estudiar con más detenimiento estas tres funciones cognitivas.

6.4.- MEMORIA OPERATIVA O DE TRABAJO

"Su función es vital para el aprendizaje y por ello lo es también para poder disponer de conocimientos. Se encarga de la logística de la información en todos los momentos de la cognición". Está en permanente actividad y su participación es necesaria para el funcionamiento de todas las funciones intelectuales de actualización, conservación y ampliación de los saberes y las experiencias. Permite el mantenimiento y la manipulación temporal de la información reciente durante la actividad cognitiva. *"De la memoria de trabajo dependen: la conceptualización, la inferencia, el razonamiento, la toma de decisiones, el cálculo, la comprensión del lenguaje, el recuerdo episódico y el semántico, así como toda actividad cognitiva que requiera atención y procesamiento controlado con actualización de la información y los saberes y también la adecuación de los conocimientos ya adquiridos a la situación que se está viviendo"*.

---

[68] (Ignacio Morgado, (1951...) psicólogo español, Prof. U. Autónoma Barcelona)

Al ser el sistema encargado de traer a conciencia los recuerdos de la memoria a largo plazo y gestionar su correlación con las informaciones de las vivencias actuales, hace posible establecer entre ellas la jerarquización, elección, purga y selección de los contenidos que deben ser remitidos de nuevo a la memoria permanente, por lo que es el factor fundamental para el aprendizaje, la ampliación, actualización y corrección continua de los conocimientos y recuerdos.

El ser responsable de la permanente actualización, ampliación y corrección de la información, remarca su función como operador fundamental de toda la cognición y muy especialmente de la memoria, la inteligencia y la conciencia-pensamiento, pues es su principal proveedor, depurador y actualizador de los recuerdos, saberes y experiencias. El ser un mecanismo central de la cognición humana, le lleva a ser también partícipe significativo del desarrollo de los mecanismos centrales de lo que llamamos inteligencia.

La memoria de trabajo, es de rápido acceso y corta duración, ya que permite retener solo temporalmente las informaciones que en ese momento obtiene del entorno, para así correlacionarlas con las informaciones, experiencias y conocimientos que ya se poseían. Gracias a este sistema, se puede disponer de todos esos contenidos informativos para asesorar sobre los planes y proyectos que se asumen o que se están elaborando en un momento determinado. Gracias a la memoria de trabajo, los contenidos memorizados aportan perspectiva histórica y prospectiva de futuro. Además, como los contenidos de memoria tienen ya incorporadas referencias emocionales y de oportunidad, esas referencias se aportan señalando también la evolución que han tenido otras situaciones similares con anterioridad, lo que facilita la previsión de las consecuencias que pueden derivarse de la conducta a desarrollar. Así pues, su papel en la cognición es fundamental.

Por otra parte, como el mecanismo operativo de la memoria de trabajo es contrastar la información anterior con la actual generando una nueva información actualizada, puede aportar las novedades de la nueva información y las referencias de los sistemas de codificación respecto a criterios de valor, interés y oportunidad que ya tiene integrados. Se puede concluir que es mediante la gestión que desarrolla la memoria de trabajo como se logra el nacimiento de una nueva información enriquecida, actualizada, purgada y contrastada con la situación actual y además hace posible orientar sobre los planes de futuro. Por todo ello, la memoria de trabajo participa en la creación de uno de los mayores privilegios de la especie humana, que es la capacidad de previsión de futuro y la anticipación.

La nueva información creada por la contrastación de la nueva información con la ya existente, revierte de nuevo en la memoria permanente, con lo que se consigue disponer de información actualizada enriqueciendo de forma singular el aprendizaje, la previsión de expectativas y la creación. Gracias a este proceso, disponemos de toda la información necesaria para poder razonar, actuar y vivir. Es por tanto una herramienta maravillosa que ni Wikipedia puede superar.

Todo este proceso se desarrolla a la vez que se están conformando, y ejecutando los planes de conducta del momento, lo que permite el procesamiento de información polivalente, la correlación con escalas de valor, interés, emoción, riesgo, viabilidad y previsión de consecuencias y una vez facilitada la planificación, orientación y optimización de la toma de decisiones, puede colaborar en el rediseño de las estrategias para la consecución de los objetivos.

Finalmente, el poder reenviar todos esos contenidos e informaciones de nuevo a la memoria a largo plazo, se la puede considerar como soporte neuronal del aprendizaje teórico y práctico y facilitadora de la previsión de las consecuencias, de la anticipación y en general de la conducta inteligente.

El complejo proceso que realiza la memoria de trabajo requiere atención, selección y categorización de las informaciones que aporta. Esas mismas herramientas son sin duda necesarias para el aprendizaje, el razonamiento fluido e inteligente y la elaboración de planes de conductas adecuados a las situaciones que se avecinan. Es pues una habilidad cognitiva imprescindible para poder desarrollar una conducta compleja. Es en definitiva un soporte fundamental de la inteligencia por su capacidad de adecuar la conducta a los acontecimientos de la vida continuamente cambiante.

La memoria de trabajo permite al sistema cognitivo disponer de:

- Historicidad.
- Capacidad de actualización del conocimiento.
- Referencias experienciales sobre situaciones similares a la actual, o que tengan de alguna relación con ella.

- Aporta capacidad ejecutiva para la elaboración y desarrollo, tanto de proyectos del momento, como para su proyección futura, añadiendo la capacidad de anticipación.
- Permite mantener un aprendizaje actualizado, nacido de la contrastación y selección de las informaciones entre las experiencias históricas y las del presente.
- Es un sistema asesoramiento permanente, de uso instantáneo, actualizado y a la vez con fiable perspectiva histórica y que opera en tiempo real, por lo que da pie para cotejar informaciones y conocimientos con las circunstancias del momento, y permite a su vez elaborar estrategias sólidas y tomar decisiones, ya que en él confluyen todas las entradas de información, pasadas, presentes y futuras.

6.4.1.- PENSAR, RAZONAR, DEDUCIR, APRENDER, DECIDIR.

Todas esas funciones son en gran medida facilitadas por la memoria de trabajo, gracias a su operatividad para gestionar la información, cargada de matices, experiencias confirmadas, previsión de consecuencias, resultados, y expectativas y para integrar el pasado con el presente y el futuro. Además, todo ello lo gestiona con una rabiosa actualidad y la posibilidad de empelar esa mueva información tanto para mantener actualizado el aprendizaje de forma permanente, como para disponer de la información necesaria para la orientación de los proyectos, las conductas y la previsión de consecuencias.

"Pensamos que todas esas aportaciones, en definitiva son también las que se desarrollan por la cognición en pleno, las hace posible la memoria de trabajo apoyándose en todos los recursos que posee la propia cognición, ya que la cognición es un todo indivisible dirigido por la conciencia y cuya logística desarrolla la memoria de trabajo".

La memoria de trabajo aporta referencias de los elementos básicos del suceso que estamos percibiendo, pensando o recordando. Lo que utilizamos cuando tratamos de retener información sobre algo que nos acaban de decir, acaba de suceder o acabamos de pensar. Cuando vamos a entonar una canción, hemos de retener brevemente en memoria los contenidos de la letra para integrarlos con los de la música y quizá modificar alguna estrofa o palabra de la canción, consiguiendo así el producto final. Se trata de una información transitoria, que se pone en marcha de forma permanente, tanto más frecuente, cuanto mayor sea la incorporación de informaciones, experiencias y conocimientos. *"Es pues evidente que hay que vivir la vida con plenitud y hacer que se mantenga la información permanente actualizada"*.

Podemos decir que la memoria de trabajo es el eje central que abarca todo el sistema cognitivo, el de control y el de procesamiento ejecutivo, capaz de adecuar la conducta a las diversas y cambiantes situaciones. También es capaz de establecer predicciones para elaborar proyectos sobre la forma de proceder y también nos permite enriquecer las referencias personales, haciendo uso de los conocimientos y experiencias anteriores, a la vez que mantiene actualizada corregida y ampliada a la memoria con las nuevas informaciones. Todos estos procesos son las herramientas y habilidades que operan en la inteligencia y en la conciencia-pensamiento y al ser la memoria de trabajo el operador logístico que las hace posibles, la convierte así en el sostén de la eficacia intelectual. *"La memoria de trabajo es una herramienta de adecuación de la conducta y un sistema de enriquecimiento y actualización de los conocimientos y la experiencia"*.

Nosotros creemos que la memoria de trabajo el concepto muy útil para comprender la cognición, podríamos decir que es la cognición misma, ya que es su más importante integrador, es el que permite mantener activa la información mientras los sistemas cognitivos generales elaboran, planifican y ejecutan las tareas. Pero hemos de tener en cuenta que el concepto de memoria de trabajo es empírico, aun así, es tan válido, que si no existiera como un proceso independiente debería inventarse, porque además está de acuerdo con nuestras intuiciones e introspecciones, pero es cierto que aún no se conoce con precisión su soporte neurobiológico.

6.4.2.- SOPORTE NEURAL DE LA MEMORIA DE TRABAJO.
Las modernas técnicas de imagen cerebral, permiten visualizar las regiones del cerebro que se activan en el curso de las distintas operaciones mentales. Las estructuras cerebrales fundamentales, relacionadas con la memoria, son el hipocampo, la amígdala, los cuerpos mamilares y el cerebelo.

Se ha comprobado que cuando funciona la memoria de trabajo, resulta especialmente activada la corteza prefrontal, como ocurre en todas las actividades mentales conscientes. También participan otras estructuras, como los ganglios estriados subcorticales o el tálamo, pues tienen conexión permanente con todas las áreas cerebrales, para poder mantener las funciones sensitivas y motoras.

La actividad de la corteza prefrontal, lo que detecta es el conjunto de actividades desarrolladas por las distintas áreas y núcleos del cerebro, para elaborar la categorización de respuestas y la preparación de las actividades motoras subsiguientes. Engloba también actividades de reclutamiento de información procedente de las memorias asiladas en las diversas áreas cerebrales y finalmente se encarga de la realización de las funciones de síntesis, diseño de estrategias y elaboración de respuestas. Para orientar la conducta y poder mantener en vigencia y orientada la intención, es necesario mantener una cierta cantidad de información en conciencia, por una parte la del objetivo a conseguir y por otra, la de las circunstancias que presenta la situación actual y las previsiones que se esperan para el futuro. En los ordenadores, estas funciones son las que se realizan con la memoria RAM.

"Esta síntesis señala a las cortezas prefrontales como el soporte de la memoria de trabajo, pero también lo es de toda la cognición. Por lo que nosotros entendemos que la memoria operativa o de trabajo es el núcleo duro instrumental, encargado de gestionar y ejecutar la cognición."

6.5.- EL LENGUAJE

El lenguaje es el elemento que mejor diferencia lo humano del resto de especies animales y a su vez es una de las características básicas que nos configura como Homo Sapiens. Participa de forma significativa en casi todos los procesos mentales que hacen posible nuestra forma de vida. Esa polivalencia de funciones hace que su estudio deba hacerse desde las diferentes perspectivas del proceso mental.

La función más evidente es el lenguaje es su expresión hablada o escrita que no solo nos permite comunicarnos, también nos capacita para pensar, para aprender, para organizar los conocimientos por significado y gracias a ello tenemos la capacidad de simbolizar, de crear un mundo propio y disponer de inteligencia para elaborar opiniones propias, crear conceptos, desarrollar proyectos, jerarquizar las prioridades y también digitalizar los conocimientos como herramienta operativa. En definitiva nos permite conocer, programar, controlar y adaptarnos la vida, que por ser analógica y dinámica, es poco previsible.

6.5.1.- CONCEPTUALIZACIÓN Y FUNCIONES DEL LENGUAJE.

"El lenguaje es una facultad exclusiva de los seres humanos. Aporta significación y simbolización a lo percibido, generando los conocimientos y los pensamientos y aporta la capacidad de discriminación para conocer sus características y distinguir las relaciones entre lo que percibimos y lo que pensamos. También nos aporta el contenido del pensamiento y de la actividad cognitiva y sobre todo es nuestro más importante medio de comunicación".

Es una herramienta sumamente elaborada y compleja, está organizada en diversos niveles y además, es creativa, con la que los seres humanos pueden expresar verbalmente un número ilimitado de conocimientos, ideas, sensaciones o situaciones, sin estar presentes. Con el lenguaje, se puede aludir a cualquier cosa, situación o idea en su ausencia. Con él reproducimos y ordenamos las percepciones del entorno. Es una facultad vinculada a la esencia de lo humano y cuando falta el lenguaje o un sistema de signos equivalente, el ser humano es incapaz de tener actividad inteligente.

El lenguaje es la herramienta necesaria para desarrollar las principales capacidades de la mente, es el instrumento que nos permite la elaboración simbólica y cultural. Su primera función es la captación, elaboración y transmisión del significado y el sentido de lo que se nos quieren transmitir. Además, en cada nueva y personal significación que elabora el lenguaje intervienen todos los niveles de funcionamiento cognitivo, ese significado se logra mediante la interpretación los de signos del lenguaje que son los portadores del sentido que contiene la información que nos llega o la que emitimos. El lenguaje semántico es el encargado de traducir la información que cuando nos llega es un significante sin significado comprensible y es mediante la traducción que hace en lenguaje, cómo es posible entender, comprender y dar sentido a lo que nos dicen, lo que leemos, o lo que sentimos. En consecuencia, es necesaria la mediación del lenguaje para poder conocer, aprender, pensar, comunicarse e interpretar la realidad, y también lo que es previsible pero aún desconocido. En general es un elemento fundamental en la construcción de la vidapersonal, intelectual y social de la persona. Es la herramienta básica del aprendizaje y la comprensión de la realidad. Por lo que resulta fundamental en la organización y aplicación de la conducta, de lo que somos y de lo que vayamos a ser.

"El lenguaje es una construcción abstracta que permite darnos cuenta de las características, las relaciones y las correspondencias que se producen entre lo que observamos y lo que sabemos". Debe entenderse el lenguaje como el sistema con el que observamos, analizamos e interpretamos los objetos y los fenómenos del entorno, pero además es capaz de interpretarlos de acuerdo con nuestra propia cultura y experiencia personal, lo que los hace más nuestros y hace posible que lo que yo capto, aprendo o pienso, sea distinto de lo que interpretan los demás, porque la interpretación que hago de lo que veo o aprendo yo, es siempre una creación personal de la realidad. De ahí que podamos decir que *"las cosas no son, solo nos parecen"*.

En la medida en que se interpreta la realidad con un sistema formado por signos, su contenido puede ser entendido de forma similar por las personas que comparten la misma cultura y el mismo lenguaje y así es posible compartir la definición de sus unidades básicas (morfemas), de su significado (semántica) y de su organización (gramática). Es así como el lenguaje posibilita a los humanos la capacidad para relacionar y relacionarse con los fenómenos del mundo físico de un modo cualitativamente parecido al de las demás personas.

Sin embargo, la abeja, cuyo lenguaje solo genera respuestas reflejas a señales relevantes del medio, con su lenguaje, solo puede guiar a otra abeja en la dirección concreta de encontrar comida, gracias a que comparte con ella un código que actúa como mediador entre la actividad de las dos abejas y su entorno físico.

Algunos autores plantean que el lenguaje ha transformado la conciencia humana ya que permite el desarrollo de nuevas formas de pensamiento, la simbolización de la realidad y la adquisición de conocimientos. Este planteamiento nos lleva a buscar una explicación teórica sobre las relaciones existentes entre el pensamiento, el lenguaje y las posibles consecuencias que puede producir esa información en la conducta de la persona que la recibe.

6.5.1.1.- FUNCIONES DEL LENGUAJE.

Halliday[69] hace un corto y limitado listado de las funciones del lenguaje, a pesar de ser considerado un importante lingüista. Según él son las siguientes:

---

[69] (Michael Halliday, (1925-2018), lingüista y filósofo inglés, Prof. U. College de Londres. Edinburgo y Sidney)

- *"Función comunicativa":* La función primaria del lenguaje es la comunicación, capacidad que se adquiere gracias al lenguaje. El proceso de comunicación compleja, el habla, es el instrumento decisivo en la interrelación social.
- *"Función cognoscitiva"*: El lenguaje es un instrumento poderoso para el aprendizaje y la abstracción, imprescindibles para todas las actividades cognoscitivas.
- *"Función instrumental":* El lenguaje verbal permite satisfacer las necesidades inmediatas como el hambre o la sed y es el medio más eficaz para pedir ayuda en situaciones de riesgo o peligro.
- *"Función personal":* El lenguaje verbal permite expresar opiniones, sentimientos, motivaciones, puntos de vista personales, ideales, aspiraciones y fantasías con los demás.
- *"Función informativa":* El lenguaje verbal permite obtener información de lo que ocurre en el entorno y facilita la solución de los problemas y la anticipación y adaptación a los cambios, así, el lenguaje verbal permite vivir y convivir".
-

Nosotros añadiríamos cuanto menos dos importantes funciones más:

- *"Función de simbolización"* La consideramos fundamental, con ella se logra poder pensar, dialogar, proyectar o deducir elaboraciones mentales sin que esté presente físicamente el objeto sobre que trabaja, pero además permite la polisemia, es decir darle a cada palabra muchos significados, incluso creando alguno de ellos, lo que permite la metáfora o la elucubración.
- *"Función de soporte del pensamiento"* No pensamos con nada distinto que con palabras. El lenguaje creó el pensamiento, sin lenguaje no podemos pensar, sin y el lenguaje lengua es el instrumento necesario para la elaboración de sus contenidos, hasta el punto de que la riqueza del pensamirnto esta subordinada a la riqueza del lenguaje que se posee.

El lenguaje es algo íntimamente ligado al ser humano, participa de forma significativa en todos los procesos mentales que hacen posible nuestra forma de vida. Esa polivalencia de funciones lleva a que para su estudio se deba recurrir a distintas disciplinas. Además la pluralidad de su estructura, su compleja funcionalidad y su proyección antropológica, dificultan la elaboración de una definición o conceptualización que resulte clara y que abarque todo su abanico funcional.

El primer desatino que nos encontramos al comenzar su estudio es su ubicación psicológica en el grupo de las funciones cognitivas atípicas o instrumentales, ya que, por derecho propio, es una función cardinal de la cognición, incluso podríamos llegar a considerarla como creadora del pensamiento. Ambos son los elementos clave que permitieron nuestro acceso a la condición de Sapiens en el proceso evolutivo.

Las definiciones que hemos encontrado en la literatura, no logran tampoco abarcar su auténtica dimensión, por eso más que definirla nos limitaremos a enumerar en este esquema preliminar alguna de sus funciones.

- *"El lenguaje es la principal forma de expresión y comunicación humana, esta función se construye mediante la distribución organizada de un conjunto de palabras, signos o escritos".*
- *"El lenguaje es un instrumento semántico, es decir traduce, da sentido y hace comprensible la información entrante que captamos del exterior o del propio interior del individuo".*
- *"El lenguaje tiene capacidad de conceptualización, pues además de expresar el significado de la información, nos lleva a la simbolización del objeto que queremos conocer y a los contenidos de la conciencia del individuo",* por eso, para asimilar bien una lengua extranjera es necesario tener asumido el mundo simbólico en que se expresa esa lengua.
- *"El lenguaje es esencial para la generación y aplicación del conocimiento",* un axioma clásico dice: *"La ciencia empieza por la palabra".* Si un médico no conoce el nombre de una enfermedad o el de sus síntomas, difícilmente podrá hacer un buen diagnóstico.
- *"El lenguaje tiene valor heurístico",* es decir, es capaz de promover la creación de nuevas ideas.
- *"El lenguaje es un instrumento de elaboración simbólica y cultural",* porque nos permite elevarnos por encima de lo real para construir fantasías, sueños ilusiones o creaciones distintas y a veces superiores de la realidad.
- *"El lenguaje contiene y expresa el pensamiento, no pensamos con nada distinto que con palabras".* El pensamiento necesita del

lenguaje, pues el conocimiento es una simbolización manifestada por signos que crea el lenguaje para dar significado a la realidad que se percibe. La palabra lleva en sí el significado y el sentido que le impone al objeto que se percibe y al hacerlo, se genera la conciencia de conocer ese el objeto.

- *"El lenguaje es configurador conceptual de lo humano"*, se llega a decir y así lo asumimos, que *"yo soy mi lenguaje"*. Es decir el lenguaje nos construye y nos constituye.
- *"Al lenguaje, tiene la misión de elaborar la correspondencia entre los conceptos y la coordinación conductual en las distintas situaciones"*, se le otorga un papel central en la adecuación a los distintos contextos, de ahí que nos mostremos como un personaje diferente ante las diferentes personas o grupos, sin hacerlo a posta. **Steinberg**[70] *"destaca cómo el lenguaje no sólo es importante en el intercambio de información, además ajusta las actitudes y percepciones culturales de sus hablantes a la cultura de su lenguaje"*.
- *"El lenguaje condiciona, orienta y determina la forma de ver el mundo"*, sólo podemos percibir lo que está formalizado a través del lenguaje semántico. Las palabras van indicando lo que podemos ver o no ver de la realidad; por ejemplo: Si una lengua cuenta con varias palabras para significar lo que nosotros significamos con una sola palabra, cada una de esas palabras capta unos rasgos distintos que nosotros no podemos de ver. Es decir, los hábitos lingüísticos de nuestra comunidad nos predisponen a determinadas opciones en nuestra forma de interpretar. La hipótesis de **Sapir-Whorf**[71] establece que la estructura del lenguaje de una cultura influye en la conducta y hábitos de pensamiento, por lo tanto el lenguaje no sólo sirve de medio de comunicación, sino también de pensamiento y conocimiento, incluso participa en la estructuración de la conciencia humana.

---

[70] (Oscar Steinberg (1936...) semiólogo y escritor argentino Prof. U. Buenos Aires)

[71] (Edward Sapir, (1884-1939), lingüista polaco Prof. U. Yale y Chicago, Whorf, alumno se encargó de la edición)

Vamos a dar algunos principios fundamentales de la lingüística cognitiva, propuestos por **Langacker.**[72]

> a) El hecho de necesitar el lenguaje para conocer, lleva a no poder separar su función cognitiva de su función comunicativa, lo que impone un enfoque basado en el uso.
> b) El lenguaje tiene un carácter inherentemente simbólico. Por lo tanto, su función primera es significar. De ello se deduce que no es correcto separar el componente gramatical del semántico, la gramática no solo constituye un nivel formal y autónomo de representación, sino que también es simbólica y significativa.
> c) La gramática consiste en la estructuración y simbolización del contenido semántico a partir de la expresión fonológica. Así pues, el significado es un concepto fundamental que no se deriva del análisis gramatical.
> d) Caracterizar la esencia del lenguaje requiere eliminar las fronteras entre los diferentes niveles del lenguaje (la semántica y la pragmática o entre la semántica, la gramática y el léxico). La gramática es una entidad en evolución continua, un conjunto de rutinas cognitivas que se constituyen, mantienen y modifican por el uso lingüístico.

"En síntesis" "el lenguaje es una función cerebral que está constituida por un conjunto de signos tanto verbales como escritos. Se configura como la principal forma de expresión y comunicación humana. Es el elemento fundamental como vía de acceso al pensamiento y por lo tanto, es fundamental para la exploración del resto de las funciones mentales del individuo. El lenguaje constituye la modalidad comunicativa más completa y elaborada del ser humano. Asume la construcción del Sí-Mismo Personal y en definitiva es un elemento fundamental para el desarrollado el ser humano en su forma de ser y comportarse".

6.5.2.- ANÁLISIS FENOMENOLÓGICO DEL LENGUAJE.
"Desde la fenomenología, el lenguaje se entiende como el ligazón del pensamiento con el mundo sensible"; el pensamiento es íntimo, no existe fuera de las palabras ni fuera del mundo. El conjunto de las palabras y

---

[72] Ronald Wayne Langacker (1942....) Lingüista EEUU. Pro U. California)

significados se genera entre los sujetos que las hablan y las comprenden formando un mundo común. No es exagerado decir que el lenguaje crea comunidades, crea mundos humanos, (como hemos podido comprobar en las distintas comunidades que conforman una nación y que tienen una lengua propia). Por tanto, hablar se convierte en la actividad racional por excelencia, porque dominar un lenguaje supone saber lo que ese lenguaje dice y además, darle sentido a lo que en él subyace

"El lenguaje condiciona, orienta y hasta determina la forma de ver el mundo". El pensamiento depende completamente del lenguaje y también condiciona lo que llamamos la mentalidad y la forma de entender el mundo y la vida o la forma de actuar de una comunidad, porque la forma de ser y comportarse está en gran medida determinada por la lengua que se habla.

"Sólo podemos percibir lo que está formalizado a través del lenguaje. Según este aserto, las palabras van indicando lo que podemos ver o no podemos ver en la realidad". Así pues, si nuestra lengua cuenta con varias palabras para significar diversos aspectos de un objeto, seremos capaces de captar los distintos rasgos que tiene para designar esa particularidad, pero si solo disponemos de una sola palabra, solo podremos ver el objeto como un todo. Es decir, *"la riqueza lingüística y la cultura nos predispone a quedarnos con determinadas opciones en nuestras interpretaciones y por lo tanto, aumenta o restringe la capacidad para adquirir conocimientos"*.

Podríamos ayudar al lector a comprender esta idea afirmando que *"el signo lingüístico es algo que tiene intención propia y por lo tanto, dirige el pensamiento o las ideas hacia el objeto"*. La palabra lleva en sí el sentido que se le va a dar al objeto. Una vez que el objeto tiene una denominación, queda identificado al usar esa palabra. Con la denominación tomamos conciencia de conocer al objeto y nos facilita y nos fija su comprensión.

Lacan[73] decía: *"Con el lenguaje se abre la dimensión del pensamiento"*. Podría decirse que *"El lenguaje genera, contiene y expresa el pensamiento"*. *"El pensamiento necesita del lenguaje, porque toda estructura cognoscitiva es una situación simbólica que solo puede ser manifestada por signos"*. *"El pensamiento no es por sí mismo una representación que será expresada luego con signos, porque de hecho hay pensamiento en la palabra"*. No sólo

---

[73] (Jacques Lacan (1901-1981) Médico francés, creador del psicoanálisis estructuralista, Prof. U. París)

conocemos las palabras de una lengua, sino que conocemos la realidad a la que se refieren esas palabras. Ya que en la expresión de una palabra está implícito un conocimiento intelectual y conceptual de lo que significa. *"La palabra es vehículo del concepto y la función de éste concepto es llevar al sujeto a tener conciencia de lo que es o cómo es el objeto, por eso para asimilar completamente una lengua extranjera es necesario asumir el mundo que esa lengua expresa, es decir, su forma de conceptualizar"*.

Con palabras se pueden expresar estados subjetivos sin contenido externo, como el dolor, irritación o miedo. El tipo de mundo propio que la persona ha introducido en su intimidad, también se puede exteriorizar y expresar mediante la palabra. El lenguaje también nos aporta la capacidad de acotar el mundo, situándolo fuera del YO, gracias a ello se puede vivenciar la intimidad. Además, *"el lenguaje al desarrollarse integrado con el pensamiento permite adquirir la capacidad de formar y usar conceptos, es así cómo surge la posibilidad de objetivar esos conceptos, quedando protegidos de sus cambios temporales. Esta fijación permite también considerar al lenguaje como el núcleo duro del proceso intelectual, que es el de ser generador y protector de los conceptos, que a su vez son el eje del contenido intelectual. Sin conceptualizar sería imposible elaborar juicios o generar deducciones. Cabe recordar que* **Aristóteles** *establece que: "el concepto, el juicio y la deducción son las tres formas del pensamiento"*.

6.5.3.-EL LENGUAJE CREADOR DE CONCEPTOS.
"Un concepto es un constructo significativo, es un conjunto de ideas que describen o explican las características o la esencia de un objeto o de una situación compleja". Es por tanto un elemento que describe con palabras a los objetos, a las ideas, a los sentimientos y a las situaciones. En parte, es una creación personal del sujeto que las habla, El concepto representa la idea que ese sujeto tiene de ese objeto, idea o situación, además, con la prosodia que le pone el individuo al expresarlo, carga de contenidos emocionales significativos al concepto. Comprender la naturaleza de los conceptos es complejo, porque son un medio para expresar la simbolización íntima que un sujeto tiene de un objeto o de una situación, por lo tanto no son ni una medida ni un axioma.

Por otra parte, el pensamiento como mecanismo de la formación de conceptos y elaboración de juicios, está absolutamente ligado con el desarrollo del lenguaje. Si bien es cierto, que cuando este desarrollo ha terminado, el pensamiento puede liberarse del lenguaje y expresarse en símbolos puramente intelectuales, como en las matemáticas o el arte abstracto, la elucubración o la fantasía, pero habitualmente utilizamos la fuerte relación que existe entre el lenguaje y el pensamiento para aclarar cómo captamos el mundo por medio de la actividad intelectual. *"El lenguaje le permite al hombre dejar de flotar en la corriente de los fenómenos y le hace elevarse por encima de ellos, pudiendo así obtener una visión panorámica de la existencia o crear elementos imaginarios"*

Desde que nacemos estamos insertos en una realidad lingüística con la que se va creando un mundo común y circunscrito a los sujetos que hablan y piensan con esa misma lengua. Esa lengua es la que hace homogénea la vida cotidiana. Todas nuestras experiencias quedan marcadas por el lenguaje. *"No somos capaces de imaginar una relación con el mundo que no pase por el lenguaje"*.

6.5.4.- ONTOGENIA Y FILOGENIA DEL LENGUAJE.

La riqueza de la mente humana viene fraguándose hace millones de años pero es desde hace unos 50.000 años cuando comenzó la cognición simbólica. *"Con la fluidez cognitiva del lenguaje, el homínido fue logrando la simbolización que le llevó a ser Sapiens"*. *"El lenguaje permitió integrar el mundo personal, con el mundo social y el mundo natural"*. Esta conexión fluida entre la información, el pensamiento y el lenguaje, le facilitó la adquisición de formas más complejas de percibir y de conocer el mundo, haciendo posible la ampliación de su capacidad de adaptación y con ella, la eficaz supervivencia de la especie.

Conseguida esa integración, el lenguaje ya no es un proceso independiente de las demás funciones cognitivas y pasa a formar parte de la cognición global. Nuestra cognición no solo es una serie de funciones mentales interconectadas, es sobre todo un proceso de interacción con el ambiente, que genera conocimiento y favorece la adaptación al medio. Conocer es una función compleja que requiere poseer atención, memoria, capacidad de organización y planificación, capacidad de anticipación y desde luego lenguaje semántico, que es el medio necesario para elaborar informaciones estructuradas, comprensibles y con sentido.

Los últimos descubrimientos logrados en neuroanatomía del desarrollo biológico y genético con técnicas de imagen, han cambiado nuestra comprensión de cómo evolucionó y se desarrolló el cerebro. Se han aportado datos que parecen probar que el cerebro humano difiere del que tienen otros primates y esa diferencia es más evidente en los aspectos funcionales y dinámicos que en los morfológicos. Aunque en esencia el cerebro humano no se distingue físicamente demasiado del de otros primates, lo cierto es que existen diferencias fundamentales, entre ellas las que explican que gracias al lenguaje, tenemos mayor capacidad para establecer una clara distinción entre nosotros y otras especies. Es más, la mayor parte de las otras diferencias que nos separan del resto de especies, parecen ser resultado de la evolución del lenguaje.

No se conoce con seguridad si ya nacemos con un conjunto de módulos o estructuras neuronales predispuestas a estructurarse y organizarse a lo largo de la ontogenia merced a la plasticidad cerebral, es decir si esta capacidad potencial es genética y con latencia en su expresión o si lo que activa la estructuración y organización cerebral es el paso de la información a través de las redes neuronales, que van generando rutas y mapas neuronales y una reorganización funcional permanente, a la vez que se van captando las informaciones y se adquiere un conocimiento básico de nuestro entorno físico y social. La postura más aceptada por los autores, es considerar que el proceso se desarrolla de forma interactiva. Se supone que la herencia genética aporta algunas propiedades funcionales en determinadas regiones cerebrales, y que por interacción con otras regiones y el remodelado de los circuitos neuronales, se va generando la actividad de la función cognitiva, (sobre todo el aprendizaje). Así van surgiendo las diversas competencias y las especializaciones necesarias para la generación del lenguaje semántico.

En resumen. En el desarrollo estructural y funcional del cerebro y del lenguaje, parece existir una cierta predisposición heredada, por la que el reloj genético va expresando las prioridades organizativas de los circuitos cerebrales para que se integren y se especialicen mediante la actividad cognitiva y el aprendizaje que promueve la plasticidad neuronal. Así se generan patrones de interconexión que tienden a organizarse de forma determinada y estable, desarrollando las estructuras, las vías y los mapas neuronales necesarios para que surja y vaya creciendo una capacidad lingüística adecuada.

"Hoy se piensa que el lenguaje tiene una doble dimensión, una innata y otra aprendida, es decir, su evolución es ontogenética y filogenética. El lenguaje se construye integrando el efecto de lo innato con lo adquirido. "Somos un ente biológico que se va transformando por las órdenes de reloj genético y por el aprendizaje". Algunas de nuestras características son innatas, transmitidas por herencia genética y otras son adquiridas por el aprendizaje y ambas se integran, se condicionan, interactúan y permiten la emergencia de ese poderoso instrumento que es el lenguaje".

El análisis de la actividad cerebral con técnicas de imagen ya ha permitido conocer los procesos neuronales que permiten el lenguaje y este análisis neuroanatómico y funcional es coherente con los modelos desarrollados por la lingüística. Es posible que en un futuro próximo se puedan también conocer los genes responsables de su desarrollo, lo que aclararía las relaciones existentes entre el lenguaje, el genoma y la cognición. Es decir, parece que se podrá conocer el patrón que sigue la adquisición lingüística durante la ontogenia y como es el origen filogenético del lenguaje, problema que despierta interés en la lingüística actual.

6.5.5.-LA ORGANIZACIÓN FUNCIONAL DEL LEXICÓN.

El lenguaje está constituido por un sistema de nodos que mantienen conexión tridimensional con otros nodos. Cada nodo contiene una palabra o concepto, con sus significados. Los nodos establecen conexiones con otros nodos que contienen palabras con un significado similar o que de alguna forma se relaciona con ese significado. Así se genera la estructura de una red neuronal compuesta por nodos y enlaces en la que los nodos más próximos tienen una mayor relación significativa y conforme los nodos de la red están más distanciados, la relación significativa es menor.

Al captar algún concepto o palabra, se activan uno o varios nodos y estos nodos establecen conexión con otros nodos que tengan relación significativa por algún tipo de referencia. La incorporación de una palabra al lexicón (Por Lexicón se entiende el conocimiento léxico que tiene un hablante sobre una lengua), supone tres sub-procesos paralelos:

    1.- Conexión con la imagen léxica.
    2.- Empaquetado por etiquetas, rasgos dialectales, pragmáticos, sociales y metafóricos, etc.
    3.- Creación de una nueva estructura.

El funcionamiento de esta estructura es la siguiente: Cuando una persona, percibe y comprende el significado de una palabra por ejemplo "transferencia" activará todos los conocimientos previos que tiene la persona sobre ese concepto, por ejemplo, activa la imagen léxica de envío de dinero. Luego puede activar la palabra banco, también el concepto destinatario etc. La nueva palabra será un nuevo punto de acceso al repertorio de conocimientos que ya posee y sobre el que podrá establecer nuevas interacciones con otros conceptos. Esto no supone la continua construcción de sistemas de conocimiento, sino una reconfiguración los conocimientos, acomodando la nueva palabra al lexicón mental que ya existe. Así pues, cuantas más asociaciones se establezcan, más fácil será recuperar el nuevo ítem léxico y si no se pueden encontrar esas referencias o no se usará ese nuevo concepto y se olvidará.

El reto pedagógico es llevar al aprendiz a que adopte un enfoque que haga del aprendizaje un proceso lo más natural posible, con lo que el aprendiz fortalecerá las conexiones entre elementos y será capaz de recuperarlos con más facilidad, *"así se mejora el aprendizaje y su evocación"*.

El lenguaje por sí mismo es un motor fundamental de la evolución del cerebro, y opera promoviendo los permanentes cambios de su estructuración funcional. La necesidad que tiene el ser humano de comunicarse, le lleva a modificar permanentemente los circuitos y mapas cerebrales al adquirir mayor o menor robustez las vías neuronales, según estas se empleen más o menos. A la vez se produce una permanente creación de nuevas proteínas en las sinapsis y al pasar por ellas la información, se van generando cambios que son el sustrato físico de la memoria. Por otra parte, el sistema simbólico del lenguaje necesita ser cada vez más complejo, lo que obliga al cerebro a mejorar su organización de forma permanente para adaptarse a las nuevas necesidades. Como dice **Terrence**[74] *"el lenguaje y los cerebros humanos co-evolucionan, se empujan los unos a los otros y con el tiempo se integran más y más.*

6.5.6.- GENERACIÓN DE LA PALABRA.
Para terminar, queremos dejar constancia de la complejidad del lenguaje comentando un pequeño esquema de la articulación de la palabra.

---

[74] Terrence Deacon, (1950..), Antropólogo EEUU, Prof. U. Harvard y Berkeley)

La información contenida en el lexicón es el punto de partida con el que se generan las palabras de un discurso. De forma que los contenidos semánticos del concepto que se desea transmitir se usan para extraer una selección del significante apropiado (palabras) que deberá estructurarse fonológicamente, para finalmente emitirlo gracias a los movimientos articulatorios realizados por el aparato fonador. No obstante, parece que existen dos circuitos diferentes, uno para la entrada y otro para la salida de los significantes del lexicón, que serían los responsables de la representación fonológica de la palabra, uno para la recepción y otro durante la producción.

Durante la generación de la palabra se produciría la retro-alimentación de los circuitos semántico, léxico y fonológico. Estos circuitos están localizados en la zona posterior del lóbulo temporal del hemisferio izquierdo y una vez decidida la estructura fonológica de la palabra, esa información es distribuida por la memoria de trabajo, hasta que se produce la activación de los centros neuronales encargados de los movimientos articulatorios del lenguaje.

La regulación motora de la articulación del lenguaje, parece deberse a circuitos situados en las circunvoluciones pre y post-centrales de ambos hemisferios, la porción supero-anterior de la circunvolución temporal izquierda y en áreas motoras suplementarias del hemisferio derecho y el cerebelo.

Con esta descripción neurofuncional de la articulación del lenguaje, se ve con claridad la compleja actividad que sigue el cerebro humano, para lograr una eficiente forma de elaborar, regular y articular la expresión del lenguaje.

6.6.- LA EMOCIÓN

6.6.1.- CONCEPTUALIZACIÓN DE LA EMOCIÓN.

Es difícil de definir lo que es la emoción. Su complejidad y su multifuncionalidad son enormes, damos esta definición a sabiendas de que es incompleta: *"Las emociones son procesos biológicos de los sistemas nervioso y endocrino que generan manifestaciones psicológicas, físicas y conductuales en la persona que las experimenta. Su función es necesaria en la cognición y en los sistemas de adaptación y defensa, en los que la emoción actúa como señalizador biológico, a la vez que interviene en la generación de escalas de valor, motivación conductual y en la orientación del comportamiento"*.

Veamos también otras definiciones de autores destacados en el estudio de la emoción, para constatar que, ninguna de ellas abarca la, totalidad de características o funciones que posee la emoción:

Morgado[75] define las emociones, como *"funciones biológicas del sistema nervioso, imprescindibles para el razonamiento y la inteligencia. Actúan como señalizadores biológicos, que son claves para la adquisición de un sistema de valores coherente con el entorno, para lograr una adecuada capacidad de relación social y en general actúan como estímulo y guía el comportamiento".*

Redolar[76] define las emociones como *"disposiciones con una importante base fisiológica y cognitiva que facilitan la puesta en marcha de reacciones apropiadas a los acontecimientos que tienen lugar y son de importancia biológica para el individuo, permitiendo una respuesta que facilite su adaptación a las demandas de la situación, que generalmente resulta cambiante. Consisten en patrones (autonómicos, endocrinos y conductuales) que son típicos de la especie y que en el caso de los seres humanos van acompañados de sentimientos".*

Fernández-Abascal[77] Dice: *Las emociones, son funciones biológicamente antiguas desarrolladas en el sistema nervioso, nos prestan un valioso servicio, al hacer que nos ocupemos de lo que realmente es importante en nuestra vida. Como si fuera un sistema de alarma, nos señalan las cosas que son peligrosas o aversivas, y que por lo tanto debemos evitar, y las cosas que son agradables o apetitosas y a las que por lo tanto debemos acercarnos. Pero las emociones pueden ser también consideradas como uno de los procesos psicológicos más complejos y difíciles de explicar. Acompañan a la evolución para mejorar el comportamiento adaptativo de los animales en situaciones de peligro y para facilitar la supervivencia de las especies.*

Kleinginna[78] propone la siguiente definición de emoción: *"Un complejo conjunto de interacciones entre factores subjetivos y objetivos, mediados por sistemas neuronales y hormonales que:*

---

[75] (Ignacio Morgado, (1951...) psicólogo español, Prof. U. Autónoma Barcelona)

[76] (Diego Redolar-Ripoll (Psicólogo, Prof. U. Oberta de Catalunya)

[77] (Enrique G. Fernández-Abascal, psicólogo español, Prof. U. UNED).

[78] (Paul y Ana Kleingina, Psicólogos EEUU, Prof^s. U. Sur de Georgia

que lleva a rellenar lagunas mediante neologismos o metáforas y es difícil determinar los aspectos que refleja cada emoción según el tema de que se trate: psicológico, conductual, cognitivo o social.

3- Los diversos enfoques y modelos. Donde mejor se aprecia esta divergencia es en la evolución que se ha producido desde los enfoques puramente metafísicos, hasta los biológicos, pasando por los sociales y los psicológicos. Uno de ellos, quizás de los más claros, es el propuesto por el psicoanálisis que entiende las emociones como una reacción al control de algo que surge de nuestro inconsciente por haber sido reprimido al ser reprobado por al esquema de valores del SUPER-YO, por lo tanto, no se entiende la emoción como algo que debe ser integrado de forma natural con la racionalidad.

"En resumen": Los principales aspectos y características de la emoción son:

    a. La Emoción es un proceso psicológico que nos prepara para adaptarnos y responder al entorno. Su función principal es la reproducción y la adaptación, que son las de mayor prioridad de cualquier organismo vivo para la supervivencia.

    b. Como todo proceso psicológico, no se observa directamente, la emoción se deduce por sus efectos y consecuencias sobre el comportamiento. Al entenderlo ya podemos explicar qué es lo que nos pasa cuando reaccionamos ante determinados estímulos.

    c. La Emoción es un proceso que implica:

- Condiciones desencadenantes (estímulos relevantes).
- Diversos procesamientos cognitivos (para la valoración de la situación).
- Cambios fisiológicos (activación de mecanismos de acción y respuesta).
- Activación de patrones expresivos y de comunicación (expresión emocional).
- Tiene efectos motivadores (Incita e incentiva la reacción).
- Su principal función es adaptativa (supervivencia y defensa).

    d. La Psicología de la Emoción, ha desarrollado una hipótesis, al parecer confirmada experimentalmente, que plantea la idea de que el proceso emocional es el mismo proceso que el de aprendizaje.

e. El estudio del componente expresivo del proceso emocional y su relación con la fisiología, refuerzan la consideración biológica de la emoción y sus antecedentes evolutivos, al estar presentes también en las especies animales.

f. En neurociencia afectiva se estudian los sistemas cerebrales implicados en el procesamiento de la emoción, cuyo objetivo es delimitar los fenómenos emocionales, analizar los elementos diferenciados del proceso emocional y establecer los circuitos cerebrales asociados a ella.

g. La amígdala es una de las estructuras cerebrales más implicadas en el procesamiento de la información emocional.

h. Los estudios realizados en humanos confirman la participación de la amígdala en la adquisición del miedo condicionado y en los procesos de aprendizaje emocional implícito. La amígdala desempeña también un papel relevante en la evaluación afectiva de estímulos relacionados con la amenaza y el peligro y actúa como un sistema muy rápido que nos alerta y permite responder de forma rápida y eficaz ante cualquier amenaza.

i. Las emociones humanas son el producto de una acción más deliberada en la que intervienen el estado emocional inmediato de nuestro organismo, junto con otros factores, como la situación externa, el conocimiento previo que se haya adquirido, el repertorio de conductas emocionales de que disponga la persona y sobre todo su habilidad para anticiparse, hacer planes y tomar decisiones sobre la conducta a desarrollar. Lo que depende de las capacidades las cognitivas que se tenga y requiere la participación de las áreas de la corteza prefrontal.

j. La disposición anatómica del córtex prefrontal, estrechamente conectado con regiones corticales de integración sensorial y con estructuras subcorticales emocionalmente relevantes, como la amígdala, ha llevado a sospechar que algunos sectores del córtex prefrontal podrían ejercer un efecto modulador o inhibitorio sobre la actividad de la amígdala. Es el córtex

orbitofrontal y el ventromedial de la corteza prefrontal el que está más implicado en la emoción.
k. La orientación cognitiva de la emoción depende en parte de los patrones subjetivos adquiridos por la persona en experiencias anteriores.
l. La comprensión global del proceso emocional debe hacerse considerando la integración de todos los datos que aportan los diferentes enfoques del análisis.

En conclusión, la nueva concepción de las emociones, prioriza las orientaciones biológica y cognitiva, enmarcadas en una perspectiva evolucionista dada su raíz ancestral.

6.6.2.- FUNCIONALIDAD DE LAS EMOCIONAES.

La emoción es un mecanismo de adaptación primordial. Es un legado de la evolución para hacer frente con eficacia a un mundo cambiante y pleno de demandas, tanto del entorno social en que vivimos, como de nuestro propio mundo interno. Una parte muy importante de nuestro comportamiento se deriva del valor adaptativo que heredamos en la evolución de la especie Homo Sapiens, para disponer de mecanismos de emergencia y programas de prioridad, que cuando es necesario llegan a paralizar o disminuir las demás actividades mentales para ejecutar su cometido. Las emociones recaban recursos de otros procesos psicológicos guiando el comportamiento y tomando el control de todo el sistema, hasta dar una respuesta adecuada a las demandas que se plantean en cada situación.

Las emociones se activan cada vez que nuestra mente detecta algún cambio significativo para nosotros. Al ser un proceso altamente adaptativo, da prioridad a la información relevante para la supervivencia de nuestra especie y de nuestra persona individual.

La emoción requiere un sistema muy jerarquizado para procesar información, capaz de asignar tiempos y recursos para proporcionar la respuesta más adecuada, más rápida y con la intensidad proporcional a las situaciones.

La emoción es el cambio que se produce en un determinado momento y con una duración de tiempo determinados, que requiere una forma especial de procesamiento de la información mediante el cual se establece una relación de algo ya conocido o percibido en ese momento, con las escalas de valor que posee el individuo. De este análisis depende la cualidad y la intensidad que tenga la emoción evocada. Y como consecuencia de él se producirán: una valoración subjetiva, algunos cambios en la activación fisiológica y en la movilización de la conducta.

Por tanto, *"la emoción es un proceso multidimensional encargado de analizar las situaciones significativas, para luego procesarlas e interpretarlas subjetivamente y preparar al sujeto para desarrollar la actuación adecuada"*.

La emoción tiene alta plasticidad y capacidad para evolucionar, desarrollarse y madurar; aprendemos de las nuevas situaciones, modulamos nuestras propias emociones, desarrollamos otras nuevas y nos anticipamos también en las respuestas para prevenir emociones no deseadas. Las emociones van cambiando, tanto en función de las demandas del entorno, como por acción de la experiencia personal y social.

Conviene distinguir entre sentimientos y emociones. Los sentimientos tales como el afecto, el cariño, el amor, el desprecio o el tenerle manía a alguien, son contenidos de la conciencia-pensamiento, que están elaborados por procesos emocionales intelectualizados, a partir de conjugar los conocimientos, los razonamientos y las vivencias con las emociones, que son las que le dan el soporte afectivo a esa vivencia. Las emociones en sí, tienen un contenido más primario, nacido de los instintos y de los procesos biológicos de pervivencia, reproducción y la defensa de la especie. Están vehiculados por una estructura cerebral específica, el llamado *"cerebro límbico"*.

Las emociones son necesarias para la adaptación y regulación del comportamiento humano y son compañeras muy importantes de los sentimientos. También están presentes, de una u otra forma, en todos los procesos cerebrales, en algunos, de forma más evidente, como son los procesos cognitivos, pero también actúan en otros procesos inconscientes, en los que se expresan con la alteración de la frecuencia cardíaca o manifestaciones vegetativas.

Le Doux afirma que *"para entender cómo se generan los sentimientos emocionales se les debe considerar como elementos que se procesan con sistemas de entrada recursiva, mediante una red compleja e interconectada con el córtex prefrontal, lo que permite un procesamiento específico de la información, con el que se activa una función ejecutiva clave que es la* *atención y con la que se controla y orienta el flujo de información hacia el tema emocional en curso".*

Al darles significado a las emociones, el proceso recupera datos, hechos y circunstancias tanto de la memoria semántica como de la episódica, que son los que etiquetan la experiencia global (emocional, afectiva y racional) del momento.

Para entender el proceso de etiquetado de una experiencia personal, **Le Doux** recurre al término de *esquema*, que es lo que se elabora en la experiencia biográfica y social y se guarda en la memoria semántica y episódica como concepto emocional y que a su vez se retroalimenta y potencia generando la experiencia del sentimiento emocional.

Desde el punto de vista psicológico, las emociones son reacciones complejas a las que se les atribuyen tres componentes:

- Un estado mental particular,
- Un cambio fisiológico,
- Un impulso para actuar.

En las situaciones peligrosas se generan de forma simultánea algunas reacciones emocionales como:

- La activación cerebral específica del circuito encargado del temor, que trae a conciencia posibles soluciones o formas de defensa.
- Reacciones del cuerpo propias del temor, como temblor, sudor...
- Acciones de preparación para enfrentarse al peligro o para responder, como el aumento el flujo sanguíneo o la taquicardia.

El proceso de la emoción para **Le Doux** y para **Damasio**, sigue el siguiente esquema:

1. Sabemos que la percepción no es automática sino que supone un procesamiento cerebral cognitivo (no siempre consciente) y una supervisión consciente del entorno.
2. Se activan *"circuitos de supervivencia"*, que son circuitos innatos que, compartimos con otras especies y que pone en movimiento el cuerpo (externa e internamente) ante el riesgo o la satisfacción de una necesidad.

3. Tanto la representación del objeto como los cambios corporales *"atrapan"* la atención y elevan la actividad cerebral en general el llamado en inglés *"arousal"* (la alerta).
4. Se produce un *"Feedback"* del cuerpo, tanto conductual como fisiológico, con cambios hormonales y de presión arterial.
5. Para el sentimiento emocional se requiere la participación activa de la memoria y la consciencia.

Plutchik[80] propone ocho funciones principales de las emociones orientadas a distintos objetivos

- Miedo que favorece la protección
- Ira que favorece la Destrucción
- Alegría que favorece la Reproducción
- Tristeza que favorece la Reintegración
- Confianza que favorece la Afiliación
- Asco que favorece la Rechazo
- Anticipación que favorece la previsión
- Sorpresa que favorece la Exploración

6.6.3.- EL PROCESO EMOCIONAL DESDE EL ESTÍMULO A LA RESPUESTA.

El proceso emocional comienza por la activación de los sentidos al captar estímulos portadores de información, que transmiten señales de amenaza o atractivas y positivas, que activan las regiones cerebrales de la emoción, (el sistema nervioso autónomo del hipotálamo), desencadenando respuestas tales como cambios en la frecuencia cardíaca y respiratoria con un mayor aporte de sangre a los tejidos, también se produce la estimulación hormonal para la secreción de adrenalina, noradrenalina y glucocorticoides que facilitan las conductas y hacen viables los reflejos de preparación para la huida o la defensa y el cerebro límbico, que genera los contenidos intrínsecamente emocionales como la ilusión, anhelo, deseo, miedo o rabia.

Los mecanismos de activación del sistema autónomo y alguno de los que se desarrollan en el cerebro límbico, especialmente en la amígdala, ocurren en la mayoría de las especies animales superiores. Pero en los humanos, donde ya se ha desarrollado la conciencia-pensamiento, la actividad que desencadena el cerebro emocional, suele ser controlada por el cerebro

---

[80] (Plutchik (1927-2006), psicólogo EEUU, Prof. U. Florida Sur)

prefrontal (racional y consciente), con lo que la percepción de la emoción, una vez racionalizada, genera los sentimientos, de ahí que los sentimientos sean las emociones procesadas por la conciencia-pensamiento que al incorporar el razonamiento se transforma en sentimientos

El proceso emocional se desencadena cuando un estímulo activa la atención, pero sabemos que la percepción del estímulo es ya una interpretación del mismo, por lo que esta percepción inicial supone: activación de la atención, reconocimiento, valoración y también selección de las circunstancias del entorno.

Lo que **Damasio**, denomina marcadores somáticos, son una forma de aprendizaje emocional, corporal y cerebral automática que se activa cada vez que se detecta una situación, conducta o gesto ya vivido y que ya generó sentimiento positivo o negativo antes por lo que su activación predispone a la adopción de determinadas decisiones. Los estímulos con fuerte impacto emocional son percibidos por medio de construcciones ya aprendidas, que la persona las siente como parte de su forma de ser y se activan de manera casi automática o con poca reflexión consciente.

Le Doux asume que es la memoria implícita (inconsciente o automática) la que guía la percepción de los estímulos emocionales no conscientes y esta memoria está relacionada con los circuitos neuronales que generan los hábitos y actos condicionados. *"La emoción sería por tanto un concepto cultural elaborado, que da significado a lo que es útil, según el esquema mental o su cultura que tenga la persona"*.

Pero una cosa son las emociones y otra los esquemas emocionales. Estos últimos serían construcciones incorporadas socialmente por cada individuo basadas en su propia biografía o en la cultura en la que se inserta; los esquemas emocionales son parte de la memoria explícita, en la que están la memoria semántica y la episódica. Aunque existan etiquetas de emoción, su expresión dependerá de cómo lo experimenta cada individuo y cuáles sean las conductas que tiene ya asociadas y su esquema emocional.

Los esquemas emocionales son construidos por los propios individuos, por eso tienen etiqueta personal para cada individuo, aunque se compartan sus generalidades. En la semántica social, las significaciones construidas son parte de la memoria del individuo, al mismo tiempo que sus propias experiencias confluyen para dar sentido y etiquetar ciertas vivencias como emocionales.

Damasio y **Le Doux** sostienen que los sentimientos están asociados a la consciencia, y requieren la existencia de un *Sí-Mismo Personal,* En el proceso emocional, el punto culminante sería el sentimiento. El sentimiento es la racionalización que cada individuo desarrolla a partir de la emoción. *"El sentimiento es la experiencia razonada de la emoción, que puede verbalizarse con cierta facilidad".*

En neurociencia, para validar la expresión verbal como indicador de realidad material, se acepta que los individuos comparten estructuras corporales y cerebrales como especie, y por ello tienen conciencias similares. No obstante, el lenguaje no refleja punto por punto lo que sucede en el cuerpo-cerebro, por lo que la traducción que hace cada persona no es lineal, es la suya

Vygotsky considera la afectividad como *"el motor energético de las conductas"*. Según él no existe ninguna conducta por intelectual que sea, que no contenga en cierto grado factores afectivos actuando como móviles, pero tampoco podría haber estados afectivos sin intervención de las percepciones o la comprensión racional de las situaciones, ya que es gracias a ellas como se constituye la estructura cognoscitiva donde juegan al alimón el afecto y la razón. De forma que el pensamiento tiene sus orígenes en la esfera motivacional de la conciencia-pensamiento, una esfera que incluye los valores, inclinaciones y necesidades, y también los intereses, impulsos, afectos y emociones. Es decir, las tendencias afectivas y volitivas que están vinculadas al pensamiento.

Nosotros pensamos que lo que se considera nuestro conocimiento también depende de lo que sentimos (emociones). En definitiva *"es evidente que la racionalidad humana es consustancial con las emociones y las emociones no son un pegamento que se adhiere a las ideas activando el deseo, si no que forman un cuerpo integrado con ellas, haciendo posible la aparición de las funciones cognitivas que son generadoras de razonamientos que a la vez están impregnados de emoción".*

"La misión biológica de las emociones es protegernos, mantener el desarrollo de la especie y adaptarnos, lo que por cierto no es muy diferente a la inteligencia". Esta idea nos hace comprender la función sinérgica de ambos fenómenos, tanto si reaccionamos con emociones negativas como el miedo,

ansiedad o sufrimiento cuando nos castigan o percibimos una situación adversa, como si la reacción es por emociones positivas como el placer, la satisfacción o la recompensa.

Son esos estímulos o circunstancias relevantes con carga afectiva y elaboración racional que vamos teniendo a lo largo de la vida, los que primordialmente guían nuestra conducta y nuestra forma de orientar nuestro proyecto vital al ir construyendo lo que **Damasio** llama "marcadores somáticos" (los entiende como la forma en la que las emociones impactan en la percepción, evaluación, decisión y conducta).

La clásica oposición entre emoción y razón está muy cuestionada en nuestros días, se tiende a proponer que la razón y la emoción más que dimensiones opuestas, son complementarias, ya que el ser humano necesita de ambas para poder desplegar todo su potencial cognitivo y conductual. Por lo tanto, la antítesis emoción-razón es falsa, pues la naturaleza evolutiva e integradora del cerebro nos lleva a entender que las emociones actúan siempre como un poderoso sistema motivacional, que gracias a la razón se modula y orienta y sobre todo se elabora culturalmente, manteniendo la misión de influir y condicionar las percepciones, los recuerdos, el aprendizaje y hasta la forma de entender la vida, la toma de decisiones, la comunicación y por tanto, son modeladoras de la personalidad y el comportamiento.

Damasio en su hipótesis sobre los marcadores somáticos sigue los argumentos que acabamos de exponer y señala: *"las emociones modulan nuestros razonamientos, al menos de dos formas. Por un lado, concentran nuestra atención y nuestros recuerdos en los estímulos o situaciones que resultan relevantes según nuestra historia personal. Por otro lado, permiten catalogar de forma anticipada y contundente las hipotéticas consecuencias de nuestro comportamiento, es decir, permiten evaluar de forma realista y viva las situaciones en las que pudiéramos estar implicados".*

De este modo, cuando nos enfrentamos a un dilema, se produce un marcaje emocional muy significativo de esas opciones, lo que facilita la planificación en la toma de las decisiones más ventajosas y en el desarrollo de la conducta más adecuada. Sin el concurso de ese marcaje emocional, las decisiones serían mucho más neutras y la frialdad de la lógica podría resultar insuficiente para discernir las consecuencias o poder prever lo que pueda ser más conveniente en el presente o en el futuro.

Para que las emociones se involucren en el razonamiento sobre situaciones complejas, es necesaria la interacción de las regiones emocionales del cerebro con las áreas responsables del razonamiento. Son pues el sistema límbico promoviendo la carga emocional y el lóbulo prefrontal para el razonamiento. También participa la región orbitofrontal, como elemento integrador en la resolución de problemas y la toma de decisiones. Por tanto para el funcionamiento normal y equilibrado entre los procesos emocionales y racionales, es clave que ambas regiones estén indemnes.

En cualquier conducta resulta difícil separar los componentes fisiológicos y emocionales de los cognitivos. Esta íntima conexión explica el impacto sustancial de las emociones sobre el aprendizaje y sobre toda la cognición. Si una emoción percibe el aprendizaje como positivo facilitará la tarea, pero si es percibida como negativa puede producir el fracaso como resultado. Si una situación requiere respuesta emocional, se prioriza su desarrollo sobre el resto de actividades cognitivas.

Todos los procesos mentales son susceptibles de ser influenciados por las emociones, ya que la emoción siempre está presente en nuestros razonamientos y analizando las posibilidades en cualquier situación. Con todo ello construimos dilemas y controversias para tomar decisiones buscando las respuestas más adecuadas o ventajosas.

El concepto "inteligencia emocional" elaborado por **Salovey**[81] y divulgado por **Goleman**[82] es una puesta en escena del aserto que plantea el aumento de eficacia en las conductas inteligentes si se implementan elementos afectivos y emocionales con la razón. Con esa implementación se aumenta la eficacia y se mejora la relación empática.

La inteligencia social entendida como *"la capacidad de un individuo para relacionarse satisfactoriamente con los demás, generando apego y cooperación y evitando conflictos, es una forma de aplicación de la inteligencia emocional en las relaciones sociales y la convivencia"*.

---

[81] (Peter Salovey, (1958...), psicólogo EEUU, Prof. U. Yale, creador del concepto de inteligencia emocional)

[82] (Daniel Goleman (1943...) Psicólogo EEUU, Prof. U. Harvard, divulgador del concepto inteligencia emocional)

Estas ideas no son nuevas, ni el concepto de inteligencia emocional ni el de inteligencia social El individuo empático es un sujeto capaz de expresar y entender el lenguaje emocional de los gestos, posturas, tonos de voz, expresiones faciales, etc. y de controlar sus impulsos emocionales para que, sin reprimirse, se expresen de forma socialmente aceptada. Más aún, el individuo con empatía, es capaz también de comunicar y convencer a su interlocutor de que está sintiendo lo mismo que él siente y además lo hace de forma sincera, pues los mecanismos de su cerebro emocional se lo permiten. *"Se puede decir que hacer solo teatro,* (o las conductas estudiadas para adecuarlas a la situación) *a la larga no funciona sin empatía"*.

Los mecanismos emocionales del cerebro generan memorias fuertes y duraderas en los sucesos que tienen significado biológico. Por eso, lo que se recuerda acompañado de emoción, se recuerda mejor y durante más tiempo. Por otra parte, hemos comentado que no existe dicotomía entre la emoción y la razón, pues la evolución del cerebro del ser humano ha logrado integrar las emociones con el razonamiento, además, la emoción actúa como guía de las percepciones, los recuerdos, el aprendizaje, el juicio, la toma de decisiones, la comunicación, el comportamiento y la fuerza motivacional, incluso también influye de forma significativa en la creatividad y la personalidad. Es decir, las emociones intervienen, influyen y condicionan todos los procesos mentales en mayor o menor medida.

El cerebro emocional comienza a organizarse muy pronto en el feto. Las órdenes genómicas comienzan a interactuar ya en el seno materno. Pero no se heredan estructuras emocionales definidas, sino predisposiciones que al interactuar con la educación y la experiencia que el individuo recibe de su entorno, inducen la forma en que se organizan, se desarrollan y se expresan esos patrones cognitivos y conductuales en el cerebro emocional de cada persona. Por lo tanto, la educación y la experiencia, al operar sobre las predisposiciones heredadas, no sólo informan, sino que conforman la estructuración cerebral. El cerebro emocional es personalísimo, se desarrolla estableciendo determinadas conexiones y circuitos neurales, elegidos de entre el amplio espectro de posibilidades genéticas que heredó el individuo. Esta estructuración es la que va determinando el tipo de reactividad emocional, con una mayor o menor facilidad para generar respuestas emocionales de diverso tipo, a la vez que marca los umbrales del afecto positivo y negativo y la capacidad de producir respuestas emocionales más o menos intensas. Por otra parte, esa misma capacidad establece la mayor o menor facilidad para generar los registros de su memoria.

La reactividad emocional heredada y la recibida en la educación por el sujeto, condicionan el ulterior equilibrio entre emoción y razón del individuo. Ese equilibrio determina a su vez la capacidad del sujeto para expresarse emocionalmente y para modular y controlar sus reacciones impulsivas, para disponer de capacidad de anticipación física y mental de las consecuencias de su comportamiento en situaciones complicadas o conflictivas y sobre todo para modular su empatía.

En definitiva, *"las emociones son funciones cerebrales que guían la atención, motivan la conducta y fortalecen la memoria de lo que cada persona considera importante de su vida. Por lo tanto, desde la infancia las emociones condicionan y guían el desarrollo y la organización del sistema de valores sociales y morales y orientan y motivan el comportamiento"*.

Para que el ser humano experimente una emoción, es necesaria la activación de toda una serie de mecanismos fisiológicos y psicológicos que van desde la producción hormonal hasta la valoración cognitiva que el sujeto hace de la situación, empleando sus escalas de valor y significación. Así se perfila el valor que representan esas emociones para su propia existencia y para la cultura en que se desenvuelve. *"Las emociones son por tanto experiencias subjetivas, que se sienten individualmente y cuya reacción viene condicionada por sus experiencias, los aprendizajes anteriores y su visión del mundo y a su vez, cada uno de esos condicionantes genera una infinidad de variables distintas en cantidad, calidad y valoración personal y social"*.

Las emociones incluyen sentimientos y experiencias, aspectos fisiológicos y conductuales y también cogniciones y conceptualizaciones. Los aspectos fisiológicos, conductuales y expresivos que las definen, presuponen la existencia de un lugar, una situación y el contexto en el que ocurren. Las emociones sólo pueden estudiarse a partir de la situación donde se originan y deben entenderse como el resultado de la elaboración que el sujeto hace de dicha situación. Además, esa elaboración incluye al lenguaje como herramienta cognitiva y social, que es el que permite al propio sujeto tanto entender las circunstancias, como comunicarlas.

6.6.4.- ONTOGENIA Y FILOGENIA DE LA EMOCIÓN.

La ontogenia de la emoción es muy antigua comenzó a organizarse en los cerebros primitivos cuando la corteza cerebral apenas había evolucionado y el comportamiento estaba dirigido por reflejos. Por eso las emociones están radicadas en estructuras subcorticales del cerebro, tales como la amígdala y el tronco cerebral, a las que se han ido incorporando las regiones más antiguas de la corteza, como es el sistema límbico.

El cerebro emocional asigna a cada emoción concreta un circuito cerebral específico y un sistema funcional distinto de entre las estructuras del sistema límbico. Algo parecido le ocurre al soporte funcional y físico de la memoria. Es a partir del desarrollo telencefálico del Homo Sapiens cuando se establecen mecanismos de regulación y control racional con la participación de las estructuras corticales prefrontales, lo que a su vez juega un papel importante en la regulación de las emociones y en la generación de los sentimientos

La corteza prefrontal va madurando en el ser humano hasta los diez años. En la adolescencia tienen más peso los componentes hormonales que los cerebrales. Esa discreta regulación de las emociones y el excesivo potencial de respuesta que desarrolla el sistema límbico en el joven, explica el por qué mantienen ciertas características en su comportamiento.

6.6.5.-MECANISMOS PSICO-BIOLÓGICOS DE LA EMOCIÓN.

La conciencia informa al cerebro para que perciba el estado físico del cuerpo cuando está emocionado y es así como se sienten las reacciones emocionales. Se perciben como una sensación global integrada, es lo que llamamos el sentimiento, pero demás, como cada situación emocional provoca un patrón distinto de cambios somáticos, el cerebro los percibe como sentimientos diferentes. El miedo, la sorpresa, el enfado, la tristeza o la alegría, son sentimientos diversos nacidos de una emoción es decir, las experiencias que procesa y les da significado el cerebro, están basadas en la captación consciente de los cambios fisiológicos con los que se expresa el cuerpo con la emoción.

Emoción, afectividad y sentimiento son conceptos culturales históricamente elaborados, que dan significado a la experiencia emocional, lo que es útil para nombrar y significar cómo son sentidos los estados emocionales y las conductas observadas en el propio organismo o en otros.

El trabajo de **Le Doux** sobre el procesamiento que realiza la amígdala ante las amenazas, ha permitido avanzar en el conocimiento de los mal llamados *"circuitos del miedo"*. Son en realidad circuitos cerebrales que detectan y responden a las amenazas, su funcionamiento es similar al resto de circuitos cognitivos por lo que esos circuitos son los responsables de los sentimientos de miedo. El miedo es una experiencia consciente y se produce de la misma forma que cualquier otro tipo de experiencia consciente, a través de circuitos corticales que permiten prestar atención a determinadas situaciones. La única diferencia entre un estado de conciencia emocional y no emocional, son los ingredientes neuronales subyacentes que activan las funciones emocionales de supervivencia los que contribuyen al estado de alarma, cuyo propósito es mantener en alerta para detectar las amenazas y responder a ellas. *"Solo los humanos pueden ser conscientes de las actividades de su propio cerebro, por ello solo los humanos pueden sentir miedo"*.

Le Doux en su libro Anxious dice *"El miedo y la ansiedad no están conectados biológicamente. Esa estrecha relación es consecuencia del procesamiento cognitivo de ingredientes no emocionales"*. Además añade*: "la amígdala puede liberar hormonas al ver una serpiente, pero si luego la elaboramos a través de procesos cognitivos conscientes se ajusta su valoración" bien como peligro, como animal curioso o incluso como elemento profesional para hacer que se levante tocando la flauta"*.

Los elementos emocionales y vegetativos que genera la amígdala por el procesamiento de amenazas, ayudan a comprender las respuestas exageradas a las amenazas en los trastornos de ansiedad en humanos. La corteza prefrontal medial está implicada en la extinción de las respuestas a las amenazas, lo que explica cómo la terapia de exposición reduce las reacciones ante la amenaza en personas con ansiedad. El terapeuta lo logra induciendo interacciones entre las corteza prefrontal medial que justiprecia el riesgo que causa el desencadenante de miedo fóbico y la amígdala, que es la que desarrolla la respuesta ante el desencadenante.

Los trabajos de **Le Doux** también han modificado la costumbre de acotar y enumerar las distintas emociones básicas, pues las emociones suponen también cogniciones, intenciones y creencias, no son sólo reacciones. Las emociones no se expresan de la misma forma ni se desarrollan automáticamente y la habilidad de las personas al juzgar sentimientos no es muy precisa, pues depende de elementos más allá de la respuesta de los músculos faciales, o el tamaño de la pupila.

Los circuitos de supervivencia no son conscientes y ni controlados. La Felicidad, asco, sorpresa, miedo, ansiedad, enojo, son sentimientos conscientes y hablar de cualquier emoción no genera un concepto, es un señalizador que nos orienta sobre su significado y sobre las conductas que suelen asociarse a ese significado; en cada cultura se espera que determinadas emociones desencadenen ciertas reacciones y pensamientos, así, al referirse al enamoramiento, se supone que se han de sentir mariposas en el estómago y unos las sienten y otros no, porque la valoración del amor es personal y su micro-cultura también.

Damasio y **Le Doux** sostienen que los sentimientos están asociados a la consciencia y requieren la existencia de un *Sí-Mismo Personal,* El punto culminante del proceso emocional sería el sentimiento y por sentimiento se entiende la experiencia elaborada y racional que tienen los sujetos. El sentimiento es la experiencia de la emoción que ya puede ser verbalizada con cierta facilidad. Esta verbalización de los sentimientos implica el aceptar que la experiencia verbalizada es una fuente importante de información de los procesos biológicos, ya que es la única manera que tenemos de traducir lo que sucede en el interior de cada cerebro-cuerpo humano y desde luego aún no se puede medir con escaneos cerebrales o del sistema nervioso autónomo.

El proceso emocional se desencadena cuando nos impacta un determinado estímulo, lo que se capta del estímulo no es la realidad, porque la realidad no, existe, es solo cómo interpretamos esa realidad. Por tanto, la percepción del estímulo es una interpretación del mismo y también es la puesta en marcha de un proceso que genera atención, reconocimiento, valoración y finalmente, selección de unos elementos específicos del entorno que al ser valorados a la luz de las escalas de valor, la experiencia, la cultura y otros referentes, determinan la cualidad, la intensidad y la cantidad de riesgo/suerte que se atribuye al estímulo y en relación a esas características se producirán las diversas reacciones.

Para **Damasio**, el marcador somático sería una forma de aprendizaje emocional, corporal y cerebral que se graba en nuestra biografía y que tiende a volverse automático. El marcador somático se activa cada vez que se detecta una situación, lugar, conducta o gesto ya vivido o que es parecido al que lo generó como marcador somático y que sirve de orientación para la toma de determinadas decisiones. Los estímulos emocionalmente competentes son percibidos por medio de construcciones aprendidas socialmente que se sienten como parte del propio cuerpo-mente por lo que se activan de manera automática sin reflexión consciente.

El hipocampo y el sistema límbico son las estructuras centrales en las que se elaboran las experiencias emocionales y se expresan a través del hipotálamo y el sistema nervioso autónomo, aportando los componentes vegetativos y motores de la emoción. El sistema límbico también contacta con la corteza prefrontal incorporando los componentes cognitivos. "La amígdala juega un importante papel tanto en la integración de las respuestas emocionales agresivas, como en el aprendizaje de las conductas emocionales y la elaboración de los sentimientos".

El proceso de la emoción que propuso **James**[83] sigue el siguiente esquema ante el estímulo:

- Es percibido.
- Se producen cambios corporales.
- Se generan cambios en retroalimentación.
- Aparece el sentimiento consciente de la emoción.

En el proceso emocional deben tenerse en cuenta algunas consideraciones:

1. La percepción de un objeto sensorial o de un evento no es automática, sino que supone un procesamiento cerebral de la cognición no consciente y el análisis consciente del entorno.
2. Se activan "circuitos de supervivencia", que son la parte más innata, compartida con las especies de animales superiores, que pone en movimiento el cuerpo (externa e internamente) ante el posible riesgo detectado o la posible satisfacción de una necesidad.
3. Tanto la representación de la situación, como los cambios corporales "atrapan" la atención y aumentan la actividad cerebral.

---

[83] (William James (1842- 1910) Psicólogo y Filósofo EEUU, Prof. U. Harvard)

4. Genera en el cuerpo una activación conductual y fisiológica con cambios hormonales, de la presión arterial, taquicardia etc.
5. El sentimiento emocional es activador de la memoria.

6.6.6- EL EQUILIBRIO EMOCIONAL.

No se logra por el control de las emociones, ya que es una consecuencia del acoplamiento entre emociones y razonamientos. Si no hay equilibrio porque dominan los sentimientos, el razonamiento puede actuar como la voz impositiva que invade la mente. Cuando es la razón la que domina de forma coercitiva, se activa la corteza cingulada anterior y puede actuar como una alarma del desequilibrio emoción-razón lo que puede también provocar obsesiones por los sentimientos que nos invaden. La solución de esos desajustes puede lograrse reflexionando hasta convencernos de que nuestro sentimiento es aceptable por tener una base racional. O razonando sobre ello hasta que se genere una nueva emoción ajustada a nuestra lógica y dotada de la capacidad necesaria apagar el sentimiento perturbador.

El equilibrio emocional es el equilibrio, emoción-razón. El protagonista de ese logro es la razón porque es una función más controlable y más eficaz de la conducta. El razonamiento se puede modular y orientar, pero las emociones se imponen porque son menos controlables. Podríamos decir que *"La razón, sirve para gestionar nuestras emociones, logrando que se expresen de forma adecuada generando sentimientos que son más asumibles"*. Ese es el proceso de la llamada Inteligencia Emocional. La Emoción y la razón son procesos muy cercanos. No es bueno anular los sentimientos supeditándolos a la razón, ni tampoco es adecuado racionalizar radicalmente la vida. Es el equilibrio emoción-razón el que puede lograr el bienestar de las personas.

CAPÍTULO 7

CONSTRUCTOS PSICOLÓGICOS DEL PROCESO MENTAL

Este capítulo lo dedicaremos a conocer algunos constructos psicológicos de los procesos mentales. Son agrupaciones conceptuales empíricas que delimitan características y rasgos psicológicos específicos, con los que se establecen perfiles y tipologías de la forma de ser y comportarse de las personas. Estas agrupaciones han permitido catalogar conceptos psicológicos muy consistentes que han ido naciendo en la psicología a lo largo de su historia. Incluiremos en este estudio los constructos psicológicos: Actitudes, Carácter y Personalidad, y comentaremos de pasada otras formas de clasificación psicofísica de las personas que a pesar de su solvencia científica, no han tenido tanta divulgación, como son los biotipos y psicotipos de la clasificación de **Kretschmer**[84]. Estos constructos del proceso mental se han desarrollado para mejor comprender el funcionamiento integrado de la mente humana y forman parte de la caracterización con la que la sociedad habitualmente define la forma de ser o comportarse las personas.

7.1.- LAS ACTITUDES

Para abordar el conocimiento de las actitudes vamos a transcribir un trabajo que con este título publicamos hace 50 años. Creemos que mantiene actualidad, además es muy compatible con las propuestas e ideas que se desarrollan en este libro. En estos 50 años han pasado muchas cosas y han cambiado muchos conceptos, especialmente en neurociencia, así que hemos debido introducir algunos cambios, más de léxico que de concepto y más de

---

[84] (Ernest Kretschmer (1888- 1964) médico alemán, Prof. de Psiquiatría y Neurología de la U. de Tubinga)

ampliación que de eliminación. Como por ejemplo, incluimos el concepto de información como elemento clave que recibe el procesador actitudinal desde las fuentes de aprovisionamiento para configurar el esquema actitudinal.

Aunque es una hipótesis empírica en su concepción y no tiene en cuenta la relación que tienen las funciones actitudinales con los soportes neurales que las hacen posibles, creemos que su recuerdo es útil, porque aborda el estudio de las actitudes desde una óptica distinta y complementaria a cómo lo abordamos en este libro, lo que orienta y enriquece el estudio de las funciones cognitivas. Ahora ponemos la atención en las estructuras y las funciones, nos centramos en comprender como funciona el proceso cognitivo y el cerebro para elaborar los contenidos mentales y cómo se estructuran y emergen las distintas funciones cognitivas y en este trabajo se atiende más el cómo se desarrollan, coordinan y proyectan los esquemas actitudinales en la conducta y en la adaptación. En este artículo analizaremos cómo nacen las actitudes, de donde obtienen la información para elaborar sus contenidos y sobre todo cómo se proyectan en prospectiva para establecer y casi determinar los rasgos fundamentales de nuestra forma de ser y comportarnos.

Esta ampliación de la perspectiva ayudará a conocer desde una óptica más antropológica, que psicológica o neurocientífica el por qué actuamos de determinada forma o en qué medida somos libres o no lo somos. Sin embargo, al estudiar la cognición, nos centramos más en los procesos neuronales y en las estructuras mentales y procesos psicológicos que explican cómo se gestiona y procesa la información. Para conocer la operativa de las actitudes, nos centramos en sus fuentes de aprovisionamiento, es decir, en cómo se capta la información por la mente, como se estructura y cómo se proyecta en forma de conducta, Por tanto estudiaremos el proceso que sigue la información, hasta condicionar la conducta.

7.1.1.- CONCEPTUALIZACIÓN DE LAS ACTITUDES.

El término actitud es un constructo complejo, poco académico y está desdibujado. Cuando se desarrolló este artículo, no se conocían con precisión ni las estructuras neuronales que lo soportan ni su funcionamiento, por lo que no pudo localizarse una base neuronal concreta o una estructura psicológica determinada, lo que nos llevó a concebir de forma empírica un sistema operativo central encargado de la gestión de las actitudes, al que denominábamos "procesador actitudinal" y que en definitiva es coincidente con el proceso cognitivo global que hemos estudiado en este libro.

La concepción de este procesador es muy cercana a la idea de entender la cognición como una función global, ya que es a través de las actitudes como se manifiesta en la conducta y en la forma con que las personas elaboran la subjetividad y las funciones fenoménicas de su mente. Las actitudes son como la experiencia consciente de la conciencia, el lenguaje interior del pensamiento y naturalmente todas las demás operaciones mentales que desarrollan las funcione cognitivas, coordinadas en la gestión logística de la información que desarrolla la memoria de trabajo y la traducción, organización y simbolización de los contenidos mentales que desarrolla el lenguaje semántico.

En estos años se ha profundizado bastante en el conocimiento de la conciencia-pensamiento y se sabe con mayor precisión como operan las estructuras y funciones cerebrales que hacen posible la cognición, lo que nos permite suponer en unos casos y constatar en otros que el soporte neural de las actitudes es el mismo o muy parecido al concepto que hoy tenemos de lo que es la cognición en general y nos lleva a considerar que las actitudes son un constructo parecido a lo que entendemos por personalidad y que más abajo también comentaremos.

Como hemos dicho, el concepto de procesador actitudinal, al que le atribuimos la responsabilidad de la gestión de todos los contenidos informativos que operan en el desarrollo de las actitudes, no es muy distinto del que se le atribuye a la gestión cognitiva en su totalidad; porque al procesador actitudinal de este trabajo le competen de forma primordial actividades similares a las de la conciencia y el pensamiento, la senso-percepción, la memoria, la inteligencia, el lenguaje, la emoción y la selección de las informaciones que deben ser elegidas por la conciencia, así como su flujo y su logística que corresponden a la memoria de trabajo.

Podemos pues casi asegurar que las actitudes son un constructo que engloba toda la cognición, que consideramos como "un todo" funcional que se expresa en estilos de enjuiciamiento y comportamiento que permiten catalogar a las personas con perfiles específicos con los que se puede predecir su forma de configurar criterios, elaborar opiniones y actuar. Su soporte neural es el mismo que el de las funciones que desarrollan toda la cognición, en el cerebro.

En el primitivo artículo decíamos que los conceptos de actitud, esquema actitudinal y procesador actitudinal, hacen referencia a las funciones mentales que configuran estructuras mentales con alto contenido fenoménico nacidas de la experiencia vivenciada por cada persona y se refieren a los contenidos de la mente, no al soporte neuronal que los sustenta. **Spencer**[85] a finales del siglo XIX usó por primera vez el término "actitud" vinculándolo a la disposición personal que orienta la conducta. Desde entonces el concepto de actitud ha ido ganando interés e importancia, pero la univocidad del concepto no acaba de imponerse, lo que llevó a **Allport**[86] a decir que *"es mucho más fácil medir y cambiar las actitudes que definirlas"*.

Para centrar el concepto de actitud, veamos alguna de las definiciones aportadas por autores estudiosos del tema.

- **Hollander**[87] *"Las actitudes son estados psicológicos que generan creencias y sentimientos aprendidos que tienden a persistir y que influyen sobre la acción"*.

- **Young**[88] *"Tener una actitud es estar dispuesto a una cosa determinada, o tener a priori una dirección hacia un fin determinado"*

- **Rockeach**[89] define la actitud como *"una organización de creencias interrelacionadas, y relativamente duraderas, que describe, evalúa y recomienda un tipo de acciones con respecto a un objeto o situación, por lo que cada creencia tiene componentes cognitivos, afectivos y de conducta que generan una predisposición que, debidamente activada, provoca una respuesta*

---

[85] (Herbert Spencer, (1820-1903) Ingeniero civil y periodista inglés)
[86] (Gordon. W. Allport, (1897-1967), psicólogo EEUU Prof. De la U. Harvard)
[87] (Edwin Hollander), (1927...), Psicólogo EEUU, Prof. U. Carnegie Mellon.)
[88] (Carl G. Young, (1875-1961), médico suizo, Colaborador de **Freud** y disidente del psicoanálisis, fundador la escuela de Psicología Analítica)
[89] (Milton Rockeach, (1918-1988), Psicólogo polaco, Prof. de la U. de Washington)

preferencial hacia el objeto de la actitud o hacia la situación que la desencadenó".

- **Eagly**[90] define las actitudes como *"respuestas de carácter electivo ante determinados valores que se reconocen, juzgan y aceptan o rechazan. Señala que las actitudes apuntan hacia algo o alguien, es decir, representan entidades en términos evaluativos de ese algo o alguien".*

- **Drª Sánchez** [91] entiende los sistemas de actitudes como *"estructuras psicológicas intrapersonales, que actúan como predisposiciones hacia aquello que da sentido y mantiene coherencia con la visión que el sujeto tiene de la realidad y a su vez genera una disposición positiva con lo que es afín a sus escalas de valor y negativa hacia todo lo que rompe o pone en peligro su armonía".*

La mayoría de los psicólogos tienden a definir el concepto de actitud como la postura que tomamos ante diferentes situaciones, bien sea por las escalas de valor que hemos integrado, (actitudes afectivas o éticas), por los conocimientos que poseemos o hemos adquirido (actitudes cognitivas) o por la experiencia y vivencias que hemos experimentado (actitudes vivenciales).

En el primitivo artículo se definíamos las actitudes con cierto regusto académico, decíamos: *"Las actitudes son un estado de disposición psicológica, en parte innata y en parte adquirida y organizada a través de la propia experiencia, que incita al individuo a reaccionar de una determinada forma frente a las personas, objetos o situaciones".* Ahora añadiremos una definición más funcional que entiende las actitudes como: *"la predisposición que tenemos a juzgar situaciones, a desarrollar comportamientos o a reaccionar de determinada forma ante, situaciones y que aunque va cambiando, mantiene cierta estabilidad en el tiempo, lo que permite a los demás que nos conocen, poder predecir nuestro comportamiento".*

Ya hemos visto que el término actitud es un constructo complejo, y algo desdibujado. Está muy cerca de los conceptos de "self" sajón o del "Sí-Mismo

---

[90] (Alice Eagly, (1938...), psicóloga EEUU, Prof. U, Northwestern)
[91] Pilar Sánchez Álvarez, Dr. en filosofía y teología, Profª, U, de Murcia)

Personal". También es cercano al concepto psicológico de personalidad. Aunque con evidentes diferencias.

El self es más polifacético, es la suma del individuo y su experiencia. El Sí-Mismo Personal es algo más subjetivo, más íntimo, que si bien condiciona los rasgos del carácter y la personalidad, no se expresa directamente en la conducta. Por otra parte, el Si-Mismo Personal es algo que está en permanente cambio y reconstrucción, porque se nutre de los contenidos que continuamente se están vivenciando y de los diálogos que se establecen entre el YO y el MI, En los que YO es el que pregunta y actúa y el MI recibe, contesta y guarda los contenidos.

Así lo expresa desde siempre el lenguaje. Como se ve en la estrofa de **San Juan de la Cruz**.[92]

> Allí me dio su pecho
> allí me enseñó sciencia muy sabrosa
> y yo le di de hecho
> a mí, sin dejar cosa
> allí le prometí de ser su esposa.

El carácter. Se incluyen en este concepto el conjunto de rasgos ya construidos en la persona que a modo de síntesis la definen en sus aspectos más característicos. Estos rasgos proceden de su temperamento y al conjugarse con la experiencia que va adquiriendo y con los rasgos que estructuran su personalidad, adquiere el perfil y rol que le caracteriza y orienta en determinada dirección la forma de actuar que se suele desarrollar y que se ha ido modulando y adaptando para manifestarse ante los demás. Esos rasgos del carácter son los que hacen al sujeto predictible. Tiene pues connotaciones de algo ya constituido y que aunque es modificable, sus cambios son lentos, ya que su origen tiene un anclaje genético claro y por tanto biológico, lo que le confiere más estabilidad y predictibilidad. Al carácter se le atribuyen y se le refieren aspectos más proteicos, es algo que se manifiesta de forma implícita, que tiñe o impregna con sus peculiaridades la conducta de cada individuo.

---

[92] (San Juan de la Cruz, (1542–1591), monje carmelita, español, poeta místico)

La personalidad. Este término encierra dos aspectos, uno derivado del papel o rol que se interpreta y de la conducta que se desarrolla en relación con los demás. Gracias a este rol, se le asigna a la persona un perfil como ente social. El otro aspecto se refiere al perfil característico del individuo por el que podemos conocerlo y en gran medida predecir su conducta. Para este segundo aspecto cabe la definición de personalidad como: *"el conjunto de modalidades adaptativas que el individuo utiliza en su contacto con el entorno en que se desenvuelve y que es relativamente estable, con rasgos y patrones de conducta característicos, que presiden la forma de ser y comportarse del individuo"*. Es decir, se refiere sobre todo a la forma de interrelación social que realiza el individuo. Aun así el concepto de personalidad es el más cercano al de actitudes.

En síntesis el esquema actitudinal encierra un conjunto de modelos interpretativos, formas de actuar, rutinas, normas de valoración y líneas de pensamiento característicos de un sujeto, que le predisponen y le orientan hacia ciertos estilos de enjuiciamiento y de conducta coherentes con la visión que tiene el sujeto de la realidad. Su contenido son las actitudes, que están soportadas por esquemas cognitivos, conductuales, engramas y mapas neurales que prestan cierto "estilo" a la forma de enjuiciar, reaccionar y actuar del individuo. El procesador actitudinal es parecido a la conciencia-pensamiento y por tanto es un concepto similar al de cognición.

Los conceptos de actitudes y esquema actitudinal hacen referencia a funciones mentales condicionadas por la experiencia y la cultura personal y poseen una fuerte referencia fenoménica de la experiencia vivenciada por cada persona. Todos experimentamos cómo ante cualquier situación que genera unos "inputs" y que promueven "ouputs", nos traen a la cabeza datos, experiencias o conocimientos relacionados con el tema y contexto de la situación que generó el "input" y elegimos de entre ellas las que nos parece más adecuadas para desplegar la respuesta. Es cierto que estos contenidos son un trabajo de la conciencia, la memoria a largo plazo y de la memoria de trabajo, que activan el sistema de categorización y elección, para seleccionar los contenidos más adecuados, lo que por otra parte, pone de manifiesto que los conceptos de actitud y cognición se refieren a dos enfoques distintos y complementarios del mismo proceso mental.

Pese al comentario de **Allport** al valorar la actitud como algo que *"es mucho más fácil medir y cambiar, que de definir"*, plantea que el interés que despierta saber lo que las actitudes son, ha ido ganando interés e importancia, porque su univocidad engloba a todo el proceso de la cognición y lo contempla enfocando las fuentes de las que provienen esos contenidos informativos con los que se va construyendo.

Las fuentes de aprovisionamiento de los contenidos con las que se constituyen las actitudes son tres:

- "*EL fondo vital*", que aporta la información interna y vital del cuerpo y la mente del individuo.
- "El fondo de civilización", que aporta la información procedente de la cultura histórica de la civilización en que se ha desenvuelto y de la actual con la que se ha desarrollado el individuo
- "El fondo vivencial", que aporta la información procedente de la interrelación del individuo con sigo mismo y el mundo.

Para centrar el concepto de actitud volvemos a la definición la aportada por **Pilar Sánchez Álvarez**, que entiende los sistemas actitudinales: como *"estructuras psicológicas intrapersonales, que actúan como predisposiciones hacia aquello que da sentido y mantiene coherencia con la visión que el sujeto tiene de la realidad y a su vez genera una disposición positiva con lo afín a sus escalas de valor y negativa hacia todo lo que rompe o pone en peligro su armonía"*.

Recapitulando vamos a recordar algunos de los elementos esenciales que perfilan nuestro concepto de actitud:

- La actitud designa un sistema interno, un estado de disposición psicológica, en parte innato o establecido por el genoma recibido y en parte adquirido y organizado a través de la propia experiencia. Una vez constituida la actitud, actúa induciendo al individuo a reaccionar de una determinada manera frente a ciertas personas, objetos, situaciones o temas.
- Las actitudes tienen cierta persistencia y estabilidad, aunque no son inmutables. Su persistencia es proporcional a la consistencia, a la polivalencia conductual que tiene el individuo y a su capacidad para influir en la conducta.
- La actitud tiene direccionalidad tanto en el aspecto de ayudar a mantener coherencia y consecuencia conductual en el individuo,

como en el de mantenerse condicionando hábitos, rutinas e incluso esquemas motivacionales.
- Las actitudes connotan valoración no solo positiva o negativa respecto a algo, sino que también actúan como elemento de proyección desiderativa en escalas de valor.
- Las actitudes tienen suficiente autonomía conceptual y se diferencian de ciertos elementos cercanos a ellas como son los valores, los instintos, las disposiciones o los hábitos en que son distintas de los procesos psíquicos tales como la memoria, el pensamiento o el razonamiento y también difieren de constructos psicológicos como son la personalidad, el carácter, el temperamento o los rasgos psicológicos como la introversión, la ambición o la timidez etc.
- Los esquemas actitudinales cambian, se van modificando tanto por acción derivada de la expresión del genoma, siguiendo el reloj genético en el transcurso de la vida, como por el aprendizaje, las vivencias y experiencias que llevan al sujeto a buscar la alineación de posturas y de conductas hacia el auto-concepto desiderativo que en general es un modelo competente, integrado y coherente de normas de valor que ha ido elaborado la persona con su proyecto transcendente.
- Las actitudes son como antejuicios, prejuicios o predisposiciones relativamente duraderas que pueden llegar a distorsionar la percepción de la realidad buscando acomodarla a los criterios, valores e intereses el individuo. También orienta hacia esa personal forma de distorsión y acomodación que nos aporta autonomía de criterios, estabilidad en las escalas de valor y linealidad en la conducta que se desarrolla.
- Creemos que el esquema actitudinal es en gran medida una horma que configura la forma de ser y comportarse las personas. Nos da las señas de identidad y nos aporta predictibilidad en las conductas que desarrollamos.

7.2.- CONFIGURACIÓN DE LAS ACTITUDES

A nuestro parecer son fundamentalmente tres las fuentes básicas de aprovisionamiento de los contenidos informativos que recibe el procesador actitudinal: el fondo vital, el fondo de civilización y el fondo vivencial.

7.2.1.- EL FONDO VITAL.

Es un término empleado por **Lersch**[93] con el que se refiere a todas aquellas informaciones y condicionamientos que recibe el individuo desde su cuerpo y que van determinando peculiaridades en su forma de ser, es decir, en su estructura actitudinal. Estos contenidos informativos que provienen del fondo vital, marcan el desarrollo de tipologías y formas específicas de reacción y comportamiento, las ligadas a la estructura y funciones del cuerpo que soporta el proceso mental. **Cervantes**[94] lo ejemplarizó perfectamente al atribuir unas pautas de comportamiento muy típicas del pícnico a Sancho Panza y del asténico a Don Quijote.

En el devenir de cada individuo y conforme se va expresando el genoma, se van operando desde el fondo vital, distintos procesos de organización de su estructura física y en menor medida sus rasgos de carácter, que directa e indirectamente son condicionantes que van promoviendo actitudes específicas para cada edad en el individuo. Son las actitudes propias de los niños, diferentes de las de los adolescentes o de las que tienen los ancianos. Es también diferente la morfología del pícnico a la del atlético y también son algo diferentes sus rasgos caracteriales y temperamentales.

Nuestra forma de ser, sentir, reaccionar, aprender, percibir, convivir y en definitiva mucho de lo que somos, depende de muestro cuerpo y muy especialmente de nuestro sistema neurológico y endocrino, que no solo es el soporte necesario para el acontecer psíquico, sino que en parte lo generan y siempre condicionan su funcionalidad.

Recordemos los conceptos de biotipo y psicotipo. El biotipo es el aspecto general de un sujeto de acuerdo a sus características somáticas o morfológicas y se basa en los datos que refleja su estructura corporal, es todo lo que se ve y se puede medir o comprobar de su cuerpo. El psicotipo se refiere al conjunto de características psicológicas del individuo que puedan estar ligadas al biotipo y que desde muy antiguo han sido detectadas y clasificadas.

---

[93] (Philip Lersch, (1898-1972), psicólogo, Prof. U. de Munich)

[94] (Miguel de Cervantes, (1547–1616), escritor, considerado la máxima figura de la literatura española)

Se han hecho diversas clasificaciones para encuadrar a todos los individuos por sus características morfológicas y psicológicas. De todas ellas la más conocida, es la de **Kretschmer** muy difundida en medicina. Con su clasificación fue capaz de sistematizar correlaciones consistentes del biotipo con el psicotipo por una parte y por otra, con la propensión de cada biotipo y psicotipo para sufrir determinadas enfermedades psíquicas.

Más allá de las tipologías caracteriales conocidas, algunas con el rigor, la precisión y la finura de la propuesta por **Kretschmer**, existe en el organismo un sistema rector que es la dotación genética recibida por cada individuo de sus padres y que está presente en todas y cada una de las células de su cuerpo, condicionando severamente no solo el desarrollo morfológico y funcional de su cuerpo si no la evolución del mismo a lo largo de su vida. Este condicionamiento opera adaptando, promoviendo y limitando los soportes neurológicos, endocrinos y vitales sobre los que se construirá su vida personal, su capacidad de pensar, aprender, comunicarse y actuar, es decir, sobre su vida toda.

Por otra parte, las alteraciones que por las enfermedades que sufre el cuerpo condicionan el fondo vital, tanto por las limitaciones psicofísicas que pueden acarrear, como por la fuerza con que inciden en el proceso mental algunas de las enfermedades, pensemos por ejemplo, en el hipertiroidismo o en la epilepsia.

Nos importa recordar la gran importancia que tiene el fondo vital como fuente de aprovisionamiento de las actitudes, porque además, de ser la primera fuente en aportar información y configuración genéticas, es el soporte de todo el proceso psicológico, y que marca el "tempo" de evolución de los esquemas actitudinales, evoluciona al ritmo del devenir cronológico del individuo, que nos da actitudes infantiles cuando somos niños y siempre las adecua a cada edad que vamos teniendo.

7.2.2.- EL FONDO DE CIVILIZACIÓN.
Es el conjunto de elementos culturales que inciden sobre cada individuo. Unos son más generales, casi universales y otros menos globales y más específicos. Van descendiendo en gradiente hasta llegar a algunos muy particulares y domésticos. El más importante de todos los elementos culturales es sin duda el lenguaje, la palabra es considerada como la función

mental más específicamente humana. **S. Juan evangelista**[95], comienza su evangelio diciendo *"En el principio era ya el verbo y el verbo estaba en Dios y el verbo era Dios"*. Y aunque este texto tiene muchas interpretaciones, el hecho de integrar a Dios con la palabra, con "el verbo" ya refleja su transcendencia.

El lenguaje, como hemos visto en los diversos capítulos anteriores, es el elemento crucial de la evolución que llevó a los homínidos que nos antecedieron a desarrollarse como Homo Sapiens. La verdadera subjetividad surge con el lenguaje que aporta el poder del discurso y la metáfora, la simbolización y la capacidad de conceptualización, lo que posibilita el nacimiento de la conciencia superior, el nacimiento del YO y la historicidad, entrelazados por conocimientos, creencias y deseos que pueden expresarse verbalmente y trasmitirse de unos a otros y que son el soporte general de la cultura.

Es conveniente sin embargo recordar que los conceptos no son proposiciones del lenguaje, sino que son construcciones mentales que se expresan con el lenguaje mediante un proceso de simbolización. Es el lenguaje el que genera con la actividad cognitiva el desarrollo morfológico del cerebro, levanta los mapas y desarrolla nuevas respuestas que dan significado a los significantes percibidos. Del mismo modo las señales del mundo no están organizadas como una información con significado directamente comprensible antes de que interactúe el cerebro con las cosas del mundo y de la vida no tienen una información significativa, pasan a ser comprensibles solo cuando adquieren significado y toda su gamas de características gracias a la significación y simbolización que les damos las personas con el lenguaje. Tampoco el lenguaje está especificado como una gramática universal genéticamente heredada, es la adquisición del leguaje semántico lo que permite que logremos un enorme enriquecimiento y precisión a los conceptos con los que se designan las cosas y se elabora el pensamiento.

También es la palabra la que permite el nacimiento del YO, de la propia identidad y muy especialmente la capacidad de establecer el diálogo consigo mismo, que es el pensamiento, la categorización y el razonamiento. *"Las*

---

[95] (S. Juan evangelista, (aprox. (6 d. C.-101) d.C.) discípulo de Jesús de Nazaret y autor del IV Evangelio y el Apocalipsis)

Naciones Unidas declararon el lenguaje como un derecho universal del hombre".

Es la palabra la que nos permite la comunicación con los demás y la comprensión de sus ideas. Gracias a la palabra damos significado y sentido a lo percibido, dando luz al pensamiento simbólico y a la capacidad de integrarlo y jerarquizarlo, estableciendo con él escalas de valor y criterio.

La palabra es el soporte cultural que usamos para construir el esquema actitudinal. Una vez adquirido el lenguaje no pensamos con nada distinto que con palabras y el lenguaje representa una estructura fundamental en el desarrollo del pensamiento y la conducta. Las experiencias, conocimientos y vivencias personales que vamos incorporando en el devenir de la existencia, toman forma, adquieren sentido con el lenguaje y se nutren de él. En cierta medida cada uno de nosotros no es mucho más que nuestro lenguaje.

Pero además, del lenguaje, el fondo de civilización nos aporta un amplísimo bagaje de estructuración mental, valores de referencia, pautas de conducta y modelos para interpretar el entorno. Es decir, muchos de los contenidos de las actitudes nacen del ambiente cultural en que nacemos y nos desarrollamos, lo que presta características especiales a nuestra forma de ser y comportarnos. Las actitudes más generales, más universales, permiten que todos los seres humanos compartamos algunos esquemas actitudinales y algunas escalas de valor similares. **Marcial**[96], escritor y poeta) acertó a decir: "Homo sum, humana nihil a me alienan puto es" (Soy hombre, nada de lo humano me es ajeno), (otra fuente siguiendo a **Unamuno**[97], atribuye esta frase a Publio Terencio).

Conforme descendemos de lo más general a lo más particular y doméstico, el fondo de civilización se manifiesta con características, elementos y actitudes más particulares que nos permiten conseguir un proceso de individuación más absoluto, pero manteniendo en todo este proceso las características diferenciales de cada nivel cultural o de civilización a la que pertenecemos.

En cada persona detectamos diferencias y particularidades específicas en gradiente. Veremos que los orientales o asiáticos tienen unas peculiaridades, una forma de ser y comportarse distinta a los europeos u occidentales y que

---

[96] (Marco V. Marcial, (40-104 d.C.), romano de Bilbilis (Calatayud)

[97] (Miguel de Unamuno, (1864-1936), escritor y filósofo español, Rector de la U, Salamanca)

a su vez es distinta a las de los individuos de las regiones animistas africanas. Somos capaces de diferenciar rasgos muy específicos en cada una de las grandes áreas de civilización. Pero también somos capaces de diferenciar entre los europeos aquellas características intrínsecas de los alemanes, distintas de las de los españoles y entre los españoles, no es difícil diferenciar peculiaridades específicas que se atribuyen a los catalanes respecto de los andaluces o los valencianos y entre los valencianos distinguimos peculiaridades cuando son de Castellón o de Valencia y aún más, en nuestra familia distinguimos rasgos y actitudes propias de la línea materna, de otras que son más propias de la línea paterna.

Todas estas diferencias pueden ser interpretadas por el proceso de especialización, que desde las informaciones culturales más universales hasta las más particulares han ido configurado el esquema actitudinal del individuo. Con esas referencias que se reciben se va construyendo la identidad del individuo, cuyos lazos le prestan seguridad y dependencia. *"Ser hincha del equipo de futbol Levante Unión Deportiva es un vínculo casi genético"*.

El fondo de civilización nos aporta la cultura que en su sentido etnográfico es un todo, un complejo informativo que comprende conocimientos, creencias, arte, moral, derecho, costumbres y cualesquiera otras capacidades y hábitos adquiridos por el hombre en tanto que es miembro de una sociedad. La cultura de una sociedad tiende a ser similar en muchos aspectos de una generación a otra. En parte esta continuidad se mantiene gracias al proceso conocido como endo-culturalización que nos aporta un cierto estilo de vida. Pero también cada generación es programada no solo para replicar la conducta de la generación anterior sino también para premiarla si se adecua a las pautas de su propia experiencia de endo-culturación o castigarla o al menos no premiarla, si se desvía de ellas.

El concepto de endo-culturalización ocupa una posición central en el punto de vista distintivo de la antropología cultural moderna. La incomprensión del papel que se desempeña en el mantenimiento de las pautas de conducta y pensamiento de cada grupo, forma el núcleo del fenómeno conocido como etnocentrismo. Este concepto se nutre de la creencia de que nuestras propias pautas de conducta son siempre naturales, buenas, hermosas o importantes y que la de los extraños, por el hecho de actuar de manera diferente, viven según modos salvajes, inhumanos, repugnantes o irracionales. (La sociedad occidental ha sentado como "dogma" el concepto de ley natural, del ser así, durante siglos la humanidad no ha sido natural y aún buena parte de ella no lo es). Las personas intolerantes hacia las diferencias culturales, normalmente, ignoran el siguiente hecho: Si hubieran sido endo-culturalizados en el seno de otro grupo, todos estos estilos de vida, supuestamente salvajes, inhumanos, repugnantes e irracionales, ahora serían los suyos.

En los últimos siglos, los fenómenos de la globalización con aceleración histórica, la enorme ampliación de las redes informativas y de innovación, todos estos fenómenos han alcanzado tales proporciones en las sociedades industriales, que los adultos, programados como estaban para la continuidad intergeneracional, se han sentido alarmados. Este fenómeno en cuestión ha sido denominado abismo generacional.

Como explica **Margaret Mead**[98] *"Ha habido una ruptura en el proceso de endo-culturación, un número cada vez mayor de adultos no ha sabido o no ha querido inducir eficazmente a sus hijos a replicar sus propias pautas de pensamiento y conducta, posiblemente por la profunda crisis ideológica que se desarrolló tras la últimas guerras mundiales"*. Es evidente que la endo-culturalización solo puede explicar la continuidad de la cultura, no la de su evolución.

La descomunal ampliación y agilización de las comunicaciones ha ayudado de forma significativa a la globalización, que promueve un enorme aumento del área de influencia de cada cultura, la llamada difusión cultural, con la que se designa la transmisión de contenidos y tendencias de una cultura y sociedad a otra distinta. Este proceso es tan fuerte, que cabe afirmar que la mayoría de los rasgos hallados en cualquier sociedad se han originado en otra. Se puede decir, que en la cultura occidental, la judeo-cristiana, la forma de gobierno, la religión, el derecho, la dieta o incluso en la lengua del pueblo que ahora domina es la que establece la influencia de los Estados Unidos. Así ocurrió también, con democracia parlamentaria de la Europa occidental, los cereales de nuestra dieta, la presencia masiva de la lengua inglesa y una enorme amalgama de músicas, folclores, juguetes y hábitos.

---

[98] (Margaret Mead, (1901-1978), antropóloga EEUU, Invest. U. Columbia, Profª. U. Rhode Island N.Y.)

Tradicionalmente, estas actitudes provenientes del fondo de civilización durante siglos fueron muy estáticas y por ello muy claras, ahora con el proceso de globalización y aceleración histórica que vivimos, unido a la sobreinformación manipulada que padecemos, están diluyéndose las diferencias entre los distintos esquemas actitudinales. Por otra parte, se incrementa el grado de individuación y se desdibujan las escalas de valor, lo que por otra parte, resta apoyo y seguridad al individuo.

7.2.3.- EL FONDO VIVENCIAL.

La tercera fuente de aprovisionamiento de las actitudes es el fondo vivencial. Está compuesto por aquellas experiencias vivenciadas específicamente por el individuo, que son las que van determinando lo que se entiende como experiencia personal en el día a día.

Este fondo vivencial ha sido magníficamente analizado por **George Mead**[99] a él nos remitimos para describir su funcionamiento.

Parte **G. Mead** distinguiendo entre cómo se percibe el individuo visto desde fuera y cómo se percibe cuando hace introspección, es decir, cuando establece diálogo consigo mismo. Desde fuera, se le percibe como un todo, como una unidad, pero desde dentro, desde el Sí-Mismo personal, (cuando yo me analizo a mí mismo), se pueden diferenciar dos elementos característicos en el Sí-Mismo, a los que denomina YO y MI. El YO es el elemento operativo que recibe las informaciones, las procesa, y recaba asesoramiento y referencias del MÍ y finalmente responde o emite órdenes de conducta. El MI es una estructura consultiva en la que van depositándose todos aquellos elementos vivenciados hasta constituir una base de datos, un archivo de referencia, (no distinto de la memoria y la memoria de trabajo) en el que quedan depositadas las informaciones, los conocimientos y las vivencias. **G. Mead** hace un excelente dibujo del pensamiento.

Lo que comienza siendo vivenciado en el YO, pasa posteriormente a ser archivado en el MI. Esta biblioteca o archivo de consultas, opera asesorando al YO para adecuar su respuesta y su conducta, a las diversas circunstancias internas y externas, que se van presentando y las que inciden en cada momento en el acontecer de la vida.

---

[99] (George Mead, (1863-1931), filósofo pragmático EEUU, Prof. U. Chicago)

Este proceso podría esquematizarse diciendo que un "input" es captado por el YO, y pregunta al MÍ, buscando de él un asesoramiento adecuado, referido a las experiencias y conocimientos ya vivenciados anteriormente y que se guardan en la memoria a largo plazo. De acuerdo con estos archivos existentes en la memoria, el MÍ remite al YO aquellos contenidos similares a la situación que se vivencia en ese momento y con esas informaciones se asesora al YO, para que desarrolle la conducta más apropiada.

Los contenidos vivenciados que en cada momento están en el YO, pasan al momento siguiente al MI, de tal forma que los contenidos del MI se incrementan de forma continua según discurre la vida del ser humano, (no por casualidad el diablo sabe más por viejo que por diablo). A su vez, el nivel de calidad o idoneidad que tengan los contenidos del MI, determina la eficacia de la conducta del YO, es decir, que para que el MI pueda asesorar de forma eficiente atendiendo a las referencias vivenciadas que tiene almacenadas, es necesario que esas referencias sean coherentes, positivas, adecuadas y hayan resultado eficaces, idea que puede ejemplarizarse en el eslogan "*para triunfar hoy hay que haber triunfado antes*".

Un relato algo exótico, facilitará la comprensión del planteamiento propuesto por **G. Mead**: Supongamos que un individuo se encuentra de sopetón con un extraterrestre, la percepción del extraterrestre es el "input", el YO del sujeto pregunta al archivo de referencias vivenciadas del MÍ ¿qué hago? el archivo vivencial le responde que no lo sabe, porque no dispone de experiencias anteriores, el YO recurre entonces a los mecanismos automáticos de defensa y el sujeto emprende una carrera de huida. Cuando este sujeto vuelve a encontrarse posteriormente con el extraterrestre, el YO vuelve a preguntar al MI ¿qué hago? y el MI como ya dispone de una experiencia vivenciada, le contesta que huya, con lo que el sujeto en cuestión correrá quizá de forma más veloz y despavorida.

Supongamos que el sujeto en cuestión al encontrarse por primera vez con el extraterrestre, además, del natural miedo que le produce la desconocida experiencia, recuerda otras experiencias vivenciadas y almacenadas en el MI, quizá descubra alguna como la que se emplea en investigación mediante ensayo-error y si tiene suficiente presencia de ánimo, puede que intente algún tipo de comunicación con el extraterrestre. Si consiguiese establecer esta comunicación, la brillante experiencia vivenciada le permitiría, en las siguientes ocasiones en que se encuentre con un extraterrestre, no solamente no huir, si no buscar esa posibilidad de encuentro y hacerla suya, incluso informando a la sociedad de sus habilidades.

Todo ello nos llevaría a considerar que la segunda posibilidad, es decir, la que permitió, mediante una conducta eficaz, tener contacto con el extraterrestre, se ha transformado de hecho en una contenido informativo muy positivo del MI, que le facilitará conductas positivas en los próximos contactos que pueda tener con los extraterrestres o ante experiencias similares.

En un sentido más próximo y menos fantástico podemos asegurar que con frecuencia, la conducta de personas que se muestran displicentes o distantes, puede estar condicionada por experiencias anteriores en las que al intentar ser empático, obsequioso o servicial, recibió una valoración o respuesta traumatizante. Nos sería más fácil con esta interpretación comprender al displicente e incluso inducirle a que desarrolle otras posturas para que mejore su forma de relación. Este esquema de la teoría nos permite valorar la importancia del fondo vivencial en la configuración del procesador actitudinal.

7.2.4.- FUENTES DE ALIMENTACIÓN DEL PROCESADOR ACTITUDINAL.

Como hemos comentado el devenir de las tres fuentes de aprovisionamiento descritas, discurre con distinta velocidad.

"El fondo vital". Las aportaciones nacidas del fondo vital son más regulares, están condicionadas por el "tempo personal que marca el reloj genómico" y su devenir está subordinado al devenir personal del individuo. Las actitudes alimentadas desde el fondo vital, que son ya de por sí algo "proteicas" y tienen el regusto inexorable del "tempus fugit", van modificándose con la edad, conforme se va expresando el genotipo y el fenotipo, como consecuencia de las alteraciones y limitaciones que las enfermedades y los condicionantes físicos imponen.

"El fondo de civilización". Ha sido muy estable hasta hace poco tiempo, pero al ser empujado por el fenómeno de aceleración histórica que vivimos, y la enorme ampliación de las comunicaciones, ha perdido esa estabilidad, lo que produce pérdida de seguridad en el individuo. Podemos concluir afirmando que las verdades y valores de la tribu ya no son inmutables; por ello es por lo que se acelera el proceso de individuación, proceso que si bien permite más libertad, nos depriva del manto protector del clan.

Los esquemas de actitud y valor se han mantenido casi inmutables durante siglos hasta épocas muy recientes y su solidez, hizo que los valores y actitudes alimentados fundamentalmente por el fondo de civilización, fueran valorados como verdades inamovibles. Ahora, como ciudadanos del mundo, andamos sin coraza, sin verdades ni valores sólidos, ahora cada persona construye los suyos y debe ir adquiriendo su propia identidad, su propia seguridad y su propia ciudadanía en el mundo.

"El fondo vivencial". Como fuente de aprovisionamiento es el más dinámico y su agilidad y su versatilidad dependen en gran medida del propio individuo. Se vivencia a la vez que se vive. El enriquecimiento antropológico es simétrico al enriquecimiento vivencial, aquellos que dormitan, se aíslan o vegetan, disponen de menos referentes a los que recurrir para elaborar y estructurar su esquema actitudinal. Lo que nos lleva a recordar que aprender es vivir y no hay mejor forma de vivir que la de comprometerse con la vida, meterse en ella "hasta el cuello".

La distinta velocidad y el diferente tipo de información que llega al individuo procedente de cada una de estas tres fuentes de aprovisionamiento, "el input", va determinando el tipo de información por la jerarquización y por la prioridad de los contenidos con los que va construyendo y modificando sus esquemas actitudinales. Esta diferencia de procedencias y de contenidos lleva a que el esquema actitudinal de cada persona dependa, por una parte de ciertas peculiaridades que lo ubican en grupos étnicos, históricos y afines, de los que recibe informaciones, unas del fondo vital, otras del fondo de civilización y otras de su propio fondo vivencial. Todas le aportan matices y diferenciales, unos derivados de su edad, otras dependientes del área cultural geográfica y del entorno familiar, local y personal de donde procede y donde convive, otras del estrato socioeconómico y profesional en el que se desenvuelve, y sobre todo depende de su estilo de vida, que en gran medida que ha estandarizado y perfila las actitudes de los ciudadanos del mundo.

Generalizando, hemos de contar con las características y peculiaridades personalísimas de cada individuo, derivadas de su genotipo, su fenotipo y su vida curricular, profesional, afectiva y social, que añaden millones rasgos, matices y esquemas de valor y motivación desarrollados a lo largo de su vida.

Pese a esa enorme diversidad de matices en el esquema actitudinal de una persona, se pueden diferenciar grupos de actitud más homogéneos según la edad, si se trata de niños o ancianos. Grupos dependientes de la civilización ancestral, por ejemplo, el grupo judeo-cristiano occidental para los europeos, el grupo animista para los centro africanos, el grupos budista para los asiáticos, el americano prehispánico, para ibero-américa. Entre sí se diferencian por los distintos contenidos informativos de que disponen por la cultura o por el genoma. A su vez la procedencia de nacimiento y su fecha, condicionan otros rasgos generacionales de homogeneidad con su grupo. Pero sobre todo, Individualmente las personas disponen de una enorme gama de elementos diferenciadores, según sus condiciones vitales y formas de adaptarse a la vida y de la atalaya de la que dispone para incorporar experiencias en el ir viviendo de cada día y estas experiencias son las que aporta similitudes que se traducen en rasgos actitudinales.

Así pues las personas tenemos un esquema actitudinal con muchos tipos de referencia que nos homologan con diversos grupos y que delatan nuestra relación con esos grupos. Por otra parte debemos recomendar que cada una de nuestras actitudes tenga una cierta coherencia y vinculación, con las demás, pues así seremos capaces de integrar unas actitudes más coherentes y consistentes, lo que, cuanto menos, nos aportará cierta seguridad.

7.2.5.- EL PROCESADOR ACTITUDINAL.

Las diversas informaciones y experiencia que a través de las distintas fuentes proveedoras de información llegan a las estructuras neurales de procesamiento actitudinal, (denominado en el texto inicial, "Procesador Actitudinal" y que ahora llamaríamos "Cognición Fenoménica"), en este procesador, son incorporadas esas informaciones por los mecanismos neurales de la memoria a largo plazo, pasando a formar parte de huellas o mapas neurales organizados según diversos criterios como su significado, su relación temporo-espacial, su apetencia, su peligro etc. a los que se añaden componentes emocionales de valor interés, direccionalidad, afecto o concordancia con las experiencias o conocimientos incorporados.

En el permanente devenir del estar siendo en que vive el individuo, se produce una continua lluvia de nuevas experiencias, informaciones y vivencias, que van poniendo en marcha toda una serie de procesos, en su mayor parte inconscientes, de codificación, jerarquización y valoración afectiva, que se correlacionarán con las informaciones, conocimientos y escalas de valor previamente incorporadas. Todo este flujo continuo de informaciones entrantes, va enriqueciendo el bagaje de experiencias, que será tanto mejor, cuanto mayor y más organizadas estén esas informaciones, lo que permitirá adquirir más contrastación y diversidad de referencias, para establecer la correspondiente valoración y selección de contenidos actitudinales. Las nuevas adquisiciones también irán modificando las referencias de valor, interés y prioridad ya existentes, produciéndose así una continua ampliación y renovación de los contenidos informativos, que como hemos visto, irá construyendo los mapas y redes neuronales y con su renovación y actualización, irán facilitando el proceso de adaptación a la vida.

Los esquemas actitudinales son muy útiles para lograr adaptabilidad, autonomía y actualización de los contenidos informativos y aportan mayor eficacia conductual.

7.3.- SÍNTESIS CONCEPTUAL DE LAS ACTITUDES

Somos en gran medida lo que nuestras actitudes determinan, en otras palabras, no podemos pensar más que lo que pensamos y hemos de ver las cosas tal y como las vemos. No podemos pensar aunque queramos como **Nabucodonosor**, ni siquiera como otros coetáneos nuestros que tienen otra cultura, otra religión y otras prioridades.

Nuestras actitudes nacen y se van elaborando al compás de nuestra vida, influidas, por una parte, por cómo las expresa el reloj genómico que heredamos de nuestros padres y que es el que va estableciendo las líneas básicas de nuestra estructura psicofísica, que se va poniendo de manifiesto al compás de la vida. Por otra parte, nos afectan las enfermedades, el régimen de vida que llevamos y toda una serie de factores fenotípicos que pueden modificar de forma significativa nuestras actitudes y nuestra conducta. Además, inciden otra multitud de factores que a través de lo que hemos llamado "fondo vital" va mandado órdenes, informaciones y condicionantes que aportan contenidos al esquema actitudinal.

También condiciona nuestra forma de ser la cultura en que hemos nacido, en la que hemos crecido y en la que nos hemos educado con sus esquemas de valor, códigos de comportamiento, sus reglas formales e informales para la convivencia y muy especialmente somos troquelados por el ambiente familiar en el que vimos en nuestra infancia.

Todas esas informaciones de nuestro esquema actitudinal han formado y condicionado unos esquemas conceptuales y de prioridad, y desarrollan rutinas conductuales, experiencias y valores, que procedentes del entorno, fueron nuestra forma de ver las cosas. Porque es evidente que el mundo que nos acoge nos aporta cultura, reglas, valores y condicionantes sociales, al que llamamos fondo de civilización.

Pero sobre todo lo que más nos condiciona es nuestra experiencia personal, los mecanismos que hemos aprendido para convivir con los demás. El cómo hemos construido nuestra propia imagen, qué niveles de inseguridad o que capacidad de resolución hemos consolidado y qué consistencia tienen nuestros conocimientos, criterios y habilidades. También nos condiciona y mucho, el cómo creemos que nos ven y consideran los demás. Es pues el fondo vivencial el que más incide en la permanente remodelación de nuestras actitudes según se reciben, integran y remodelan nuestros esquemas cada día en cada experiencia consciente, en cada proyecto y en su ejecución.

Así vamos cambiando y adaptando nuestros esquemas. Unos condicionantes nos llevan a actuar como "el gato escaldado que huye del agua fría" y otros por el contrario nos llevan a buscar y aceptar retos con la seguridad del que quiere creerse a sí mismo como persona con herramientas y recursos o de los que piensan que *"son los problemas los que curten"*. Casi podríamos afirmar que *"para triunfar hay que haber triunfado"*, lo que debe tenerse muy presente en la educación y tutela de nuestros hijos y allegados para esforzarnos en facilitarles el desarrollo de un aceptable nivel de seguridad, de ambición, de disciplina, de autonomía y de projimidad.

7.3.1.- DEL MÍ-MISMO-PERSONAL, ¿QUÉ ES REALMENTE MÍO?
La verdad es que muy poco lo que hemos podido construir por nosotros mismos; analizaremos como se captan y cómo influyen en generar las actitudes, cada una de las tres fuentes de aprovisionamiento, para inducir la creación de actitudes en nuestros esquemas.

El fondo vital es heredado casi en su totalidad (Aunque desde hace menos de 50 años ya sabemos que puede existir alguna aportación epigenética). Heredamos de nuestros padres la dotación genética que es la que establece el genotipo, es decir, el material genético que contiene el diseño potencial de nuestro fenotipo (el fenotipo es la expresión real del genotipo en cada sujeto por la interacción de lo heredado con la adaptación al entorno). Por el genoma heredamos nuestro biotipo y nuestro psicótico, que contiene la mayor parte de las características y rasgos físicos, y psíquicos condicionados por la herencia. En el transcurso de la vida se van materializando esas órdenes genéticas contenidas en el genoma que hemos heredado y así se van expresando nuestras características corporales (Hoy ya se sabe que la acción epigenética también puede modificar el cómo se expresa el gen, por lo que también se producen órdenes genéticas que no son establecidas por el gen heredado). En cualquier caso, el modelo o perfil psicológico que tenemos lo conforman muchas de las actitudes que desde el fondo vital configuran nuestro esquema actitudinal. En algunos casos también se produce condicionantes, como trastornos o carencias, que se expresan en manifestaciones clínicas, (es decir, enfermedades de transmisión hereditaria).

Hasta aquí somos poco creadores de nuestras actitudes, son las órdenes establecidas por la herencia y también por el medio ambiente en que nos desenvolvemos, los que nos impone capacidades disfunciones, restricciones o carencias que establecen nuestros esquemas.

El fenotipo marca las actitudes y características adquiridas por herencia que son modeladas por el medio ambiente, si bien es cierto que tanto el biotipo como el psicotipo heredados son plásticos y moldeables, de forma que somos capaces de influir, enriquecer y mejorar los condicionantes heredados en nuestro genoma o en su defecto, podemos impedir o distorsionar su expresión en función de nuestro régimen de vida y dependiendo de la forma en que asumimos responsabilidades, en el cuidado de nuestro cuerpo y/o cómo cultivamos nuestra mente.

En otras ocasiones esta idea la hemos expresado diciendo: *"heredamos en barro y la sociedad y nosotros mismos, somos la mano del alfarero que elabora la obra de alfarería, de forma que con mal barro hay dificultades para lograr calidad en la cerámica, pero sin un buen alfarero es imposible lograrla"*.

El fondo de civilización básicamente también nos es ajeno, *"no nacemos, nos nacen"*, decía **Sartre**[100] no elegimos la época, el continente, la nación ni la

---

[100] (Jean Paul Sartre, (1905-1980) filósofo y político, francés. Exponente del existencialismo y Premio Nobel de literatura que rechazó)

familia en que vamos a nacer y que nos va a prestar elementos culturales tan importantes como el lenguaje, los valores, los modelos de relación interpersonal y social e infinidad de herramientas, normas, estilos de vida y en definitiva esquemas actitudinales, que pasarán a formar parte de lo más íntimo de nuestra forma de ser y comportarnos.

Platón daba gracias a los dioses por haber nacido griego, libre y hombre y por haber sido discípulo de **Sócrates**. Griego (por ser la civilización creadora de la democracia y crisol de la cultura universal), libre (no esclavo), hombre (no mujer, por el "estatus" que tenían las mujeres en la antigüedad) y haber conocido a **Sócrates,** su maestro (luz que aún alumbra la filosofía, la ética y el saber).

¿Qué pensaban los sabios griegos del siglo de *Pericles* de su actitud ante los esclavos o los efebos? ¿Podríamos incorporarlos a nuestro modo de vida? ¿Seríamos capaces de convivir con su forma de vida? ¿Quién aportaría más valores a quién? y ¿Cómo sería yo mismo si hubiese nacido en el siglo XII en China? la respuesta es sencilla, simplemente no sería yo.

Rizzolatti, En 1996 dio a conocer su descubrimiento de las neuronas en espejo. Con lo que ha abierto expectativas insólitas para comprender el aprendizaje por imitación, la empatía y la incorporación de conocimientos pre-verbales en el niño. El niño, el adulto y también algunos primates, captan, sin mediación verbal, primero de su madre y después del entorno cercano, elementos culturales e incorporan pautas de comportamiento, valores y en general actitudes, sin aprendizaje explícito, estos conocimientos se incorporan a la memoria a través de las neuronas en espejo y marcan pautas y normas que perduran durante toda la vida.

Esta información no verbal, capaz de ser captada a través del lenguaje de los gestos y de pautas de comportamiento de los miembros del grupo familiar, ya fue detectada por etólogos como fenómenos existentes en algunos primates, como los chimpancés que los hacen aptos para poseer capacidad de empatía (capacidad de ponernos en la situación del otro) y que se traduce en capacidad para emplear la ironía, o la capacidad de adivinar el estado de ánimo de otros, e incluso engañar al otro o mentir. Ahora **Rizzolatti** ha comprobado experimentalmente la existencia de esas neuronas en espejo, encargadas de incorporar conocimientos, habilidades, escalas de valor y actitudes en general, sin enseñanza explícita, lo que permite rechazar una vez más, la tesis de **Rousseau**[101], quien defendía que *"el hombre nace cual tabla rasa"* y también podemos comprender mejor la causalidad del "inconsciente colectivo" propuesta por **C.G. Young** Se puede afirmar que existen razones no genéticas, pero sí epigenéticas o adquiridas por la primigenia culturalización del bebé, para confirmar la existencia de reglas y leyes "Casi Naturales" del ser humano.

El fondo vivencial que nace de la experiencia vivida, es en gran medida un producto social, no es específicamente nuestro. Nace de la interrelación que tenemos con los demás, con el entorno y con nosotros mismos. A través del fondo vivencial incorporamos infinidad de contenidos: el aprendizaje, la elección de modelos de conducta, las escalas de valor, las vivencias experimentadas en el proceso de adaptación a la vida, a la sociedad, al amor, al trabajo e incluso los contenidos nacidos de nuestra propia reflexión interna, que no es otra cosa que tomar conciencia de la comunicación entre el YO y el MI, según el modelo propuesto por **George Mead**.

7.3.2.- LIBERTAD PERSONAL. EL MÉRITO Y LA CULPA.

Viendo de donde proceden y cómo se conforman las actitudes que han de ser aportadas al esquema actitudinal para orientar, dirigir y condicionar la conducta, parece que queda poco espacio para atribuirnos la autoría o la libertad en la conducta que desarrollamos. Esto es así, si es que damos por válido el esquema que hemos descrito y si otorgamos a los contenidos actitudinales un papel fundamental en la elaboración del "Sí-mismo personal" y en la orientación direccional del comportamiento.

¿Qué es la libertad? ¿Cómo nace la libertad? **Frankl**[102] decía: *"La última de las libertades humanas es la elección de la actitud personal que se debe adoptar frente al destino, para decidir el propio camino"*.

Habíamos planteado que el conocer a alguien, es aceptar que esa persona puede ser (de algún modo) predictible en su comportamiento, lo que implica, que posee algunos condicionantes cognitivos o sistemas capaces de promover unas pautas o formas típicas de reaccionar, actuar o comportarse

---

[101] (Jean Jacques Rousseau, (1712-1778), filósofo y naturalista suizo, influyente en el enciclopedismo y romanticismo)
[102] (Viktor Frankl, (1905-1997), médico austriaco padre de la logoterapia. Preso en Auschwitz, prof., U. Viena, Harvard Y Dr. Honoris Causa por 20 Universidades.)

ante determinadas situaciones, circunstancias o estímulos. Eso es posible porque se han incorporado unos esquemas, unas formas de analizar y resolver, es decir, como se dice en fenomenología, se ha producido una *"reducción eidética"*, (operación mediante la cual se retienen solo las notas esenciales de una vivencia o su objeto), por la que se preestablecen pautas y líneas de conducta características y personales, a las que hemos integrado en el concepto de "esquema actitudinal".

También sabemos que la empatía tiene mucho que ver con la percepción que el bebé tiene para poder detectar las intenciones, el afecto y los regaños que recibe de su madre y el entorno cercano.

Comentamos antes que cuanto más establecidas, consistentes y predictibles sean las formas de reaccionar o comportarse las personas, más sólidas deben ser las estructuras, los sistemas y mecanismos internos que determinan esas formas típicas y predictibles de actuar. Pero a su vez nos preguntamos: ¿No se restringirá la libertad por esa misma predictibilidad? Parece evidente que sí, cuanto más predictible es el comportamiento, menos libre se es.

Vamos a adelantar acontecimientos. A nuestro modo de ver las pautas tipificadas de la forma de reaccionar o comportarse, es lo que llamamos el "esquema actitudinal", que procesa las situaciones y orienta las decisiones y la conducta, en línea a promover respuestas de acuerdo con sus modelos de comportamiento y estas serán tanto más predictibles y típicas, cuanto más consistentes y sólidas sean las actitudes que condicionan los modelos de esa respuesta personal.

Aunque este planteamiento es esquemático y reduccionista tiene su fundamento y su razón de ser. Aquí nos permitirá adentrarnos en el análisis de cómo funciona ese "continuum" que va desde los estímulos que promueven el procesamiento actitudinal, hasta la ejecución de la conducta. Conocer ese proceso parece sugerente para aproximarnos al conocimiento de las personas y de nosotros mismos, pero también nos permitirá promover en el esquema que estamos planteando algún resquicio donde pueda caber la libertad.

Todo ello parece ayudarnos a formular una hipótesis, con la pretensión de que sea elegante y permita una concepción antropológica, global y consistente del ser humano. Esa hipótesis debe dejar espacio para ubicar su libertad personal y facilitar la concepción integrada del proceso mental, con su soporte neural y con la forma de ser y comportarnos.

La fundamentación de cualquier teoría filosófica, exige una verdad consistente en qué apoyarla (verdad apodíctica), el "cogito ergo sum" de **Descartes**. Para nosotros el sentimiento íntimo de libertad, ese "yo pienso lo que quiero" y "esto lo hago yo porque me da la gana", es una verdad tan consistente como el "pienso luego existo", lo que nos permite sospechar que hasta aquí el esquema propuesto está cojo, le falta algo, porque en él no tiene una cabida cómoda la libertad individual.

Para indagar esta carencia, vamos a comenzar planteando una de las características fundamentales del ser humano. Podríamos formularla diciendo: *"lo más importarte del ser humano, no es lo que él es, si no lo que no es y quiere ser"*.

De ese querer ser, nace la voluntad, el proyecto personal, la motivación, el sentido de la vida, la proyección transcendente, el mérito y la culpa. Por eso, lo que se quiere ser, parece poseer tanta o más importancia que lo que ya se es. **Simone de Beauvoir**[103] decía" *Cuando era joven era feliz, porque no era nada, pero podía serlo todo, ahora que soy casi todo, soy profundamente desgraciada*".

¿Cómo se consigue la libertad?: pensamos que algo lograremos si a nuestro esquema actitudinal, le añadimos una estructura que permita comprender mejor la proyección transcendente descrita más arriba.

Con el planteamiento anterior, la conducta, quedaba orientada y casi establecida por los condicionantes que promueve el esquema de actitudes, por tanto está retroalimentada, tanto por el genotipo, como por el fenotipo que comprende la cultura y la experiencia, pero este esquema pensamos que es corto, y es reduccionista, porque queda sin proyección, sin futuro, sin transcendencia, cuando es evidente que uno de los elementos característicos de lo humano es su tendencia a elaborar sus estrategias y sus proyectos en prospectiva, es decir, con la vista puesta en el futuro.

---

[103] (Simone de Beauvoir (1908-1986) filósofo y escritora)

Gabriel Marcel[104] describe al hombre como *"un ser que camina cargado con el saco de la historia y la mirada puesta en el horizonte"*. Nosotros pensamos que esa proyección transcendente es específica del ser humano y gracias a ella es capaz de preservar su libertad.

La conducta proyectada por los condicionantes actitudinales puede ser difractada, (como la luz al atravesar el prisma de cristal) desviada, por ese proyecto transcendente, que es el que reorienta el estilo de conducta hacia *"ese ser quien no se es y se quiere ser"*, buscando acercarse a ese ideal de sí-mismo, que por su condición de "ideal" no incluye evidencias de lograr lo que se espera y esa esperanza inmaterial es la libertad que por otra parte, condiciona severamente el esquema de motivaciones y recompensas o frustraciones y con ellos nuestra forma de ser y comportarnos. Es celebre la frase de **Seneca**[105] *"Nunca tiene el viento favorable la nave que no sabe su destino"*.

Pensamos que es en ese proyecto en prospectiva donde reside la libertad del hombre, libertad que no es total, que tiene condicionantes, unos nacidos de las mismas actitudes que coaccionan y condicionan la elección del ideal de sí-mismo y otros derivados de otra de las características esenciales del ser humano, su contradicción, su disponer de varios modelos de ideal de sí mismo, frecuentemente incompatibles entre sí, a lo que se añade la dificultad para la renuncia, toda vez que lo difícil no es elegir lo que se quiere, si no decidir a qué se renuncia.

La búsqueda final de la libertad del ser humano, se proyecta en prospectiva, en el mundo de la esperanza, de lo deseable, pensamos que la libertad en gran medida, debe estar también en todo aquello que no se es y se quiere o se debe ser. Desde luego este norte ideal que nos guía está fuera de Sí-Mismo, aunque meced a las estratagemas con que elaboramos la construcción de ese Sí-Mismo personal, lo consideramos muy nuestro.

Ese perfil desiderativo de lo que queremos ser lo vivenciamos como algo que ya somos (una de tantas vanidades del ser humano), aunque en realidad está fuera del YO, está en la transcendencia, en el desiderátum de la existencia.

---

[104] (Gabriel Marcel, (1889-1973), filósofo francés, Referente del existencialismo católico, Prof. U. Sorbona)

[105] (Julio A. Seneca, (4-65 d. C). Filósofo estoico y político romano nacido en Córdoba)

Decíamos que es allí donde se podría encontrar ese valor anhelado que es la libertad. Pero es evidente que hacer un estudio y exposición actualizada de los mecanismos con que opera la mente del ser humano, requiere incorporar un enfoque más "material", más físico, porque el hombre es una realidad psicofísica y el estudio del proceso mental debe aportar también el anclaje material, a la explicación de los diferentes aspectos que hemos expuesto en el esquema teórico del funcionamiento de las actitudes.

Mientras el estudio de los aspectos psicológicos del ser humano fue tarea asumida por la filosofía o se le otorgó un carisma espiritual a sus contenidos, experiencias y funciones, se mantuvo una dura pugna entre los planteamientos espiritualistas y el empirismo pragmático al que se acusó de materialista. Aunque ambos buscaron con sus estudios, enfoques e interpretaciones para comprender y explicar el proceso mental. Aún pervive la tendencia a valorar como negativo todo lo que suena a material, a físico o biológico en el ser humano. Como muy bien expresó **Lope de Vega**[106].

> Ni estoy bien ni mal conmigo
> Más dice mi entendimiento
> Que un hombre que todo es alma
> Está cautivo en su cuerpo.

El cuerpo es un lastre, lo sublime está en el espíritu, porque en nuestra cultura cualquier abordaje del conocimiento de lo humano que no priorice lo trascendente queda pobre y falto de la necesaria sensibilidad para poder atribuirle capacidad de lograr una comprensión adecuada del ser humano, que da por hecho su condición de Homo Sapiens.

7.4.- EL TEMPERAMENTO

Se entiende por temperamento el conjunto de rasgos y características de la personalidad con base biológica o constitucional. Son estas unas características que están muy condicionadas por la herencia.

Strelau[107], describe algunas características, en las que se diferencian temperamento y personalidad:

---

[106] (Lope de Vega y Carpio, (1562-1635), Sacerdote y brillante escritor del S. de oro español, se le apodó el Fénix de los ingenios)
[107] (Joan Strelau (1931..), psicólogo polaco, Prof. de psicología en la U. de Varsovia)

| TEMPERAMENTO | PERSONALIDAD |

1. Según los determinantes del desarrollo

Temperamento es biológico………………………. Personalidad es social

2. Según los estadios del desarrollo.

Temperamento: se manifiesta en la niñez…….. La Personalidad en adultos

3. Según la población de referencia.

Temperamento se da en animales y personas……Personalidad en personas.

4. Por ser cualidades esenciales de la conducta.

El temperamento no tiene………………….En la Personalidad sí tienen.

5. Según su función central reguladora.

En el temperamento sin importancia……..En la personalidad: muy importante.

Podemos concluir que: *"el temperamento es un conjunto de características relativamente estables, condicionadas genética y corporalmente, que inciden en la construcción de la personalidad aportándole rasgos básicos de procedencia biológica"*.

7.5.-EL CARÁCTER

El término literal carácter proviene del griego = marca del ganado. En el mundo clásico se entendía como el arquetipo de lo que uno desea ser. Este aspecto se universalizó, denotando desde siempre lo distintivo de una persona o del grupo: por ejemplo "el carácter nacional.

Carácter en psicología no se refiere a cómo debe o desea ser la persona, sino en tal y como es. Se puede considerar acertada la definición de **Philip Lersch**[108] dice: "Carácter es *la peculiaridad del individuo que se enfrenta al mundo haciendo uso de sus distintas facultades, en su sentir y en su obrar, en sus decisiones voluntarias, valoraciones y objetivos, en sus juicios y orientaciones, con lo cual adquiere su existencia individual, es decir, una fisonomía que le diferencia de los demás"*.

---

[108] (Philip Lersch, 1898-1972, psicólogo, Prof. U. de Munich).

Lowen[109] afirma: *"Lo principal del carácter, es que representa un modelo de comportamiento o una tendencia habitual. Es un modo de respuesta fijo o estructurado"*.

El concepto de carácter posee una característica peculiar: Aporta un sello que distingue a una persona. Suele decirse que hay cosas que "imprimen carácter". Desgraciadamente, apunta **Lowen**: *"El individuo neurótico se identifica con su carácter, del que forma también parte su YO ideal. Por ejemplo, un individuo obstinado considera su obstinación como su principal cualidad personal; con ella consigue todo lo quiere. Pero esa obstinación se convierte en un enemigo que le impide realizar su vida con plenitud. Solo el fracaso reiterado y su insatisfacción, le llevarán a dudar de su forma de ser y actuar"*.

Cuando hablamos del carácter de una persona, intentamos resumir un conjunto de rasgos personales; estamos refiriéndonos a una estructura que entrelaza los instintos, las emociones, los estados de ánimo y los sentimientos de la persona, con el contenido de sus percepciones, representaciones, pensamientos, valores y decisiones.

Es evidente que el concepto de carácter es muy parecido al de personalidad, por lo que desde mediados del S.XX el concepto de carácter dejó de ser "científico" para la Psicología americana, que se quedó con el concepto de personalidad. Sin embargo en Europa la Caracterología ha sido y sigue siendo considerada tanto en Psicología como en Psiquiatría.

Por nuestra parte pensamos que el carácter es: *"el conjunto de rasgos ya construido en la persona, que a modo de síntesis definen sus aspectos más característicos, que proceden de su temperamento, de su experiencia y de las pautas conductuales que se derivan de los rasgos que estructuran su esquema actitudinal y su personalidad y que al manifestarse ante los demás, lo hacen predictible"*.

Desde nuestra concepción el carácter es un concepto muy cercano al de esquema de actitudes, quizás con la peculiaridad de que se manifiesta en la conducta, mediante la interacción con los demás, a diferencia del esquema actitudinal que se refiere más a la intimidad, al lenguaje interior, a los

---

[109] (Alexander Lowen, (1910 - 2008), EEUU, médico y psicoterapeuta)

proyectos y sobre todo a las escalas de valor y de motivación que orientan la conducta.

7.6.- LA PERSONALIDAD

7.6.1.- CONCEPTUALIZACIÓN DE LA PERSONALIDAD.

La personalidad es el conjunto de rasgos que hacen del individuo un ser único, original, distinto de los demás e irrepetible. Este conjunto de rasgos y características que definen a una persona, está construido por pensamientos, sentimientos, actitudes, hábitos y rutinas de conducta que el individuo suele desarrollar, generando todo ello un constructo muy particular, que hace que las personas seamos consideradas como únicas y diferentes a los demás.

Al nacer, cada persona tiene ya algunas características propias. Desde que somos bebés, los padres dicen: "el niño es muy llorón, o es muy inquieto, etc." Con el paso del tiempo y por la acción de un conjunto de factores derivados unos de la herencia recibida del genoma, que siguiendo las órdenes del reloj genético se van expresando desde la concepción hasta el fin de la vida y otros que actúan desde antes del nacimiento, como a salud y el estilo de vida de la madre y desde el nacimiento, conforme van actuando multitud de factores culturales, familiares, educacionales, sociales y otros más personales nacidos de la interacción, cada vez mayor, que el individuo tiene con la vida, son los responsables de marcar y hasta esculpir el perfil caracterial y de personalidad de cada individuo.

El concepto de personalidad guarda estrecha relación con el término persona, palabra que procede del griego "prosopon", con el que se denominaban a las máscaras que se ponían los actores en el teatro griego para representar a los personajes, lo que induce a entender la personalidad como el papel o rol que desempeñamos con nuestra conducta en relación con los demás. O sea, la personalidad es el personaje que somos o que queremos aparentar que somos.

Esta etimología de la palabra persona ya encierra dos aspectos centrales para definir la personalidad: Uno derivado del papel que se interpreta en relación con los demás, gracias al que se nos asigna un perfil como ente social. Otro aspecto es que ese perfil característico del individuo por el que podemos conocerlo y en gran medida predecir su conducta, perfil que incluso se mantiene en los monólogos que cada persona desarrolla consigo mismo, que no son otra cosa que el diálogo del YO con ese otro YO, que llamamos el MI y que comentamos en nuestra teoría de las actitudes.

Podría definirse la personalidad como: *"el conjunto de modalidades adaptativas que el individuo utiliza en su contacto con el ambiente en que se desenvuelve. Ese conjunto de rasgos y patrones de conducta característicos, que presiden la forma de ser y comportarse del individuo, es relativamente estable".*

Cicerón[110], distingue cuatro acepciones del término:

- La de apariencia, o mejor dicho, la de falsa apariencia. Viene a ser la simulación, el distinto modo de comportarse en función de los condicionantes, intereses y apariencias.
- El papel que cada actor desempeñaba en la obra teatral, representando al personaje que trataba de caracterizar.
- Otro aspecto se refiere a la importancia y dignidad que tenga el sujeto. Es una nota de prestigio y éxito. "Es *el tener o no tener personalidad*".
- La cuarta acepción es la de definir las características y cualidades personales de la persona, en el sentido más psicológico del término.

Los diferentes tipos de personalidad parecen quedar configurados en parte por coaliciones particulares de unos u otros sistemas. Estas coaliciones pueden ser más o menos duraderas y estar más o menos asentadas. Puede existir una configuración de personalidad que arranque desde las experiencias infantiles y permanezca mucho tiempo, porque se haya mostrado muy válida en la interacción con el entorno social. Pero pueden existir otras configuraciones temporales que solo sirven para alcanzar una determinada meta y que luego se desvanecen.

En psicología social se dice que: *"el rol tiende a identificarse y consolidarse más, conforme más alto es el estatus que un individuo alcanza en un sistema social"*, por lo que los líderes y clases privilegiadas de la sociedad, se identifican fácilmente con las normas, valores y estilos de comportamiento de la sociedad que les otorga el rango superior y por esta razón se mantienen y perduran más los modelos de personalidad que asumen los líderes o

---

[110] (Cicerón, (106 a. C. – 43 a. C.). jurista, político, filósofo, escritor y orador romano)

personas con alto estatus social. Desde otra perspectiva conforme crece el estatus social, se es más conservador, se está más de acuerdo con el sistema social o político que nos prima o valora.

Nosotros, "entendemos por personalidad de un individuo, el conjunto diferenciado de sus propiedades no solo las relativas a su temperamento, a su estabilidad o inestabilidad emocional u otras características básicas, sino que también incluye aspectos tales como su estilo propio de elaboración de la información, su tendencia a priorizar el razonamiento frente a lo emocional, o su estilo de auto-presentación, autocontrol o autorrealización".

CAPÍTULO 8

SOPORTE NEURO-FUNCIONAL DE LA COGNICIÓN

Hemos estudiado los procesos cognitivos desde una perspectiva psicológica Y social, ahora debemos pasar a conocer las estructuras cerebrales y la funcionalidad que los hacen posibles. Haremos este repaso abordándolo desde diferentes enfoques funcionales y morfológicos, para poder comprender mejor la singularidad de los procesos cognitivos y de la mente en general.

8.1.- LA ESTRUCTURA Y FUNCIÓN CEREBRAL

El cerebro está dividido por la cisura interhemisférica, en dos hemisferios el izquierdo y el derecho. Son diferentes entre sí y el reparto de funciones no es simétrico entre ambos. Como dice **Ure**[111] *"el cerebro izquierdo es: intelectual, racional, deductivo, secuencial, abstracto, reflexivo, analítico, explícito y objetivo; en cambio el derecho es: sensual, metafórico, imaginativo, instantáneo, concreto, impulsivo, holístico, tácito y subjetivo"*.

"El hemisferio izquierdo procesa la información fragmentándola, el derecho la integra de modo directo y global. El izquierdo estudia los hechos racionalmente, al modo del conocimiento cartesiano; el derecho lo hace empáticamente, al modo taoísta oriental".

En Neurología se enseña que las pérdidas de la expresión oral, como la afasia motora, se suelen producir por lesiones izquierdas, las apraxias, pérdida de habilidad psicomotora, como vestirse, suelen deberse a lesiones derechas.

---

[111] (Jorge Ure, médico argentino. Jefe del servicio de neurología del H. José T. Borda; Prof. U. Buenos Aires)

Los defectos de la memoria verbal se asocian a déficits del lado izquierdo y los de la memoria visuoespacial a los del lado derecho. Es posible que esta categorización sea demasiado esquemática, pero facilita su comprensión y su aplicación clínica.

El cerebro es el soporte de la mente y en sus estructuras se desarrollan las funciones cognitivas. La información llega por los receptores sensoriales de los órganos de los sentidos y a través de vías específicas para cada sentido es conducida hasta el tálamo y de allí a las áreas corticales primarias de recepción de la información, luego a las secundarias de asociación y finalmente van a las áreas terciarias de integración, dirección, ejecución y control. En las áreas corticales de recepción es donde se hace consciente la información, mediante su procesamiento por el lenguaje semántico y así surge la significación y la simbolización de la información.

En la corteza cerebral se diferencian varios tipos de áreas:

- *"Áreas primarias sensitivas y motoras"*. Las áreas sensitivas que reciben la información específica que captan los sentidos (visual, auditiva, somática...) y las motoras que son las que generan las respuestas efectoras (corteza motora primaria).
- *Áreas secundarias o de asociación unimodal*. Son aquellas en las que las informaciones recibidas son las de cada sentido (imagen, sonido...) y son integradas como una sola experiencia perceptiva.
- *Áreas terciarias o de asociación multimodal*, son las que permiten que se intercalen y se procesen las informaciones procedentes de los diversos sentidos (visual, táctil...) junto con las almacenadas en la memoria, como son los datos, informaciones, conocimientos y experiencias, incluso la carga emocional o de valor. Estas conexiones dotadas de mecanismos de reentrada recursiva, (más adelante se estudiará con detalle cómo opera la reentrada) son capaces de mantener interrelaciones complejas aptas para generar percepciones muy elaboradas. Una vez que la corteza prefrontal reúne toda la información necesaria, elabora un proyecto de respuesta que debe ser llevado a las cortezas de las áreas motoras para su ejecución.

Existen cinco tipos funcionales de corteza cerebral.

- 1 - Corteza sensorial primaria.

- 2 - Corteza sensorial secundaria, unimodal.
- 3 - Cortezas sensorial de asociación, multimodal.
- 4 - Corteza motora secundaria.
- 5 - Corteza motora primaria.

En general cuando una función cortical implica una respuesta motora ante un estímulo sensorial, se sigue la siguiente secuencia de activación: 1-2-3-4-5. En esta secuencia hay bucles cortos, rápidos y simples (como los que se ponen en marcha al espantar una mosca) y bucles largos (como los necesarios para escribir el nombre de un objeto), que ya requieren un proceso más complejo en las cortezas de asociación.

Las zonas más cercanas a las áreas receptoras primarias suelen participar en la integración de los estímulos unisensoriales de modalidades complejas. Por ejemplo, las áreas de asociación gnósicas en las que se integran sensaciones y percepciones de varios sentidos, a la vez informan a otras áreas de integración mutisensorial. Así ejemplo las áreas 39 y 40 parietales, que reciben información cinestésica, auditiva y visual, deben enriquecerlas con componentes afectivos y de valor, a la vez que deben vincularlas a otras informaciones procedentes de recuerdos y experiencias o vivencias ya integradas a funciones simbólicas.

Los procesos que operan en la cognición quedan reflejados en mapas neurales, que recuerdan los pasos dados por la información al desplazarse por los circuitos neuronales, generando las huellas que son necesarias para que se consolide la memoria. Esta organización funcional permite que cualquier objeto percibido pueda recordarse por señales unisensoriales: táctiles, auditivas o visuales y también por el contexto en que se percibió, lo que permitirá su reconocimiento al ser de nuevo percibido o incluso solo imaginado (gnosia) y también por su denominación (fasia nominal) o su simbolización (fasia simbólica).

Los amplísimos sistemas de interconexión entre los distintos circuitos cerebrales, produce una enorme y peculiar intercomunicación de la información, que a su vez está siendo sometida a un constante procesamiento por el que se van modificando sus estructuras y con ella va también modificándose la organización neuronal, de ahí la dificultad de conocer con precisión en qué zonas específicas se producen las distintas funciones cognitivas.

La información entrante, al ser gestionada y procesada por los sistemas cerebrales encargados de la cognición, va generando los distintos contenidos de las funciones cognitivas, por eso decimos que la materia prima con la que se construyen los productos de la cognición es la información.

El proceso comienza en la puerta de entrada de la información, la sensopercepción, que permite la captación de la información externa e interna y tras su procesamiento es guardada en el cortex cerebral, la memoria. Desde donde es remitida a las estructuras cerebrales que gestionan las distintas funciones cognitivas. Por tanto es el cerebro, operando con la información entrante y la existente en la memoria, el que desarrolla los productos que se generan en la cognición.

La función del aprendizaje comienza mediante la traducción, categorización, jerarquización, organización y simbolización de la información, función que se desarrolla con lenguaje semántico. Así se logra la creación de conceptos y la elaboración de conocimientos, criterios o fantasías y metáforas. Esos contenidos mentales pueden ser evocados para su aplicación en los distintos productos de la actividad intelectual, como son las ideas, pensamientos, proyectos, esquemas y demás productos de la mente, que junto con la carga afectiva y emocional, llegan a configurar nuestra forma de ser y comportarnos.

La información, ya muy procesada, organizada, enriquecida y digitalizada, puede proyectarse y aplicarse, desarrollando lo que llamamos la inteligencia. En paralelo operan las dos funciones consideradas directoras de la cognición, que son la conciencia y el pensamiento, encargados de controlar y desarrollar el procesamiento de toda la cognición, a la vez que se produce la emergencia de nuevos contenidos fenoménicos, que se han desarrollado mediante la coordinación, contrastación y elaboración de los diferentes productos cognitivos, como son el Sí-Mismo-Personal, la historicidad, el ser consciente de que se es consciente, la construcción de escalas de valor y el desarrollo de proyectos de realización personal. Todo este proceso genera las funciones más humanas del ser humano, que hemos estudiado a lo largo del libro.

Los contenidos que generan las funciones directoras de la cognición, la conciencia y el pensamiento, son de hecho una sola unidad, la conciencia-pensamiento que tiene la singularidad de poder expresarse con dos posibles versiones: la versión estática (la foto) a la que llamamos conciencia y la versión dinámica (la película) que denominamos pensamiento. La conciencia-pensamiento gestiona y promueve planes y estrategias en prospectiva, lo que junto a la posibilidad de generar el lenguaje interno entre el YO y el MI y la capacidad de anticipación y previsión del futuro, hacen del pensamiento el gestor ejecutivo de la cognición y está muy vinculado a la inteligencia desarrollando al alimón con ella la conducta inteligente. Es la conciencia la que elabora la síntesis informativa de los contenidos de la cognición y dirige su aplicación y desarrollo. Además, asume las tareas de gestión, dirección y control del proceso cognitivo, genera el sentido de identidad, de pertenencia, de unidad, de transcendencia, aporta seguridad a la captación que hacemos de la realidad y del propio proceso cognitivo. Es decir, integra, controla y dirige las capacidades nacidas de la síntesis informativa y también las tareas de gestión, del proceso cognitivo en general.

El procesamiento y gestión del conocimiento generado, capacita a la cognición para desarrollar contenidos informativos complejos, tales como ideas, proyectos, criterios, ilusiones o planes, a partir de los que se desarrollan programas motores, que se expresan en forma de conductas, orientadas a resolver problemas, plantear soluciones, ampliar el conocimiento y en definitiva facilitar la adaptación de los individuos al medio. También, apoyándose en análisis complejos y estrategias adecuadas, se promueve la capacidad creativa, la elaboración de previsiones de futuro y el diseño de los planes apropiados de actuación y la creación en todos sus aspectos.

Así nace y se configura un sistema integrado, que apoyándose en todas las funciones cognitivas, desarrolla lo que llamamos conducta inteligente. La inteligencia aporta un enorme bagaje de posibilidades y capacidades, tanto para desarrollar, estructurar y gestionar aprendizaje y el conocimiento, como para promover conductas adecuadas o elaborar sistemas que permitan organizar el desconocimiento. Tanto inteligencia como pensamiento son capaces de organizar lo que no se conoce, como predecir el futuro preparando al sujeto para resolver los problemas o anticiparse a las situaciones que se avecinen.

8.2.- EVOLUCIÓN DEL CEREBRO DEL ANIMAL AL HOMBRE.
En la evolución humana, la expansión cerebral ocurre principalmente por crecimiento de las áreas asociativas de orden superior. Cuando se asciende

desde los sistemas nerviosos más primitivos a los más evolucionados, la separación entre las entradas y las salidas del estímulo, crecen mucho a expensas de componentes intermediarios responsables del procesamiento. La memoria, el estado de humor, el lenguaje, la inteligencia, la consciencia, el pensamiento, la planificación de programas de conducta, etc., son expresiones de ese procesamiento intermedio.

La evolución filogenética nos permite distinguir en el cerebro humano las estructuras más antiguas de las más modernas. Son más antiguas arquicórtex y paleocortex, muy poco desarrollados, con menos de 6 capas neuronales, que comprende básicamente las estructuras del hipocampo, lóbulo límbico, el bulbo olfatorio y la corteza olfatoria. Y la parte más moderna del cerebro, el neocortex (isocortex) con mayor desarrollo en la especie humana. Comprende la mayor parte del telencéfalo, con 6 capas neuronales en su estructura.

En la especie humana la corteza cerebral tiene mucha más cantidad de corteza asociativa y está más diferenciada y especializada que en los demás mamíferos, lo que se debe a que la adquisición de nuevas funciones cerebrales superiores se realizan a expensas de las cortezas asociativas y su complejidad requiere la mayor eficiencia de su organización citoarquitectónica.

8.3.- EMERGENCIA DE LAS FUNCIONES MENTALES DEL CEREBRO.

"El cerebro es la estructura biológica que recibe los estímulos del medio interno y del externo al individuo, los procesa, los integra y los correlaciona entre sí y con las experiencias cognitivas, emocionales y de motivación que tiene acumuladas en su memoria; con todo ello, elabora y ejecuta respuestas dentro o fuera del organismo".

Ya en el pasado siglo XX la neuropsicología experimental planteó preguntas con calado filosófico, tales como: ¿Son las actividades mentales distintas o idénticas a los procesos cerebrales? o: ¿Se producen las actividades mentales en el cerebro de forma similar a como se produce la leche en la mama? La absoluta mayoría de los neurocientíficos coinciden ya en que la conciencia es una emergencia de la materia, por lo que la explicación de la mente se investiga explorando la actividad del cerebro. Aun no se puede responder de forma satisfactoria el cómo los procesos bioquímicos cerebrales producen los procesos mentales. Las soluciones que se proponen suelen tener base empírica sin fundamentación experimental sólida. Nosotros, "humildemente", hemos propuesto en un libro anterior y en este también se ha comentado, otro enfoque, que entiende que la conciencia y la mente con todas sus funciones cognitivas están constituidas básicamente por dos elementos el cerebro y la información. El cerebro es el continente y el procesador de la información y la información es el contenido, que fundamentalmente ha sido incorporado desde el exterior y que al ser procesada contrastada y elaborada genera los elementos informativos que se expresan en las funciones cognitivas, tanto de la conciencia, como de la inteligencia o el pensamiento. Por lo tanto pensamos que querer descubrir cómo emerge la conciencia desde el cerebro, es lo mismo que querer conocer cómo se crea una sinfonía explorando el CD que la contiene.

8.4.- EL ENFOQUE FUNCIONAL

Ya vimos cómo funcionan los procesos cognitivos, pero quizás pueda ayudarnos la explicación que da **Damasio** para una mejor comprensión de su funcionamiento: *"Un rasgo distintivo del cerebro de los seres humanos es su habilidad para crear mapas. Cuando el cerebro genera mapas, se está informando a sí mismo, la información contenida en los mapas le sirve al cerebro tanto para guiar la conducta motora, como para crear otros mapas, que en definitiva son también informaciones que le sirven a la conciencia para aplicarles razonamientos y construir así la experiencia sensible, como si fuese un calco de la realidad. Los mapas se elaboran también cuando recordamos datos obtenidos de los bancos de memoria de nuestro cerebro. Es decir, el cerebro es un cartógrafo que comienza por acotar en mapas el cuerpo, en cuyo interior se encuentra también el cerebro".*

Damasio comenta cómo el cerebro elabora los mapas visuales, homologándolo a cómo lo hacen los carteles luminosos electrónicos que funcionan con LED, capaces de dibujar imágenes, textos o situaciones, según se enciendan o apaguen los diodos, además, de poder dibujar y redibujar encima con facilidad.

La mente es una consecuencia de la incesante y dinámica elaboración de mapas del cerebro. Registra de forma constante el flujo de las operaciones que debe realizar para construir esos mapas. Lo que grabamos en nuestra memoria no es el objeto percibido o la estructura de la imagen que quedó acotada en la retina, sino que se graba la actividad del recorrido neuronal que tuvo que realizar el cerebro, para captar la situación percibida y también la que necesitó realizar para evocar situaciones similares o sea, que con el mapa lo que memorizamos es la secuencia de las operaciones que realiza el cerebro, a las que **Damasio** llama "disposiciones".

Cuando se le pide al individuo que realice una tarea muy sencilla, de la que se conocen bien las conexiones y proyecciones que se han de implicar, se ha comprobado que los mapas neurales que provoca la tarea, no son siempre los mismos ni se sitúan siempre en una región cerebral específica, sino que la actividad neuronal puede variar de forma significativa, dependiendo del contexto en el que se produce el procesamiento de la información. Lo mismo ocurre cuando a dos sujetos se les pide que realicen la misma tarea, el mapa cerebral que se produce en ambos suele ser diferente, como ya demostró experimentalmente **Luria**[112].

Los mapas cerebrales que se producen por la activación neuronal, están siendo modificados de forma permanente, ya que es enorme la frecuencia con que se están produciendo continuamente nuevas huellas por la llegada de nuevas informaciones. En cualquier caso, hay cierta estabilidad en el mapeado neuronal, debido a diferentes factores, uno de ellos es el grado de atención que debe prestarse en las diversas situaciones que se vivencian, ya que si el estímulo es conocido, el cerebro suele desarrollar su capacidad de anticipación planificando la respuesta y si es desconocido, la dificultad cognitiva es mayor, lo que requiere la activación de otras áreas corticales y la respuesta tarda más en producirse. La razón más común de la activación de redes o circuitos neuronales distintos con el mismo estímulo, como propuso **Edelman**, en su Teoría de la Selección de Grupos Neuronales (TSGN), al desarrollar el mecanismo de "variación vicariante" para explicar el por qué el mismo estímulo puede generar distintos caminos neurales en los mapas globales. La razón es la necesidad de reclutar diversas áreas corticales, lo que es evidente cuando las tareas a realizar son más complejas, tales como leer o aprender, entonces la activación neuronal se produce en áreas repartidas por toda la corteza cerebral.

El cerebro tiene una limitada capacidad de procesamiento de la información en tiempo real y para compensarla, procesa la información en paralelo,

---

[112] (Alexander Luria, (1902-1977), médico ruso, Prof. U. Moscú, fundador de la neuropsicología)

participando a la vez distintos sistemas sensoriales; el más conocido es el sistema visual, donde se sabe que para la localización y la identificación de un objeto, el procesamiento de la información está repartido por diferentes partes de la corteza visual. Por ejemplo: la localización de un objeto y relacionarla con su localización en el espacio, activa las regiones dorsales occipito-parietales y a la vez la identificación del objeto, activa las áreas ventrales occipito-temporales, con lo que se activan varios circuitos cerebrales para una única percepción visual.

Por ejemplo la consolidación de la memoria a corto plazo que deba consolidarse como memoria a largo plazo, ocurre cuando el hipocampo está generando memoria a corto plazo y debe solicitar el concurso de otras áreas corticales para consolidar esa memoria a corto en memoria a largo plazo. También es conocido que la memoria verbal activa el hemisferio izquierdo y la memoria no verbal, el hemisferio derecho.

La amígdala del sistema límbico, tiene un papel importante en la memoria de eventos que poseen alto componente emocional. El aprendizaje de nuevas habilidades, requiere, en el periodo inicial, la activación de los sistemas de atención y la memoria de trabajo. Con la práctica y una vez aprendida la habilidad, se produce una re-estructuración de las regiones cerebrales, generándose nuevos circuitos sinápticos entre las diferentes regiones, lo que genera nuevos mapas. Lo mismo ocurre ante lesiones cerebrales, la plasticidad cerebral también activa las regiones vecinas, reorganizando sus conexiones y así compensa la pérdida o alteración de la función causada por la lesión.

Gracias a las técnicas de neuroimagen funcional se puede explorar en personas conscientes la actividad cerebral en diferentes aspectos del lenguaje. Se ha podido conocer que las áreas temporales basales y mediales, participan en los aspectos semánticos y las frontales en los aspectos sintácticos. Pero es evidente que el lenguaje necesita la integración de otras muchas áreas cerebrales y ya se han localizado vías distintas de acceso a las áreas cerebrales del lenguaje cuando se trata de palabras habladas o de palabras escritas. Cuando es oída la palabra, se produce una activación de la corteza del lóbulo parietal inferior (área sensorial de Wernicke), pero la estimulación visual de esa palabra escrita, no siempre activa el área de Wernicke, por lo que se piensa que desde la corteza visual también se transmite la información directamente a la región de Broca.

Curiosamente se ha comprobado que la lectura induce la generación de verbos que están ligados a los objetos representados (por ejemplo, si leo escoba tiendo a responder barrer), a pesar de que sabemos que las áreas que procesan las percepciones auditivas y visuales estás separadas.

Otra aportación significativa, ha sido el comprobar la mayor participación del hemisferio derecho en la prosodia del lenguaje, es decir, en la elaboración del componente emocional, que incluye la entonación, acentuación y el ritmo del lenguaje.

Simplificando, se podría comparar la actividad del cerebro a una orquesta. A partir de la música de cada uno de los instrumentos, emerge una sinfonía, que no puede explicarse solo como la suma de la música de cada uno de los instrumentos. **Crick**,[113] con un símil también musical, identificó a la corteza prefrontal como "*el director de la orquesta del proceso mental*".

Las funciones descritas en el proceso mental, se encuentran en diferentes módulos del cerebro, lo que nos permite concebir una topología o arquitectura con varios niveles. Unos niveles en la que se dan los fenómenos o funciones psíquicas de nivel básico, otros que por correlación, procesamiento o sumación, configuran funciones más complejas y finalmente otros en los que parecen darse funciones emergentes de un conjunto de "todos parciales", pero distintos y superior a ellos. En ese pináculo está la capacidad de abstracción, la capacidad de proyección transcendente y otras funciones simbólicas del proceso mental que se le asignan a la conciencia-pensamiento.

8.4.1.- LA PLASTICIDAD NEURONAL.

Ya hemos conocido con cierto detalle su importancia y lo que significa. Ahora vamos a conocer algunos de sus mecanismos. Una definición corta de plasticidad puede ser: "*la capacidad del sistema nervioso de remodelar las sinapsis entre sus neuronas, lo que mejora su robustez y eficiencia facilitando la reorganización de sus conexiones sinápticas, la modificación de los mecanismos bioquímicos y fisiológicos, así como el desarrollo de vías de comunicación alternativas*".

---

[113] (Francis Crick, (1916-2004), físico inglés co-descubridor del modelo en espiral del ADN y Premio Nobel de Medicina)

Estos procesos son la respuesta del cerebro a las necesidades adaptativas, a las lesiones o al incremento o disminución de la actividad mental, como ocurre con el aprendizaje. Los cambios en la estructura neuronal se pueden producir mediante los siguientes mecanismos:

- Creando nuevas sinapsis.
- Creando nuevas redes neuronales.
- Reemplazando las redes neuronales que existían antes.
- Promoviendo el nacimiento de nuevas neuronas
- Modificando conexiones neuronales, que antes de la lesión no tenían una relación funcional, es decir, haciendo que las neuronas que no se hablaban entre sí, pasen a interactuar y a conectarse.

Si la plasticidad no existiera, cada neurona y la proyección que deba tener su axón, debería estar especificada desde el genoma, no se podría dejar nada al azar o a la experiencia. La principal manera de esculpir las complejas características de un cerebro individual y distinto en cada persona, es creando múltiples estructuras neuronales, lo que permite que sean las entradas provenientes del medio interior o exterior las que modelen, remodelen dichas estructuras. Además, muchos organismos, incluyendo los humanos, sobreproducen neuronas y sinapsis, lo que obliga a eliminar aquellas conexiones que no resultan útiles. A finales del S.XIX **Cajal** presentó su hipótesis sobre la plasticidad sináptica. Hasta entonces no se tenía conocimiento de los soportes neuronales de la memoria. D. Santiago postuló: *"El ejercicio mental facilita un mayor desarrollo de las estructuras nerviosas en aquellas partes del cerebro que están en uso"*. Así dejó constancia de haber descubierto que la actividad cerebral reforzaba las conexiones preexistentes entre grupos de células, mediante el aumento de terminales nerviosas.

Pasó más de un siglo y los neurocientíficos asumieron que los mecanismos de plasticidad sináptica, representan el sustrato celular para la formación de los distintos tipos de memoria, tanto en las formas más simples de aprendizaje no asociativo, como en las formas más elaboradas de memoria declarativa. **Rita Levi Montalcini** demostró e identificó la existencia de factores tróficos de crecimiento neuronal, que hacen posible la reestructuración de las sinapsis, confirmando de forma experimental la plasticidad neuronal.

Álvarez-Buylla[114] también ha contribuido de forma muy significativa al conocimiento de esta singular capacidad de remodelación y crecimiento del sistema nervioso.

Recapitulando. Queda establecido que *"la transmisión sináptica de la información desde una neurona a otra produce cambios a uno o ambos lados de la sinapsis"*.

Estos cambios son debidos a un gran número de mecanismos, conocidos colectivamente como "plasticidad sináptica". Esta plasticidad sináptica se puede dividir en tres grandes categorías:

1. *"Plasticidad a largo plazo"*. Produce cambios en unas horas o más. Este tipo de plasticidad es el mecanismo básico que soporta los procesos del aprendizaje y la memoria permanente.
2. *"Plasticidad homeostática"*. Esta plasticidad, que se da a ambos lados de la sinapsis, permitiendo a los circuitos neuronales mantener unos niveles apropiados de excitabilidad y conectividad necesarios para lograr el equilibrio homeostático.
3. *"Plasticidad a corto plazo"*. Dura de milisegundos a minutos y permite a las sinapsis realizar funciones computacionales críticas en los circuitos neuronales, es el fundamento de los procesos de memoria a corto plazo y de otros procesos automáticos y adaptativos.

Los cambios que se producen a largo plazo en las propiedades de transmisión de las sinapsis son importantes para el aprendizaje y la memoria permanente, mientras que los cambios a corto plazo, permiten al sistema nervioso procesar e integrar temporalmente la información, bien fortaleciendo o disminuyendo la capacidad de transmisión de los circuitos sinápticos.

Conocer los cambios que se producen en las sinapsis por el hecho de transmitirse la información a través de las sinapsis, ha permitido modificar el viejo localizacionismo rígido de la actividad cerebral y también facilita entender cómo la actividad intelectual modifica la estructura funcional y morfológica de la neurona. La plasticidad también permite el desarrollo y la

---

[114] (Arturo Álvarez-Buylla (1958...) Biólogo Mexicano hijo de exiliados españoles. Prof. U. California)

supervivencia de las células del sistema nervioso dependientes de proteínas específicas como son: el factor de crecimiento nervioso, el factor neurotrófico cerebral y las neurotrofinas 1,3 y 4.

8.4.1.1.- EXPRESIÓN E INDUCCIÓN DE LA PLASTICIDAD.

Las sinapsis transmiten la información cuando un potencial de acción presináptico produce la liberación del neurotransmisor que contienen las vesículas. Los neurotransmisores se unen a los receptores post-sinápticos modificando la actividad de la neurona post-sináptica. La cantidad de neurotransmisor liberado está en función de las características de la actividad pre-sináptica, por eso, las sinapsis son consideradas como filtros que establecen propiedades distintivas entre las neuronas.

Las respuestas neuronales varían según la secuencia que tienen los trenes de potenciales de acción que producen en la neurotransmisión de la información. Estas secuencias, son las que caracterizan la información encriptada contenida en la respuesta neuronal, por lo que son la base de los estudios sobre el código con el que se hablan entre sí las neuronas, similar al código Morse que emplean los telegrafistas. Se podría decir que "cada neurona habla con voz propia".

Las sinapsis de una misma neurona pueden expresar diferentes formas de plasticidad, pues la probabilidad de liberación de neurotransmisor no es fija, está modificada por la actividad neuronal a través de la plasticidad a corto plazo. Es decir la fortaleza sináptica está determinada por la probabilidad que tenga de liberación del neurotransmisor, de ahí que esté siendo modificada continuamente según la transmisión de los potenciales de acción. Dada la naturaleza aleatoria de la transmisión, una neurona, al disparar una secuencia de potenciales de acción, puede generar diferentes patrones de liberación de neurotransmisor en cada una de sus miles de terminales presinápticas. Por tanto, cada neurona no transmite solamente una señal, sino un gran número de señales diferentes al circuito neuronal en el que opera.

8.5.- ENFOQUE CELULAR

8.5.1.- LA NEURONA.
Es el elemento más singular del cerebro. Su característica más especial es su capacidad de comunicarse con otras neuronas a través de las sinapsis. Hay

dos tipos básicos de neuronas: excitadoras e inhibidoras, que presentan distintas características y estructuras a nivel de las sinapsis. No obstante, ambos tipos son parecidos en su forma de generar señales eléctricas y químicas. En ambas, la neurona presináptica y la postsináptica se comunican en la hendidura sináptica y en ella se produce la transmisión de señales, mediante un proceso químico, mediado por los neurotransmisores.

La neurona tiene carga negativa en su interior respecto al exterior. Al ser activada, por llegada de estímulos procedentes del exterior o del interior (cuerpo y cerebro), pierde la carga negativa por la acción de los iones, Na^+ y K^+. Se produce así una señal eléctrica: el "potencial de acción", que circula a través de las dendritas, el cuerpo neuronal y el axón llegando a la sinapsis, donde provocan la liberación de neurotransmisores, situados en vesículas del botón terminal del axón de la neurona presináptica. Los neurotransmisores liberados caen en la hendidura sináptica, uniéndose a los receptores de la neurona postsináptica, especializados en captar al neurotransmisor liberado, lo que hace que la carga eléctrica de la neurona receptora se haga menos negativa. Esta actividad se realiza en milisegundos.

Para que la pérdida de carga negativa en neurona postsináptica sea suficiente, debe llegar al umbral necesario y para lograrlo, deben producirse varios episodios como el descrito. Una vez logrado el umbral exigido, se produce el disparo, que genera un potencial de acción que se transmite como una señal eléctrica desde la neurona pre-sináptica a las neuronas post-sinápticas que estén conectadas a ella. Así actúan las neuronas excitadoras. En las neuronas inhibidoras el proceso es similar, pero no se produce disparo, si no que su actuación impide que se produzca.

El cerebro tiene unas sustancias químicas llamadas neurotransmisores y neuromoduladores. Los primeros tienen la misión de comunicar la información desde la neurona presináptica a los receptores de la neurona post-sináptica, mediante un acoplamiento específico que es (como una llave en su cerradura), lo que provoca en la neurona receptora la disminución de negatividad. Una vez logrado el umbral necesario de esa carga, se produce el disparo. El conjunto de los umbrales de respuesta de las neuronas es un proceso muy preciso, complejo y variable, que condiciona el modo, la frecuencia, el tiempo de liberación del neurotransmisor. Además, con la liberación de los neurotransmisores, no solo se produce una señal eléctrica, sino que también se inducen unos cambios en los procesos químicos que tienen expresión génica en la neurona receptora, como veremos ahora.

8.5.2.- TRANSMISIÓN DEL IMPULSO NERVIOSO.

Vimos que la neurona tiene dos funciones principales, la propagación del impulso nervioso y su transmisión a otras neuronas o a células efectoras. En general el impulso nervioso se define como una onda de propagación, es decir, un fenómeno eléctrico que viaja a lo largo de la membrana neuronal. El potencial de acción llega a otras neuronas o a células efectoras de órganos y tejidos, básicamente el músculo esquelético y cardíaco y las glándulas exocrinas y endocrinas que estén reguladas por el sistema nervioso.

Así pues, *"la conducción de un impulso a través del axón es un fenómeno eléctrico a lo largo de la membrana y causado por el intercambio de iones Na^+ y K^+. En cambio, la trasmisión del impulso de una neurona a otra o a una célula efectora, depende de un fenómeno químico que se produce por la acción de los neurotransmisores específicos de la neurona presináptica, sobre receptores también específicos de la neurona postsináptica"*.

Los receptores de la neurona postsináptica producen las señales eléctricas mediante la apertura o cierre de los canales iónicos, proceso que inducen los neurotransmisores. Si los neurotransmisores son excitadores, como el glutamato, se abren los canales iónicos, si son inhibidores como el GABA, se cierran. La permeabilidad del canal iónico, es inducida por el neurotransmisor y es la que permite el paso de cationes como el Ca^{2+}, el Na^+ o el K^+ o de aniones como el Cl^- y la variación de la concentración de iones entre el interior y exterior de la célula es el mecanismo por el que se induce la corriente eléctrica a través de las vías nerviosas.

Cada neurona genera un potencial de acción idéntico después de cada estímulo y lo conduce a una velocidad fija a lo largo del axón. La velocidad depende del diámetro axonal y del grado de mielinización. En las fibras mielinizadas la velocidad en metros/segundo es aproximadamente 3,7 veces su diámetro; es decir, una velocidad es de unos 75 m/s. En las fibras amielínicas, la velocidad es menor, de 1 a 4 m/s.

Cada neurona recibe desde otras neuronas gran cantidad de estímulos de forma simultánea, positivos y negativos, estos estímulos, emitidos y recibidos en forma de disparos o ráfagas, son el código o lenguaje que emplea el sistema nervioso para transmitir su información, de tal forma que la integración de los patrones en forma de impulsos diferentes, son el equivalente al código Morse con que transmite el cerebro las informaciones. Interpretar el lenguaje que emplea el cerebro en su actividad es un tema de estudio importante para los investigadores. Estos "códigos neurales" viajan a través del axón hasta la siguiente sinapsis y además de inducir la exocitosis (vertido de los neurotransmisores en la hendidura de la sinapsis), modifican estructuralmente estas sinapsis. *"Esta modificación es el elemento estructural clave en el almacenamiento de la memoria". Son las huellas que se producen en las sinapsis, con creación de proteínas por el paso de los potenciales de acción portadores de la información que se transmite, las que actúan como señalizadores del recorrido de la información que las produjo y así es como se genera la memoria a largo plazo".*

Existen dos tipos diferentes de sinapsis tanto en su morfología como en su función son: las sinapsis eléctricas y las químicas. En las sinapsis eléctricas las dos neuronas implicadas yuxtaponen sus membranas citoplasmáticas y en la zona de contacto entre ambas aparecen unos canales o poros, por los que pueden circular iones y otras substancias como el ATP, metabolitos intracelulares o segundos mensajeros y así es como se transfiere la información entre las neuronas conectadas. Son estas conexiones las que permiten que la corriente iónica fluya pasivamente con la información que conlleva. Las neuronas así acopladas sincronizan su actividad eléctrica disparando potenciales de acción simultáneamente, con lo que se generan patrones de actividad eléctrica, esos patrones son los que originan los diferentes ritmos regulares que se registran en el electroencefalograma.

En las sinapsis químicas, el proceso de transmisión comienza con la llegada del potencial de acción, que transmite la neurona presináptica y en las vesículas de su axón se sintetiza y acumula el neurotransmisor. El potencial de acción transmitido por despolarización, abre los canales de Ca^+ de la membrana de las vesículas y mediante un complejo proceso químico, se vierte el neurotransmisor en la hendidura, produciéndose "la exocitosis". El neurotransmisor se difunde por la hendidura y contacta y se acopla al receptor postsináptico. Esta unión entre el neurotransmisor y el receptor postsináptico, genera la respuesta eléctrica en la neurona postsináptica, lo que desencadena la secuencia del disparo de potenciales de acción con determinada frecuencia que es el código que contiene la información que se transmite.

Hay potenciales postsinápticos excitadores que aumentan el potencial y otros lo inhiben. La acción excitadora o inhibidora, depende del tipo de canal que esté acoplado al receptor postsináptico y de la diferencia de concentración de iones entre el interior y el exterior de la célula. La única diferencia entre excitación e inhibición postsináptica, es el potencial de reversión postsináptico.

Por ejemplo, el glutamato abre canales de los cationes Na^+ y K^+ que fluyen a través de la membrana postsináptica, con lo que la neurona postsináptica se despolariza y el potencial de acción se define como excitación. En cambio con el GABA, hace permeables los canales al Cl^-, generando un potencial de acción postsináptico hiperpolarizante que inhibe a la célula postsináptica. Los potenciales de acción excitantes e inhibidores son de potencia infinitesimal, por lo que se requiere el concurso de miles de disparos en las sinapsis en cada neurona, para que se generen potenciales de acción efectivos.

En resumen, como los potenciales de acción que recibe una neurona son muchos y tienen diferente carga y función (excitadores e inhibidores), es la neurona postsináptica la responsable de integrar todos los potenciales que se encuentran en sus sinapsis y la suma algebraica de todos, es la que determinará si existe un umbral suficiente para disparar un potencial de acción excitador o inhibidor a las neuronas con las que contacta.

Para la transmisión de la información en el interior de las neuronas, estas utilizan como señalizadores bioquímicos a segundos mensajeros, (señal química que se genera dentro de una célula cuando un primer mensajero químico se une a su receptor estimulándolo) estas señales producen distintas respuestas fisiológicas en los órganos que las reciben, pero sobre todo son capaces de producir cambios duraderos en el núcleo de la neurona, desencadenando la expresión génica por la que se generan nuevas proteínas. Por lo tanto, son los segundos mensajeros de la neurona postsináptica, los encargados de producir cambios duraderos en la estructura y en la función neuronal mediante la promoción de la síntesis de nuevo RNA para la formación de proteínas en la sinapsis. *"Ese es el mecanismo molecular que actúa como señalizador, marcando el camino que siguió la información transmitida y que es el sustrato físico de la memoria y el aprendizaje"*.

8.5.3.- LA SINAPSIS, ESTRUCTURA BÁSICA EN LA MEMORIA.

Sabemos que la plasticidad sináptica es un mecanismo fundamental de la biología de las neuronas. Gracias a esa plasticidad, las conexiones sinápticas entre neuronas son muy dinámicas. Las sinapsis están en continua remodelación y esa remodelación es fundamental para el establecimiento y la maduración de los circuitos neuronales preferentes en el cerebro y además, son el soporte celular y molecular del aprendizaje y la memoria.

En el Centro de Biología Molecular "Severo Ochoa" del CSIC y la U. Autónoma de Madrid, en la línea de investigación: "Mecanismos moleculares y celulares de la plasticidad sináptica" que dirige el **Dr. Esteban García**[115], han descubierto uno de los mecanismos empleados por las neuronas para regular la transmisión sináptica en el cerebro. Comenta el **Dr. Esteban**: *"Desde hace aproximadamente tres décadas, se sabe que las conexiones sinápticas entre neuronas no son estáticas, sino que responden a la actividad neuronal modificando su intensidad. Así, estímulos del exterior pueden provocar que algunas sinapsis se potencien, mientras otras se debilitan. Este código de bajadas y subidas de intensidad es lo que permite al cerebro almacenar información durante el aprendizaje, para generar la memoria"*.

Las conclusiones de los trabajos presentados por el **Dr. Esteban** identifican uno de los mecanismos empleados por las neuronas para regular la transmisión sináptica en el cerebro por la acción del aprendizaje y la memoria; este mecanismo podría tener implicaciones en el estudio de patologías cognitivas al descubrir que la ruta de señalización intracelular del PI3K, es crucial para el mantenimiento de la potencia sináptica y para su modificación durante periodos de plasticidad.

La ruta de señalización PI3K era ya conocida por la comunidad científica, y ha sido asociada a la enfermedad de Alzheimer. *"El trabajo del equipo del **Dr. Esteban** propone un mecanismo concreto por el que la alteración de la ruta PI3K podría dar lugar a un funcionamiento defectuoso de las sinapsis, con el consiguiente deterioro cognitivo"*.

---

[115] (José Antonio Esteban García, biólogo español, Prof. de Invest. del CSIC y Dir. del Dpto. de Neurobiología Dr. Severo Ochoa)

Este tipo de estudios, contribuye a conocer las bases moleculares y celulares que controlan a nivel molecular las funciones cognitivas y orientan acerca de posibles vías de intervención terapéutica.

Como sabemos, son los cambios que se producen en las sinapsis por el tránsito de la información a través de las sinapsis interneuronales de sus redes. Ese es el sustrato físico que permite la memoria y con ella el aprendizaje de conocimientos.

Será conveniente conocer que toda la neurona puede modificar también su morfología por diversas circunstancias. Los mecanismos básicos de cambio de morfología neuronal son los siguientes:

"La regeneración". Todas las neuronas son capaces de regenerar su axón y sus dendritas cuando son lesionadas. En el sistema nervioso periférico se logra una restitución anatómica completa cuando la lesión que afecta al axón está situada distalmente a una división colateral. Los axones amputados en la porción proximal al cuerpo neuronal en la extensión nerviosa periférica, cuando se ponen en contacto con su lado distal, también pueden reinervar el órgano periférico denervado por la lesión.

"La colateralización". Es otro proceso que ocurre en el sistema nervioso periférico, consiste en la emisión de ramas colaterales en los axones terminales intactos, que irán a inervar fibras nerviosas cercanas que estén denervadas.

"La supervivencia". Las lesiones del sistema nervioso pueden ser más o menos destructivas, pero en ocasiones se logra la supervivencia de una población neuronal. Cuando una neurona queda aislada funcionalmente, sin conexión sináptica, se atrofia y muere. En estos casos pueden darse intercambios metabólicos en las terminales sinápticas de los axones, lo que produce factores de protección y crecimiento en las regiones sinápticas afectadas. Esto es importante en el envejecimiento y en enfermedades degenerativas en las que la enfermedad neuronal tiene una marcada sistematización. Se ha demostrado que existen factores capaces de proteger o dejar sin protección a las neuronas expuestas a la acción favorable o desfavorable de otras sustancias endógenas o exógenas al sistema nervioso central.

"El desenmascaramiento". Se define como el uso de sinapsis existentes que son poco o nada funcionales hasta ese momento. Cada neurona establece en su campo dendrítico un número elevado de conexiones sinápticas que la relacionan con muchas otras neuronas, con distinta intensidad y con diferente nivel de estrato celular y en ocasiones de procedencia distante. Por ejemplo, las motoneuronas espinales, la llamada "vía final común", son neuronas con un gran campo dendrítico que presentan miles de contactos sinápticos procedentes de varios niveles del sistema nervioso. Con el desenmascaramiento puede resultar eficaz el proceso de rehabilitación mediante el "entrenamiento repetitivo". Así, tras una lesión se busca restablecer la función organizando nuevas vías en la recuperación del movimiento normal. En un paciente hemipléjico, al principio se nota la dificultad para realizar movimientos con el lado lesionado, pero con los ejercicios de rehabilitación se pueden producir mejorías significativas.

"La reorganización de funciones". En el proceso de rehabilitación de un paciente con lesión neurológica se puede lograr un reordenamiento de las funciones perdidas. Un ejemplo se da en pacientes con lesiones en el área de Broca, que presentan una afasia motriz. Estos pacientes se pueden recuperar la afasia al término de un período de rehabilitación activa, esta reorganización se realiza comprometiendo las zonas contiguas al área de Broca lesionada. (En este tipo de rehabilitación Intervienen factores de regeneración, colateralización y desenmascaramiento, reordenando la función perdida en áreas aledañas tanto de las aferencias excitatorias como de las inhibitorias de las neuronas lesionadas y otras no lesionadas).

"La capacidad disponible". La capacidad anatomo-funcional en el Sistema Nervioso del hombre es tan superior a sus propias necesidades que garantiza un funcionamiento adecuado en situaciones de pérdida de función o lesión en el sistema nervioso. El sistema nervioso está organizado anatómica y funcionalmente formando determinadas unidades integradas en niveles progresivos de complejidad, pudiendo crearse nuevas relaciones en virtud del aprendizaje, la memoria o la experiencia.

"Los patrones de activación". Está demostrado que las propiedades funcionales de las unidades motoras están en dependencia de los patrones de activación de sus motoneuronas. Esto quiere decir que las fibras musculares, a pesar de su alto grado de especialización, tienen la capacidad de cambiar sus propiedades bioquímicas, fisiológicas y estructurales, en

respuesta a los cambios en los patrones de activación de sus neuronas. Estos cambios consisten en aumentos de la densidad capilar, de las enzimas oxidativas y de la resistencia a la fatiga.

8.5.4.- LOS MENSAJEROS QUÍMICOS.

El sistema nervioso tiene conexión con los órganos y tejidos mediante una red electroquímica y otra de mensajeros químicos. Todos los mensajeros actúan sobre receptores biológicos que son estructuras que se encargan de reconocer al mensajero químico y de ejecutar la orden biológica que lleva el mensajero. Un receptor biológico es una estructura bipolar con un polo de reconocimiento situado sobre la cara externa de la sinapsis de la neurona postsináptica, a la que se une el neurotransmisor y un polo ejecutivo, situado en la cara interna de la membrana, encargado de transmitir la orden de acción de los segundos mensajeros en el interior de la neurona postsináptica. Los mensajeros químicos se pueden clasificar en los siguientes grupos:

- Neuro-hormonas.
- Neuro-moduladores.
- Citocinas.
- Neurotransmisores.

Las neuro-hormonas. Guillemin,[116] demostró que la secreción hipofisaria estaba controlada por el hipotálamo merced a la acción de neuro-hormonas. Logró también el aislamiento de las primeras neuro-hormonas. En la actualidad, estas hormonas se denominan "factores hipotalámicos liberadores". En su mayor parte son péptidos, con excepción de la dopamina, que es una amina biogénica.

Además, de regular la liberación de hormonas hipofisarias, algunos de estos factores controlan su síntesis hormonal. Algunas neuro-hormonas pueden actuar, bien como neuro-trasmisores o bien como neuro-moduladores, sobre una o más hormonas hipofisarias. También pueden realizar un control dual y ejercer en sí mismas un control de retroalimentación negativa.

Los neuro-moduladores. Son péptidos catalizadores. Se localizan en las mismas terminales del axón que los neurotransmisores, también se originan

---

[116] (Roger Guillemin, (1924...) médico francés, Prof. col. Francia y Invest. en I. Salk, Premio Nobel de medicina.)

en la propia neurona y se liberan en la hendidura sináptica. No actúan por sí mismos, lo hacen sobre la sinapsis modificando la eficacia de los neurotransmisores, de tal forma que su eficacia es solo catalizadora.

Las citocinas. El sistema inmunitario, actúa a través de mensajeros llamados citocinas. Son moléculas producidas por varios tipos celulares, del sistema Inmune, son diferentes a los anticuerpos que están producidos por los linfocitos. Transportan señales entre las células del sistema inmune y permiten que los sistemas nervioso y endocrino estén conectados en red.

Los neurotransmisores. La comunicación de la información que recorre la red neuronal es inicialmente eléctrica y en las sinapsis pasa a ser química a través de los neurotransmisores. Se liberan en la hendidura sináptica y son captados por receptores específicos de la neurona post-sináptica. Su liberación la produce el potencial de acción que llega al botón presináptico, donde hay canales de Ca^{2+} regulados por voltaje y que se abren por la despolarización que se produce en su membrana, permitiendo así la entrada del catión. El aumento de Ca^{2+}, adhiere las vesículas presinápticas a la membrana celular y vacía su contenido en la hendidura sináptica. La cantidad de transmisor liberado es constante para cada vesícula. La cantidad de vesículas que se fusionan con la membrana, es la que determina la cantidad de neurotransmisor liberado. La liberación de neurotransmisor se bloquea si se impide la entrada presináptica de Ca^{2+}, como ocurre si están presentes agentes bloqueantes de los canales de Ca^{2+} como la Nicardipina. Así pues, los neurotransmisores liberados por las neuronas lo hacen por exocitosis. Sin embargo, los segundos mensajeros como las prostaglandinas y los derivados del ácido araquidónico, se liberan al espacio extracelular, atraviesan la membrana celular por difusión.

Los neurotransmisores se agrupan en tres grandes familias:

- *"Las catecolaminas"*: noradrenalina, adrenalina, acetilcolina, serotonina, histamina, dopamina.
- *"Los aminoácidos"*: glutamato, aspartato, ácido–gamma-amino-butírico (GABA), glicina.
- *"Los neuropéptidos":* Son más neurotransmisores que neuro-moduladores (se conocen más de 70). En este grupo están la adenosina y adenosina trifosfato (ATP).

Algunos neurotransmisores pueden también actuar como neuro-hormonas, cuando se vierten al torrente sanguíneo, produciendo efectos a distancia, tal como ocurre, con la adrenalina y la noradrenalina. También la serotonina actúa sobre el equilibrio hormonal, modificando la liberación endocrina de oxitocina y de prolactina, que actúan en el hipotálamo.

La existencia de más de 100 neurotransmisores permite una gran cantidad de señalizaciones distintas entre las neuronas. Nos circunscribimos en este repaso a los más representativos.

1). La serotonina. Es un neurotransmisor fundamental en el mantenimiento del estado de ánimo (eutimia). La serotonina o 5-HT^3 se sintetiza a partir del aminoácido triptófano, por lo que es un aminoácido esencial de la dieta. La casi totalidad de las neuronas serotoninérgicas se hallan en el tronco encefálico (núcleos del rafe) y el hipotálamo. El deterioro de estos receptores o la carencia de serotonina disponible en la sinapsis, se relaciona con trastornos afectivos y del comportamiento. También inciden en los ciclos circadianos, el ritmo cardiaco, estado de alerta y las emociones. Los fármacos recaptadores de serotonina de la hendidura sináptica, son medicaciones eficaces en trastornos depresivos, ansiosos u obsesivos. También modifican la sensación de saciedad, por lo que se emplean en el tratamiento de trastornos alimentarios. Los receptores 5-HT^3 generan respuestas excitadoras.

2). La acetilcolina (ACTH). Es sintetizada en las terminaciones nerviosas a partir CoA, glucosa y colina (Su función es activadora). Actúa en las uniones neuromusculares esqueléticas, en la sinapsis neuromuscular entre el nervio vago y las fibras del músculo cardíaco y también en las sinapsis de los ganglios del sistema motor visceral. Tiene función excitadora en sinapsis musculares y centrales, por lo que favorece la realización de conductas motoras y facilita la consolidación de la memoria.

Los receptores colinérgicos se clasifican en: *nicotínicos*, presentes en los ganglios autónomos y en el músculo esquelético y *muscarínicos*, en las neuronas postsinápticas del sistema nervioso autónomo parasimpático, el estriado, la corteza, el hipocampo y el cerebelo. Existe evidente correlación entre la pérdida de ACTH cerebral y la disminución de los rendimientos cognitivos y está confirmado que en el Alzheimer hay alteración del sistema colinérgico con disminución del número de sus células generadoras en el cerebro. Pese a ello las medicaciones inhibidoras de la enzima colinesterasa que se emplean en el tratamiento del Alzheimer, no han demostrado mejoras confirmadas.

3). La noradrenalina y la adrenalina. Son neurotransmisores y además, hormonas. Son secretados por las glándulas suprarrenales (con función excitadora). La noradrenalina actúa como neurotransmisor en el locus cerúleus y núcleo del tronco encefálico, con funciones de sueño vigilia, alerta, atención y conducta alimentaria. Las neuronas ganglionares simpáticas del sistema motor visceral, las emplean como principal neurotransmisor. La noradrenalina llega a las vesículas del botón terminal presináptico acompañando a la dopamina que es su transportador y esta es diana de las anfetaminas, que a su vez producen aumento en la liberación de noradrenalina y dopamina. Tanto la noradrenalina como la adrenalina, actúan sobre receptores alfa y beta adrenérgicos y ambos receptores están acoplados a la proteína G. Existen tres clases de receptores beta que en su mayoría actúan sobre receptores del músculo liso, en el sistema cardiovascular y respiratorio. Los antagonistas de los receptores beta adrenérgicos, como el Propanolol, se utilizan en arritmias, taquicardias o migrañas.

4). **La dopamina**. (Es activadora de la neurotransmisión). Deriva de la tirosina. Al liberarse en la hendidura sináptica, activa los receptores postsinápticos de la proteína G y los receptores beta adrenérgicos que también sirven como blancos importantes de la adrenalina y la noradrenalina. Se han descrito tres sistemas dopaminérgicos principales en el cerebro:

- El sistema nigro-estriado, localizado en la sustancia negra con axones que se proyectan hacia el neoestriado: núcleo caudado y putamen del sistema extrapiramidal.
- El sistema meso-límbico y meso-cortical, en el área tegmental ventral del mesencéfalo, envía sus axones hacia estructuras estriales, límbicas y corticales.
- El sistema tubero-infundibular, con fibras que nacen en los núcleos arcuato y peri-ventricular del hipotálamo y terminan en el lóbulo intermedio de la hipófisis y en la eminencia media. Los receptores dopaminérgicos se dividen en D1, D2, D3, D4 y D5. Los D3 y D4 actúan en el control mental, limitando los síntomas de

procesos psicóticos. La activación de los receptores D2 controla el sistema extrapiramidal y en fenómenos de adicción y dependencia de drogas. En su conjunto intervienen en la terapia farmacológica del parkinson.

5). El glutamato. Es el transmisor más importante para la normal función del encéfalo (su función es activadora). Casi todas las neuronas excitadoras del sistema nervioso central, son glutamatérgicas. Es un aminoácido esencial que no traviesa la barrera hemato-encefálica por lo que ha de sintetizarse dentro de la neurona a partir de precursores como la glutamina. Todas las regiones del neocortex se proyectan sobre diferentes partes del estriado y del tálamo por vías glutamatérgicas. Se han identificados varios tipos de receptores de glutamato: los NMDA, los AMPA y los Kainato. Los receptores NMDA permiten la entrada de Ca^{2+} además, de Na^+ y K^+, por lo que pueden aumentar la concentración de Ca^{2+} postsináptico lo que lleva al Ca^{2+} a actuar entonces como segundo mensajero para activar cascadas de señalización intracelular. También tienen la propiedad de fijar el Mg^{2+} extracelular y la despolarización empuja fuera el Mg^{2+}, permitiendo el flujo de otros cationes, lo que se traduce en que el receptor NMDA permite la entrada de otros cationes solo durante la despolarización de la célula post sináptica. Los receptores de kainato actúan en el hipocampo como moduladores en la liberación de glutamato, mediante aumento o disminución, lo que facilita el equilibrio de la excitabilidad neuronal. También participa en procesos de plasticidad neuronal y en condiciones anormales pueden producir desequilibrio de la excitabilidad generando patrones de disparo de tipo epiléptico. Estas propiedades son la base del almacenamiento de la información en la sinapsis, que es fundamental en el mecanismo molecular de la memoria.

6). El ácido gamma-amino-butírico (GABA). Es un neurotransmisor con función inhibidora. Está muy extendido por todo el sistema nervioso central. Vehicula diferentes tipos de inhibición. Por lo que se le considera el neurotransmisor inhibidor por excelencia y juega un rol central en el control de las funciones motrices.

El precursor principal en la síntesis de GABA es la glucosa, que es metabolizada a glutamato. Las células gabérgicas del estriado ejercen un alto control sobre la motricidad extrapiramidal y se proyecta a través de una malla de circuitos inhibidores, que combinados con acciones excitadoras del glutamato y aspartato, aportan precisión y finura al movimiento. Los receptores de GABA se clasifican en: GABA A (activan los canales del cloro) y GABA B (activan la formación del AMP cíclico). El receptor GABA A es el lugar de acción de los barbitúricos, las benzodiacepinas y antiepilépticos como la Lamotrigina, tiene función inhibitoria también en aferencias espinales de la formación reticulada y del rafe y en proyecciones de la corteza prefrontal sobre el hipotálamo.

8.5.5.- LOS RECEPTORES POSTSINÁPTICOS.

Existen dos clases de receptores postsinápticos, los ionotrópicos en los que el canal iónico y el receptor son la misma molécula y los metabolotrópicos en los que el canal y el receptor están separados, los primeros son rápidos y los segundos mucho más lentos. Los receptores de los neurotransmisores son metabotrópicos. Estructuralmente son complejos proteicos presentes en la membrana celular que mediante el reconocimiento recíproco entre el neurotransmisor y el receptor, producen la señal de partida de la cadena de reacciones y el lanzamiento de segundos mensajeros, con los que determinará su efecto fisiológico.

Los receptores acoplados a un segundo mensajero, tienen tres partes: una extracelular donde se produce la glucosilación, una parte intra-membranosa donde actúa el neurotransmisor y una parte intra-citoplasmática donde se produce la unión de la proteína G, proteína transductora de señales que llevan información desde el receptor a una o más proteínas efectoras, mediante la fosforilación del receptor.

Los receptores que están siendo estimulados continuamente por un neurotransmisor o por fármacos agonistas, se hacen hiposensibles (infra-regulados); aquellos que no son estimulados por su neurotransmisor, son bloqueados crónicamente por antagonistas, se hacen hipersensibles (supra-regulados). La supra o infra-regulación de los receptores influye de forma importante en la tolerancia y sobre todo en la dependencia física a fármacos o sustancias de abuso.

8.6.- ENFOQUE TISULAR

La corteza cerebral humana tiene mayor plegamiento que la de los animales, lo que permite aumentar su superficie desde unos 750 cm^2 hasta 2200 cm^2. Las neuronas corticales están organizadas, por una parte, en seis capas o estratos horizontales: la capa molecular, la granular externa, las células piramidales, la granular interna, la capa ganglionar o piramidal interna y las células fusiformes. Por otra, posee una organización en columnas verticales de sus neuronas, que recorren su espesor y delimitan zonas según regulen la excitación o la inhibición

La disposición columnar del córtex cerebral, tuvo sus raíces en los trabajos de **Cajal** publicados en 1911, en los que describía detalladamente las células piramidales y las neuronas menores, trabajos que fueron ahondados por **Lorente de No**[117], quien agregó a la detallada neuro-histología de las seis capas principales de **Cajal,** el descubrimiento de una disposición en cadenas verticales de neuronas a lo largo de toda la altura del córtex, con lo cual de No abrió el camino de la moderna concepción de la disposición columnar.

Para diferenciar zonas corticales según su estructura citoarquitectónica se desarrollaron mapas. El de **Brodmann**[118] es el que ha logrado mayor grado de difusión y aceptación; estableció 47 áreas distintas desde el punto de vista cito-arquitectónico, lo que permitió inferir también, hasta cierto punto, su funcionalidad.

El cerebro humano adulto, pesa algo más de un kilo, contiene en torno a cien mil millones de neuronas. La corteza cerebral, que es la parte del cerebro de evolución más reciente, contiene alrededor de 30 mil millones de neuronas y dos billones de sinapsis.

8.6.1.- ORGANIZACIÓN DE LAS REDES DEL CEREBRO.
La ordenación topológica del cerebro se distribuye en cuatro sistemas:

8.6.1.1- EL SISTEMA TÁLAMO-CORTICAL.

Este sistema está formado por el tálamo conectado de forma recíproca con la corteza cerebral, recibiendo y emitiendo señales senso-motoras de todo el cerebro y específicas para cada una de las seis capas. Tanto en la corteza como en el tálamo están diferenciados grupos neuronales con distintas funciones. Así, la parte posterior del sistema tálamo-cortical se encarga de la senso-percepción y la parte frontal de la planificación y la conducta.

---

[117] (Rafael Lorente de No, (1902-1990), médico español, alumno de Cajal Prof. U. Rockefeller)
[118] (Korbinian Brodmann, (1868-1918), médico Alemán, Prof. U. Munich. Autor del mapa de las 47 áreas cerebrales según su citoarquitectura.)

Las conexiones recíprocas entre el tálamo y la corteza se organizan en radiaciones talámicas:

1. La radiación anterior pasa a través del brazo anterior de la cápsula interna para llegar a la corteza prefrontal y el cíngulo, encargados de la planificación y la conducta.
2. La rodilla contiene fibras cortico-nucleares que desde el cortex frontal rostral al surco pre-central (cortex motor primario) proyecta a los núcleos motores de los nervios craneales.
3. La radiación superior pasa a través del brazo posterior de la Cápsula interna, para alcanzar la corteza premotora, motora y somatosensorial.
4. La radiación posterior del tálamo pasa a través de la porción retro-lenticular de la cápsula interna para llegar al lóbulo occipital, parietal posterior y temporal posterior.
5. La radiación inferior del tálamo pasa sub-lenticular y llega a la corteza temporal y orbitaria

Cada una de las cinco radiaciones se incorpora en la corona radiada.

La mayor parte de las áreas corticales están ensambladas con los núcleos talámicos de la misma especialidad; unas áreas se ocupan de los estímulos visuales, mientras que otras se ocupan de los estímulos acústicos y aún otras de los estímulos táctiles o cenestésicos. Incluso existen correlaciones de diferentes submodalidades, por ejemplo, en el sistema visual, unas áreas se ocupan de la forma, otras el color, otras el movimiento, etc. Y dentro de cada una de estas áreas existen grupos neuronales que se ocupan de aspectos muy específicos del estímulo; son neuronas adyacentes que pueden atender por ejemplo a la orientación espacial del estímulo visual.

Los grupos de neuronas están conectados de forma recíproca por abundantes sistemas de "reentrada recursiva" (estructura propuesta por **Edelman**, de gran importancia para entender el puente que se da entre la fisiología y la psicología). **Edelman** estableció la reentrada recursiva como la base para explicar el funcionamiento de este puente al conectar múltiples mapas senso-motores entre sí por doble entrada, lo que empareja "sus inputs con sus "outputs" creando un mapa global que da respuesta categorizada a informaciones perceptivas y de conducta del organismo

El mapa global permite la interacción de partes no conectadas previamente del cerebro (por ejemplo hipocampo, ganglios basales y el cerebelo) mediante la conexión con los mapas locales que estas estructuras tienen entre sí con múltiples reentradas recursivas. Por supuesto, que para la categorización de la senso-percepción, es necesaria la participación de procesos cognitivos superiores y de conciencia, por lo que a lo largo de la evolución de la especie, el Homo Sapiens debió incorporar algún sistema de valor capaz de desarrollar estos sistemas de reentrada recursiva.

Por otra parte, las neuronas corticales se enlazan mediante vías de conexión recíproca, que comunican áreas dispersas con áreas locales y viceversa. Las diferentes áreas están vinculadas por fibras que corren en las dos direcciones. Gracias a estas vías recíprocas es posible la integración de funciones distribuidas entre las distintas áreas cerebrales, dando soporte estructural al mecanismo de "reentrada recursiva" que hace posible emitir y recibir señales en ambas direcciones a través de estas conexiones recíprocas. Este mecanismo es clave para lograr la integración y diferenciación simultánea de propiedades de áreas cerebrales funcionalmente segregadas, a pesar de que en el cerebro no exista un patrón de coordinación preestablecido.

La organización del sistema tálamo-cortical es tan fluida, que la corteza y el tálamo pueden entenderse funcionalmente como si fueran un todo, ya que las columnas neuronales de la corteza están asumiendo la misma especialización que las neuronas del tálamo y mantienen con ellas una estrecha conexión, por vías recíprocas. Esta compleja y fluida interconexión ha permitido a **Tononi** ubicar la conciencia en este sistema tálamo-cortical, por su especial capacidad para *"diferenciar e integrar la información"*, lo que hace posible la emergencia de la conciencia.

Existen muchas áreas especializadas en el sistema tálamo-cortical. Cada área está formada por decenas de miles de grupos neuronales, unos dedicados a dar respuesta a los estímulos, otros a planificar y otros actúan en la ejecución de acciones. En el grupo receptor de estímulos, hay subgrupos especializados en los estímulos visuales, otros en acústicos etc. Algunos se ocupan de los detalles de la información entrante y otros de sus características abstractas. Todos estos grupos neuronales están enlazados por un enorme conjunto de conexiones, convergentes o divergentes, organizadas con "reentradas recursivas", lo que posibilita el que se mantengan unidas en una única red, pero conservando su propia especificidad de función local. Se consigue así un sistema capaz de detectar y dar respuesta a cualquier estímulo que se perciba en cualquier parte de la red. Podemos decir que la organización de la red tálamo-cortical es idónea para integrar un amplio número de áreas especializadas en producir una respuesta unificada, que es la tarea específica de la conciencia.

8.6.1.2.- EL CEREBELO, LOS GANGLIOS BASALES Y EL HIPOCAMPO.

Está organizada como una serie de cadenas paralelas unidireccionales que enlazan la corteza con los centros neurales y núcleos subcorticales. Cada uno de estos centros tiene una estructura especial.

El cerebelo está organizado en dos hemisferios unidos por el vermis. En la corteza hay láminas y fisuras que incrementan la superficie cortical que recibe las aferencias que envían en profundidad a los núcleos fastigio (vestíbulo cerebeloso) que conecta en doble sentido con los núcleos vestibulares controlando respuestas del laberinto y los centros de la mirada del tronco-encéfalo. Al núcleo interpuesto con control y aferencias de la postura y la marcha (espino-cerebelo). Y al núcleo dentado del neo-cerebelo que recibe aferencias mediante conexiones neocorticales amplias. Recibe aferencias también de sentidos especiales: visual, auditivo y vestibular.

Son muchas las funciones relativas a la locomoción, coordinación y sincronización de movimientos. Interviene en la postura con anticipación estabilización y gracias a las conexiones corticales, se encarga de tareas de planificación, cognitivas y afectivas.

El cerebelo recibe conexiones de la corteza cerebral, van de vuelta al tálamo y después de éste a la corteza cerebral de nuevo. Se suponía que el cerebelo se ocupaba solo de la coordinación y la sincronización de los movimientos, hoy se sabe que participa también en aspectos específicos de la memoria, el pensamiento y lenguaje.

Los ganglios basales, son un grupo de grandes núcleos subcorticales situados en telencéfalo y mesencéfalo basal, es el sistema extrapiramidal de control del movimiento. Establecen circuitos con la corteza cerebral y el tálamo que permiten el aprendizaje de movimientos, la planificación de movimientos complejos, los movimientos oculomotores voluntarios y procesos cognitivos complejos.

El hipocampo, situado en los márgenes inferiores de la corteza temporal, recibe conexiones de distintas áreas corticales que le emiten señales y tras una serie de pasos sinápticos, reenvía proyecciones de retorno a muchas de las mismas áreas corticales. Su principal función es la consolidación de la memoria, para lo que debe reenviar la información procesada y convertirla en memoria a largo plazo, a las mismas áreas de donde las recibió.

La interacción entre la corteza cerebral y estos grupos neuronales es muy importante. Comparten una organización formada por largas vías de conexión con múltiples sinapsis que van en paralelo desde la corteza cerebral hasta las estaciones sinápticas de grupos neuronales situados en núcleos subcorticales y luego pasando o no por el tálamo, vuelven a la corteza. Estas conexiones son unidireccionales no recíprocas, forman bucles, y tienen pocas interacciones horizontales entre distintos circuitos a nivel local. Estos sistemas parecen ejecutar una gran variedad de rutinas motoras y cognitivas, como son las rutinas automáticas, que están aisladas funcionalmente, lo que garantiza rapidez y precisión en su ejecución.

8.6.1.3.- EL SISTEMA RETICULAR ACTIVADOR ASCENDENTE.

Su organización topológica es la de un conjunto difuso de conexiones con el aspecto de un gran abanico, que se origina en núcleos del tronco cerebral y del diencéfalo: el locus cerúleus noradrenérgico, los núcleos del rafe serotoninérgicos, dopaminérgicos e histaminérgicos y el núcleo colinérgico tegmental-pedúnculo-pontino.

Estos núcleos se proyectan de forma difusa sobre amplias zonas del cerebro. Así, el locus cerúleus, formado por solo unos miles de neuronas del tronco cerebral, envía sin embargo, una amplia red difusa de fibras a toda la corteza del hipocampo, los ganglios basales, el cerebelo y la médula espinal y de este modo puede influenciar a miles de millones de sinapsis.

Las neuronas de estos núcleos se disparan cuando ocurre algo destacado, un ruido fuerte, un destello de luz o un dolor repentino. Al dispararse, estas neuronas provocan la liberación difusa en el cerebro de neuro-moduladores que pueden inducir, no solo la actividad neuronal, sino también la plasticidad neuronal. Por ejemplo, un cambio en la fortaleza de las sinapsis de los circuitos neuronales activadores, que promueven respuestas adaptativas.

Su misión es integrar la información sensitiva y sensorial que proviene de los nervios espinales y craneales, con las informaciones de la corteza, el diencéfalo, el tronco de encéfalo y el cerebelo. Tras procesar toda esa información, avisan y alertan sobre amenazas, situaciones inesperadas o cambios, mediante señales rápidas y extensas pero poco discriminativas, por ejemplo, de un dolor poco localizado o la situación de ciclos circadianos de sueño-vigilia o señales asociadas a manifestaciones emocionales. La morfología y funcionalidad de la formación reticular es la de una red neuronal presente en casi todo sistema nervioso central: médula espinal, tronco encefálico, diencéfalo y corteza. Recibe información sensorial y sensitiva continuamente y una vez procesada propaga la información o genera alertas por diferentes zonas del sistema nervioso.

Las funciones más significativas del sistema reticular activador son:

- A Control de la actividad de la musculatura estriada (vía retículo espinal y retículo bulbar), manteniendo el tono de la musculatura anti-gravitatoria o regulando la musculatura respiratoria por medio del centro respiratorio del bulbo raquídeo.
- B- Control de la sensibilidad somática y visceral, a través de mecanismos de apertura/cierre de control de las entradas del dolor.
- C- Control del sistema nervioso autonómico, como la regulación de la presión sanguínea, por activación cardiovascular.
- D- Control del sistema endocrino, ya sea directa o indirectamente vía hipotálamo, influyendo en la regulación de la liberación de los factores tróficos hormonales.
- E- Influencia sobre los relojes biológicos, regulando los ritmos circadianos.
- F- Activación de alerta en el sueño o despertar.

8.6.1.4.- SISTEMA LÍMBICO-EMOCIONAL.

Está formado por estructuras corticales, diencefálicas y del tronco cerebral, que forman circuitos complejos involucrados en las conductas emocionales y en mecanismos de aprendizaje y memoria. Las estructuras anatómicas que lo forman son: la corteza cingulada, el hipocampo, el istmo, la circunvolución parahipocampal, el uncus, la amígdala, el núcleo habenular, el área septal, el hipotálamo, el tálamo, y el tegmento mesencefálico.

El sistema límbico integra funciones cerebrales y diencefálicas, participando en las emociones y las respuestas viscerales y conductuales asociadas. De ahí que se le asigne participación activa en mecanismos de auto conservación, tales como la alimentación, la lucha y el miedo, así como en conductas de apareamiento, procreación y cuidado de los hijos, asociadas a estas emociones. También puede desencadenar reacciones de miedo, rabia o las emociones de la conducta sexual. El hipocampo, participa también en mecanismos de aprendizaje y memoria y en conductas de motivación, percepción, pensamiento y autoconciencia.

En las últimas décadas se ha desarrollado una nueva óptica en el concepto neurobiológico de lo que son las emociones y los procesos cognitivos. Está cambiando el concepto de Sistema Límbico como el sustrato neuro-anatómico arcaico, responsable solo del cerebro emocional. Ahora se le atribuye también la función de impulsar, de dar ímpetu e intencionalidad a las respuestas, función en la que también es vital la corteza prefrontal y la corteza límbica. Con el control racional de las emociones, nacen los afectos que modulan la intencionalidad, la ambición y la iniciativa de las acciones, lo que ocurre una vez reclutada toda la información del evento que provoca la emoción. Los contenidos afectivos enriquecen de forma singular la conducta y el pensamiento, dando color, calor y sentido al comportamiento y a modularlo con la adecuada motivación y direccionalidad.

8.7.- ENFOQUE MOLECULAR

8.7.1.- BASES MOLECULARES DE LA NEURO-TRANSMISIÓN EN EL CEREBRO.

El proceso por el que la neurona recibe información y la transmite a otras neuronas u órganos, es un mecanismo eléctrico y químico que requiere la participación de un sistema de señalización en las estructuras neuronales por las que transcurre este proceso y que sirven de sustrato neural a la memoria. Ya vimos los mecanismos de neurotransmisión, ahora analizaremos con más detalle el proceso desde el enfoque molecular.

El proceso comienza cuando los señalizadores químicos extracelulares, tales como los neurotransmisores, las hormonas o los factores tróficos, se unen a receptores específicos situados bien en la neurona post-sináptica, o bien en el núcleo de una célula diana. Esa unión activa a los receptores y al hacerlo pone en marcha cascadas de reacciones intracelulares, que implican: la producción de proteínas fijadoras, segundos mensajeros, protein-cinasas, canales iónicos y otras muchas proteínas efectoras, que en su conjunto modifican el estado fisiológico de la célula diana, en unos casos de forma transitoria y en otros de forma más duradera. Esta segunda opción es la que se requiere para generar la memoria a largo plazo y consiste en una transducción de genes, lo que modifica la composición proteica de la célula diana mediante la creación de nuevas proteínas, que son el elemento estructural que soporta la memoria y el aprendizaje

Por tanto, la transmisión de la información por reacciones químicas en la sinapsis, es la que coordina el comportamiento de las neuronas y células gliales en procesos que van desde la diferenciación neural con modificación de redes y mapas neuronales, a los mecanismos de memoria y el aprendizaje.

La señalización química de cualquier tipo, requiere de tres componentes:

- Una señal molecular, que trasmite la información de una neurona a otra.
- Una molécula receptora, que traduce la información proporcionada por la señal molecular.
- Una molécula diana, que desarrolla la respuesta celular.

Se produce por la siguiente secuencia: Célula de señalización → señal → receptor de la señal → transducción de la información → molécula diana → respuesta.

Conviene distinguir las diferencias entre los mecanismos de transducción, replicación, transcripción y traducción de señales celulares en la neurotransmisión:

- *"La transducción de señal"*: Este proceso comienza cuando una molécula de señalización extracelular activa al receptor de superficie de la célula por la adhesión del neurotransmisor al receptor de membrana, donde realiza la activación en el receptor, este estímulo produce una respuesta dentro de la neurona post-sináptica provocando una cadena de pasos (señalización de segundos mensajeros) cuyo resultado es la amplificación de la señal.
- *"La replicación del ADN"*: Es el mecanismo que permite duplicarse al ADN (es decir, la síntesis de una copia idéntica). Cada una de las dos cadenas complementarias del ADN original, al separarse, sirve

de molde para la síntesis de una nueva cadena complementaria de la cadena molde, de forma que cada nueva doble hélice contiene una de las dos cadenas del ADN originales.
- *"La Transcripción génica"*: Es un mecanismo genómico intranuclear que permite leer la información contenida en el ADN y replicarla en el ARN. El producto de la transcripción es siempre una molécula de ARN que sale desde el núcleo celular al ribosoma del citoplasma para construir allí una proteína.
- *"La Traducción genómica":* Es el proceso por el cual el ARN de transferencia (ARN$_t$) traduce el lenguaje de las 4 bases de los nucleótidos, al lenguaje de 20 aminoácidos de las proteínas, proceso por el que se sintetizan las proteínas en el ribosoma citoplasmático de la neurona.

Los neurotransmisores suelen ser los señalizadores, la mayor parte de las veces los receptores del neurotransmisor son a la vez receptor y transductor, la molécula diana es en la que se altera su canal iónico produciendo la respuesta eléctrica en la neurona post-sináptica.

Los procesos de transducción de señales en el interior de la neurona son varios, en los casos más frecuentes, la iniciación de esas vías es iniciada por señales químicas como los neurotransmisores y las hormonas. Estas moléculas se unen a receptores que disponen de canales iónicos con puerta de ligando a receptores acoplados, a la proteína G y a receptores tirosincinasa. Las vías de transducción de señales intracelulares generan respuestas en una amplia gama de momentos que aumentan y refinan mucho la capacidad de procesamiento de la información de los circuitos neurales de los sistemas cerebrales.

Los diversos órganos y células de los seres vivos normalmente interactúan por comunicación molecular a través del lenguaje químico. La comunicación molecular es el modo habitual por el las moléculas se comunican entre sí con el fin de desarrollar determinados procesos. La facultad de reconocimiento de las moléculas entre sí mismas se debe a las propiedades físicas de la molécula, además, pueden almacenar información y concatenar la información recibida con el patrón de reconocimiento guardado en esa memoria. Es decir, al igual que un sistema de correo electrónico, las moléculas guardan la información de la contraseña dentro de sí mismas, para saber cuándo hay o cuándo no hay una molécula cercana con dicha contraseña.

Para comunicarse las moléculas, primero debe producirse un reconocimiento molecular mediante la transferencia de información de una a otra molécula, si hay coincidencia de señales entre las dos partes, es porque la señal enviada coincide con la base de datos de la molécula receptora. Esta es una interacción débil y no química entre los códigos o signaturas de dos moléculas.

La firma de una molécula tiene unas características propias, tanto físicas como químicas, lo que permiten encriptar dentro de sí una especie de código clave que solo es reconocido por la firma de otra molécula configurada para leer dicho código. Este fenómeno es como el de una cerradura hecha para una sola llave. Las enzima tienen la capacidad para catalizar a una familia de reacciones cuyos mecanismos y componentes sean similares, es decir, una enzima suele catalizar una serie de reacciones, no hay una enzima para cada reacción, por lo que en el caso de las enzimas, debe haber una llave para varias cerraduras.

El reconocimiento molecular funciona como el del sistema inmunológico, que se encarga de proteger al cuerpo de las proteínas externas al mismo (los antígenos), que son proteínas del grupo de las inmunoglobulinas. La respuesta inmunológica del organismo es producir anticuerpos con características peculiares que permiten un fácil acoplamiento a los antígenos. Es decir, el organismo sintetiza anticuerpos con códigos iguales o similares a las de los antígenos, lo que permite que se forme un complejo anticuerpo-antígeno que inhibe el funcionamiento del antígeno degradándolo.

Estos procesos inmunológicos son claro ejemplo del concepto de memoria molecular, pues cada molécula de cada célula del sistema inmunológico guarda dentro de sí la información del antígeno al que se debe adherir.

El fenómeno del reconocimiento molecular, es imprescindible para explicar la autosuficiencia de los procesos biológicos. Un proceso biológico que pueda retroalimentarse para así poder auto-regularse, es la base de la vida autosuficiente de las células o de los animales multicelulares. La regulación de la producción de proteínas es fundamental para la vida de los organismos, ya que si no se regulase este proceso se podrían producir proteínas en exceso o en cantidad insuficiente, con grave riesgo para los procesos biológicos del organismo. Por eso la retroalimentación de este proceso es vital para el sostenimiento de la vida de los organismos biológicos.

8.8.- ENFOQUE NEUROCIENTÍFICO

Antes de abordar el enfoque neurocientífico, comentaremos qué es la neurociencia y un esquema de los métodos, reglas y axiomas que tiene establecidos, con los que ha conseguido y sigue logrando brillantes logros. También esbozaremos algunas nociones anatomo-funcionales del cerebro, para mejor comprender las correlaciones existentes entre las estructuras cerebrales y los mecanismos y funciones mentales.

La neurociencia estudia la estructura y la organización funcional del sistema nervioso, empleando diferentes enfoques y programas de investigación interdisciplinar en sus distintos niveles de análisis: molecular, neuronal y de redes neuronales, así como la cognición y la conducta. Cada nivel de análisis requiere el desarrollo de teorías, modelos y metodologías de investigación diferenciados, dando lugar a ciencias distintas en el marco global de las neurociencias.

La neurociencia establece como axioma que *"los organismos son el producto de la interacción entre tres elementos: los genes, su expresión y el ambiente"*. Por lo que la neurociencia es necesariamente multidisciplinar, no se puede abordar solo desde la psicología, la neurología, la fisiología, la anatomía, la citología, la biología, la bioquímica o la física; es necesario abordarla con un enfoque amplio, integrador, técnico y enormemente cambiante y desde los últimos años con una perspectiva claramente evolucionista.

La concepción estructural y funcional del cerebro fue localizacionista hasta finales del siglo XX. Fue la concepción de **Luria** la que llevó a entender la organización funcional integrada del sistema nervioso central que ahora se sigue y que está claramente inclinada hacia el funcionalismo, si bien se mantiene cierto grado de localizacionismo para funciones cerebrales como en el lenguaje, el área 22 de Wernicke de interpretación o el área 44 y 45 (opérculo de Broca) de ecforización del lenguaje.

Luria y su escuela, diseñaron una teoría elegante sobre la organización anatomo-funcional de los procesos psíquicos que emergen del substrato material del encéfalo. Esta forma de estudiar del cerebro, como hipótesis de trabajo, parte de aceptar la correspondencia entre el cerebro y la mente, (los procesos mentales son consecuencia de las actividades cerebrales). Plantea un marco teórico que busca conectar los niveles macroscópicos y microscópicos, con los de las funciones cerebrales y se sigue trabajando intensamente buscando la relación o patrón de equivalencia, entre cada función mental y la actividad neuronal con ella relacionada, deteniéndose en el estudio de niveles bioquímicos, moleculares, celulares y de conexiones neuronales en circuitos específicos.

Esta forma de abordaje del estudio cerebral, ha determinado un cambio radical de la investigación. Se parte de un enfoque que exige la participación multidisciplinar de la neurología y sus ciencias derivadas (neurociencia, neurofisiología, anatomía de imagen, etc. y la genética, la informática y las ciencias humanas).

Plantea **Luria** que los sistemas funcionales complejos, no se localizan en zonas restringidas del córtex o en grupos celulares aislados del cerebro, sino que están organizados en sistemas que trabajan concertadamente entre distintas zonas del cerebro y cada uno de estos sistemas ejerce su papel dentro del sistema funcional complejo, por lo que los diversos grupos celulares que operan pueden estar situados en áreas completamente diferentes y muy distantes unas de otras.

Según **Luria**, las funciones corticales superiores tienen su base en la interacción de estructuras cerebrales altamente diferenciadas, cada una de las cuales realiza una aportación específica al sistema total, cumpliendo sus propias funciones. Las neuronas establecen conexiones unas con otras formando circuitos, estos circuitos establecen conexiones con neuronas de una misma región, (circuitos locales o intrínsecos). Los circuitos intrínsecos se relacionan unos con otros, configurando circuitos interregionales que confieren al sistema nuevas propiedades. El conexionismo en la corteza, no sigue una estricta organización jerárquica, ya que existen fenómenos de retroalimentación y de alimentación anterógrada y la actividad reentrante de núcleos de convergencia o divergencia y de vías alternativas directas o indirectas. Gracias a estas complejas conexiones se cumple el axioma de que *"el todo es distinto y superior a la suma de las partes"*, esa fue la expresión que empleó **Vigotski**[119] tomándola de **Aristóteles,** y la consideró la característica clave de la organización estructural y funcional del cerebro.

8.8.1.- PATRONES DE ACTIVIDAD NEURONAL.

Es evidente que el cerebro posee características singulares que hacen de él un órgano muy especial; con capacidades de: conectividad, variabilidad, plasticidad, categorización, priorización de señales, reentrada recursiva y de variación vicariante. Estos recursos y capacidades cerebrales, parecen actuar de forma heterogénea y coordinada, permitiendo un comportamiento integrado, eficiente y rico, capaz de vehicular experiencias tan singulares como es la experiencia consciente.

El cerebro no funciona siguiendo una serie precisa de instrucciones, no sigue un protocolo, no hay manual de funciones, su organización y funcionamiento no se parece a la de un ordenador, lo que hace que cada cerebro sea único y singular, no hay dos cerebros iguales. En cada cerebro, las órdenes genéticas ya son distintas y todavía son más específicas las consecuencias de su desarrollo filogenético y si cabe, es todavía mucho más singular el historial de su experiencia personal. Es por la experiencia como queda marcado cada cerebro de forma única y exclusiva, teniendo en cuenta además que el cerebro está en permanente cambio a la vez que nos permite tener conciencia de que somos el mismo, aunque no lo mismo, manteniendo a sí nuestra identidad compatible con nuestra historicidad. Estas singulares características se logran merced a la actividad cerebral, que va modificando sus neuronas en número, amplitud y riqueza de conexiones, según sea la actividad que ha desarrollado. Estos cambios a su vez van generando mapas. Cada día, cambian algunas de las conexiones sinápticas; unas neuronas han muerto, en otras han desplegado nuevas dendritas y algunas habrán incorporado huellas. Todos estos cambios morfológicos se irán produciendo en función de la historia particular de cada cerebro.

Gazzaniga[120], planteó el nacimiento de la vida mental con el siguiente relato: *"El cerebro no sería sino una enmarañada red de adaptaciones, en las que los mecanismos cerebrales serían fruto de mutaciones casuales consolidadas en virtud del modo y el grado en que ayudaran a encarar desafíos impuestos por*

---

[119] (Lev Vigotski, (1896-1934), psicólogo Bielorruso, Prof. U. Moscú. promotor de la epistemología y de la psicología histórico-cultural)

[120] (Michael S. Gazzaniga (1939...) psicólogo y médico, EEUU, Prof. U. California)

el medio para resolver con eficacia las tareas de supervivencia. En este proceso se seleccionarían, mecanismos cerebrales o dispositivos mentales organizados en forma de sistemas altamente especializados".

Según **Gazzaniga**, no es exactamente el aprendizaje lo que crea la capacidad mental, sino que son los estímulos que proporciona la adquisición de conocimientos y experiencias, pues estos son los que al discurrir por el sistema nervioso, modifican y enriquecen unas capacidades preinstaladas por el genoma. Con esta explicación propone que el aprendizaje es como la guía del desarrollo que ha de seguir el cerebro. Frente a esta concepción están las teorías que ven al desarrollo como algo sometido a un potente control genético, que actúa como hilo conductor del aprendizaje, induciendo la idea de que *"el cerebro ya viene muy equipado de fábrica"*.

Estas afirmaciones respecto al férreo control genético en el desarrollo del sistema nervioso, fueron replicadas en la comunidad neurocientífica. **Edelman** con su *"teoría del darwinismo neuronal"*, sostiene que el principio básico que podemos encontrar en la base de la organización y función cerebral, es el de la selección neuronal.

En cualquier caso, es evidente que la riqueza de habilidades y las singulares características del cerebro, permiten que la persona perciba el medio que le rodea y que lo categorice, eligiendo patrones de entre una enorme cantidad y variedad de señales que se promueven al ejecutar determinadas acciones, Estas son las que desarrollan la memoria, el aprendizaje y la conciencia-pensamiento. Al mismo tiempo, el cerebro es el responsable de la regulación de todas las funciones corporales.

El año 2011 se les concedió a tres neurobiólogos el Premio Príncipe de Asturias de Investigación Científica y Técnica: Al estadounidense **Joseph Altman**[121], al mexicano (hijo de exiliados españoles) **Arturo Álvarez-Buylla** y Al italiano **Giacomo Rizzolatti** que descubrió la neuronas en espejo lo que ha permitido comprender una enorme cantidad de enigmas que se tenían sobre el aprendizaje de la primera infancia sobre la empatía y otros muchos aspectos que comentaremos más adelante.

---

[121] (Joseph Altman (1925-2016) Psicólogo Húngaro, investigador del MIT)

Joseph Altman descubrió la neurogénesis en mamíferos adultos en los años 60, lo que al ser comprobado en 1999 apoya el concepto de que la plasticidad cerebral no solo ocurre en la etapa fetal.

Arturo Álvarez-Buylla identificó los mecanismos fundamentales de la neurogénesis y comprobó que las células gliales son progenitoras de nuevas neuronas, actuando a su vez como guías de la migración en cadena de estas neuronas hacia las diferentes zonas del cerebro. Por lo tanto, es siguiendo los trazos que le marca la glía, cómo se estructura el cerebro, lo que abre pistas sobre el origen de los tumores cerebrales y otras patologías. **Giacomo Rizzolatti** descubrió que las neuronas espejo, se activan no solo durante la ejecución de una acción, sino también durante la observación de la misma acción realizada por otro congénere, lo que proporciona un marco adecuado para la comprensión de los mecanismos subyacentes a la empatía emocional, imitación, el aprendizaje, la comunicación y el comportamiento social. Cuando una persona realiza acciones con significado, al ser observadas por otro, automáticamente las imita en su actividad neuronal y estas acciones que va captando, van dejando huella en su cerebro. Por otra parte, al ir acompañadas de intención estas acciones, hace que esta intención sea también captada y quede asociada a la acción específica que la desarrolló, por lo que cada acción evoca las intenciones asociadas y ambas son integradas por el observador en forma de huellas en su cerebro.

Estos engramas neuronales de intención-acción-ejecución que se desencadenan en un sujeto, al ver a otro realizar una acción, provocan en el cerebro del observador la acción equivalente, evocando a su vez la intención, pudiendo así aprender y atribuir a otro la intención que tuvo al realizar tal acción. Se descubre así un nuevo lenguaje y un aprendizaje no verbal, ya que la acción aprendida por imitación, se convierte en un significante portador de un significado. Este mecanismo también desvela el cómo nace la intersubjetividad, cómo se fundamenta el nacimiento de la empatía y como el bebé aprende y comprende antes de conocer el lenguaje.

Por otra parte, y gracias a las tecnologías de neuroimagen, los programas de investigación han localizado las neuronas en espejo en la región F5 del córtex premotor de los primates, área que corresponde al área de Broca en el cerebro humano y que sabemos que tiene evidente mediación en el lenguaje. En el ser humano se han identificado sistemas de neuronas en espejo también en el área de Broca, y en el área parietal postero-inferior, la zona posterior de la primera circunvolución temporal y el lóbulo de la ínsula, lo que proporciona sorprendentes aportaciones que permite plantear hipótesis muy sugestivas sobre el origen del lenguaje. Es evidente la transcendencia de sus descubrimientos y su merecido reconocimiento formal.

Comentaremos ahora algunas características y funciones de la actividad neuronal que como decíamos, mantienen en su mayoría concepción empírica, pero permiten explicar los mecanismos neuronales capaces de soportar diversas actividades del proceso mental.

8.8.2.- SISTEMA DE CATEGORIZACIÓN DE SEÑALES.

El sistema nervioso tiene la capacidad de establecer categorías entre las distintas señales al recibir imágenes, sonidos y demás sensaciones, además, tiene capacidad para organizarlas en grupos coherentes, no solo por significado, sino que también por un amplio repertorio de referencias (espacio-temporales, de relación emocional, de oportunidad etc.), pese a no tener un códigos previo de organización. Estas capacidades prestan al cerebro un especial nivel de desarrollo y eficiencia que lo convierte en un órgano muy superior a los ordenadores.

Esta categorización, parece deberse a la selección de ciertos mapas y engramas neuronales que se van destacando en función de la frecuencia con que son usados esos circuitos y rutas neurales, con lo que se configuran los patrones de actividad neuronal, a la vez que el cerebro está interactuando con el cuerpo y el entorno. Así es como se van creando mapas con rutas que se priorizan al elegir el camino que deberán recorrer las nuevas informaciones. *"Cuanto más se repite una información, mejor se recuerda y el cerebro es capaz de informar a todo el sistema nervioso de esa prioridad, generándose un gradiente de mayor o menor fuerza en las conexiones. Este parece ser el instrumento que emplea el cerebro para categorizar las informaciones interesantes"*.

8.8.3.- LA REENTRADA RECURSIVA.

Propuesta por **Luria**, **Edelman** elaboró su total conceptualización y hoy es aceptada por **Damasio** y la práctica totalidad de neurocientíficos. Es una de las características más sorprendente del cerebro. **Edelman** la describió así: *"La reentrada recursiva, es el intercambio continuo de señales que se dan en paralelo entre diferentes áreas del cerebro. Se produce por la existencia de conexiones recíprocas, con redes de interconexión, fundamentalmente a* *cargo del sistema tálamo-cortical; un intercambio que incesantemente coordina entre sí las actividades de los mapas de las distintas áreas cerebrales, en el espacio y en el tiempo".*

Se diferencia de la realimentación, en que con la reentrada recursiva se intercambian y participan numerosas vías paralelas. Desde luego no dispone de instrucciones concretas para la corrección de los errores, de forma que la corrección se va produciendo por la modificación de los contenidos de información que se produce en los engramas producidos por la entrada de nuevas informaciones (aprendizaje) o por los sucesos que se van percibiendo en los eventos del momento (experiencia) y también por los contenidos que se reciben de otras áreas (intercomunicación).

Así pues, para que se produzca el disparo sincronizado de neuronas dispersas por todo el cerebro, es necesaria la sincronización general de la actividad de ciertos grupos neuronales, que se activan en las distintas áreas funcionalmente especializadas. Este mecanismo posibilita la integración de los procesos perceptivos y motores. También es responsable de la categorización de las percepciones, lo que le otorga al cerebro un gran valor adaptativo al poder distinguir un objeto o un hecho de otro o de diferenciar un hecho de entre el ruido de fondo y la escena principal.

También es por la funcionalidad de la reentrada como se permite establecer unidad y relación consecuentes entre la percepción y el comportamiento, que de otro modo sería imposible, ya que el cerebro no tiene un procesador central, como los ordenadores, para dar instrucciones detalladas, ni dispone de algoritmos de cálculo para la coordinación de áreas funcionalmente segregadas.

En los procesos responsables de soportar la experiencia consciente, participan neuronas que se encuentran distribuidas por todo el cerebro, estos grupos de neuronas hablan entre sí generando fuertes y rápidas interacciones de reentrada recursiva, necesarias para seleccionar los mapas o patrones de actividad más adecuados, elegidas de entre el gran número de informaciones que se están produciendo a la vez, dada la incesante actividad cerebral. Estos requisitos son necesarios para lograr la discriminación e integración de la información que requiere la emergencia de la conciencia.

8.8.4.- SISTEMAS DE VARIACIÓN VICARIANTE. (Degeneración de Edelman)
Es otro mecanismo cerebral de gran utilidad funcional. Se define como: *"la capacidad de los sistemas neurales de producir la misma función, apoyándose en vías y estructuras neuronales distintas"*. Lo que permite capacidad de adaptación a las diversas situaciones y a la solución de problemas tales como lesiones de circuitos o sobrecarga de información.

8.8.5.- POTENCIACIÓN Y DEPRESIÓN A LARGO PLAZO.
La comunicación neuronal y su modulación afectan a funciones psicológicas como el aprendizaje y la memoria, debido a que el sistema nervioso puede modificar continuamente su estructura y su dinámica para adaptarse a las necesidades. Por tanto, la sinapsis no es una estructura rígida, sino que puede variar a causa de los patrones de actividad del organismo. En muchas sinapsis, una actividad repetitiva, puede conducir no solo a una alteración de corto plazo, sino también a modificaciones que pueden durar días e incluso ser permanentes. Estos dos fenómenos son conocidos como potenciación a largo plazo (PLP) y depresión a largo plazo (DLP).

Al parecer, la PLP se debe a un incremento en la concentración de Ca^{2+} tanto en la célula presináptica como en la postsináptica. En esta última, el incremento de Ca^{2+} conlleva aumentos de estructuras en el sistema de segundos mensajeros, con lo que aumentan los receptores en la membrana dendrítica, con el consiguiente incremento de sensibilidad al neurotransmisor que opera en la hendidura sináptica. La DLP, por su parte, parece presentarse en respuesta a un incremento menor de Ca^{2+} en la célula postsináptica, lo que viene acompañado por una sensibilidad menor en los receptores de membrana. Está comprobado que la actividad repetitiva en el sistema nervioso central, puede producir cambios en la eficacia sináptica. Lo que equivale a decir que la repetición o la insistencia en el repaso de lo que se quiere aprender mejora el aprendizaje y su consolidación. *"Por lo tanto la PLP como la DLP se consideran como mecanismos básicos del aprendizaje y la memoria"*.

El mecanismo responsable de la potenciación a largo plazo, la (PLP) fue descrita por primera vez en 1973, por **Terje Lømo**[122] trabajando en las sinapsis glutamatérgicas del hipocampo de conejos, demostró que la

---

[122] (Terje Lømo, (1935...), médico noruego, invest. Lab. Andersen)

estimulación eléctrica de alta frecuencia en células del giro dentado, produce un incremento en la amplitud de sus potenciales de acción excitadores y que éste se prolonga incluso durante días. Aunque no se poseen los datos necesarios que permitan conocer con seguridad el proceso que subyace al fenómeno de la PLP, existe un consenso general en que un factor central es el incremento en la concentración de Ca^{2+} en el interior de la célula post-sináptica, y que está inducido por la activación de transcriptores.

La existencia de la plasticidad demuestra que el desarrollo del cerebro no está dictado solo por los genes. Es la plasticidad del cerebro la que asegura que el cerebro sea único en cada individuo, incluso cuando dos o más individuos poseen los mismos genes. La plasticidad que es dependiente de la experiencia, es la que permite al cerebro responder con flexibilidad a los cambios imprevistos que se producen en los nuevos "inputs" (lo que es muy frecuente en un entorno cambiante).

Estos descubrimientos de la Neurociencia nos permiten entender el por qué se aprende y se memoriza y nos lleva a considerar que la memoria es el artífice central de la inteligencia y también nos lleva a confirmar que la inteligencia está más relacionada con lo que se aprende que con el genoma que nos dieron nuestros progenitores.

CAPÍTULO 9

EL APRENDIZAJE Y LA ENSEÑANZA

9.1.- CONCEPTUALIZACIÓN DEL APRENDIZAJE

"El aprendizaje es un proceso de cambio interno. "Aprender nos modifica los contenidos cognitivos, memoria, saberes, ideas, valores, opiniones, y criterios, también la organización de sus estructuras significativas y los mapas mentales. y nos modifica físicamente, pues con cada aprendizaje cambia la estructura neuronal por la incorporación de nuevas proteínas en las sinapsis, lo que fortalece a unas neuronas y languidece hasta morir, con lo que se reconstruyen y cambian las vías neuronales del recuerdo y la evocación".

No es exagerado decir: *"con cada aprendizaje se produce una modificación en la estructura mental del aprendiz por la incorporación de contenidos informativos y conocimientos y esta incorporación siempre determina alguna modificación de los conocimientos previos, al contrastarse con los ya existentes y también por los cambios en las sinapsis que albergan los contenidos de la memoria".*

Las competencias adquiridas por los nuevos conocimientos también pueden actuar como enganche para nuevos aprendizajes. Además el aprendizaje produce cambios generales, que se manifiestan en la forma de ser y comportarse la persona que aprende".

Por todo ello se puede asegurar que aprender siempre implica de alguna forma un cambio y en cierto sentido modifica a la persona, a sus conocimientos y a las conductas que solía tener por ello "al *aprender modifica no solo se lo que se sabe, sino también lo que se hace y por tanto lo que se es.*"

"Se puede afirmar que aprender es un parto doloroso, produce cansancio y genera tensión personal, pero incorpora vida, abre expectativas y da un nuevo sentido a la existencia".

Dos consideraciones se deben tener presentes ante el concepto de aprendizaje:

> 1- Aún no se ha encontrado una definición universalmente aceptada de aprendizaje que permita vertebrar un marco teórico coherente que considere todos los fenómenos externos e internos que se implican en este proceso.
> 2- ¿Será posible lograr una teoría del aprendizaje capaz de dar una explicación sistemática, coherente y unitaria a cómo se aprende? o ¿Cuánto se puede aprender, manteniendo los principios del aprendizaje y que señale y describa todos los factores circunstancias y procesos que en él convergen?

Aunque nos parecen insuficientes, daremos unas definiciones de aprendizaje:

El aprendizaje es *"un proceso en el que se incorporan destrezas o habilidades y se adquieren informaciones y conocimientos, que pueden desarrollar estrategias para aplicar esos saberes y habilidades, optimizando la conducta".*

Otra definición más funcional podría ser: *"El aprendizaje es el proceso cerebral por el cual se incorporan las informaciones mediante sistemas de conexión neuronal que actúan como procesadores de la información, facilitando su almacenamiento, su evocación y su aplicación en la conducta".*

El aprendizaje es por excelencia el mecanismo que poseemos los humanos para adquirir y almacenar la inmensa cantidad de informaciones e ideas que con las que está constituido cualquier campo de conocimiento. La adquisición y la retención de grandes cargas de información es un fenómeno impresionante si tenemos presente, en primer lugar, que los seres humanos, a diferencia de los ordenadores, sólo podemos captar y recordar de inmediato unos cuantos elementos de información que se presenten una sola vez y en segundo lugar, la memoria tiene notorias limitaciones para incorporar listas aprendidas de memoria y que vienen dadas con múltiples presentaciones, además se suele dar poco tiempo para aprenderlas en relación con la longitud de la lista, Por eso se deben someter a un intenso sobre-aprendizaje y a una frecuente reproducción.

Desde el S.XX han sido dos las concepciones que han marcado la forma de entender el aprendizaje: el conductismo y el constructivismo.

Las teorías conductistas. Conciben el aprendizaje como una asociación entre estímulos y respuestas o entre conductas y refuerzos, al centrar el interés en el estímulo y respuesta. Se desarrollaron incluso programas de máquinas enseñantes que proponían un interrogante, que contesta el aprendiz y la máquina dice si es o no correcto, es decir lo "refuerza" positiva o negativamente. Es obvio que para explicar la complejidad y riqueza del aprendizaje humano es necesario contar con mayor perspectiva en los planteamientos, parece muy elemental su concepción.

Las teorías constructivistas. Incorporaron las aportaciones de diversas corrientes psicológicas y así se desarrollaron los planteamientos de **Piaget** [123] en su teoría de las Etapas de Desarrollo Cognitivo y también la Psicología Sociocultural de **Vigotski** y sobre todo ha sido la teoría del Aprendizaje Significativo que desarrolló **Ausubel,** la más aceptada, la que más se ha desarrollado y la que mejor logró abordar el estudio del aprendizaje y la enseñanza.

Los autores constructivistas, con distintos encuadres teóricos, lograron compartir la idea de priorizar la importancia de la actividad del alumno en el proceso del aprendizaje.

En el conductismo, el enseñante es el elemento cardinal de la enseñanza. En el constructivismo se da vital importancia al alumno en el proceso de de su aprendizaje. No sólo se trata de saber la cantidad de información que posee, sino cuales son los conceptos y las proposiciones que maneja, así como de su grado de estabilidad.

De las teorías propuestas, ha sido **Ausubel** con su teoría de Aprendizaje Significativo la que ha logrado mayor aceptación y la que ha permitido desarrollar un marco para el diseño de herramientas meta-cognitivas que permiten conocer la organización de la estructura cognitiva del aprendiz, con lo que el maestro tiene más herramientas para poder conocer más y con más profundidad al alumno, permitiendo con ello una mejor orientación en la labor educativa.

---

[123] (Jean W. Piaget, (1896-1980), Psicólogo y epistemólogo suizo, Prof. U. Zúrich y París, fundador de la UNESCO)

Ausubel postuló que los estudiantes no comienzan su aprendizaje partiendo de cero, como mentes en blanco, sino que el alumno ya aporta en el proceso del nuevo aprendizaje una amplia dotación de significados, sobre todo los que le presta el lenguaje semántico, que ha adquirido desde su primera infancia y ha ampliado con sus experiencias y conocimientos. De tal manera que *"ya que sus saberes previos condicionan lo que van a aprender de nuevo, esos saberes previos, pueden ser aprovechados para mejorar el propio proceso del aprendizaje haciéndolo más significativo, mejor y más consistente"* lo que requiere que esos contenidos previos sean explicitados y manipulados adecuadamente.

Todos los elementos de información procesada que se hayan incorporado en la Memoria Permanente, han sido adquiridos previamente por aprendizaje, estos conocimientos influirán en la captación, procesamiento e integración de las nuevas informaciones o conocimientos que se deban incorporar y que de alguna forma estén relacionados con el tema que se está aprendiendo.

Se debe partir considerando el axioma que establece que *"el mecanismo del aprendizaje siempre implica nuevas revisiones, por correlación y contrastación de las nuevas informaciones que se están adquiriendo con las anteriores que ya posea el aprendiz, con lo que el aprendizaje provoca cambios y modificaciones tanto de lo aprendido como de los conocimientos que ya se habían adquirido con anterioridad, pudiendo crearse con la integración de ambas un nuevo conocimiento actualizado, ampliado y más consistente que el que poseía el aprendiz antes del nuevo aprendizaje"*.

La correlación que se establece entre lo que se está a aprendiendo y lo que ya se sabía y sentía, generan nuevos contenidos informativos y saberes, que siempre tienen una mayor riqueza, con ampliación complementaria o modificación de conceptos producidos por esa correlación, contrastación, modificación, purga o ampliación del contenidos informativo, que es inducida por los nuevos conocimientos que se incorporan en el nuevo aprendizaje.

Aprender es consustancial con la naturaleza del ser humano, aprendemos de forma continua desde el nacimiento y a lo largo de toda la vida. **Aristóteles** considera el aprendizaje, junto con el lenguaje, como una propiedad fundamental del ser humano.

Por el aprendizaje las personas adquirimos conocimientos y formas de conducta y esas adquisiciones determinan cambios en nuestra forma de ser y comportarnos. Cualquier tipo de actividad humana, implica aprendizaje como valor añadido, incluso cuando repetimos una misma actividad, estamos aprendiendo en la medida que la repetición ayuda a consolidar las habilidades o destrezas para lograr su automatización.

La conducta de las personas es en su mayor parte aprendida y también es aprendido el estilo de comportamiento y la forma de estructurar los conocimientos alcanzados. *"Aprender es la herramienta fundamental de que dispuso el homo para ser sapiens"*. *"Somos quienes somos y nos comportamos cómo nos comportamos, gracias al aprendizaje"*.

9.2.- TIPOS DE APRENDIZAJE

Atendiendo al nivel de consciencia que se requiere para el aprendizaje podemos señalar dos tipos de aprendizaje el implícito y el explícito, que a su vez generan (como hemos visto) dos tipos de conocimiento el implícito y el explícito.

"El aprendizaje implícito": Es el aprendizaje inconsciente, espontáneo, tácito, ocurre constantemente sin que el sujeto tenga el propósito de aprender, y tampoco es necesario ser consciente de lo que se está aprendiendo. Incluye la captación de modos o reglas que se repiten con cierta regularidad en el entorno, lo que permite predecir sucesos que ocurren o van a ocurrir en ese entorno, por lo que es una herramienta que amplía la capacidad adaptativa.

"El aprendizaje explícito": Es el aprendizaje intencional, se produce teniendo conciencia de lo que se está haciendo, requiere esfuerzo personal, se realiza con el propósito de incorporar ese conocimiento, es la forma habitual de aprender algo. Es el que ocurre en la escuela o también con la ayuda de sistemas elaborados para esa función como son los libros, los programas informáticos o los folletos de instrucciones. Este aprendizaje se produce de forma personal, es el aprendiz quien integra la información recibida, lo que exige la reestructuración y la adaptación a sus esquemas cognitivos que generan su personal forma de aprendizaje. Radicalizando esta idea podríamos afirmar que *"el enseñante no enseña, solo facilita el aprendizaje al aprendiz y solo él es el que aprende"*.

Tanto lo aprendido explícita como implícitamente configuran el conocimiento, por ello ambos son importantes, ya que los conocimientos adquiridos de uno u otro modo, van a influir decisivamente en los aprendizajes sucesivos y en la interpretación que de ellos hagamos para la comprensión del entorno y en la adaptación a la vida.

El sujeto en su interacción con el entorno observa ciertas regularidades o asociación de cosas que suelen suceder juntas formando conocimientos relacionados; con ellos también organiza sus ideas, sus predicciones de futuro, sus concepciones personales y puede también construir teorías implícitas, que de alguna forma condicionan su comportamiento. Por tanto el nuevo conocimiento adquirido por aprendizaje de cualquier tipo, tiene importancia en la capacidad de adaptación al medio y en el desarrollo de la propia conducta.

Atendiendo a la forma de aprendizaje con que se construye el conocimiento, cabe distinguir varios tipos:

"El aprendizaje literal": Está vehiculado a la asociación estímulo-respuesta y suele seguir las leyes fundadas en la contigüidad, la repetición o el ejercicio. Así ocurre co la asociación de las fallas con Valencia o el aprendizaje de tareas repetitivas y automáticas, como las oraciones religiosas. El aprendizaje literal, asociativo y reproductivo es el que se sigue en las escuelas coránicas. Este aprendizaje se produce generalmente por la adquisición de información verbal o escrita sobre hechos y datos, es una forma muy frecuente de aprendizaje infantil, con él se incorporan a la memoria numerosos datos verbales, como aprender un poema. También datos numéricos, como la tabla de multiplicar, el teléfono de casa. A veces se trata de nombres arbitrarios o datos aislados, carentes de significado por sí mismos que tienen que ser aprendidos por repetición frecuente, (como es la letanía del Rosario) tanto por la reiterada exposición a los mismos en la vida cotidiana, como por ejemplo el himno de la Comunidad Valenciana que se canta en actos oficiales. Estos datos suelen aprenderse sin gran esfuerzo deliberado.

"El aprendizaje por construcción": Este aprendizaje implica modificación, reestructuración y transformación más o menos profunda de las estructuras de los conocimientos y de las ideas o esquemas mentales que ya fueron aprendidos, toda vez que para aprender se debe correlacionar la información nueva que se pretende incorporar, con los conocimientos ya existentes en la memoria, lo que genera una nueva síntesis del conocimiento, que a su vez conllevan cargas emocionales y otros referentes, como

su valor, su peligro o los sitúa en el espacio y el tiempo. Si al aprendizaje literal se le añade alguna connotación o referencia, se aprende antes y se refuerza su permanencia en la memoria. Por ejemplo, si comentamos que el rey D. Jaime I El Conquistador, al conquistar Valencia dijo: "1, 2, 3, hecho", es muy probable que se recuerde con facilidad que conquistó Valencia el año 1.238.

Debido a las complejas operaciones mentales que implica, el aprendizaje es complejo y suele requerir tiempo y esfuerzo. Además siempre produce cierta reconstrucción de los conocimientos ya existentes, lo que abre nuevas vías de aprendizaje. Por eso los nuevos conocimientos o experiencias pueden llevar a las personas a que cambien sus ideas filosóficas, políticas o sus concepciones científicas. El aprendizaje explícito es el que se realiza en el marco de las instituciones universitarias o académicas, que siguen fundamentalmente un aprendizaje significativo y elaborativo donde se construyen, se aumentan o enriquecen y reconstruyen los conceptos, los significados, su comprensión y sus posibles aplicaciones.

9.2.1.- APRENDIZAJE POR CONSTRUCCIÓN:

El constructivismo. Es una línea de pensamiento pedagógico apoyada en la idea de que las personas somos los propios constructores de nuestros aprendizajes. Esta escuela establece, que la relación o enganche entre los conocimientos presentes y pasados es la que permite crear nuevas ideas y conceptos sobre el funcionamiento del mundo y la incorporación organizada de nuevos saberes. Este aprendizaje no limita su incidencia a las capacidades cognitivas, sino que afecta a todas las capacidades y repercute en el desarrollo global del aprendiz.

"En los centros de enseñanza, los alumnos podrán aprenden y desarrollar conocimientos en la medida en que puedan construir significados adecuados, no solo de la vida en general, si no de los contenidos del programa que se estudia y que deben aprender". Esta construcción exige la aportación activa y global del alumno, su disponibilidad y los conocimientos previos que posea. Es una situación interactiva, en la que el enseñante actúa de guía y mediador entre el aprendiz y el conocimiento y esa mediación tiene gran influencia en el aprendizaje que se realiza. Este aprendizaje no depende solo de las capacidades cognitivas del aprendiz, sino que afecta a todas sus capacidades y repercute en su desarrollo global.

Una característica de la memoria humana es su carácter constructivo y reconstructivo. Tanto lo adquirido como lo que se evoca en el recuerdo, nunca es literal. El constructivismo estableció que la nueva información que se aprende, se combina e integra siempre con el conocimiento previo. Esa asimilación condiciona la calidad del aprendizaje a la hechura y consistencia que tengan los esquemas mentales previos de la persona. También la recuperación del recuerdo estará guiada o influida por la organización y claridad de los esquemas y estructuras cognitivas que intervienen en los procesos de adquisición y recuperación de la información. Aunque los aprendizajes son esenciales, también pueden contribuir a que se den determinadas alteraciones como falsos recuerdos o incluso distorsiones de la memoria.

El planteamiento de **Ausubel** fue el primer modelo sistematizado del aprendizaje significativo, según el cual para aprender es necesario relacionar los nuevos aprendizajes a partir de las ideas o conocimientos previos del aprendiz. La idea básica es que *"el aprendizaje del nuevo conocimiento depende de lo que ya se sabe, o sea, el nuevo conocimiento se comienza a construir apoyado o anclado a través de conceptos que ya se poseen, ya que estos conocimientos previos ya tiene significado"*. Una vez producido el aprendizaje significativo, con él se generan nuevas redes conceptuales, que son el andamiaje de los conceptos, criterios, actitudes y saberes del que aprende, con lo que se facilita la agregación de nuevos conocimientos formando mapas conceptuales que abren el camino del aprendizaje y facilitan la organización de los siguientes conocimientos que deba incorporar el aprendiz, así como la conducta inteligente que pueda desarrollar.

"La atribución de significados, es el elemento central del aprendizaje, es consustancial con el aprendizaje mismo, aprendemos lo que para cada uno de nosotros tiene significado, lo que tiene sentido, lo que entendemos. Es necesario dar significado a lo que se aprende para que sea consistente y pueda ser integrado y correlacionado con las estructuras y redes neuronales en las que están organizados categorizados y dotadas de significación semántica las informaciones y conocimientos ya adquiridos".

Por todo ello, no es una exageración decir que el aprendizaje consistente y estructurado sólo es posible por medio de un aprendizaje significativo, para que éste sea el producto final de la interacción. Es importante esta premisa porque supone que el estudiante aprende, más y mejor cuando el aprendizaje es significativo y está relacionado, anclado y orientado con los significados de lo que ya sabe, lo que lleva al aprendiz a ser el protagonista del evento educativo.

El aprendizaje significativo se produce por la interacción entre los nuevos contenidos y los elementos informativos relevantes presentes en la estructura cognitiva del aprendiz y reciben el nombre de "subsumidores". Se trata de una interacción de ideas, conceptos o proposiciones inclusivas, claras y disponibles en la mente del aprendiz, que es lo que dota de más significado a ese nuevo contenido. Esa interacción también produce la modificación del contenido que tengan los subsumidores que posee el aprendiz en su estructura cognitiva. Es la correlación que se establece entre lo nuevo y lo ya sabido, valorado y posiblemente experimentado, lo que determina la generación de nuevos conocimientos más diferenciados, elaborados y estables.

Para conseguir un aprendizaje significativo también es necesario que el aprendiz tenga la actitud o predisposición positiva para querer aprender de manera significativa. Debe poseer también ideas sobre lo que va a aprender (subsumidores) para que sirvan de anclaje y se establezca la interacción de los contenidos informativos de las dos procedencias. Además se requiere que el contenido del aprendizaje que se quiere incorporar sea un material lógico y relacionable con la estructura cognitiva del que aprende. Aun teniendo una buena predisposición para aprender y disponiendo de un material lógicamente significativo, no habrá aprendizaje significativo si la estructura cognitiva del aprendiz no posee subsumidores claros, estables y precisos que sirvan de anclaje a la nueva información.

Otro aspecto de esta hipótesis señala que la adquisición de la información genera un cambio en la persona que aprende, tanto en la información que adquiere, como en la ya existente, generándose así la estructura de un nuevo conocimiento actualizado. En consecuencia tanto el aprendizaje nuevo como el ya sabido se van a modificar, configurándose un nuevo y personalísimo conocimiento nacido de esa correlación.

Se entiende por estructura cognitiva (los subsumidores), al conjunto de conceptos, ideas, saberes, valores, experiencias y cargas emocionales, que un individuo posee sobre una determinada área del conocimiento, así como su calidad y la organización que tienen esos saberes.

Es importante conocer cómo la nueva información se integra en la estructura del conocimiento existente, pues para enseñar o mejor dicho, para facilitar que el aprendiz aprenda, debe conocerse la estructura cognitiva del alumno; no sólo la cantidad de información que posee, sino cuáles son sus conceptos, las proposiciones que maneja y el grado de estabilidad que tienen esas estructuras. Porque para que se cotejen las experiencias y conocimientos memorizados con las nuevas informaciones que se están aprendiendo, debe establecerse entre ellas una jerarquización con diversas correlaciones y vínculos suficientes para permitir que se pueda construir el nuevo conocimiento de forma organizada y consistente.

Por tanto, el aprendizaje es un proceso que implica la generación de nuevos significados, lo que puede modificar, en mayor o menor medida su conceptualización. Este mismo hecho es el que permite al aprendiz mostrar el resultado del aprendizaje con las mismas palabras o con expresiones verbales o gráficas distintas, también permite realizar inferencias, establecer conclusiones o aplicar los saberes en la solución de nuevos problemas.

Se puede establecer como axioma que: *"El aprendiz suele ser capaz de aprender cualquier contenido si posee el enganche cognitivo adecuado"*. Es decir, cuando se es capaz de atribuir un significado consistente a lo que va a aprender. Por eso se debe intentar que el aprendizaje sea lo más significativo posible en cada momento de la escolaridad. Para ello la enseñanza debe actuar de forma que los aprendices profundicen y amplíen la construcción de los significados, fomentando su participación en las actividades de aprendizaje. La construcción de significados se genera cada vez que somos capaces de establecer relaciones sustantivas y no arbitrarias o superficiales entre lo que aprendemos y lo que ya conocemos. La construcción de significados se consigue integrando y asimilando el nuevo material de aprendizaje a los esquemas que ya se poseen sobre el tema que se está aprendiendo, por lo que un contenido será más o menos significativo según sea mayor o menor su capacidad de enganche con los conocimientos previos.

9.2.1.1.- CARACTERÍSTICAS DEL APRENDIZAJE CONSTRUCTIVISTA

Las ideas más significativas del aprendizaje por construcción, son las siguientes:

- Los contenidos mentales del aprendiz tienen mucha importancia.

- Los resultados del aprendizaje no sólo dependen de la situación de aprendizaje o de las experiencias que se proporcionan a los alumnos, sino también de los conocimientos previos que poseen, y de sus concepciones y sus motivaciones.
- Encontrar sentido supone establecer relaciones. Los conocimientos que pueden conservarse largo tiempo en la memoria no son hechos aislados, sino muy estructurados e interrelacionados de múltiples formas.
- El sujeto que aprende construye activamente el significado de lo aprendido. Estudios sobre las formas en que comprendemos, sugieren que interpretamos activamente nuevas experiencias, mediante analogías, a partir de estructuras de conocimientos que ya poseemos. *"La perspectiva constructivista sugiere que más que extraer conocimiento de la realidad, la realidad sólo existe en la medida que construimos nuestra realidad a partir de la existente"*.

Desde el punto de vista constructivista, se acepta que algo es significativo cuando hay acuerdo entre nuestras experiencias y nuestras concepciones. Los alumnos son responsables de sus propios aprendizajes y se reconoce como condición necesaria del aprendizaje el que los alumnos hagan continuamente ordenadas sus propias síntesis de los conocimientos. El aprendizaje constructivo se lleva a cabo a partir de la experiencia. El profesor deberá partir conociendo las características del sujeto, para adaptar a ellas la selección y secuenciación de contenidos tanto conceptuales como de valores, actitudes, destrezas y estrategias de conocimiento.

El papel del profesor además de ser un trasmisor de los contenidos escolares señalados en el currículo, habrá de crear las condiciones más favorables para el aprendizaje. El alumno es quien construye, enriquece, modifica, diversifica y coordina sus esquemas, es el verdadero artífice del proceso de aprendizaje, de él depende la construcción del conocimiento. Además en el caso del aprendizaje escolar, la actividad constructivista del alumno no es una actividad individual sino que también participa la actividad interpersonal con el entorno. La actividad interpersonal se refiere tanto a la interacción profesor-alumno, como a la interacción alumno-alumno

La escuela constructivista actual de **Piaget** en Ginebra, propone las siguientes ideas generales para entender el aprendizaje por construcción:

- El aprendizaje es un proceso constructivo interno.
- El aprendizaje depende del nivel de desarrollo del sujeto.
- El aprendizaje es un proceso de reorganización cognitiva.
- El aprendizaje se ve favorecido por la interacción social.
- El aprendizaje se fundamenta en la toma de conciencia de la realidad.
- El aprendiz es el factor principal de su propio desarrollo.

Moreira[124] establece los siguientes principios para definir el aprendizaje significativo:

- Aprender que aprendemos a partir de lo que ya sabemos. (Principio del conocimiento previo).
- Aprender a enseñar preguntas en lugar de respuestas. (Principio de la interacción social y del cuestionamiento).
- Aprender a partir de distintos materiales educativos. (Principio de la no-centralidad del libro de texto).
- Aprender que somos perceptores y representadores del mundo. (Principio del aprendiz como Perceptor Y Representador).
- Aprender que el lenguaje está totalmente involucrado en todos los intentos humanos de percibir la realidad. (Principio del conocimiento como lenguaje).
- Aprender que el significado está en las personas, no en las palabras. (Principio de la conciencia semántica).
- Aprender que el ser humano aprende corrigiendo sus errores. (Principio del aprendizaje por el error).
- Aprender a desaprender, a no usar los conceptos y las estrategias irrelevantes para la supervivencia. (Principio del des-aprendizaje).
- Aprender que las preguntas son instrumentos de percepción y que las definiciones y las metáforas son instrumentos para pensar. (Principio de la incertidumbre del conocimiento).
- Aprender a partir de diferentes estrategias de enseñanza. (Principio de la no utilización de la pizarra).

---

[124] (Marco A. Moreira Físico y pedagogo brasileño, Prof. U. de FRGS con notable prestigio en el desarrollo de enseñanza de ciencias físicas en la universidad)

- Aprender que simplemente repetir la narrativa de otra persona no estimula la comprensión. (Principio del abandono de la narrativa).

Para lograr que se desarrolle el aprendizaje significativo, deben potenciarse dos líneas de la actividad pedagógica:

- *"La actividad participativa del aprendiz"* que pueda facilitar el establecimiento de relaciones entre el nuevo contenido y los esquemas de conocimiento que ya posee. Por ejemplo, al aprender a usar las tablas de logaritmos debe incidirse en conocer en qué operaciones matemáticas se emplean los logaritmos, con lo que sería más consistente su aprendizaje.
- *"La interacción con personas"* estableciendo contactos, observándolas, imitándolas, atendiendo a sus explicaciones, siguiendo sus instrucciones o colaborando con ellas. **Ajuriaguerra**[125] decía: *"el mejor maestro del niño son los otros niños"*.

El aprendizaje no siempre es significativo, para serlo, se señalan dos condiciones:

- El aprendiz debe poseer los conocimientos previos "adecuados" para poder comprender los nuevos conocimientos y además, el conocimiento que se está aprendiendo debe tener significatividad es decir, es necesario que el alumno pueda insertarlo en las redes de significados que ya ha construido con anterioridad. Para ello se precisan estrategias metodológicas que activen los conceptos previos, los llamados *"Organizadores Previos"* que son bloques de conocimientos estructurados capaces de proporcionar la base para que el contenido que se aprende tenga un marco con el que poder relacionarse.
- El aprendiz ha de tener una actitud receptiva para aprender significativamente. El que aprende, es el aprendiz, el enseñante solo incentiva, orienta, ayuda, asesora y controla. Ha de tener pues intención de aceptar el esfuerzo que exige relacionar el nuevo material de aprendizaje con lo que ya conoce. Lo que

---

[125] (Julián Ajuriaguerra, (1911-1993), Neuropsiquiatra español, Dir. H. Psiquiátrico de Ginebra y Prof. del Col. de Francia en París)

dependerá de su motivación para aprender. Esa motivación en gran medida depende de la habilidad del enseñante, para incrementar o despertar el interés del aprendiz.

Factores que influyen. "*El aprendizaje no depende tanto de la competencia intelectual del alumno, como de poseer conocimientos previos relacionados con el contenido a aprender*". Además, junto al conocimiento previo, existen otros procesos psicológicos que actúan como mediadores entre la enseñanza y el aprendizaje. Entre ellos la percepción que tiene el alumno del sistema de escolarización, de la escuela y del profesor, juegan también sus expectativas ante la enseñanza; sus motivaciones y actitudes personales, las estrategias de aprendizaje que es capaz de utilizar, etc.

Se puede afirmar que todo aprendizaje deberá cumplir tres requisitos:

- El contenido debe ser significativo. Es decir, la estructura interna debe estar organizada y su contenido debe tener cohesión, para que permita la construcción de significados y el tema no debe ser lejano al interés o experiencia del alumno.
- El alumno debe estar motivado a aprender. Aquí entra en toda su dimensión el papel fundamental del profesor como elemento clave para estimular el aprendizaje significativo y orientarlo en una determinada dirección.
- El aprendizaje básico debe ser funcional. Es decir, todos los conceptos, conocimientos, normas, etc., que el alumno aprende, deben serle útiles, de forma que pueda aplicarlos en cualquier circunstancia y puedan operar como "Organizadores Previos" de los siguientes aprendizajes.

9.3.- CONCLUSIONES

Como observó **Vigotsky**, "*el aprendizaje es el motor del desarrollo cognitivo*". En consecuencia resulta extremadamente difícil separar lo que es el desarrollo cognitivo de lo que es el aprendizaje. Por lo tanto se ha de aceptar como un aserto consistente que "*el aprendizaje es una herramienta muy importante para el desarrollo cognitivo de la persona que aprende*".

Los resultados del aprendizaje no sólo dependen de las informaciones que se le proporcionan al alumno, sino también de los conocimientos previos que posee, de su organización conceptual, de los esquemas de valor y de sus motivaciones. Encontrar sentido al contenido de un aprendizaje supone ya establecer relaciones. Los conocimientos que pueden conservarse largo tiempo en la memoria no son hechos aislados, sino que son elementos ya estructurados e interrelacionados con otros conocimientos de múltiples formas. El sujeto que aprende es el que construye activamente el significado, porque *"para comprender es necesario interpretar lo que se aprende mediante analogías a partir de las estructuras de los conocimientos que ya se poseen"*. *"La perspectiva constructivista sugiere que más que extraer conocimiento de la realidad, solo es conocimiento el que logra construir cada persona a partir de esa realidad"*.

Esta concepción activa de la construcción del significado genera algunas consecuencias:

1) La comprensión de la realidad es la que genera expectativas para el aprendizaje de la información que se quiere aprender, es el contenido con el que el aprendiz crea su propio conocimiento.
2) El aprendizaje significativo se produce solo si hay acuerdo entre la información que se recibe y las concepciones implícitas o explícitas que tiene previamente el aprendiz respecto a esa información.
3) Los conocimientos logrados por el aprendiz, son los responsables de los conocimientos que consiga en adelante. El aprendiz es quien tiene que elaborar las propias síntesis ordenadas de los conocimientos que adquiere. El aprendizaje constructivo requiere pues contar con la experiencia de aprender.
4) El enseñante debe comenzar por conocer las características del aprendiz y adaptar a ellas la selección y secuenciación de contenidos, tanto conceptuales, como de valores, actitudes, destrezas y estrategias de conocimiento.

El papel del profesor es crear las condiciones favorables para el aprendizaje. El alumno es quien construye, enriquece, modifica, diversifica y coordina sus esquemas; él es el verdadero artífice del proceso de aprendizaje; de él depende la construcción del conocimiento. En el caso del aprendizaje escolar la actividad constructivista del alumno no es una actividad individual sino interpersonal en la que se incluye tanto la interacción profesor-alumno, como a la interacción alumno-alumno.

Para que el aprendizaje pueda ser significativo el contenido debe ser de interés para el alumno. Por lo que el interés debe entenderse como algo que hay que crear y no simplemente como algo que tiene o debe tener el alumno. El interés se despierta como resultado de la dinámica que el profesor establece en clase.

El aprendizaje literal (de memoria, como poesías o fórmulas matemáticas) tiene significado si forma parte de un conjunto de ideas aprendidas significativamente; comprender las ideas que expresa una poesía o comprender la razón de aplicar una fórmula matemática.

Hay un tipo de aprendizaje en el que predomina lo cuantitativo y otro en el que lo que predomina es la cualidad. En general se corresponden con el aprendizaje por asociación y el aprendizaje elaborado por construcción. Aunque en todos los aprendizajes, implícito o explícito, por asociación o por construcción, literal o significativo, de datos, de conceptos, de procedimientos y destrezas o de conductas y de actitudes, se evidencia que existe una gran diversidad de procesos y formas de expresar el resultado, dependiendo de: la índole de los objetivos, los contenidos de la información que se aprende o de la situación y condiciones en que se produce.

9.4.- MEMORIA Y APRENDIZAJE

"La memoria es el mecanismo o instrumento del aprendizaje". Ambas son la cara y la cruz de la misma moneda; la memoria es necesaria para el aprendizaje y el aprendizaje se logra gracias a la memoria. Para evaluar los conocimientos se emplean pruebas de memoria y en definitiva la memoria y los conocimientos que con ella se han incorporado, nos permiten ser quien somos. Aprendemos casi todo lo que sabemos o recordamos, desde andar, hasta los conocimientos más sofisticados, pasando por el lenguaje con el que pensamos, aprendemos, nos comunicamos o damos significado y sentido a las informaciones que recibimos con nuestras percepciones. El aprendizaje nos permite aplicar lo que hemos aprendido o experimentado y también hace posible el poder comunicárselo a terceros. Gracias al aprendizaje se puede transmitir la cultura, incorporar conocimientos científicos y profesionales y todos los saberes de la cultura que se mantienen durante generaciones.

Toda información procesada que se haya incorporado a la memoria permanente, ha sido aprendida y cuando llega un nuevo elemento informativo relacionado con esa información, desencadena un nuevo procesamiento y una codificación más profunda, que se traduce en modificaciones y cambios, que normalmente representan grados más avanzados del aprendizaje. El grado de estabilidad y persistencia de lo aprendido, depende en gran medida, de cómo se realizó el aprendizaje y como se recordó o aplicó en el tiempo.

La integración de los conocimientos, su organización y su elaboración conceptual y significativa, es lo que hace que el aprendizaje sea significativo, que tenga sentido. También con la práctica se promueve la creación de fuertes vínculos entre las reglas y los procedimientos, aumentando la consolidación de la memoria procedimental y su efectividad.

9.4.1.- PROCESO BIOLÓGICO DEL APRENDIZAJE.

El aprendizaje suele comenzar con memoria a corto plazo que produce una retención de la información durante unos 30", perdiéndose seguidamente a menos que se realice algún tipo de consolidación por repetición, por repaso o también si la información va acompañada de carga emocional, elementos que favorecen o estimulan su consolidación. Cuando la información de la memoria a corto plazo es trasferida a la memoria de trabajo, ésta solo tiene capacidad para retener una cantidad limitada de información, solo se centra en la información necesaria en ese momento para ser utilizada o procesada. El resto de información que es irrelevante o no conveniente, se desvanece.

La memoria de trabajo es la función cognitiva decisiva en el procesamiento de la información y en el aprendizaje, ya que es la responsable de la localización de las informaciones en la memoria permanente y su distribución logística. Al cotejar, contrastar y correlacionar las nuevas informaciones con los contenidos en la memoria a largo plazo, nacen nuevas construcciones mentales que de nuevo son remitidas a la memoria permanente y allí quedan guardadas.

El mecanismo neuronal por el que se genera el aprendizaje inicial de memoria a corto plazo es el siguiente: Al pasar la información por las sinapsis de las neuronas, estas se fortalecen y aunque no cambia su estructura física, sí dejan huellas que generan rutas o mapas neurales, pero estos señalizadores son frágiles y con el tiempo desaparecen. Mientras duran esas huellas, el cerebro las reconoce y pueden ser requeridas por el sistema de evocación para presentar esa información en la consciencia.

El aprendizaje normalmente comienza con memoria a corto plazo de toda la información que se capta y la memoria de trabajo la presenta ante la conciencia y ésta elige la más conveniente o adecuada, solo la memoria elegida tiene la posibilidad de ser memoria a largo plazo o permanente. La memoria permanente dispone de una enorme capacidad en amplitud y duración y podrá ser evocada durante horas, días, años o décadas, después de haber sido incorporada. La información almacenada en la memoria permanente, puede ser recuperada y utilizarse en los sucesivos procesos cognitivos y en la acción. Es muy importante que la información disponible en la memoria permanente esté codificada y organizada, para que pueda ser recuperada al ser requerida por la memoria de trabajo y poder así generar el aprendizaje significativo. *"Este es el mecanismo normal del aprendizaje"*.

Cuanto más veces se recuerda un contenido de la memoria a largo plazo o cuanto más se evoca la memoria, más se enriquece, mayor perspectiva y mayor robustez adquiere, gracias a que con la actualización de la memoria se va fortaleciendo la robustez de las huellas que se generan en las sinapsis y estas huellas van formando mapas, que son el soporte físico de la memoria y el aprendizaje y además, son los caminos que prefiere elegir el cerebro en la evocación, porque su gestión es más segura y rápida. Así se entiende la importancia de la formación y reciclaje permanentes.

Pongamos un ejemplo, imaginemos que se debe realizar una intervención quirúrgica, para ello se empleará una técnica que debe ser memorizada por el cirujano y los profesionales intervinientes, recordando las tareas que establece el protocolo. En el transcurso de la intervención se producen diversas incidencias, que deben ser analizadas, evaluadas y resueltas. La memoria de trabajo hace que el cirujano y su equipo evoquen toda la información de esas incidencias que han sido almacenadas en la memoria permanente, pudiendo así cotejar y contrastar sus conocimientos y experiencias anteriores con lo que está ocurriendo en esa intervención. Una vez concluida la intervención, todas la experiencias y vivencias memorizadas son revertidas de nuevo a las diversos mapas cerebrales que albergan esos conocimientos, pero esa información ahora se habrá modificado con las incidencias que ocurrieron en la intervención y el cómo se resolvieron. El resultado es muy enriquecedor pues a la memoria permanente que existía, se le añaden, integran o corrigen las nuevas circunstancias y avatares que concurren en la intervención, con lo que aumenta la cantidad de conocimientos y desde luego se actualiza. Quizá deba cambiarse alguna parte del protocolo por lo ocurrido en esta intervención o porque se le ha ocurrido al cirujano una nueva solución y en adelante esos nuevos contenidos formarán parte de su memoria permanente, pero enriquecidos, contrastados, y actualizados o modificados, gracias a las nuevas informaciones obtenidas en ese acto quirúrgico.

El sistema es especialmente enriquecedor para la experiencia del cirujano, porque se ha añadido un aprendizaje a lo que ya sabía y había experimentado. Incluso esa nueva experiencia quizá le ha hecho cambiar algún criterio, tras comentarlo con sus ayudantes o porque en el curso de la intervención se le ocurrió o se le sugirió alguna variación. Por tanto, las nuevas experiencias, con sus circunstancias y peculiaridades han promovido un fortalecimiento de unas sinapsis con sus huellas mnémicas y la modificación de otras que son las encargadas de albergarlas en la nueva memoria a largo plazo, quedando enriquecido y actualizado ese conocimiento. Es decir, se ha producido un incremento del conocimiento, se ha modificado y actualizado y además se ha fortalecido el soporte neural de esas experiencias y conocimientos al haber rememorizado esa información en todos sus aspectos: vital, conceptual, episódico y procedimental.

La memoria es crucial en todos los procesos cognitivos, tanto en la elaboración de los constructos mentales de la inteligencia, como en la capacidad de anticiparse mediante conductas adecuadas a las situaciones que se avecinen y en general juega un papel fundamental en el comportamiento global. Además, cuanta más información se tiene almacenada en la memoria, cuanto mayor sea el nivel de conocimientos y experiencias y más consistente sea su estructuración, será más fácil aprender nuevos conocimientos, al disponer de mayor número de enganches y referencias. También la conducta será más eficiente y más adecuada será su capacidad para la solución de problemas o la adaptación a nuevas situaciones.

9.5.- ESTRATEGIAS DEL APRENDIZAJE. APRENDER A APRENDER

Gagné[126] dice: *"lo que se aprende no son las respuestas, sino la capacidad de producir respuestas y más aún, la capacidad de producir clases de respuestas"*. Este comentario es una preciosa orientación para aprender a aprender. El aprendizaje de la información que se representa con lenguaje semántico, verbal y declarativo, es capaz de integrar tanto el conocimiento de hechos, nombres o datos, como el aprendizaje de conceptos ya organizados, lo que permitirá la interrelación de determinadas ideas con determinadas situaciones, orientando así la aplicación de esos conocimientos. Este aprendizaje facilita el poder emplear algunas estrategias importantes para lograr optimizar la capacidad intelectual y hacer que nuestros criterios y respuestas vayan adquiriendo cierto estilo y cierta direccionalidad, lo que genera una forma característica de ver la vida y por tanto, de ser y comportarse.

Se entiende por estrategias cognoscitivas los sistemas que ayudan a la adquisición de nuevas informaciones, buscando que promuevan la organización, recuperación y utilización de esos conocimientos, para que estén dispuestos a ser evocados.

Ejemplo de estrategias cognoscitivas son las que suelen emplearse para la estructuración de los contenidos que deben aprenderse, tales como elaborar diagramas o resúmenes durante el aprendizaje, en los que es necesario distinguir lo importante de lo secundario. Estas estrategias contribuyen al desarrollo de conductas inteligentes y son una forma típica de aprender a aprender.

Con estas herramientas, también se puede ampliar la metacognición para poder anticiparse a lo que vaya a ocurrir, apoyándose en anteriores experiencias sobre situaciones similares. Son estrategias comúnmente empleadas en centros de formación para profesionales. Nos viene a la cabeza el método de "el caso" que se emplea en las escuelas de negocio, en las que se les propone a los alumnos que resuelvan diversos problemas de una empresa hipotética, a la que se le suponen problemas que ocurren con frecuencia y que están vinculados con el tema que se estudia. En Medicina las

---

[126] (Robert M. Gagné, (1916-2002), psicólogo, EEUU, Prof. U. Princeton, autor de su Teoría del aprendizaje)

sesiones clínicas en las que se pide a los asistentes que propongan diagnósticos diferenciales y los argumenten y seguidamente propongan estrategias terapéuticas.

9.5.1.- PROCESAMIENTO EN EL APRENDIZAJE DE TEMAS COMPLEJOS.

Cuanta mayor complejidad se requiera para el aprendizaje que requiere el procesamiento cognitivo de la información, mayor grado de conocimiento previo se necesitará para consolidar su aprendizaje y más complejas serán las operaciones mentales que se requieren para aplicar ese conocimiento en las actuaciones inteligentes.

Es decir, en el procesamiento de palabras a nivel sensorial, por análisis visual o acústico que sólo requiere un conocimiento previo de letras o sonidos, las operaciones para su procesamiento son solo de índole asociativa. Podría leerse un fragmento escrito en sentido meramente literal en un idioma desconocido, pero sin comprender su significado. Una lectura que permita comprender un escrito convencional, implica ya un procesamiento semántico de nivel más profundo, pues requiere activar el conocimiento previo del significado de las palabras, sus funciones y ciertas reglas gramaticales. Además, una palabra o una frase pueden procesarse a un nivel más complejo, como por ejemplo, en términos semánticos o de interés. Cuanto más se atiende al significado del elemento informativo, es decir, cuanto mejor se conoce el significante, tanto más complejo, amplio y rico es el nivel de su procesamiento, lo que entraña mayor elaboración y será más fácil su comprensión, su retención y también más duradera y precisa su memorización.

9.5.2.- ASIMILACIÓN Y ACOMODACIÓN DEL CONOCIMIENTO.

En el aprendizaje se producen los procesos de asimilación y acomodación cognitiva. Por medio de la asimilación se incorporan los contenidos de las informaciones, esta función se hace de forma selectiva, ya que para asimilar una información, esta debe ser comprendida y compatible con la estructura cognitiva previa del individuo para poder así acoplarse al tipo de estructura que este posee. Cuando la nueva información se integra en la estructura cognitiva ya existente, al proceso que lo realiza se denomina de asimilación.

Siempre puede haber informaciones que no se pueden asimilar pues se dice que desde **Erasmo** ya nadie tiene "saber sapiencial", término que los clásicos definían como *"saberlo todo de todo"*. Los demás mortales, cuando no disponemos de los esquemas mentales suficientes en cualquier tema, no podemos asimilar las informaciones o explicaciones que sobre ese tema nos den. Es decir, el concepto de valencia química no se puede asimilar bien si no se conoce algo la estructura molecular. Por otra parte, la asimilación de una nueva experiencia cognitiva en las estructuras de conocimiento ya existentes, suelen provocar cambios o modificaciones en esa estructura, siempre en función de que la nueva adquisición se ajuste más o menos a los esquemas o modelos mentales del aprendiz. Cuando los modelos mentales del aprendiz son incompatibles o contrarios a los significados o los criterios de valor de las informaciones nuevas, se puede producir un desajuste que se denomina "disociación cognitiva" que es fuente de conflictos y tensiones personales. Así pues, la asimilación promueve la integración de la información en las estructuras mentales del receptor si la organización y los contenidos son adecuados a la estructura que ya se tiene. La acomodación de los esquemas mentales existentes con los nuevos es lo que ocurre normalmente en el aprendizaje reglado y con él se generan nuevas concepciones o ampliaciones.

9.5.2.1.- LOS ESQUEMAS MENTALES EN EL CONOCIMIENTO Y LA ACCIÓN.

"El esquema mental es una estructura que contiene una composición organizada de conocimientos, experiencias y criterios, referida a tipos estandarizados de situaciones, hechos o fenómenos complejos y a sus relaciones personales y sociales". Estos esquemas son unidades cognitivas que mediante una síntesis organizada de saberes y experiencias anteriores, permiten al sujeto una rápida comprensión y una adecuada actuación ante situaciones nuevas relacionadas con el contenido del esquema.

Los esquemas no son conocimientos o informaciones asépticas, son opiniones estructuradas, que mediante una elaboración de conocimientos y experiencias con carga afectivo-emocional anterior, preestablecen formas de enjuiciar las situaciones, de elaborar los nuevos conocimientos o la forma específica de desarrollar conductas. Son elementos parecidos a las actitudes que preestablecen posturas a tomar ante nuevas situaciones, lo que facilita un abordaje integrado y ordenado de conceptos y acciones. La postura que inducen los esquemas mentales no es neutral, está condicionada por la particular forma de entender, juzgar, sentir y actuar que se promueve en el esquema; por lo tanto, un esquema es una estructura cognitiva que organiza conceptos relacionados con acontecimientos ya vivenciados en el pasado, que condicionan la forma de pensar, sentir y ser del individuo y que son empleados en situaciones nuevas marcando su orientación, dirección y sentido.

La posesión de esquemas cognitivos induce y orienta la atención de la percepción en una determinada dirección. Ayuda en los procesos de codificación y de recuperación del conocimiento, lo que facilita el reconocimiento y las correlaciones entre sus elementos, facilitando la realización de inferencias, la identificación de detalles o indicios. También la atribución de segundos significados de la situación y el análisis de fenómenos complejos. Es decir, el esquema es una estructura general de conocimiento muy útil para la comprensión, lo que permite al sujeto enriquecer sus opiniones y puntos de vista, sin necesidad de realizar un procesamiento complejo en cada situación, con lo que amplía el espectro y la riqueza del trabajo integrado en equipos o grupos de opinión. Pero estos nuevos conocimientos deben ser afines con la línea que tiene establecida el grupo, en caso contrario generan tensión y disonancia cognitiva.

"La función primordial de los esquemas es la de facilitar, simplificar y acelerar la aplicación de conocimientos y experiencias complejas, especialmente para la anticipación en la toma de posicionamientos". Es una guía en los procedimientos para definir posturas y orientar la conducta. Son como mapas mentales que operan en el reconocimiento, comprensión y recuerdo y sirven para orientar sobre la configuración de opiniones y criterios sobre la conducta a desarrollar. Esta herramienta aporta seguridad y direccionalidad a la respuesta, pero es evidente que esos contenidos, que hemos construido a lo largo de la vida, pueden orientarnos mal, porque no es infrecuente tener informaciones sesgadas, erróneas, rígidas o no actualizadas o simplemente distintas de las del esquema cultural en el que se aplican.

En definitiva, *"los esquemas cognitivos son estructuras de conocimiento general que operan en el procesamiento y adquisición del conocimiento declarativo como marcos de referencia y en el conocimiento procedimental, como guiones de actuación"*.

9.5.2.2.- EL SIGNIFICADO Y LA COMPRENSIÓN.

Las personas somos buscadores y procesadores de información. Buscamos, extraemos y seleccionamos información del entorno y al interpretarla le atribuimos significados personales según nuestros conocimientos, experiencias e intereses, por eso al oír una conferencia sobre un tema complejo, es frecuente que la información que han incorporado unos asistentes, sea distinta de la que han obtenido otros.

El aprendizaje implícito, se realiza de forma casi inconsciente y el explícito requiere atención y esfuerzo. Ambos se producen mediante la interacción de la persona con el entorno, las situaciones u otras personas. En todo caso, para poder comprender lo que percibimos, hemos de atribuirle un significado a las cosas, a los hechos y a los acontecimientos y con ello se va construyendo nuestro propio conocimiento y nuestros criterios sobre lo que percibimos.

De la información que obtenemos del entorno, lo más importante son los significados. En esa búsqueda partimos de lo puramente físico que nos es dado de forma más inmediata y fácil, pero con esfuerzo ya somos capaces de transcender hasta alcanzar los significados conceptuales y abstractos, que son los factores clave del aprendizaje, tanto implícito como explícito, de forma que el conocimiento coherente del entorno solo se logra si a la información se le da un significado y un sentido. Así se produce el aprendizaje complejo, creativo y personalizado, es el llamado aprendizaje significativo. Por tanto, el estímulo percibido adquiere significado sólo cuando es interpretado por el sujeto que lo percibe. **Rivas**[127] dice: "*La memoria humana alcanza su más genuino nivel cognitivo y funcional a través de sus complejas redes semánticas de significados*". El pensamiento que es capaz de formar conceptos, solucionar problemas y también de innovar y crear, se basa en descubrir, elaborar, construir y asignar significados y desde luego esos significados son siempre muy personales.

Podemos afirmar que "*Comprender es dar significado a una información y la comprensión es el proceso por el que se da significado a la información que era solo un significante sin significado*". La comprensión no funciona por la ley del todo o nada, en realidad nunca se comprende del todo ni se deja totalmente de comprender. Algunos significados como los términos librepensador o puritano, se vienen modificando a lo largo de la vida. El significado que se le da a un hecho depende de lo que ya se sabe acerca del mismo o en función de las propias experiencias o conocimientos (El gato escaldado del agua fría huye). Por otra parte, algunos significados no tienen connotación fija, dependen del contexto, como ocurre con los términos, ser

---

[127] (Manuel Rivas Navarro, (1933...) Pedagogo español, prof. U. Complutense Madrid e inspector de enseñanza)

ambicioso, ser tolerante o ser soñador. A lo largo de la vida cada uno va construyendo sus propios significados, en virtud de sus conocimientos, sus experiencias, su rol social o el perfil personal que quiere mostrar. Pero es evidente que los significados tienen elementos comunes para poder ser compartidos con los demás, gracia a ello se les puede aplicar las mismas etiquetas lingüísticas y el idioma es la regla que establece el significado para todos sus hablantes. Esta comunión de significados sociales es fundamental para el aprendizaje explícito y formal. Los significados comúnmente compartidos sirven para establecer las reglas de convivencia, las leyes o costumbres se apoyan frecuentemente en definiciones que no son sino formas de acotar y establecer esos significados. Por eso resulta más fácil adaptarse a sociedades o grupos que poseen leyes, reglas y lenguajes establecidos formalmente, cuando son conocidos por la persona.

Dice **Rivas** "*La actividad mental del ser humano, en gran medida, está orientada a la comprensión del mundo y de la vida, lo que le lleva a buscar el significado de las cosas y esta es la tarea primordial de la actividad cognitiva*".

El vocabulario con sus significados, conceptos y criterios, es el saber básico necesario para incorporar las referencias que operan en la formación escolar o académica o profesional. A los significantes con que nos enfrentamos en la vida, tenemos que encontrarles el significado adecuado para poder aceptarlos y aplicarlos en la profesión y en la vida. Conocer ese significado implica conocer las palabras que lo definen, además, esos significados deben construirse y reconstruirse de forma continuada, porque la vida ocurre y cambia y para su comprensión y adaptación es necesario extraer su cambiante significado. De cómo vayamos logrando solucionar los problemas a los que nos enfrentamos, se derivará el nivel de hechura y eficacia de nuestra vida. También del descubrimiento personal de nuevas soluciones o de los mensajes que vamos recibiendo, incluidas las propias concepciones, autocríticas, creaciones, éxitos y fracasos.

Los procesos del aprendizaje se construyen integrando las nuevas informaciones en los marcos cognitivos que ya hemos construido (criterios, creencias, esquemas cognitivos y de actitud), esos son esquemas mentales que orientan la forma que tenemos de ver las cosas. Es lo que permite elaborar proposiciones enlazadas y redes conceptuales que se activarán y se evocarán en la memoria de trabajo para la construcción de nuevos significados una vez contrastados con la información que vayamos obteniendo de cada nueva situación. Una nueva construcción o reconstrucción de significados y criterios, al volver a la memoria permanente, mantendrán su actualidad, su nivel de estructura, su organización y sus connotaciones de valor y de prioridad. Es pues muy importante enriquecer los contenidos de las redes conceptuales para que puedan ser evocados con facilidad en las nuevas situaciones con que debamos enfrentarnos. Ese es el proceso que permite emplear bien la experiencia y los conocimientos, para así ir mejorando la capacidad intelectual y su aplicación en la conducta.

9.6.- APRENDIZAJE Y REPRESENTACIÓN DEL CONOCIMIENTO

"El valor del conocimiento es el que se deriva de su adecuación para facilitar la construcción de nuevos conocimientos y criterios, así como para facilitar la elaboración de reglas conceptuales o de actuación adecuadas". Si no está codificado y ordenado el conocimiento, la enorme cantidad de estímulos físicos y sociales que se reciben, pueden crear confusión y caos mental en la persona, así parece ocurrir en algunas reacciones de la gente y de los políticos, ante situaciones complejas, graves, o peligrosas a tenor de las respuestas que dan o de las posturas o soluciones que proponen.

Cuando ya se dispone del lenguaje adecuado, la memoria semántica permite organizar los contenidos memorizados por su significado y ya se pueden distribuir de forma ordenada esos contenidos que van aportando las experiencias y los aprendizajes, las propias conclusiones, los criterios, las reglas y modos de entender y de hacer, tanto por lo que nos dicta la cultura en que nos desenvolvemos, como por nuestros propios esquemas y razonamientos. Con todas esas referencias, podremos generar procesos de elaboración intelectual y mejorar la inteligencia y su aplicación eficaz.

La construcción de conceptos permite razonar y realizar deducciones e inferencias, sin necesidad de almacenar o retener cada una de las informaciones recibidas. Un paso más es la elaboración de actitudes, que como vimos, son estructuras compuestas por la información procedente de la herencia genética, la cultura en que se desenvuelve y la que se recibe en la formación académica y en la experiencia vital, que aportan experiencias, conocimientos, criterios y esquemas conductuales que nos permiten actuar con determinada orientación y enfoque ante las diversas situaciones con que nos enfrentamos. Esa misma orientación o estilo perfila lo que llamamos formas de ser, gracias a las que de una u otra forma somos predictibles y los demás dicen conocernos, es decir, nos pueden conocer por *"metacognición"* pudiendo adivinar nuestras respuestas y conductas, nuestros gustos y el posicionamiento intelectual que vamos a adoptar ante situaciones nuevas.

El razonamiento cuando está basado en conceptos lógicos, permite elaborar síntesis que generan el conocimiento conceptual, lo que impone exigencias de análisis que incrementan la profundidad y rigor del conocimiento, incluso ayudan a generar inferencias, abstracciones y capacidad de predicción de lo que se avecina, lo que también es metacognición. Las inferencias y predicciones elaboradas a partir del conocimiento conceptual favorecen la regulación de la propia conducta y la capacidad de elaborar proyectos personales en prospectiva, dando sentido y direccionalidad a la conducta para poder definir el norte que guíe nuestro proyecto vital.

9.7.- LA FORMACIÓN DE ESQUEMAS, CONCEPTOS Y CRITERIOS

Los esquemas cognitivos. Más arriba definíamos los esquemas mentales como *"estructuras que contienen una composición organizada de conocimientos, experiencias y criterios, referida a tipos estandarizados de situaciones, hechos o fenómenos complejos y a sus relaciones personales y sociales"*. Estas elaboraciones que resultan de la experiencia y el aprendizaje, tienen una función sustancial en los procesos cognitivos de codificación y recuperación de los conocimientos y además, cooperan de forma muy clara en la adquisición de nuevos conocimientos y en su evocación ulterior. Pero también pueden contribuir a generar distorsión en el resultado de los procesos de la memoria, tanto por establecer creencias apodípticas, como ocurre con las posturas éticas integristas, porque con los esquemas rígidos se tiende a unidireccionalizar las decisiones, las prioridades y valores en determinado sentido, generando formas rígidas de conducta y estableciendo posturas, opiniones y criterios que suelen inducir a la intolerancia.

Los conceptos. Podemos definirlos como *"unidades cognitivas integradas que permiten mejorar y dar precisión al conocimiento"*. Se forman en las relaciones que el individuo va estableciendo con las cosas, las situaciones, las personas y la cultura. Con toda esa información se van construyendo y organizando categorías muy personales de valoración e interpretación, que son los nutrientes que alimentan los contenidos de la memoria semántica.

Elaborar conceptos es una función creativa, favorece la elaboración de otros nuevos conceptos más complejos, lo que permite ir construyendo y desarrollando nuevos contenidos como criterios o actitudes, que son elementos importantes para la interpretación, estructuración y organización del conocimiento y la conducta.

"El criterio": es *"la capacidad para adoptar una opinión, juicio, decisión o postura fundamentada sobre alguna situación, cosa o proyecto"*. Los criterios se construyen mediante una compleja y personal organización de conocimientos, escalas de valor y experiencias, que una vez construidos ayudan a mantener direccionalidad en la forma de ser y comportarse, facilitando la capacidad de predicción de los sucesos que pueden ocurrir y sus peculiaridades, lo que permitirá estar prevenidos para adoptar las medidas más adecuadas en las distintas situaciones en que podemos encontrarnos.

9.8.- MEMORIA, APRENDIZAJE, ENSEÑANZA, INFORMACIÓN Y CONOCIMIENTO

"Memoria, aprendizaje, enseñanza, información y conocimiento, son procesos, sistemas, procedimientos y contenidos cognitivos íntimamente relacionados con la adquisición y aplicación de los saberes y experiencias".

"La memoria" es por una parte, el mecanismo por el que se incorpora, guarda y evoca la información; para ello se la codifica, organiza y guarda, pudiendo así recuperar luego sus contenidos. Por otra parte, la memoria también es un mecanismo cerebral, una propiedad específica del cerebro que apoyándose en la plasticidad neuronal hace posible retener y codificar la información para luego poder evocarla de forma comprensible y a voluntad.

"La enseñanza y el aprendizaje", son tareas centrales del ser humano, son actividades ligadas a una forma de existir, a una dinámica en la que se genera un permanente cambio para facilitar la adaptación del ser humano al mundo donde están las otras personas y a los distintos entornos con los que de una u otra forma deba interactuar y adaptarse. Es en esa interacción, donde se produce y se requiere la enseñanza y el aprendizaje para adquirir el conocimiento.

El ser humano para crear su mundo personal, que de hecho es su propio mundo, debe fomentar el aprendizaje permanente que le ayudará a ir modificando, ampliando y ajustando su vida al continuo cambio que en paralelo ocurrirá en el permanente discurrir de la vida, lo que le facilitará construir, modificar y volver a reconstruir ese mundo, en su necesaria adaptación al entorno, generándose en ambos, persona y entorno, un continuo intercambio que exige un permanente reencuentro y adaptación.

"El aprendizaje" es el proceso de la incorporación de información significativa y comprensible apta para ser codificada. Esta tarea la realiza el aprendiz y exige de él atención y esfuerzo. Mediante el aprendizaje se adquieren y se integran los contenidos informativos como algo propio. Las informaciones que vehiculadas por la senso-percepción se traducen y elaboran generando conocimientos por la acción del lenguaje semántico y la gestión intelectual. Cuando las informaciones adquieren significado y se organizan, se convierten en conocimientos, estos ya son aptos para ser clasificados por distintos referentes como el significado, el valor, su ubicación espacio-temporal, sus expectativas y otros muchos parámetros, de forma coherente, comprensible y significativa, lo que permite establecer correlaciones por muchos tipos de referencia, que facilita "afinar" en la configuración de las opiniones, los conceptos, los conocimientos y los criterios, con mayor nivel de fiabilidad y exactitud en los contenidos que se memorizan, mejorando su evocación y su aplicación.

"La enseñanza" debe ser un proceso psico-pedagógico por el que el enseñante facilita e induce en el aprendiz la adquisición de informaciones y conocimientos. Le orienta e incentiva y le facilita herramientas para su incorporación y aplicación. Pero de hecho el enseñante no enseña, es el aprendiz y solo él, quien aprende y hace suya la información con la que genera sus conocimientos, los interpreta les da sentido y significado y los organiza con sus propias herramientas, a la vez que los relaciona con los conocimientos anteriores que ya poseía.

"La información" es un término más ambiguo que el conocimiento. Hemos dicho más arriba que es un elemento que reduce la incertidumbre y según nuestro planteamiento cosmológico, es el elemento que organiza la materia apoyándose en la energía de todo el universo. Como elemento que reduce la incertidumbre promoviendo el conocimiento, puede ser soportada por distintos medios y se presenta con diferentes formatos. La memoria guarda la información incorporada, con diferentes sistemas de representación y siempre debe ser traducida por el lenguaje semántico para obtener significación y poder ser comprensible, y adquirir simbolización, condiciones

necesarias poder ser evocada y aplicada. La información para adquirir la condición de conocimiento ha de ser organizada, lo que a su vez requiere ser traducida con el lenguaje semántico que le asigna un significado la simboliza y la codifica para su organización. Así se facilita su correlación con las informaciones ya existentes en el cerebro del aprendiz y puede integrarse y consolidarse para su uso.

"El conocimiento" es el conjunto de contenidos informativos organizados que ya han adquirido significación, son comprensibles están simbolizados y son coherentes con los contenidos y las estructuras de las redes neuronales que los albergan y por disponer de esas características, ya pueden ser recuperados y aplicados a demanda o voluntad del sujeto.

Para aprender se necesita la memoria de forma radical, sin memoria no hay aprendizaje, de hecho, aprendizaje y memoria son dos elementos ligados estrechamente. La memoria de informaciones y conocimientos nos informan sobre gentes, lugares y sucesos y les dan significado; lo que define lo que cada uno de nosotros hemos sido y somos, lo que aporta a nuestra vida historicidad y sentido de continuidad. *"Gracias a la memoria sabemos que seguimos siendo el mismo, aunque no seamos lo mismo"*, lo que a su vez permite saber quién soy e incluso lo que no soy, lo que sé y lo que no sé, es decir, la meta-memoria.

9.9.- LA ENSEÑANZA

9.9.1.- CONCEPTUALIZACIÓN DE LA ENSEÑANZA.

La enseñanza podemos definirla como *"la actividad humana orientada a promover el aprendizaje y con él a aumentar y mejorar los conocimientos del aprendiz y optimizar la adecuada gestión y aplicación de esos conocimientos"*.

El proceso de la enseñanza se concibe como el espacio en el cual el principal protagonista es el alumno. El profesor cumple con la función de facilitador de los procesos de aprendizaje. Son los alumnos quienes construyen el conocimiento a partir de atender, leer, aportar sus experiencias y reflexionar sobre ellas, de intercambiar sus puntos de vista con sus compañeros y el profesor. En este espacio, se pretende que el alumno disfrute del aprendizaje y se comprometa con él de por vida.

El maestro comunica, expone, organiza y controla el aprendizaje, facilita los contenidos culturales, científicos, históricos, sociales y los conocimientos y habilidades específicos del currículo académico que se enseña. Relaciona lo que se está aprendiendo con otros conocimientos, buscando que esas relaciones generen contenidos estructurados, homogéneos y consistentes. Por ejemplo si se está estudiando la Serotonina, es útil relacionarla con los cuadros depresivos y con las medicaciones del grupo de recaptadores de la Serotonina que se recetan para su tratamiento. Los estudiantes, además de comunicarse con el docente, lo hacen entre sí y con la comunidad, por ello el proceso docente es de inter-comunicación.

La actividad docente, bien se ejerza en el ámbito familiar o de forma reglada, debe estar dedicada a motivar, fomentar, ayudar, dirigir y controlar la adquisición de conocimientos y también su gestión y aplicación en los procesos vitales de adaptación al medio o al ejercicio profesional. Por tanto, *"la enseñanza tiene como misión enseñar a aprender, más que enseñar el contenido del aprendizaje"*. Porque hemos de saber que nadie enseña a nadie, solo aprende el aprendiz y el enseñante ayuda, orienta y facilita el aprendizaje que realiza el alumno con una digestión muy personal.

Con una definición más enciclopedista se podría decir: *"la enseñanza es la actividad por la que el docente transmite sus conocimientos, herramientas intelectuales, experiencias y actitudes a los aprendices o alumnos, en un medio académico o escolar, empleando diversos sistemas, técnicas de apoyo didáctico y medios"*. Pero como venimos dicho durante todo el libro, el docente no enseña, solo aprende el aprendiz, el maestro solo induce, orienta y facilita, pero el aprendizaje es una tarea personalísima del alumno, es una digestión personal que solo puede realizar el cerebro de cada persona.

En este libro nos interesa un enfoque orientado al proceso del aprendizaje en sí. Por ello entendemos la enseñanza como un sistema en el que se fomenta que el aprendiz aprenda a aprender las informaciones, conocimientos, procedimientos y técnicas, que le permitan elaborar conceptos, criterios y actitudes, con el apoyo y dirección de los enseñantes. Como decía la OMS hace muchos años: *"La Medicina es muy difícil de aprender e imposible de enseñar"*. Creemos que este enfoque es aplicable a toda la enseñanza, es el aprendiz el que adquiere el protagonismo fundamental de la enseñanza, que podríamos sintetizarlo diciendo que es el aprendiz quien aprende, que lo fundamental es que él incorpore por sí mismo la significación de esos conocimientos y los haga suyos, lo que requerirá que los interprete y los relacione con su mundo de significados y de símbolos y que alguna forma, que los modifique para hacerlos compatibles con su estructura mental y además, que los organice en sus redes de cognitivas, para poder lograr una adecuada gestión del conocimiento.

La enseñanza debe buscar que el aprendiz se enriquezca en conocimientos y formas de adaptación al entorno, promoviendo la adquisición de competencias y pericias para el ejercicio de la profesión y para vivir la vida, buscando que pueda ejercer sus conocimientos, experiencias, esquemas y actitudes con autonomía y estimulando la adecuada gestión del conocimiento para seguir aprendiendo a lo largo de su vida.

A nuestro juicio el objetivo más importante es que el alumno llegue a sentirse capaz de aplicar los conocimientos que está incorporando, es decir, generar en el alumno la íntima disposición de sentirse capaz de llevar a la práctica sus conocimientos, de poder aplicar la información adquirida en los diversos aspectos de la vida y la actividad profesional. *"La enseñanza pretende alcanzar la excelencia del aprendiz en tres planos:*

- *En el saber (conocimientos).*
- *En el saber hacer (procedimientos).*
- *En el saber ser (actitudes).*

Debe tener como objetivos optimizar la aplicación de sus capacidades, la plenitud de su desarrollo personal y social y disponer de los conocimientos y competencias necesarios para lograr un adecuado rendimiento en su desempeño personal y profesional".

En la actividad empresarial se ha puesto de manifiesto la necesidad de definir los objetivos que se pretenden cubrir para que puedan estar alineados con la actividad que se desarrolla y también se tiende a promover la elaboración y aplicación de medidores del grado de cobertura de objetivos que se logran.

En la enseñanza se debe también establecer objetivos y medidores. De hecho las calificaciones tienen la misión de medir el nivel de conocimientos alcanzado, pero esa medición no es del todo eficaz para controlar el grado de aprendizaje alcanzado por el alumno y sobre todo no siempre mide la aptitud para aplicar esos conocimientos. Nos parece esencial hacer algunas reflexiones sobre este tema.

Es evidente que definir bien los objetivos que se quieren alcanzar es una tarea fundamental en toda actividad humana. Pero en un tema tan amplio como la enseñanza, en el que inciden tantos elementos a considerar, es fundamental que tanto los objetivos como los sistemas de medición sean consistentes y estén de acuerdo con la finalidad, cuanto menos global, que se pretende.

Para establecer los objetivos de una actividad procesual como es la enseñanza, parece imprescindible conocer los procedimientos, recursos y medios que se están empleando, para poder así adaptarlos y orientarlos hacia la cobertura de los objetivos que se buscan, que por otra parte, como la vida misma están cambiando de forma constante. En el caso de la enseñanza universitaria parecen concurrir objetivos, intereses y criterios dispares y a veces hasta contrapuestos, lo que dificulta todavía más poder definir objetivos y procedimientos.

Aceptaremos como bueno este esquema tridente de objetivos a cubrir en la enseñanza universitaria:

- La adquisición de conocimientos.
- El adiestramiento en el empleo de los procedimientos y técnicas de aplicación de los conocimientos.
- La adquisición de esquemas actitudinales adecuados a la profesión para fomentar la empatía en el ejercicio profesional y que su "saber hacer" esté orientado a mejorar todo lo que esté relacionado con la vida y con el ser humano.

Los procedimientos para alcanzar esos objetivos deben centrarse en dos elementos clave:

- La motivación y orientación del alumno
- La motivación y profesionalización del profesor como enseñante.

Con estas dos orientaciones, quizá se pueda lograr la cobertura de los objetivos a corto, medio y largo plazo que en la universidad se pueden referir al curso académico, a la consecución de espacios adecuados para poder optimizar el ejercicio profesional y finalmente, para lograr con su actividad mejoras aplicables a la vida y a las personas.

9.9.2.- EL APRENDIZAJE DEL APRENDIZ.

El aprendizaje es la adquisición de conocimientos, hemos visto que se apoya en un mecanismo cognitivo esencial que es la memoria y que a su vez está soportada por procesos neuronales específicos con los que se logra la consolidación de la memoria a largo plazo.

Desde la óptica del aprendiz hemos de tener presente que lo que incorpora es información, que debe transformar en conocimientos significativos capaces de ser codificados, ensamblados, organizados y jerarquizados, para poder ser relacionarlos con otros conocimientos que ya posea el aprendiz y lograr que tengan entre ambos una relación significativa consistente. Así se podrá ir modelando una adecuada gestión del conocimiento apta para ser evocada de forma fluida y fácil. Es también muy conveniente que los conocimientos mantengan relación con otros conocimientos de amplio espectro, lo que suele entenderse como tener cultura. La amplitud y consistencia de la cultura es necesaria, sobre todo en temas humanos y sociales, para conceptualizar y sobre todo para generar criterios sólidos y bien referenciados.

El aprendizaje tiene valor y utilidad no solo por aportar conocimientos, sino que también por facilitar e inducir la adquisición de experiencias y actitudes y promover la disposición para seguir incorporando los nuevos conocimientos que exija su profesión y la vida.

Los procedimientos del aprendizaje universitario deben comenzar por promover el conocimiento del lenguaje específico del área que se pretende aprender. Se llega a decir que ser "docto" en una profesión, no es mucho más que conocer su lenguaje. No asumimos este reduccionismo, pero sí insistimos en la importancia preliminar que tiene el aprendizaje del lenguaje específico de la profesión para poder formarse en esa área de conocimientos, porque la simbolización que aporta el lenguaje, hace que *"las palabras creen a los objetos"* (Si un idioma no tiene más que una palabra para designar las manzanas, sus hablantes no tendrán posibilidad de diferenciar bien las Golden de la Reinetas). Si un médico no sabe cómo se designa una enfermedad, difícilmente la incluirá al hacer un diagnóstico diferencial, pero además, las palabras además de su significado, promueven la simbolización y la conceptualización y son los principales enganches semánticos necesarios para la consolidación del conocimiento y para su evocación.

En las profesiones universitarias es primordial elaborar y reelaborar conceptos, sobre los que construir criterios capaces de tener la consistencia necesaria para dar soporte a las decisiones, pero además, es necesario señalar que se ha de evitar llegar a una rigidez que impida la revisión y modificación de criterios conforme discurre el estar siendo de la vida, porque no revisar y no seguir aprendiendo, puede condenar al anquilosamiento, situación típica de aquellos profesionales que ante un nuevo criterio o avance, no pueden aceptarlo porque no estaba en su libro o en su temario de oposiciones.

Al ser piramidal la estructura del conocimiento, es necesario inducir al aprendiz a que se esfuerce en aprender los conceptos básicos, con sus términos semánticos adecuados para que puedan ir estableciendo relaciones significativas con los conceptos o criterios más amplios que necesitará ir incorporando para construir sus pirámides.

Los preámbulos de las asignaturas solían comenzar relatando la importancia e historia de esa área del saber, creemos que comenzar con el diccionario conceptual, con las definiciones y conceptos importantes, quizás fuera más útil.

Es tradicional entender la inteligencia como una capacidad circunscrita a la facilidad para aprender, ya hemos comentado en este libro que la inteligencia es mucho más que eso. Además, hay que tener presente que la capacidad de aprendizaje, por una parte se apoya en la eficiencia del aparato neural que soporta a todo el sistema cognitivo, pero por otra, que quizás sea la más importante, necesita de forma fundamental emplear la memoria para obtener la riqueza y la estructura lógica de los contenidos necesarios para establecer correlaciones significativas entre los conocimientos que ha de aprender y los conocimientos que ya posee. Esta estructuración plantea cuanto menos un conjunto de requerimientos como:

- Un buen aprendizaje significativo.
- Dotes y habilidades para la relación interpersonal.
- Conocimiento, experiencia y criterio en la aplicación de técnicas para saber plantearse los problemas y orientar la forma de resolverlos.
- Disponer de sistemas adecuados categorización de la importancia y el valor de los distintos conocimientos, lo que permitirá la adecuada priorización de lo importante respecto al resto de alternativas.
- Disposición y seguridad para aplicarlos.

Podemos pues decir que en la inteligencia se conjugan las posibilidades con las oportunidades y aunque no podamos incidir mucho en las posibilidades, sobre todo si son llamativas las limitaciones que se nos imponen, siempre podremos ayudar a mejorar el aprovechamiento que se hace de esas posibilidades, buscando mejorar que los contenidos del aprendizaje sean escalonados o fomentando la insistencia, el interés y el tesón mediante la motivación, lo que por otra parte quedará favorecido si el profesor acepta que su misión primordial es que el aprendiz aprenda y jerarquice la importancia para distribuir el esfuerzo y desde luego no suele ser necesario demostrar que el profesor se sabe muy bien la asignatura.

En la enseñanza se debe tener presente la orientación de **Confucio**[128] ya comentada: *"Escucho y olvido, veo y recuerdo, hago y entiendo"*. La enseñanza se enriquece y se consolida mediante la aplicación operativa de sus contenidos. El permanente reclamo de una enseñanza teórico–práctica, es especialmente necesario en la enseñanza de la Medicina y en todas aquellas disciplinas orientadas a dotar al estudiante de las competencias y de la idoneidad necesarias para el desempeño de una profesión operativa que exige la aplicación de técnicas basadas en conocimiento teóricos y disponer de la eficiencia operativa necesaria para su aplicación, lo que casi siempre exige un adiestramiento.

9.10.- ESTRATEGIAS Y MECANISMOS DEL APRENDIZAJE

"Los mecanismos del aprendizaje son todas las actividades y operaciones mentales en las que se involucra el aprendiz durante el proceso de aprendizaje y las estrategias tienen por objeto optimizar el funcionamiento de esos procesos cognitivos, que son: los de captación, codificación, conceptualización, valoración, categorización, consolidación y recuperación de las informaciones y los conocimientos".

El procesamiento de la información que se recibe es continuo, en él se desarrollan distintos grados de elaboración que van de lo superficial a lo profundo. Un estímulo cualquiera, como ver una cara humana o un mueble, pueden procesarse con diversos niveles de profundidad y exigencia cognitiva. Dependiendo del modo con que se procesa esa información podrá lograrse o no la adecuada asimilación, consistencia y duración de la información

---

[128] (Confucio, (551 a.C.- 479 a.C.), filósofo y maestro chino)

aprendida, porque depende de la fuerza con que se grava en la memoria, el lograr mayor o menor robustez de las sinapsis y la mejor o peor consolidación de lo aprendido, lo que a su vez determina tener mayor o menor facilidad de evocación. También depende de la cantidad de referencias o enganches que tenga el aprendiz, es decir de lo ya aprendido sobre lo que está aprendiendo. Conociendo y aplicando estos procedimientos se podrá lograr una mayor profundidad en el procesamiento de la información y más facilidad para poder evocar recuerdos de forma fidedigna, es decir, mejorará la cantidad y calidad de la memoria y con ella el sustrato fundamental de la inteligencia.

"Comprender es transformar la información en conocimiento". Esta frase define el mecanismo central del aprendizaje y es en este mecanismo en el que deben apoyarse las estrategias para facilitar el aprendizaje. Se trata de transformar la información en conocimiento es decir, darle significado y referentes a la información y organizarla, con lo que la información, poco o nada comprensible y se podrá transformar en accesible e integrable en los esquemas cognitivos y saberes del aprendiz. Así pues para lograrlo se emplean sistemas que sean capaces de facilitar su comprensión.

Las estrategias de aprendizaje se deben desarrollar con actos intencionales, coordinados y contextualizados. Estos sistemas suelen basarse en la aplicación de métodos o procedimientos que actúan de puente entre la información que se incorpora y el sistema cognitivo del aprendiz, buscando que se logre el aprendizaje. Por tanto *"las estrategias del aprendizaje tiene por objeto influir en los procedimientos con los que los individuos seleccionan, adquieren, retienen, organizan, categorizan e integran las informaciones transformándolas en conocimientos adaptables a los que ya posean y lograr también que esos nuevos conocimientos sean capaces de ser recuperados"*. Lograrlo exigirá que las informaciones que se quieren aprender puedan relacionarse con los conocimientos, conceptos y experiencias ya incorporados e integrados en las redes de conocimientos y experiencias del aprendiz, lo que exige que esos conocimientos estén bien organizados en las estructuras reticulares de la memoria y si es así, podrán ser recibidos e integrase esos nuevos conocimientos que se quieren adquirir.

Para saber cómo se puede ayudar a transformar la información en conocimiento, es conveniente conocer los pasos y mecanismos que se dan en ese proceso de aprendizaje, son:

- Intención
- Atención
- Codificación
- Categorización
- Elaboración
- Recuperación
- Meta-cognición

La Intención. Lo primero que cuenta es querer aprender, tener interés. El aprendizaje conceptual y semántico requiere una comprensión significativa, el aprendizaje literal o mecánico más que un aprendizaje es una memoria. Para que se dé la comprensión significativa debe existir por una parte, disposición o interés en adquirir el conocimiento y por otra parte, la memoria debe tener ya referencias del tema que se quiere aprender, para que al ir incorporándose el nuevo aprendizaje, pueda ser correlacionado y "quede integrado" por significación u otros referentes con el conocimiento ya existente. Al estar ya referenciado a determinados nodos de las redes neurales de la cognición, quedará facilitada la consolidación del contenido informativo que se está aprendiendo y a su vez quedará transformada en conocimiento, lo que facilitará la recuperación de lo aprendido. Por tanto *"promover la intención, el interés y la disposición de aprender algo sobre el tema que se pretende saber, es el primer objetivo de las estrategias del aprendizaje"*.

La Atención. *"El segundo requisito es dirigir y mantener la atención para adquirir la información"*. Para lograrlo lo primero que se pone en marcha es la activación de los sistemas de alerta que promueve ese estar en disposición de "darse cuenta". La alerta se produce por la activación del Sistema Reticular Activador del tronco cerebral y su estimulación se pone en marcha, bien por la activación voluntaria que produce el interés y disposición de aprender o bien por los estímulos que pueda promover el maestro. Una vez activada la alerta, se ponen en marcha los diversos mecanismos neurales de los procesos cognitivos y el control de la atención que dirige y coordina la conciencia. Todo este proceso se engloba en el concepto de atención.

La atención podría definirse como *"la orientación que fija la alerta hacia ciertos estímulos específicos"*, por lo que si se difumina esta atención o se dirige a los distintos estímulos internos o ambientales que puedan estar presentes, se produce la distracción. Por eso desconfiamos que se pueda aprender mejor con música de fondo o con otros mecanismos de distracción.

Prestar atención equivale a una actitud cerebral de preparación para el aprendizaje. Se manifiesta como un esfuerzo neuro-cognitivo que precede a la percepción y que dirige la conciencia, para que el sistema nervioso focalice, filtre, priorice y destaque selectivamente lo que ha de atenderse, soslayando el constante fluir del ruido ambiental. Así es como se resuelve la competencia entre los diversos estímulos entrantes, a los que habitualmente también, se procesan en segundo plano. A la vez se activan las zonas cerebrales competentes para desarrollar las respuestas apropiadas. *"Sin atención, la percepción, la memoria y el aprendizaje se empobrecen o no existen"*.

En técnicas de márketing, se enseña la forma de recabar la atención del posible cliente con el esquema de *"estrella, cadena y gancho"*, es decir, llamar la atención con un flash, algo llamativo o interesante, seguir con la cadena, que es una serie de argumentos o razones y finalmente el gancho que es vender el producto, en este caso sería centrarse en lo que se debe aprender.

El proceso atencional es complejo, no se puede ligar a una única estructura anatómica, por lo que no se la puede explorar con una única prueba o test. El proceso global implica: alerta, orientación, focalización, exploración, selección, concentración o vigilancia y la inhibición de respuestas automáticas. Además, actúa estimulando las redes neurales y las áreas corticales encargadas de desarrollar las respuestas pertinentes. Estos son solo algunos de los muchos aspectos presentes en este proceso, cuya disfunción causa distractibilidad, falta de perseverancia, confusión o negligencia.

La atención mantenida es el resultado de una red de conexiones corticales y subcorticales de predominio derecho, encargada de facilitar eficiencia a los diferentes procesos cognitivos y ejercer funciones de control sobre ellos, como son la finura de la percepción o la fijación de la memoria. Estas funciones descansan sobre el sistema fronto-estriado del hemisferio derecho, a través de vías noradrenérgicas y en menor medida serotoninérgicas; mientras el hemisferio izquierdo con menor participación funcional, utilizaría vías dopaminérgicas y en menor medida, colinérgicas. El hemisferio derecho, a través de vías noradrenérgicas, está más capacitado para regular la atención selectiva, por lo que su papel es dominante en la función cognitiva de la atención.

La Codificación. *"El tercer requisito para el aprendizaje consistente lo impone la necesidad de conocer los formatos y atributos que presenta la información que se quiere aprender con sus referencias, connotaciones y los señalizadores que facilitarán el aprendizaje significativo y su posterior evocación"*.

La información con sus atributos, puede venir del exterior o del interior del individuo. Viene con diversos formatos que para ser significativos requieren su traducción al lenguaje semántico. Cuando las representaciones mentales se han hecho comprensibles, adquieren a su vez diversos atributos, unos cognoscitivos relacionados con el significado, otros emocionales que le añaden color y valor a la información, otros derivados de la simbolización del objeto de estudio, que normalmente acompaña a la significación que se le ha dado al objeto que se aprende por la multitud de relaciones semántica que tienen los significados si se plantean dese otros puntos de vista, y otros actitudinales, nacidos de la correlación entre las propias escalas de valor y los nuevos contenidos que se están captando.

Los atributos de la información ya comprensibles por la acción del lenguaje semántico, son portadores de unos significados que establecen códigos de relación con los contenidos memorizados que ya posee el sujeto, y que se pueden ampliar, lo que permite establecer relaciones complejas en la estructuración de las redes neurales cognitivas.

La información ya codificada y retenida mediante la secuencia de huellas que configuran mapas neurales, queda albergada en las estructuras cerebrales. Estas huellas y mapas se habrán fortalecido y la memoria que en ellas se albergará será más sólida y duradera. Además, se establecen referencias por significado, interés, novedad, valor, o por su simbolización. Así se pueden generar nuevos "enganches" con otros muchos nodos, lo que hará posible traer a la memoria y recordar lo aprendido a partir de muchos tipos de relaciones, pero manteniendo prioridad aquellas que por su significado sean las más robustas y aptas para la evocación. Por tanto, *"las vinculaciones con los contenidos ya existentes, son las que determinan la organización del conocimiento, igual que ocurre en la codificación de los libros por materias, y además por editoriales, antigüedad u otros aspectos, en las grandes bibliotecas"*.

Los procesos de codificación de la información que se realizan a través de estrategias de elaboración y organización del material a aprender, producen de hecho un verdadero aprendizaje, ya que favorecen su calidad al promover una codificación con más nivel de organización y coherencia.

La Categorización. *"El cuarto requisito lo impone la necesidad de dotar de valores y prioridad a la información, que se va a incorporar de acuerdo con criterios de valor ya asumidos por el aprendiz, buscando así facilitar su organización y los criterios a seguir para su jerarquización"*. Para ello se deben establecer referencias con las diversas ópticas: éticas, económicas, afectivas, emocionales, sociales, profesionales etc. que pueden llegar a orientar de forma determinante la elección, el interés y la motivación por el aprendizaje. Estos contenidos son en parte inconscientes pero susceptibles de estimular y activar la consciencia.

La Elaboración. *"Un quinto requisito se deriva de saber que según sea el grado de elaboración que se requiera para adquirir la información y memorizarla, será más o menos robusta su consolidación, más o menos duradero el recuerdo y también más o menos fácil su evocación"*. Es evidente que será más fácil de recuperar la información en la que se opere un procesamiento más profundo.

Hay dos tipos de codificación: la repetición y la elaboración. La primera mantiene simplemente la información de entrada, mientras que la elaboración es una construcción que desarrolla el sujeto, es una creación que genera el aprendiz, además, es una señalización informativa ya que conecta la información nueva con otras áreas de conocimiento existentes y además, al ser distinta de la que ya tenía, facilita una mejor comprensión, retención y recuperación informativa. Por lo tanto, cuanta más elaboración se realice, más nítida y distintiva será la información codificada y por tanto más recuperable. Recordemos que *"se aprende mejor lo aprendido en un libro que lo aprendido en un esquema"*.

Cuando un lector se enfrenta a un texto intentando, no solo memorizarlo, sino también comprenderlo, se activan simultáneamente diversos procesos cognitivos que van surgiendo al ir percibiendo y comprendiendo la información del texto, lo que promueve la llamada a la consciencia de otros contenidos de información ya guardados en la memoria a largo plazo, que también están relacionados con el tema actual pero de distinta forma. Esta función de simbolización también la distribuye la memoria de trabajo.

Toda la información recabada se correlaciona con la que aporta el tema de estudio, por lo que el espectro de correlaciones se amplía de forma extraordinaria con una lectura que contenga referencias, ya que estas operan como ampliadores de la información y del contenido que se pretende mostrar. Además, esta correlación permite realizar una selección de los contenidos más adecuados o convenientes que son los que se perfilarán en la consciencia, rechazándose el resto. La nueva información ya depurada, contrastada y reconstruida, es distinta a la percibida del libro y también será diferente de la información que ya existía en los sistemas de memoria a largo plazo del aprendiz. Así es como se produce la creación de una nueva información. Podemos afirmar con rotundidad que *"estudiar es un proceso constructivo y hasta creativo, lo que aporta al sujeto que aprende nuevas e importantes connotaciones"*.

"Para el sujeto que aprende el proceso de elaboración requiere efectuar una personal construcción simbólica sobre la información que está tratando de aprender, haciéndola así más significativa". Por lo tanto, el aprendiz tiene que estar involucrado en el procesamiento de la información que quiere aprender y debe querer hacerlo. Se trata pues de "acaparar" la información recibida, lo que siempre genera nuevos procesos cognitivos encargados de correlacionar y compaginar los contenidos de la nueva información que quiere aprender, con los conocimientos que ya se posean e incluso con otros nuevos que pueden ampliar el espectro de intereses y motivaciones culturales e intelectuales.

"Las estrategias de elaboración son aquellas técnicas y métodos que favorecen la conexión entre los conocimientos previamente aprendidos por el sujeto y los nuevos que pretende aprender".

Por el hecho de querer aprender, se genera automáticamente la búsqueda de correlaciones significativas entre los conocimientos previos y la nueva información. Así se establecen comparaciones y relaciones con los conocimientos que ya se poseían, lo que permite seleccionar con mayor precisión la nueva información y en el resultado del aprendizaje se destacarán más matices, más valores, mayor interés, adecuación y proximidad conceptual con el aprendizaje que quiere conseguir. En función del resultado, se podrá elaborar una nueva síntesis conceptual mucho más rica. Este mecanismo es la esencia del aprendizaje, de ahí su importancia para reelaborar y enriquecer los conocimientos, pudiendo así obtenerse una personal y auténtica interpretación de lo que se está aprendiendo.

"Resumiendo": *"elaborar la información es análogo a aprender, es una forma de codificar esa información, lo que genera su enriquecimiento a través de la interacción que se produce entre el sujeto y la información"*. Esta estrategia, consiste en adaptar la información para que pueda integrarse en el "punto de vista" del que aprende, adecuándola a sus posibilidades de manejo y asociándola a las unidades de información de las redes cognitivas que ya posee, creándose así unos nodos robustos en sus redes de conocimiento y en su estructura cognitiva, lo que también será muy conveniente para lograr los nuevos o posteriores aprendizajes.

La Evocación o recuperación. *"El sexto requisito del aprendizaje son las estrategias recuperación sirven para guiar al sistema cognitivo en la recuperación del conocimiento y poder así presentarlo en consciencia"*. Otra definición más específica dice: *"Es la función cognitiva por la que se trae a consciencia contenidos memorizados de información o conocimiento"*. Esos contenidos suelen estar relacionados con las informaciones que se están vivenciando en un momento determinado. La evocación puede aportar: ampliación, más precisión, mayores referencias o reconsideración y crítica de los contenidos que se están vivenciando. *"Cuando se evocan conocimientos, se ejerce la función de reclamo y captación de la información codificada y estructurada que se almacena en la memoria de largo plazo"*.

Cuando la información almacenada vaya a ser usada, si tiene una buena elaboración y estructura de conocimientos, se favorecerá la puesta en marcha automática de la recuperación. La consciencia reclama aquellos contenidos más cercanos o mejor relacionados con la información que se necesita en la nueva situación que se está vivenciando y pone en marcha a la memoria de trabajo, que de hecho actúa como atractor y transporte de esos contenidos hacia la consciencia.

Por tanto, esas estrategias buscan correlaciones con significado, que suele presentarse en etiquetas verbales, en movimientos, en imágenes u otros estímulos significativos. También, para la recuperación es estimulante la búsqueda de codificaciones y de indicios, la planificación de respuestas y la respuesta escrita, por lo que tomar notas al estudiar o mejor, hacer resúmenes, es una buena estrategia para la recuperación, porque además también lo es para la codificación y la elaboración.

La Meta-cognición. *"El séptimo requisito se refiere a tener en cuenta que las estrategias metacognitivas. Sirven para asegurar el buen aprovechamiento del aprendizaje en general, al afectar a todos los grupos de estrategias, de planificar, supervisar, dirigir, evaluar y ajustar el funcionamiento de los diversos mecanismos cognitivos como son: el saber lo que se sabe y lo que se ignora, el manejo de la propia auto-regulación o la auto-evaluación y la planificación de la propia cognición".* En la meta-cognición se suelen aplicar ciertas estrategias de apoyo, entre ellas, la herramienta más prestigiosa es la "metodología del caso" que suele emplearse en las escuelas de negocios, proponiendo el estudio de una situación problemática en una empresa y solicitando al alumno que busque las causas y que elabore soluciones o justiprecie la situación.

Para lograr un adecuado rendimiento académico, los alumnos universitarios deben seguir estrategias de aprendizaje. Ser estudiante universitario no implica conocer estrategias para aprender ni siquiera para evaluar la propia metacognición. Sería pues deseable entrenar a los alumnos en su uso, lo que requiere disponer de un sistema de aprendizaje tutorializado que facilite al alumno el conocimiento y la interpretación significativa de los conocimientos que ha de aprender.

Parece necesario diseñar e implementar en la universidad programas que aumenten la motivación de los estudiantes y su autorregulación durante el aprendizaje, para poder así mejorar la consciencia y el control de lo que se va a aprender, buscando la calidad del aprendizaje y del rendimiento académico.

En las líneas de investigación de las estrategias de aprendizaje se señala la importancia de factores contextuales, como son la influencia de la organización institucional y los métodos de instrucción, la evaluación utilizada, los enfoques del aprendizaje y sobre todo, las estrategias de aprendizaje que se pueden utilizar. Estas investigaciones muestran que un buen aprendizaje es el que logra que el alumno adopte un enfoque profundo y comprometido, en el que él mismo regula su propio aprendizaje, que se guía por motivaciones de tipo intrínseco, con lo que va adquiriendo un buen concepto y confianza de sí mismo y que además, usa estrategias cognitivas y metacognitivas que le ayudan a planificar, supervisar y revisar su propia forma de estudio.

9.11.- RECUERDO Y CONOCIMIENTO

Aunque funcionalmente ambos siguen el mismo proceso, en general entendemos por recuerdos los contenidos de memoria que no han exigido esfuerzo de atención, codificación o significación, porque se han adquirido de forma espontánea y no requieren sistematización, exactitud de los datos o conceptos. Son los que generalmente se adquieren con la experiencia vivida. El recuerdo suele ser más rápido y automático y su evocación suele producirse con respuestas reflejas. En otras ocasiones el recuerdo es una reconstrucción más laboriosa, porque ha sido construido y reconstruido sin referencias fijas en distintos contextos, que exigieron modificación de sus contenidos, esto ocurre sobre todo cuando los recuerdos provocaron disonancia cognitiva. En estos casos el proceso es más activo y complejo y su recuperación suele ser claramente distante de la obtenida en la experiencia original.

El conocimiento suele exigir mayor precisión, sistemática y pulcritud de los contenidos que del recuerdo, ya que en su evocación suele disponer de datos fiables. Además su memorización exige mucho mayor esfuerzo para su aprendizaje, por requerir una codificación más específica y una significación más elaborada.

9.11.1.- PROCESO DE SELECCIÓN DE LOS RECUERDOS.
El cerebro posee una memoria dinámica pero no dispone de representaciones codificadas (venimos al mundo sin manual de instrucciones), por lo que el cerebro debe emplear procedimientos propios, como son la memorización de las vías de variaciones vicariantes (vías neuronales alternativas que desarrollan función parecidas) que se han ido produciendo en los circuitos neuronales durante el aprendizaje. Este mecanismo aporta un repertorio diverso de huellas, engramas y mapas, producidos por los cambios que han producido en las sinapsis de las neuronas al recibir nuevas señales de entrada, que por su efecto fortalecedor aumentan la probabilidad de que se repita más veces la activación de los circuitos ya utilizados.

Las señales procedentes del mundo exterior o de otras partes del cerebro, eligen aquellos circuitos cuyas sinapsis tengan mayor robustez o fortaleza, por lo que serán seleccionados aquellos circuitos cuyas sinapsis han sido activados más veces, ya que esa robustez se logra por haber transitado la información a través de las sinapsis con más frecuencia, remarcando las rutas y además generan aumento de su fortaleza. Así pues, dependiendo de la experiencia o sea, de las veces que han sido activadas unas sinapsis, resultarán ser más o menos elegibles para ser llamadas a conciencia en la evocación de recuerdos.

Esa es la razón por la que la repetición de un acto mental o una actividad física, desencadena la activación de determinados circuitos, lo que aumenta la fortaleza de ese circuito y aumenta la posibilidad de ser escogido para la evocación de un recuerdo, lo que finalmente da como resultado un conjunto de respuestas parecidas a aquellas que en el pasado tuvieron valor adaptativo y fueron eficaces. Esta es la razón por la que los recuerdos se generan dinámicamente a partir de la actividad de ciertos conjuntos de circuitos seleccionados y estos conjuntos entran en actividad cognitiva al promoverse en el cerebro circuitos neuronales nuevos por varianza vicariante, que aunque no son idénticos entre sí, sin embargo, la activación de cualquiera de ellos desencadena la repetición de alguna de las huellas de las informaciones existentes en la memoria.

Por ese motivo un recuerdo determinado no puede ser atribuido unívocamente a ningún conjunto específico de cambios sinápticos, porque los cambios sinápticos asociados con un resultado determinado están cambiando cada vez que se produce una activación, bien por la entrada de una nueva información o por la conducta. De modo que cuando se repite un acto, lo que se necesita invocar es uno o más de los patrones de respuesta adecuados para esa situación y no una secuencia específica de las sinapsis neuronales que puedan ser el soporte de un conocimiento concreto.

Por consiguiente, *"aunque la modificación de las sinapsis es esencial para la memoria, no es idéntica a ella. No existe código alguno que asegure que la elección de ciertas sinapsis sea la que mejor represente el recuerdo, pues son los cambios que se han producido en sus mapas y huellas, los que traerá el recuerdo a la consciencia y lo traerá un conjunto cambiante de circuitos o huellas que se correspondan o estén relacionadas con una información determinada. Por eso, los circuitos o sinapsis más o menos efectivos de un conjunto de circuitos pueden tener estructuras de redes neuronales muy variadas"*. Parece pues que la propiedad de variación vicariante de los circuitos neuronales, que es la causa por la que se permite que se produzcan cambios o distorsiones en las memorias parciales, a medida que ocurren nuevas experiencias o cambios en el contexto.

"No existe ningún conjunto previo de códigos determinantes que gobiernen la elección de la memoria más adecuada, solo cuenta la indemnidad en la estructura de la red, el estado de los sistemas de categorización y el número de repeticiones realizadas para la memorización, estos son los motivos que determinan la fortaleza de las huellas neuronales y con ella la prioridad en la recuperación de los contenidos de la memoria".

Aunque los sistemas individuales de configuración de la memoria difieran, se puede concluir que sea cual sea su forma, la propia memoria es en sí misma una propiedad del sistema, por lo que no puede atribuirse un conocimiento o información memorizada a unos circuitos determinados ni a los cambios sinápticos o bioquímicos producidos por la memoria. Tampoco se le puede atribuir a las limitaciones derivadas de los sistemas de categorización establecidos o a la dinámica conductual, porque lo que ocurre es que el resultado de todas las circunstancias e interacciones que concurren durante la actuación conjunta de todos estos factores, es lo que sirve para seleccionar los circuitos que obtuvieron los mejores resultados y fueron los escogidos para que repitan una recuperación adecuada de un recuerdo.

Las características globales de la gestión de un recuerdo particular, pueden ser similares a las de una gestión previa, pero los conjuntos de neuronas que subyacen en esas dos actuaciones aunque son similares, al estar realizadas en momentos distintos, pueden ser diferentes y generalmente lo son. Esta propiedad garantiza que uno pueda recordar el mismo concepto o situación pese a que se hayan producido cambios notables, tanto en el contenido como en el contexto de la información, al realizar el proceso de la evocación actual.

Esta asociación, además de garantizar la propiedad de generar variaciones vicariantes, da lugar también a la notable estabilidad de la memoria. Pues este sistema permite generar un gran número de vías para producir un mismo resultado. Mientras permanezca en el cerebro una población suficiente de circuitos eficientes para dar una respuesta, ni la apoptosis, ni los cambios en uno o dos circuitos particulares, ni los cambios en el contexto de las señales de entrada, son suficientes para eliminar una información de la memoria. Por tanto gracias a estos sistemas, la memoria es una función cognitiva muy robusta.

"La memoria dispone de propiedades que permiten que una nueva percepción altere el recuerdo y que el recuerdo altere la percepción". "Además, la memoria, no tiene un límite de capacidad definido, puesto que genera información mediante la construcción de nuevas estructuras, lo que le permite ser robusta, dinámica, asociativa y adaptativa. En la memoria de los organismos superiores *"cada acto de percepción es, hasta cierto punto, un acto de creación y cada acto de la memoria, es hasta cierto punto, un acto de imaginación"*, como afirmó **Edelman**.

CAPÍTULO 10

SÍNTESIS DE LIBRO, ESTRATEGIAS Y TÉCNICAS DE APRENDIZAJE

Hacer una síntesis impone de hecho la esquematización de un relato complejo. En nuestro caso nos llevará a repetir algunos conceptos buscando plantearlos desde distinta óptica. Queremos con ello que el lector reflexione situándolo ante una cosmovisión distinta de la que habitualmente tenemos, porque creemos que le facilitará una mejor explicación de los fenómenos del universo y de forma especial le permitirá comprender los misterios de la mente humana.

Al plantear esta síntesis buscamos también facilitar la comprensión esencial de lo que es la cognición, cómo se conjugan los elementos nucleares (el cerebro y la información), que la hacen posible y después repasaremos en forma de síntesis los componentes de su funcionalidad y cómo se conjugan para desarrollar el proceso mental.

En segundo lugar comentaremos una serie de estrategias y formas de ayudar a lograr una mejor captación, organización y consolidación de la memoria y con ella del aprendizaje, lo que ayuda a encajar las piezas del puzle dinámico con las que se conforma la cognición.

Finalmente comentaremos algunas técnicas propuestas por autores reconocidos en Pedagogía y Didáctica, porque pueden ser útiles al lector para logra un mejor aprendizaje significativo.

10.1.- PLANTEAMIENTO DE UNA NUEVA COSMOVISIÓN

El lector recordará que planteamos al principio del libro una nueva hipótesis sobre la composición del universo. Proponíamos en ella que todo el universo está compuesto por tres elementos: La materia, la energía y la información.

"Entendida la información como el elemento que reduce la incertidumbre y promueve el conocimiento". La constitución del universo estaría mediada por la organización que la información desarrolla sobre la materia apoyándose en la energía. Así se habría construido todo lo que conocemos del universo.

Decía **Edelman**: *"¿Cómo vamos a poder conocer los mecanismos que hacen emerger la conciencia desde el cerebro, si aún no conocemos cómo está constituida la materia?"*. Pues bien, si aplicamos nuestra cosmovisión podríamos decir que nos estamos acercando mucho a poder conocer, no solo lo que es la materia, sino lo que es la cognición y con ella sus complejas y sutiles funciones fenoménicas.

En Física Cuántica se conocen dos tipos de partículas básicas, los Fermiones que son la masa o sea la materia, y los Bosones que son la fuerza, la energía, y la diferenciación entre ambos se basa el tipo de Espín que tienen. El Fermión se caracteriza por tener Espín semi-entero (1/2, 3/2...). El Bosón sin embargo tiene un número de Espín entero (0,1, 2...). El Espín se define como *"el momento angular intrínseco que tiene la partícula"*, o sea, la cantidad de movimiento de rotación de un objeto, es pues una cantidad vectorial con la que se caracterizan las propiedades de inercia de un cuerpo, que gira en relación a un cierto punto. Por lo tanto es algo parecido a la información. Con ese planteamiento ya podemos conocer como está constituida la materia y creemos que también podemos contestar que estamos bastante cerca de conocer cómo emerge la conciencia desde el cerebro.

La cosmovisión que promovemos nos permite también conocer muchos fenómenos que están ahí y no sabemos el porqué, tales como: que es lo que actúa en la molécula del agua, para recordarle que se debe solidificar a menos de 0 grados Cº y transformarse en vapor a más de 100 Cº, o porqué el ADN es capaz de dar las órdenes necesarias para transmitir al miembro de una especie que al nacer va a tener las características de esa especie. Si las aves no tuviesen en sus cerebros la información de las ecuaciones de **Navier**[129]-**Stokes**[130] que rigen los sistemas de vuelo y que al parecer, las aves aprenden por "imprinting" de sus progenitores, no sabrían volar.

---

[129] (Claude Navier, (1785-1836), Ingeniero civil francés, Prof. politécnico de París)
[130] (George Stokes, (1819-1903), físico irlandés, Prof. U. Cambridge)

"Esta misma cosmovisión es la que aplicamos para comprender lo que es la mente y cómo es capaz la materia cerebral, mediante el procesamiento de la información que recibe con el aprendizaje externo y el procesamiento interno de la información, cuando dispone de la energía suficiente. Así se logra organizar esa materia permitiendo la emergencia de toda la cognición, que va desde la percepción a la conciencia y desde la memoria a la inteligencia y el pensamiento".

Es más, ya vamos sabiendo cómo emerge la vida, cual es la esencia de su constitución. Muchos autores explican el nacimiento de la vida como la conjunción de un metabolismo que aporta la energía y un replicador que permite la reproducción, contando con esos dos elementos, cuando sobre ellos actúa la información adecuada, nace la vida.

Esta nueva cosmovisión aporta un nuevo enfoque que nos facilita lograr un mejor conocimiento de lo que es la cognición, cómo se desarrolla y como se diferencian todas sus funciones, que en realidad es un todo, continuo, integrado e interdependiente.

10.2.- ¿QUÉ ES LA INFORMACIÓN?

Al considerar la información como el elemento integrador de la materia y la energía para la constitución de todo el universo, la coronamos y le ponemos capa de armiño y cetro, tanto más, cuanto que no se la suele tener en cuenta como elemento cardinal de la mente, en todo caso se la incluye en el concepto de conocimiento, (*que no es otra cosa que información significada, organizada y referida a algo*). Con la información pasa lo mismo que con múltiples fenómenos psicológicos, se sabe lo que son, pero no se sabe conceptualizarlos ni definirlos.

Entender la información como la reducción de la incertidumbre y la promoción del conocimiento, significa un paso muy importante para nuestro objetivo de conocer la mente y aprender a incorporar y generar los conocimientos. Pero la verdad es que tampoco este concepto de información nos permite contemplar todos los matices que la constituyen. Vamos a ver algunos aspectos constituyentes de la información.

"La información puede ser entendida como un significante portador de un significado, que se incorpora y es transportado por las estructuras neuronales al percibir determinados elementos de realidad exterior e interior. Esta

información es portadora de algunos de los elementos informativos captados (no todos) de esa realidad percibida. Desde los órganos de los sentidos se transporta esa información (aún no comprensible) hasta la corteza cerebral, donde adquiere significación comprensible al ser traducida por el lenguaje semántico. La traducción semántica, además de dar sentido comprensible a la información, le aporta una simbolización integral, apoyándose en la significación del lenguaje, con la que se construye todo un mundo de referencias interpretativas muy personales de la realidad captada. Así pues, la percepción es una creación propia y muy personal, en la que interviene el lenguaje semántico, que es el responsable de dar significado comprensible y simbólico a los objetos captados

Lo que percibimos, no lo introducimos en la mente como tal objeto, sino que creamos un símbolo al que le ponemos un nombre que le da un significado. Hay que tener en cuenta que esta creación a su vez está condicionada por la cultura y actitudes de la persona que percibe, que a su vez está enmarcada por los límites y condicionantes de una cultura específica. Todo ello se traduce en que nunca esa información percibida pueda ser una copia fiel de la realidad captada".

Otro aspecto del recorrido de la información por las estructuras neuronales es que la información que opera en la mente necesita un soporte que la vehicule para recorrer desde el órgano de los sentidos que capta el estímulo (luz, sonido ...) y lo transduce en energía eléctrica, (potenciales de acción, que forman trenes), hasta llegar a los distintos centros operadores del cerebro, fundamentalmente situados primero en el tálamo y de allí llega a las áreas corticales primarias o de recepción, secundarias o de asociación y terciarias de integración y ejecución, donde son procesados y memorizados.

Así pues, la información captada, en su recorrido neuronal, toma un formato similar al Morse, son trenes de potenciales eléctricos de acción, que con distintas secuencias expresan su contenido informativo (lenguaje aún no del todo conocido). Este formato de transmisión de la información sufre otra transducción en las sinapsis, donde los neurotransmisores son el soporte químico de la información que de nuevo se transduce al activar a los receptores de la neurona postsináptica, permitiendo una distribución masiva de la información por las distintas redes neuronales, hasta su llegada a las distintas áreas corticales primarias, secundarias y terciarias.

Hasta su llegada a las áreas corticales, la información no es comprensible, su lenguaje es solo un significante sin significado, en la corteza, se produce la traducción de la información al lenguaje semántico y lo que hasta entonces era solo un significante incomprensible, adquiere significado, que además sirve como elemento simbolizador con el que se le asignan todas las referencias que le aporta el lenguaje a la información captada, confiriéndole sentido integral de realidad y un sinfín de nuevas referencias que subyacen al lenguaje significativo, como ser digitalizable, capaz de ser pensado, comparado o expresado, sin estar presente el objeto que transmite esa información y además haciéndolo mucho más comprensible y relacionable.

El proceso del aprendizaje es por lo tanto, una simbolización por la que las señales no significantes se convierten en conceptos definidos, (un objeto, una perspectiva o una situación). Pero además se ha de tener muy en cuenta que la señal que se ha recibido no es en absoluto la que existía en la realidad, es una interpretación muy personal de quien la percibe, haciéndola mucho más rica y relacionable que la información captada. Esta creación propia de sujeto que percibe se debe a varias circunstancias, veamos:

- El ojo no capta toda la realidad de la mesa que vemos, hay zonas oscuras cuya existencia suponemos, como ocurre con la cara oscura de la Luna, no la vemos, pero la imaginamos esférica.
- Lo que hemos visto con nuestros propios ojos, que tanta seguridad nos da, no es la realidad exacta, es lo que hemos decidido que nos parece, porque está mediatizado por nuestros conocimientos, experiencias y emociones e incluso deseos. Y desde luego por la cultura en que nos desenvolvemos.

El lenguaje es el elemento de simbolización significativa de la percepción, a un dibujo como "un 5", le llamamos cinco y le atribuimos las características que nuestra cultura y que nuestros conocimientos le suponen, a ese signo le otorgamos el concepto "cinco" con todas las connotaciones que le atribuimos en ese momento. Si no hubiésemos incorporado el concepto de cinco, no solo no sabríamos contar, tampoco podríamos imaginar lo que es un quinteto de cuerda, y si no conocemos el concepto de reineta, nunca encontraremos esa manzana en la frutería.

La información sin organización, jerarquización, carga afectiva y sobre todo sin anclaje significativo, no es conocimiento. De forma que para poder aprender, es decir, para poder construir conocimientos, es necesario disponer cuanto menos de:

- Un lenguaje semántico con suficiente riqueza para poder dar significado y simbolizar la información que se está captando.
- Unos conocimientos y referencias suficientes para poder jerarquizar, enganchar y correlacionar la nueva información que se incorpora con los conocimientos que se poseen sobre ese tema.
- Carga de valor emocional, interés y motivación suficientes para promover los mecanismos primarios de atención, memorización y correlación, que son en general laboriosos.

Por otra parte hemos aceptar que la información es a la vez escurridiza y exigente. La información es un elemento muy peculiar. Es como la Campanilla que vuela y brilla del cuento, es por una parte evanescente, inmaterial, versátil y sutil, por otra es exigente, enérgica, resolutiva, disciplinada y leal y sobre todo es creativa, pedagógica y enriquecedora.

Todos ese enjambre de cualidades y característica viene a cuento de señalar lo difícil que resulta tipificarla y encasillarla, es como la música o la belleza, son elementos de difícil aprehensión, por lo tanto aprender a aprender tiene que ver con saber incorporar la información con todos los requerimientos que lleva implícitos de simbolización, significación, jerarquización, actualización, correlación, contrastación y valor, lo que exigirá del interesado en adquirirla interés, trabajo y sistemática, un aceptable nivel de cultura en general y sobre todo un buen conocimiento del lenguaje semántico con el que piensa y algunos conocimientos específicos de la materia que quiere aprender, necesarios para que puedan engancharse en redes conceptuales que ya tiene el aprendiz.

10.3.- ¿QUÉ ES EL CONOCIMIENTO?

El conocimiento es el elemento organizado y estructurado que se desarrolla por el procesamiento y elaboración de la información, es el producto del aprendizaje eficaz. Se genera mediante un proceso en el que se construyen y organizan significados a partir de las informaciones recibidas, de forma que la información al ser traducida por el lenguaje semántico adquiere significado, es comprensible y se la puede ordenar, contrastar, correlacionar e integrar con los contenidos ya existentes en la memoria. Las informaciones captadas del entorno o elaboradas por la propia cognición, permiten así la construcción de nuevos conocimientos y la creación de criterios y saberes que son distintos y van más allá de la simple reproducción de lo percibido.

El conocimiento depende estructuralmente de la memoria y está muy condicionado por la experiencia personal, la cultura en que se desenvuelve la persona y su capacidad de abstracción. Se genera por la correlación de las informaciones que se perciben del exterior con las que ya se poseen, que estén relacionadas de alguna forma con la nueva realidad que se percibe. Por otra parte, los conocimientos ya guardados y organizados en la memoria ya están impregnados de sentimientos y emociones, lo que añade fuerza y color a lo que se está aprendiendo, razón por lo que esos conocimientos suelen generar convicción de certeza o confianza, son los contenidos de *"lo que se sabe"*. Están dotados de significado y a la vez poseen los contenidos de simbolización que aporta el lenguaje y con él, la cultura general que lo soporta. Finalmente la capacidad semántica le permite poder explicitar lo aprendido mediante el lenguaje u otros vehículos de comunicación.

Podemos también establecer que: *"Los conocimientos junto con las memorias, la capacidad de abstracción y de síntesis, el razonamiento y la inferencia, son el sustrato fundamental de los contenidos que hacen posible la inteligencia"*.

"Desde el punto de vista fenoménico, el conocimiento es la conjunción del sujeto con el objeto", pues al incorporar la información y hacerla comprensible, se simboliza el objeto, se le da un significado y con ello muchas más referencias (utilidad, valor, estética, adecuación a la situación etc.), añadidas por la persona que aprende, lo que le permite la creación de una representación interna simbólica y personalísima del objeto. A demás, esa creación, siempre modifica en algo a la persona. Por eso el nuevo conocimiento en esencia hace que algo nuevo nazca, algo íntimo que se incorpora al sujeto generando una nueva representación simbólica del objeto, lo que de alguna forma modifica su modo de ser y comportarse.

El conocimiento es el resultado de la organización y la sistematización de la información. Leer y conocer o recordar un montón de palabras o frases desordenadas, puede que sea información, pero no es fácil su aprendizaje y todavía es más difícil su compresión, ya que conceptualmente la información es un significante, porque es portadora de contenidos con mayor o menor grado de significado, cuando esa información tiene un significado y es comprensible, se le da un sentido y pasa a formar parte de los contenidos mentales que pueden evocarse. Entonces decimos que es un conocimiento. Para que la información pueda transformarse en conocimiento debe cumplir ciertos requisitos:

- Debe contener un significado, que sea comprensible.
- Debe poder conceptualizarse o definirse.
- Debe poder evocarse, expresarse y transmitirse.

10.4.- ¿QUÉ ES LA MENTE?

Una simplificación, a la que otorgamos la calificación de muy ilustrativa, diría que *"la mente es la conjunción de un continente, el cerebro, que a su vez es una máquina procesadora y unos contenidos, que esencialmente son información, con mayor o menos grado de organización, que construyen el conocimiento y otros muchos contenidos mentales como pensamientos, vivencias, recuerdos, ilusiones, proyectos, actitudes…, adquiridos con el aprendizaje o generadas mediante el razonamiento, la deducción o la correlación con otros conocimientos, o también por la creación con lo que emergen nuevas ideas, conclusiones o hipótesis"*.

Este planteamiento facilita mucho las cosas, pongamos por ejemplo, el problema ya clásico ¿qué es la inteligencia? En el capítulo 5º, para comprender lo que es la inteligencia, partíamos con una idea "rompedora": decíamos: *"la inteligencia no existe"*; luego aclarábamos que la inteligencia *"no es una cosa"*, es *"una posibilidad"* que se expresa cuando se aplica. No se es inteligente por haber nacido con ese don, no hay un gen de la inteligencia. En realidad lo que heredamos es un cerebro con mayor o menor grado de deterioro, en función de los muchos condicionantes que nos impone la dotación genética y epigenética, la crianza y las posibles patologías, todos estos condicionantes y alguno más, puede mermar eficiencia y eficacia a los mecanismos de procesamiento cerebral y con ello pueden mermar la capacidad intelectual.

El nivel de cociente intelectual (si es que ese cociente mide la inteligencia) se mide por los contenidos informativos (conocimientos), que posee y puede expresar la persona. Esos contenidos a su vez actúan como constructores de la funcionalidad cerebral, (lo que llamamos plasticidad cerebral), porque como ya sabemos, el nivel de organización y el crecimiento físico de las redes neuronales, se está configurando y reconfigurando de forma permanente en función de la información que se trasiega y procesa a través de sus redes neuronales, lo que aporta mayor agilidad, precisión y solidez a aquellos contenidos informativos que están guardados en los circuitos neuronales que más se emplean. *"En roman paladino cuan suele el pueblo fablar a su vecino"*, se podría traducir diciendo que *"la inteligencia depende de los conocimientos que se tienen y se emplean y la falta de inteligencia sele deberse a las limitaciones cerebrales, (que en cierto grado todos tenemos) y sobre todo son consecuencia de la falta de contenidos adecuados. Esos contenidos, que son los conocimientos, se adquieren por el aprendizaje y la experiencia y a la vez se mantienen y actualizan mejor con el uso y aplicación adecuada de esos conocimientos y experiencias"*.

Ese mismo planteamiento es válido para las demás funciones cognitivas. Por ejemplo, una de las funciones cognitivas más "protéicas" es la memoria. La hermana pobre a la que apenas se la considera. Pues bien, la memora ya sabemos que es el reconocimiento que hace el cerebro de los circuitos que ya ha usado anteriormente y que eran portadores de una información similar al tema que se quiere recordar.

Es evidente que los actores de la memoria son dos: el cerebro y la información y si se tiene más memoria, se es más inteligente. Por otra parte, sabemos que la memoria es más sólida si la huella que deja el recorrido de la información anterior tiene más fortaleza y esta fortaleza también se va logrando mediante la repetición o vivenciación de ese recuerdo y también por los anclajes conceptuales más o menos elaborados que tuvo el sujeto cuando aprendió ese conocimiento o lo enriqueció con nuevos conocimientos relacionados con el tema. Así pues, cuanto más se sabe, más se aplica ese conocimiento y mejor se engancha a otros conocimientos relacionados, y se logra mejor memoria, (refiriéndonos a la memoria de dos cerebros con similares limitaciones ontogenéticas y filogenéticas).

10.5.- ELEMENTOS QUE POSIBILITAN EL PROCESO MENTAL

La mente emerge del permanente juego dinámico que se establece entre dos elementos clave que son: el cerebro y la información. Haremos una pequeña síntesis de esos dos elementos y sus pilares de sustentación.

10.5.1.-EL CEREBRO.
Es un elemento físico que desarrolla las funciones operativas de captar, distribuir, almacenar, organizar, procesar y elaborar, pulir, proyectar y ejecutar las acciones, necesarias para permitir la adaptación del ser humano a su entorno, lo que hace que la mente esté en un permanente cambio para poder lograr así una continua adaptación y readaptación.

EL Cerebro, es una enorme maquinaria que está funcionando de forma permanente y necesita para funcionar la energía que le aportan los nutrientes y necesita también elementos químicos vitales como el oxígeno, el sodio, el potasio, el calcio, el fósforo… También el agua, algunos aminoácidos esenciales, los diversos iones con los se desarrolla su actividad y mantienen su homeostasis. Requiere también de los materiales con lo que se construye y se repara su propia estructura, como son las proteínas. Cualquier patología puede afectar su función, las limitaciones no solo sólo son de origen genético, también se pueden desencadenar por cualquier causa filogenética, lo que incluye la alimentación, el ambiente y el nivel de vida saludable que tiene, el deterioro orgánico y funcional, la edad y el estrés y sobre todo las enfermedades. Con todo ello se merman o deterioran algunas de sus funciones cognitivas, porque el cerebro es el órgano que más energía consume y el que con más urgencia requiere las aportaciones necesarias, lo que le hace ser el órgano más vulnerable del organismo.

Por tanto el cerebro debe concebirse como una máquina procesadora, a la vez que como un almacén logístico en el que se asilan y organizan los contenidos informativos según distintos referentes, tales como el significado, el espacio-tiempo, los enganches significativos que tiene con otros circuitos en los que se albergan contenidos informativos relacionados, las escalas de valor ético, económico o profesional y otros muchos intereses y referentes

10.5.2.-LA INFORMACIÓN.
Es el elemento significativo y simbolizador, es decir, un reductor de la incertidumbre y vehiculador del conocimiento. Proviene por una parte del

exterior, posibilitado por el aprendizaje, la experiencia y la permanente relación con la cultura, las personas y las vivencias que nos aporta el vivir la vida cada día. Por otra parte, la información que nos proviene de nuestro interior físico y mental. El cuerpo nos informa continuamente de su estado y la mente a su vez es productora y creadora de nuevos conocimientos nacidos del procesamiento y la correlación de unas informaciones con otras y de la elaboración o contrastación de nuevas ideas que aportan opiniones y criterios, así como por los procesos de deducción, inferencia o razonamiento.

Esta pequeña descripción del proceso mental nos permite tener casi resuelto el gran problema sin resolver, que está considerado como el más complejo de la humanidad. ¿*"Cómo desde algo tan material como el cerebro, puede emerger algo tan sutil, tan inmaterial y tan singular como la conciencia"*?. La solución básica de este problema nos parece evidente: *"la conciencia no emerge del cerebro, la conciencia es información que el cerebro va incorporado y procesando, con lo que genera nuevos y brillantes contenidos"* Es algo parecido a aceptar que la música no la crea el CD ni su sistema lector, lo que ocurre es que uno contiene la información que le graban y el otro la expresa.

Los dos elementos constituyentes de la mente: el cerebro y la información, tienen algunas servidumbres y riesgos que les pueden afectar. Ya hemos visto los problemas que pueden dañar al cerebro afectando el proceso mental. La información con la que se conforman los contenidos de la mente, está sometida a dependencias que pueden afectar al proceso mental, unas de forma absoluta como es el lenguaje semántico y otras de forma menos radical pero también necesaria, para que pueda cumplir su cometido, como son la emoción por una parte y los esquemas actitudinales por otra.

10.5.2.1.- EL LENGUAJE SEMÁNTICO.

Si no tuviésemos palabras para expresar cosas o las situaciones, esas cosas no existirían para nosotros, ni siquiera podríamos pensar o comunicarnos sobre esos elementos simbólicos que no sabemos expresar. El lenguaje planteado así, es algo necesario, pero no suficiente. "*Es la cultura la que aporta contenidos a la información que se significan y se expresan con el lenguaje*". Por lo tanto el lenguaje y cultura son un tandem inseparable. Hay poblaciones humanas cuya cultura se limita a los ritos, los mitos y los temas de supervivencia, lo que suele coincidir con un lenguaje limitado y pobre.

El lenguaje semántico se encarga de simbolizar lo que percibimos a la vez que le da significado, con lo que de alguna forma creamos nuestro sentido de la realidad. Gracias al lenguaje creamos personalmente lo que entendemos como "la realidad". Es obvio que si no creáramos nuestro mundo, nuestra realidad, la que construimos con nuestra percepción, no podríamos vivir. No podríamos significar el fuego como algo que quema o saber que el veneno es algo que mata. Además, el lenguaje es el soporte de la cognición, no pensamos con nada distinto que con palabras y si no sabemos la palabra con que se conoce una enfermedad, nos va a ser difícil diagnosticarla. Podríamos decir que el lenguaje nos construye, nos hace ser quien somos. Algún autor se atreve a decir que apenas somos algo más que nuestro lenguaje.

El lenguaje permite la simbolización y la abstracción, con ellas podemos trabajar con objetos o situaciones que no están presentes. Cuando existe dificultad para definir algo, se dificulta seriamente su conocimiento, como ocurre con las funciones cognitivas fenoménicas. Puede que esa sea la causa que provoca lo poco que se conoce o se tiene en cuenta a la información.

Si nuestra cognición, es decir nuestra memoria, nuestra inteligencia y nuestro pensamiento dependen del lenguaje semántico que poseemos, parece razonable otorgarle una especial importancia a su aprendizaje y su conocimiento y de paso recordemos que el lenguaje materno es el soporte fundamental que empleamos para la construcción del Sí-Mismo-Personal, habrá que cuidarlo y protegerlo.

El lenguaje nos da el significado de lo que pensamos o decimos y desde luego el lenguaje es un conocimiento, con el que expresamos nuestras ideas y construimos nuestros argumentos, pero el lenguaje es a su vez una construcción compleja y simbólica. Es compleja porque debe construirse con signos o sonidos con los que se forman palabra, frases, argumentos y hasta el Quijote entero y la capacidad que tenemos para construir los significados y los contenidos intelectuales se obtiene gracias a que el lenguaje nace y se desarrolla en una cultura que va asignando significados a las distintas palabras y con ellas elabora frases por simbolización narrativa, además se les añade la prosodia, con la que se expresa las emociones no semánticas que lleva el lenguaje; pero esas palabras y esas frases adquieren su significación y su sentido gracias a la cultura, si nuestro lenguaje y las reglas gramaticales, sintácticas y ortográficas que perfilan y adornan la narración no existiese, la capacidad de comunicación descriptiva sería muy rudimentaria como al parecer temían nuestros antecesores los homínidos.

Este recuerdo al lenguaje como elemento clave del conocimiento y de toda la cognición viene a cuento de recordar que una de las limitaciones más significativas de la capacidad intelectual, se detecta por la pobreza expresiva de una persona, pero es más, esa pobreza también afecta a proceso mental, porque de hecho, la persona la sufre de forma integral ya que dificulta la construcción de sus pensamientos y sus ideas, y más aún su capacidad de abstracción o la competencia para la elaboración de proyectos o desarrollarlos. Podemos concluir asumiendo que el aprendizaje del lenguaje en toda su dimensión, es el conocimiento principal y necesario para cualquier aprendizaje.

10.5.2.2.- LA EMOCIÓN.

Es el otro componente fundamental de la mente, se encarga de dar color y fuerza a los contenidos informativos, pero además establece en gran medida la motivación, la intención y la direccionalidad de los procesos mentales.

De los dos pilares estructurales del conocimiento: El lenguaje y la emoción, el lenguaje es un producto cultural y la emoción está más vinculada a la función cerebral. Y al proceso cognitivo Se genera en el sistema límbico y se apoya en toda la estructura hormonal y del sistema vegetativo autónomo, y la cognición la expresa. Vivimos interesados, sensibles a los afectos y hasta con pasión. Gracias a la emoción.

10.5.2.3.- LA CULTURA Y LAS ACTITUDES.

La cultura es un concepto polisémico, tiene muchos significados, ahora nos referiremos solo a la cultura entendida como conjunto de conocimientos, ideas, tradiciones y costumbres que caracterizan a un pueblo o a un grupo humano. Desde esta perspectiva **Mosterín**, define la cultura como *"la información transmitida por aprendizaje social entre los miembros de la misma especie"*.

Circunscribiendo así el concepto de cultura y de acuerdo con nuestro propósito y el enfoque de este libro, podemos definirla como *"el manto o clima cultural que envuelve a cada persona dependiendo de la época, el grupo social, la ideología, los modelos educacionales de enseñanza que recibe y las características y circunstancias familiares y personales de cada individuo"*.

Cuando estudiamos las actitudes (en el capítulo 7º), decíamos que la influencia que ejerce la cultura en cada individuo proviene de lo que allí llamábamos "fondo de civilización" equivalente al concepto de cultura ampliado por la historia, que junto con la que aporta el fondo vital, que se refiere a las circunstancias genéticas, biológicas y vitales de sujeto y el fondo vivencial, que es la información procedente de la interrelación permanente que tiene el individuo con sigo mismo y el mundo. Con esas tres fuentes de aprovisionamiento de información se construyen las actitudes de cada persona.

Así podemos entender que la cultura es como esa atmósfera o manto que nos envuelve y que genera muchos de nuestros esquemas actitudinales. Recordando la definición que dábamos de la actitud, la concebíamos como *"la predisposición que tenemos a juzgar situaciones, a desarrollar conductas o a reaccionar de determinada forma ante situaciones y que aunque va cambiando, mantiene cierta estabilidad en el tiempo, lo que permite a los demás que nos conocen, poder predecir nuestro comportamiento"*.

La cultura, la civilización y los fondos vital y vivencial, construyen el esquema actitudinal que es una urdimbre informativa que predispone al individuo a orientar su atención y su interés en una dirección determinada y a enjuiciar, valorar y desarrollar conductas con determinado signo y determinada jerarquización en su escala de valores y en sus prioridades.

10.6.- EL APRENDIZAJE

"El aprendizaje es el proceso de incorporación, correlación, modificación e integración de conocimientos en las estructuras cognoscitivas del aprendiz".

"Es un proceso de cambio interno, ya que modifica los contenidos cognitivos (memoria, saberes, ideas, valores, opiniones y criterios, así como la organización en los estructuras significativas y los mapas mentales), pero también nos modifica físicamente, pues con cada aprendizaje cambia la estructura neuronal, por la incorporación de nuevas proteínas en las sinapsis y el fortalecimiento o languidecimiento y muerte de otras, con lo que se reconstruyen y cambian las redes y mapas neuronales, que son las vías del recuerdo y la evocación".

El proceso de la memoria permanente o de largo plazo comienza siempre siendo memoria a corto plazo y para que esos recuerdos no se desvanezcan deben ponerse en marcha procesos estimuladores que induzcan su consolidación, como son la reiteración, la carga emocional y sobre todo la significación semántica, es decir la relación significativa entre los nuevos contenidos informativos que se quieren aprender y aquellos contenidos que ya existen en la memoria y que tengan alguna relación de significado u otros referentes con los que se están aprendiendo. Con esos elementos estimuladores se producen cambios como son la creación de nuevas proteínas y el fortalecimiento de las sinapsis, lo que se determina cambios sinápticos duraderos. Ese es el mecanismo que subyace en el proceso de memorización, para que se consolide y la memoria de corto plazo se convierta en memoria permanente.

La evocación es la recuperación de la información almacenada, es la presentación del recuerdo en la consciencia. El paso del tiempo suele conferir a la memoria más estabilidad, los mayores siempre recordamos mejor lo antiguo que lo reciente. Lo que se debe a que se suele haber repetido más veces el tema del recuerdo, con lo que se han fortalecido las sinapsis. Sin embargo, las memorias también pueden perder estabilidad y fiabilidad. En unos casos porque a través de la memoria de trabajo se han ido almacenando nuevos contenidos sobre el tema, lo que ha ido modificando el contenido del recuerdo. En otras ocasiones las nuevas informaciones, al ser contrapuestas a las anteriores, producen la llamada "disonancia cognitiva". Esa disonancia es conflictiva y genera ansiedad lo que promueve como mecanismo de defensa el olvido más o menos inconsciente o también puede producir distorsiones del recuerdo original, para hacerlo más compatible o adaptable a escalas de valor, creencias o temores de la persona. En otras ocasiones se produce el rechazo de la información que es el procedimiento con que el cerebro busca eludir la ansiedad que genera el conflicto cognitivo, lo que **Freud** definió como mecanismo neurótico del olvido por represión defensiva.

10.6.1.- ELABORACIÓN DEL CONOCIMIENTO.

Cabe preguntarse: ¿Qué factores son los que favorecen la incorporación de la información, para aprender mejor y lograr así la construcción de conocimientos más elaborados y consistentes? Algunas de las condiciones por las que las personas pueden lograr un mejor aprendizaje, pueden ser las siguientes:

1. Tener conocimientos previos del tema que se estudia.

2. Tener interés hacia esa materia.
3. Lograr una buena comprensión significativa del texto.
4. Poseer capacidad de concentración.
5. Tener el hábito de elaborar significativamente las informaciones.
6. Emplear algunas técnicas o sistemas de estudio que favorezcan el aprendizaje significativo.

La experiencia en la aplicación de estrategias para el aprendizaje suele promover la elaboración, lo que ha permitido llegar a una serie de recomendaciones:

1. Las elaboraciones que realice el aprendiz deben ser significativas, es decir, deben ser de fácil comprensión y compatibles con sus conocimientos previos. Si el estudiante no tiene suficiente base de conocimientos previos de la materia, para poder establecer una relación significativa de la información que debe aprender, aprenderá peor. Lo que permite aconsejar la incorporación previa de referentes significativos suficientes
2. Las elaboraciones deben ser lógicas. Deben tener sentido y aportar algún valor al contexto de los conocimientos, creando enganches para asociar la información, lo que genera efectos facilitadores.
3. Las elaboraciones deben también estimular el procesamiento mental activo por parte del propio aprendiz, lo que puede favorecerse promoviendo que el alumno se haga preguntas con cada nueva elaboración, por ejemplo, haciendo esquemas o presentaciones.
4. Las elaboraciones deben ser vivas, mejor si van asociadas a imágenes visuales, ya que las elaboraciones débilmente imaginadas son más difíciles de procesar por el estudiante. "Una imagen vale más que mil palabras".
5. A mayor elaboración, mejor resultado y también a mayor número de elaboraciones por cada información relevante, por lo que se deben presentar varias referencias para generar elaboraciones y enganches, tales como replantear el asunto desde varias ópticas.
6. Las elaboraciones facilitan la activación de la memoria y el aprendizaje a todo tipo de personas y en todos los niveles de escolaridad.

10.6.2.- EL APRENDIZAJE SIGNIFICATIVO.

Ausubel, y otros psicólogos de la educación, colaboradores en la Universidad de Cornell, diseñaron la Teoría del Aprendizaje Significativo, que con algunas modificaciones metodológicas, sigue siendo el modelo sistemático más aceptado y mejor considerado para lograr un aprendizaje estructurado y consistente. Esta teoría en esencia se puede resumir con el siguiente planteamiento: *"para aprender es necesario relacionar los nuevos conocimientos que se quieren aprender, con las ideas que previamente tenga del alumno sobre el tema que se estudia. Debe quedar claro que la fortaleza del aprendizaje, su estabilidad y la facilidad de evocación del nuevo conocimiento dependen del grado de consolidación y del nivel de catalogación y organización de los conocimientos que ya se tienen"*, Dicho de otra forma, con el aprendizaje significativo, se construye un nuevo conocimiento a través de los conceptos que ya se poseen. *"Aprendemos construyendo redes de conceptos en las que se integraran los nuevos conceptos, por lo que esas redes están modificándose en función de los nuevos aprendizajes que se produzcan y con esos nuevos conocimientos se irán generando nuevos mapas conceptuales"*.

También se debe tener en consideración que *"el mismo proceso de adquirir información produce una modificación tanto en la información que se adquiere, como en la estructura cognoscitiva específica con la que va a quedar vinculada"*. Por tanto, para aprender significativamente el nuevo conocimiento debe interactuar con la estructura de conocimientos ya existente, por lo que *"se puede afirmar que el aprendizaje del aprendiz depende de que la estructura cognoscitiva previa cambie se relacione y se reintegre adecuadamente con la nueva información"*.

Se entiende por *"estructura cognoscitiva"*, al andamiaje de la organización mental que aloja al conjunto de conceptos, ideas y experiencias que un individuo posee en un determinado campo del conocimiento. Por lo tanto, *"lo crucial no es cómo se presenta la información, sino cómo la nueva información se integra en la estructura de conocimiento ya existente"*.

Para lograr una buena orientación en el proceso del aprendizaje, es de vital importancia conocer la estructura cognitiva del aprendiz; no se trata sólo de saber la cantidad de información que posee, sino cuales son los conceptos y las proposiciones que maneja y que grado de consistencia y estabilidad tienen.

Los principios de aprendizaje propuestos por **Ausubel**, ofrecen el marco para el diseño de herramientas metacognitivas que permiten conocer la organización de la estructura cognoscitiva del educando, con lo que se facilitará una mejor orientación de la labor educativa. No se comienza a aprender con "mentes en blanco" pues los educandos siempre tienen una serie de experiencias y conocimientos que afectan a su aprendizaje y pueden ser mejor o peor aprovechados para su beneficio.

Hay que considerar también que los conceptos que se quieren aprender, deben ir de lo más general a lo más específico, por lo que el material del sistema pedagógico que se emplea, debe estar diseñado para superar el aprendizaje literal o memorístico, esforzándose por lograr un aprendizaje más integrador, comprensivo, de largo plazo, autónomo y estimulante.

En síntesis pues, el aprendizaje es la construcción del conocimiento donde todo ha de encajar de manera coherente para que se produzca un "*auténtico aprendizaje significativo, organizado, estructurado, referenciado e integrado en los mapas conceptuales que va elaborando la persona que está aprendiendo*". Así se logrará un aprendizaje a largo plazo consistente y de fácil evocación.

La estrategia didáctica que se debe emplear en este nuevo aprendizaje, es contar con las ideas previas del aprendiz y estimular el aprendizaje de otras, para buscar que la información a incorporar sea coherente y no arbitraria, para que puedan "construirse" los conceptos de forma sólida e interconectada con las estructuras de los mapas conceptuales, de forma que los nuevos conocimientos amplíen y den consistencia a los conocimientos que posean las redes conceptuales que ya tenga el aprendiz. Es pues una forma de aprendizaje cognitivo y meta-cognitivo a la vez.

10.6.3.- APRENDIZAJE SIGNIFICATIVO AUTÓNOMO

Desde que la educación empezó a centrarse en el alumno como gestor principal del aprendizaje, se comenzaron a analizar no sólo las tácticas que utiliza el profesor para desarrollar sus clases, sino también y sobre todo, las estrategias de aprendizaje utilizadas por los estudiantes. La enseñanza y el aprendizaje son procesos que van juntos y las estrategias que se emplean para la instrucción son valoradas según la eficacia que se logra con los aprendizajes, y desde luego los aprendices tienen formas muy particulares de aprender.

Las estrategias de aprendizaje *"son procedimientos o secuencias de acciones conscientes, voluntarias, controladas y flexibles, que se convierten en hábitos para quien aprende y para quien instruye, que también debe querer aprender de forma permanente y además debe incumbir a ambos, porque aprender ayuda generalmente la solución de problemas tanto en el ámbito académico como fuera de él"*.

La forma de aprender con aprendizaje significativo autónomo le sirve al estudiante, al profesor y a todas las personas que se interesen por la profesión o simplemente por la vida, *"los conocimientos que se asimilan permiten la organización y reorganización de la información sobre todo lo que nos rodea"*, porque además del significado, el aprendizaje incluye el saber cómo, cuándo y por qué se utiliza ese conocimiento y además favorece su aplicación y la medición de su eficacia en el proceso de resolución de problemas o de las tareas a ejecutar.

Las estrategias de aprendizaje pueden llevar a que el aprendiz se convierta en *"autónomo, independiente y autorregulado y lograr la capacidad de aprender a aprender"*.

El estudio y el trabajo independiente, autorregulado y autónomo del individuo se logra a través de su propia organización del trabajo y la adquisición de competencias, para poder con ellas planificar, realizar y evaluar sus propias experiencias de aprendizaje. En buena medida ha sido aprendido, usado y hasta cierto punto reconocido durante la pandemia del Covid 19, que exigió a centros académicos, profesores y alumnos en todos los niveles de la enseñanza, suprimir la enseñanza presencial y pasar a la educación "online", que ha exigido la incorporación de nuevos sistemas educativos, medios informáticos, técnicas y herramientas didácticas distintas y una diferente forma de gestión educativa, a la que se han adaptado, al parecer bastante bien el alumno y la familia.

Sin duda ha ayudado el poder desarrollar, ejecutar y adaptarse de forma rápida y bastante eficaz a la educación "online", el haberse implantado con anterioridad a la pandemia los sistemas de aprendizaje significativo y sus técnica de aplicación y control de resultados, pues al promover el protagonismo del aprendiz en la enseñanza, se asumió con más facilidad la implantación del sistema virtual y muchos de los sistemas y tácticas pedagógicas.

Esperemos que la responsabilidad y la experiencia permitan que el aprendizaje significativo autónomo pueda ser una técnica habitual en aprendizaje continuado autónomo.

Con el aprendizaje continuado, se podrá avanzar construyendo el sentido del conocimiento, se escogerán los procesos de codificación, de organización, de elaboración, de transformación y de interpretación de la información recogida, utilizando los recursos necesarios de acuerdo con las circunstancias y las características de los temas que se aborden.

Esta autonomía implica que el propio aprendiz se formule metas, organice el conocimiento y construya significados, empleando estrategias adecuadas y eligiendo los momentos más oportunos para la adquisición, el desarrollo y la universalización de lo aprendido.

Este modelo educativo permite que el estudiante aprenda a formarse a sí mismo, para convertirse en un gestor comprometido con su propio aprendizaje y es el modelo que ha promovido el constructivismo, invitando al ser humano a ser productor de su capacidad para adquirir conocimientos y para reflexionar acerca de él mismo, ayudándole a ser capaz de anticipar, explicar y controlar la orientación y control de su vida, porque el conocimiento lo crea cada persona y lo logra activamente con su esfuerzo.

10.6.4.- LA ESTRUCTURACIÓN DEL CONOCIMIENTO CON EL APRENDIZAJE.

La Teoría Constructivista plantea que el aprendizaje significativo, debe facilitar un aprendizaje que invite a los aprendices a construir sus propios conocimientos. Para ello, hay que "aprender a aprender" porque el proceso de aprendizaje es complejo, comienza incorporando información no significativa captada del entorno y es el aprendiz el que debe construir el conocimiento simbolizando a información captada, traduciéndola con el lenguaje semántico que haya aprendido y lograr así que la información captada tenga significado comprensible y contenga muchas referencias que aporta el mismo lenguaje con sus matices y relaciones, necesarias, buscando lograr que el conocimiento que se va a aprender encuentre muchos enganches en la estructura cognitiva que ya posee. Además la persona que aprende impregna esa información con carga emocional y esquemas de valor propios del aprendiz y finalmente debe organizar por significado y contrastar e integrar esos conocimientos en las estructuras neuronales en las que puede tener asilados otros conocimientos que guarden algún tipo de relación con el tema que se está aprendiendo y con la nueva integración de conocimientos. Los conocimientos aprendidos y contrastados podrán ir construyendo su propio mundo.

El Constructivismo promueve así que el aprendizaje significativo que se establece que este modelo, debe desarrollar un contenido informativo auto-generado y auto-regulado, capaz de promover la motivación y producir satisfacción en el del aprendiz, también fomenta la auto-estima, con lo que se afianza la seguridad del aprendiz en su forma de dar su propio significado a lo aprendido, lo que también aumenta la confianza en sus opiniones y la capacidad para ir elaborando criterios. Así se logra una estructura de conocimiento significativo auto-generado y una motivación intrínseca que fortalece al aprendiz y le ayuda a procesar y organizar sus conocimientos.

Así pues, con el aprendizaje significativo, se estimulan tanto los procesos cognitivos del aprendiz como su mundo emocional. Por otra parte en las estructuras neuronales se generan itinerarios prioritarios no lineales de la información, con capacidad para agilizar y mejorar el procesamiento cognitivo de la información, lo que hace posible la construcción de modelos mentales complejos que son el soporte necesario para resolver los problemas de la vida, para mejorar las capacidades cognitivas y para ir generando estructuras de opinión y criterio, construyendo escalas de valor e incluso se amplía la capacidad de previsión meta-cognitiva, que permite la anticipación en la resolución de los problemas que puedan presentarse.

Para abordar la comprensión de cómo se organizan los conocimientos adquiridos con aprendizaje significativo hemos de partir aceptando que *"Los conocimientos no se asimilan y luego se reproducen, sino que son construidos"*, Porque ya sabemos que el conocimiento resulta de una interpretación individual de la realidad, a pesar de que esa interpretación deba atenerse a criterios compartidos de manera intersubjetiva. Además, el proceso de conocer exige que lo que se conoce tenga algún sentido, tanto lógico, como psicológico y cultural. También hemos de tener presente que todo conocimiento está situado dentro de un contexto individual, social, histórico, tecnológico y de valores. No se puede aprender nada descontextualizado o sin sentido, incluso casi nunca se aprende lo que no está compartido o no tiene valor socio-cultural.

Estas consideraciones son convenientes para entrar a comprender el proceso cognoscitivo, que exige construir, interpretar y dar significado a lo percibido y también mantenerlo, porque es evidente que lo absurdo no es objeto de conocimiento.

Para dimensionar el proceso de enseñanza, hemos de comprender que aprender es crear constructos mentales que conducen a resolver problemas prácticos. Una ecuación matemática, un algoritmo determinado o un diagnóstico clínico: son elaborados como construcciones mentales, con un fuerte componente de creatividad e iniciativa.

10.6.5.- OTRAS TEORÍAS DEL APRENDIZAJE SIFGNIFICATIVO.

Con planteamientos básicamente similares a la teoría del aprendizaje significativo de **Ausubel,** se han desarrollado multitud de teorías que con distinto nombre y modificando, añadiendo o incluyendo algunas variaciones, todo lo más que aportan son criterios propios de autor que a nuestro juicio no son avance significativo alguno. Entre ellos autores tan reconocidos como **Peter Salovey**, que además de desarrollar el modelo *de Inteligencia Emocional*, que difundió y le dio fama **Daniel Góleman**; también desarrolló *La Teoría de la Asimilación* en ella se consideran los procesos de aprendizaje como: *"La adquisición de nuevos materiales informativos por parte del aprendiz mediante la vinculación o asimilación de algún aspecto de la estructura cognitiva recientemente organizada, que integran el viejo y nuevo conocimiento y que, a su vez, puede servir como un esquema de asimilación para los aprendizajes siguientes"*.

La esencia la Teoría de la Asimilación es igual o muy parecida a la teoría del Aprendizaje Significativo de **Ausubel**. Ambos entienden en que los nuevos significados son adquiridos a través de la interacción de los nuevos conocimientos con los conceptos previos existentes en la estructura cognitiva del que aprende y que de esa interacción resulta un producto de aprendizaje, que es una creación personal del aprendiz, en el que no sólo la nueva información adquiere un nuevo significado, sino también el ya existente adquiere significados adicionales. En la etapa de retención del muevo conocimiento, este es disociable en sus nuevos significados; tendiendo más tarde a unificarse con un nuevo significado creado merced a la asimilación que se establece. La asimilación no es un proceso que concluye después de un aprendizaje significativo sino, que continúa y puede involucrar nuevos aprendizajes o puede perder la capacidad de reproducción de las ideas subordinadas.

También está en este grupo la celebrada *Teoría de la Elaboración* desarrollada por **Reigeluth**[131]. Que recoge las aportaciones de diversas teorías del aprendizaje cognitivo (**Piaget, Bruner, Ausubel, Newel, Simon y otros**) y con el título de Teoría de la Elaboración busca ayudar a prescribir la mejor forma de seleccionar, estructurar y organizar los materiales y contenidos de la enseñanza, (haciéndolos más significativos) para que ayuden a los alumnos a lograr una mejor, adquisición, retención y transferencia del conocimiento significativo. Esta teoría es un procedimiento eficaz y para ello propone:

- Representar la estructura de conocimientos complejos.
- Pensar la secuencia ideal de materias complejas.
- Determinar la estrategia óptima de presentación de esas materias complejas.

10.7.- ESTRATEGIAS Y TÉCNICAS DE APRENDIZAJE

Decíamos en el índice comentado del prólogo, que este décimo capítulo lo dicamos a plantear una esquematización de los contenidos del libro y a transcribir algunas sugerencias, con las que se puede facilitar la consolidación de la memoria y el aprendizaje, también comentaremos algunas herramientas que pueden ayudar a mejorar la organización del conocimientos y con ello a mejorar su capacidad para lograr un aprendizaje significativo de y otras formas de aprendizaje y consolidación de la memoria.

El libro no está orientado a ningún grupo específico de personas, lo que buscamos es que sea útil a todas las personas que puedan estar interesadas en conocer cómo funciona la mente, cómo aprender mejor y cómo mejorar el uso de los saberes y nos esforzamos en ayudar a que su complejidad no impida hacerlo asequible. Este no es un libro de auto ayuda, buscamos que sea sobre todo, un elemento de estudio y a la vez motivador para valorar lo importante que es conocer las funciones mentales, porque le abrirán espectativas al lector, para esforzarse en querer aprender mejor y saber más y desde luego nos gustaría que pudiese llegar a ser un referente significativo

---

[131] Charles Reigeluth (1956..) economista y psicólogo EEUU, Prof. U. Indiana)

en los criterios que el lector elabore y desarrolle sobre estos temas tras la asimilación y aplicación de los contenidos que presentamos.

Ya sabemos lo que es el aprendizaje significativo, pero el aprendizaje es algo tan amplio y complejo que se ha desdibujado su utilización. Esta situación puede estar condicionada también por la propia concepción de la Teoría del Aprendizaje Significativo propuesta por **Ausubel**, pues su fundamento o idea central, es sencilla y elemental: *"para aprender es necesario relacionar los nuevos conocimientos que se quieren aprender con las ideas que previamente tenga la persona sobre el tema que se estudia",* El problema son sus derivaciones, su aplicación, las herramientas pedagógicas que requiere su didáctica y también las interpretaciones empíricas con las que se pretende explicar su proceso funcional en la mente del aprendiz.

Las aportaciones sobre estos temas son complejas y además multitudinarias, raro es el autor de temas pedagógicos, que no haya elaborado su propia teoría, unos protocolizando su aplicación, otros, analizando los contenidos pedagógicos, otros ampliando matices de la concepción inicial y la verdad es que muy pocos la critican o la rebaten.

Esta situación nos lleva a elegir unas pocas teorías que nos parecen útiles para los objetivos de este libro, los dividiremos en dos grupos y cada uno de ellos incluye varias sugerencias y varias herramientas:

10.7.1 – SUGERENCIAS Y TÉCNICAS PARA MEJORAR EL APRENDIZAJE.

En primer lugar es aconsejable seguir los principios derivados de la Teoría del Aprendizaje Significativo, como son los siguientes:

- El aprendizaje se facilita cuando los contenidos que se le presentan al alumno están organizados de manera conveniente y siguen una secuencia lógica y psicológica apropiada.
- Es conveniente delimitar los contenidos de aprendizaje y los objetivos que se buscan.
- En el desarrollo del programa curricular, deben respetarse los niveles de inclusividad, abstracción y generalidad. Lo que implica que deben quedar señaladas las relaciones de super-ordinación, subordinación, antecedentes-consecuentes que guardan entre sí los módulos de información.

- Los contenidos didácticos deben presentarse en forma de sistemas conceptuales (esquemas de conocimiento) organizados, jerarquizados e inter-relacionados, no deben ser datos aislados y sin orden.
- Convine activar los conocimientos y experiencias previos que posee el aprendiz en su estructura cognoscitiva porque así se facilitará los procesos de aprendizaje significativo con nuevos materiales de estudio.
- El establecimiento de "puentes cognitivos" (conceptos e ideas generales que permiten enlazar la estructura cognoscitiva con el material que se va a aprender) pueden orientar al alumno a detectar las ideas fundamentales, a organizarlas e interpretarlas significativamente.
- Los contenidos aprendidos significativamente (tanto por recepción o como por descubrimiento) serán más estables y menos vulnerables al olvido y también permitirán la mejor transferencia de lo aprendido, si se presentan como conceptos generales e integrados.
- Puesto que el estudiante en su proceso de aprendizaje y mediante ciertos mecanismos auto-reguladores, puede llegar a controlar eficazmente el ritmo, la secuencia, la profundidad de su conducta y sus procesos de estudio, una de las tareas principales del docente será estimular la motivación y la participación activa del sujeto aumentando la significación potencial de los materiales académicos.

El tutor o enseñante debe tener presente unos principios básicos que definen el aprendizaje significativo, son los siguientes:

- Se ha de aprender que aprendemos a partir de lo que ya sabemos. (Principio del conocimiento previo).
- Se ha de aprender o enseñar preguntas, en lugar de respuestas. (Principio de la interacción social y del cuestionamiento).
- Se ha de aprender a partir de distintos materiales educativos. (Principio de la no centralidad del libro de texto).
- Se ha de saber que somos perceptores y representadores del mundo. (Principio del aprendiz como perceptor/representador).

- Se ha de saber que el lenguaje está totalmente involucrado en todos los intentos humanos de percibir la realidad. (Principio de estímulo del conocimiento del lenguaje).
- Se ha de aprender que el significado está en las personas que crean los conceptos, no en las palabras que los expresan. (Principio de la conciencia semántica).
- Se debe saber que el ser humano aprende corrigiendo sus - errores. (Principio del aprendizaje por el error).
- Se debe aprender a desaprender, es decir, a no usar los conceptos y las estrategias irrelevantes para la supervivencia. (Principio del des-aprendizaje).
- Se ha de saber que las preguntas son instrumentos de percepción y que las definiciones y las metáforas son instrumentos para pensar. (Principio de la incertidumbre del conocimiento).
- Para aprender es necesario partir de diferentes estrategias de enseñanza. (Principio de la no centralización del libro o la pizarra).
- Se ha de aceptar que repetir simplemente la narrativa de otra persona (el enseñante) no estimula su comprensión. (Principio del abandono de la narrativa).

Un buen aprendizaje significativo es aquel que por su sentido e importancia para el individuo provoca curiosidad, conflicto cognoscitivo y duda, porque le hace repensar sus esquemas clásicos de interpretación, al darse cuenta de que son insuficientes lo que provoca el abrirse a la posibilidad de construir nuevos esquemas de interpretación de la realidad que incluyen conocimientos, habilidades, actitudes y comportamientos nuevos. Porque el aprendizaje relevante depende de dos factores:

- La intencionalidad del que aprende, esto es, el valor que le la persona atribuye a ese conocimiento, que es lo que induce a la reconstrucción de sus esquemas,
- El contexto, que puede ser de producción, de aplicación o de reproducción, siendo los dos primeros los que conducirían a un aprendizaje relevante para la vida y no solo reproductivo, que es el que se da cuando solo interesa la superación de una prueba, tras la cual, desaparece la atribución de significados.

Un modelo para organizar el aprendizaje significativo, debe cumplir los siguientes pasos:

1. *"Planificar el sistema de aprendizaje"* y afrontar el trabajo diario; buscando que esté pensado desde una perspectiva conceptual del conocimiento. En él la primera tarea es determinar la estructura conceptual y proposicional de aquello que se va a aprender, lo que sin duda reclama el análisis del contenido que requiere. Por ejemplo, se ha de huir de organizaciones lineales y simplistas de contenido y se deben explorar relaciones naturales de dependencia de los diferentes contenidos que habitualmente se presentan aislados y en distintos temas, lo que hace laborioso y difícil establecer esas relaciones e interacciones.

2. *"Identificar cuáles son las ideas, conceptos o proposiciones inclusivas, claras y estructuradas que ya posee el aprendiz"*, cuyo contenido debe de haber sido adquirido de forma significativa con lo que habrá formado una matriz cognoscitiva de ideación organizada para la incorporación, comprensión y fijación de los nuevos conocimiento (Son los llamados subsumidores), que son relevantes para el aprendizaje de los nuevos contenidos, es decir, tener presente la importancia que tiene la asignación de significados para favorecer el aprendizaje significativo. Para ello, una vez analizado el contenido, el profesor debe saber qué conceptos del nuevo conocimiento que se aprende, son los que pueden actuar como anclaje a su alumnado. (subsumidores).

3. *"Averiguar cuál es la estructura cognitiva conceptual del estudiante"*. Es inadecuado planificar la docencia desconociendo si existen o no subsumidores (Ideas, conceptos o proposiciones inclusivas, claras y adecuadamente estructuradas sobre el tema) relevantes en las mentes de los estudiantes que deben asumir los contenidos a aprender. En el caso de que no tenerlos en su estructura cognoscitiva, el profesor debe procurar la ayuda de organizadores, por ejemplo un gráfico que exteriorice el modo en el que el cerebro piensa y genera los procesos mentales previos adecuados, y si ya existen, deberá hacer uso de los mismos para lograr que los estudiantes puedan generar la conceptualización y significación correspondiente.

4. *"Organizar la enseñanza, articulándola en torno a la estructura conceptual del contenido curricular previamente establecido"*, la utilización de organizadores avanzados, y la progresiva reconciliación integradora con sus conocimientos previos.
5. *"Promover la implementación de la enseñanza, esto es, elaborar la hoja de ruta y el conjunto de pautas a desarrollar"*. Para ello debe tenerse en cuenta la estructura cognitiva conceptual del aprendiz, previamente identificada, las situaciones que se le van a proponer para generar su aprendizaje, la consolidación y el uso de estrategias colaborativas y métodos de instrucción que faciliten el aprendizaje significativo de la estructura conceptual que tiene la materia objeto de enseñanza.
6. *"La evaluación"*. Que mide y contrasta la efectividad de las situaciones propuestas, las estrategias utilizadas, las actividades solicitadas, la organización y la secuenciación del contenido realizadas, la significatividad de los aprendizajes logrados, la capacidad mediadora del docente y en suma, la valoración de todos y cada uno de los elementos puestos en juego en el proceso. Por eso se trata de buscar evidencias que señalen que se ha producido la captación de los significados previamente establecidos como "enseñables y aprendibles" y la atribución de los significados y la conceptualización progresiva que debe conducir a un aprendizaje significativo.

La sistemática a seguir puede ser la siguiente:
- Identificación de la estructura conceptual de lo que va a ser enseñado.
- Identificación de los conceptos subsumidores relevantes.
- Averiguación de la estructura cognitiva conceptual del alumno.
- Organización de la enseñanza, teniendo en cuenta la estructura conceptual del contenido curricular, el uso de los organizadores, la diferenciación progresiva, la reconciliación integrativa y las relaciones naturales de dependencia entre los conceptos.
- La implementación de la enseñanza, teniendo en cuenta la estructura cognitiva conceptual del alumno, las situaciones, la consolidación y el uso de estrategias colaborativas y métodos de instrucción, que hagan viable la "negociación" de significados que

faciliten el aprendizaje significativo de la estructura conceptual de la materia a aprender.
- Evaluación orientada a comprobar la calidad y cantidad de los conocimientos conceptuales fundamentales de la materia de la enseñanza que ha incorporado así como de la captación de los significados conceptualmente aceptados, que ha incorporado.

10.7.2.- ARMAS DIDÁCTICAS PARA LA ORGANIZACIÓN DEL CONOCIMIENTO.

En la enseñanza en general y en el aprendizaje de los contenidos curriculares, se suele sugerir a los alumnos que empleen las funciones de definir, clasificar, comparar o relacionar, porque son tareas a las que el aprendiz se enfrenta para desarrollar la capacidad de aprender y organizar el conocimiento. Algunas de estas funciones son sencillas de comprender y aplicar, pero en otros casos son de difícil aplicación, tanto por la complejidad de tema a aprender, como por las limitaciones del alumnado. Se pretende solucionar este problema mediante la aplicación de herramientas o técnicas estandarizadas de aprendizaje en forma de explicaciones y argumentos más o menos protocolizados. Nosotros abordaremos más adelante la descripción de alguna de estas herramientas y daremos un esquema de las técnicas más estandarizadas, para que el lector pueda conocerlas y ampliarlas. Estas herramientas se encuentran con facilidad en la literatura de técnicas didácticas con su aplicación y se publican en innumerables portales de Internet.

Comenzaremos comentando algunas sugerencias que se derivan de conocer cómo se desarrolla el proceso del aprendizaje y su consolidación.

10.7.2.1.- LOS MODELOS MENTALES SENCILLOS.

La pedagogía constructivista, se ocupa de la adquisición y consolidación del conocimiento y de cómo se organiza. El aprendizaje es una construcción activa del aprendiz que requiere motivación. Para construir las rutas efectivas del conocimiento, se pueden utilizar eficazmente herramientas de construcción de modelos mentales, que sirven de moldes para organizar y dar forma al conocimiento, tanto dentro de un grupo interrelacionado de enseñanza reglada o solo para el propio estudiante. Se agrupan comúnmente con los términos de: mapas conceptuales y mapas mentales. Ambos son herramientas que ayudan a la comprensión de una idea o materia cognoscitiva

El mapa conceptual se diferencia de un mapa mental porque con él se presenta la jerarquización de los conceptos o ideas representados gráficamente, diferenciando los conocimientos según una lógica con la que se relacionan unos con otros, siguiendo un esquema de configuración significativa. Más abajo, en el párrafo 10.7.2.3.- se desarrolla con detalle este organizador gráfico.

El **mapa mental** se diferencia de un mapa conceptual por ser un diagrama más flexible. Se usan conceptos interrelacionados que surgen a través de la asociación espontánea de ideas. Los conceptos afines se unen con otras ideas, con lo cual se crea una lógica mental que ayuda al aprendizaje. El objetivo de un mapa mental es lograr, con la relación espontánea de conceptos sobre un tema, el aprendizaje a través de formas de pensamiento familiares y propias. En este sentido, los mapas mentales son útiles para la preparación de una disertación o para el análisis de un poema u obra literaria.

El aprender es el proceso de captar y dar significado a la información que se capta y esa información ya comprensible, al ser un significante que ya tiene significado, se puede correlacionar con otros contenidos mentales, tanto por su significado, como por otros muchos referentes como el espacio-tiempo, el interés, el riesgo etc. de la realidad captada y también se puede correlacionar con otros matices que aporta la simbolización que genera el propio lenguaje al traducir la información captada, tales como segundas acepciones de las palabra, el grado de erudición del término, los matices de consideración o desprecio implícitos etc. Lo que además enriquece de forma importante la caracterización de ese nuevo conocimiento y facilita su organización.

Los mapas de estructuración organizada de los contenidos mentales del conocimiento pueden ser representados objetivamente ya que son una expresión externa, consensuada y reconocible. Sin embargo los modelos mentales primarios de las personas, son una representación interna, que se pueden o no expresar por medio de palabras, símbolos, gráficos, esquemas, algoritmos, mapas, etc. Para conocer de forma más evidente un modelo mental, se pueden emplear esos mapas que destacan las relaciones entre los elementos que lo conforman, con lo que se emplean estos sistemas gráficos para hacerse entender por los demás o para comunicar el conocimiento de manera significativa e inteligible.

Estas herramientas de modelo mental" son constructos que describen el mecanismo del pensamiento mediante el cual el ser humano, intenta explicar cómo funciona el mundo real. Esta construcción de la mente es un tipo de simbolización interna o de representación de la realidad externa, que como hipótesis la emplean los científicos y técnicos, pero también pueden emplearla personas de cualquier condición, cuando se interesan por conocer y expresar alguna idea o cómo entienden la realidad. Estos modelos mentales, tienen un papel importante en la cognición, porque después de haber construido la persona este tipo de planteamientos, se suelen convertir en herramientas de comunicación con otras personas y pueden emplearse en situaciones parecidas a la que promovió su creación. Estos modelos no existen solamente en la mente de los científicos, cuando elaboran en su mente una hipótesis, también se expresan en los modelos mentales de fórmulas, algoritmos o en mapas que construyen las personas en su mente para imaginar un problema o situación que quieren concebir. Por lo tanto, los modelos mentales son el resultado de construir un sistema o matriz de ideas que se desarrollan inicialmente, en la mente y que luego pueden representarse con relatos, esquemas gráficos, dibujos o fórmulas.

Por ejemplo, para analizar nuestra relación con otros ciudadanos, podemos elaborar un modelo de interacción, con actores diferentes que son los "otros", además de las acciones y reacciones que producimos y que recibimos de ellos. Además el esquema que construimos para representar la complejidad de nuestra interacción social, puede convertirse en un modelo mental teórico y de gran utilidad para mejorar nuestro comportamiento en las relaciones con nuestros semejantes.

Nosotros aquí consideramos que, (por analogía), los modelos mentales descritos pueden ser una herramienta útil para construir modelos mentales claros que expresen o comuniquen nuestros conocimientos. Por ejemplo, para entender el mecanismo cerebral de la memoria, se puede partir comparando esta función con la memoria del ordenador. La gracia está en utilizar apropiadamente la analogía, sacarle provecho y construir el nuevo "modelo" con las novedades y especificidades que coinciden y las que no coinciden con el "análogo" básico utilizado.

10.7.2.2.- MODELOS MENTALES COMPLEJOS.

El aprendizaje implica la construcción activa de los modelos internos por parte del aprendiz, él organiza sus conocimientos y los experimenta como modelos internos de su propia creación, que están en permanente reajuste y desarrollo, por ello, en la enseñanza regulada se debe promover la creación y modificación activa de pensamientos, ideas y modelos previos. Ya que la propia cognición es un proceso activo que organiza y da sentido a la experiencia individual. La auto-organización del conocimiento incluye la construcción de esquemas, herramientas, configuraciones, matrices de ideas y modelos mentales. En general se manejan abstracciones o generalizaciones de lo que se espera que sea la realidad y su funcionamiento.

Los modelos mentales complejos no son lineales, del tipo causa-efecto o acción-reacción. Se trata más bien de modelar sistemas abiertos, no equilibrados, que requieren energía para mantener un orden distinto al de sus partes, porque en el proceso mental impera el fenómeno que ya conocimos denominado "Emergencia", que es propio de los sistemas (como el mental) que obedecen a la auto-organización o auto-generación espontánea del ordenamiento de contenidos, dentro de un sistema abierto.

Las herramientas para construir estos modelos mentales, es un reto para los profesionales, o personas interesadas en preparar respuesta o soluciones rápidas, en las distintas situaciones con que se encuentre la persona, por ello es un desafío formar docentes o "coach manager" que estén preparados para abordar los complejos problemas en las diferentes áreas del saber en sus aprendices. El secreto está en crear en las mentes, de manera participativa, modelos científicos, tecnológicos o humanísticos preestablecidos.

Para lograr el objeto de alcanzar un conocimiento efectivo en el campo académico, una sugerencia es comenzar motivando a los alumnos proponiéndoles el uso de "grandes y nuevas ideas" lo que se puede denominar "la estrella" que tenga fuerza o poder para reunir otras ideas y con fertilidad abundante para que irradien vitalidad y significación a otras ideas. Se trata de elaborar "matrices" conceptuales abiertas y sin techo fijo, para que puedan aglutinar y alcanzar conceptos variados y relacionados. Este intento se puede lograr en los niños planteando estas "nuevas ideas" como juegos con palabras con las que se forman redes, colmenas o círculos concéntricos de ideas con una configuración variada, conectada y compleja.

Este intento es todo contrario a la forma "lineal" de organizar el conocimiento utilizando segmentos consecutivos de una línea continua y unidireccional. Las redes, así como las colmenas y los círculos se configuran en torno a "nudos" o centros para formar estructuras complejas y vinculadas entre sí. La manera de interconectar los conceptos (palabras-figuras) debe ser variada y abierta, ofreciendo una amplia libertad de acción al aprendiz. Es enseñar a sentirse libre para "viajar" entre las redes y matrices que alimentan la iniciativa y la creatividad de los estudiantes. Las "grandes ideas" que se ofrecen a los alumnos deben operar como de nudos de las redes de significado que van a servir de enganche a los nuevos conocimientos de la materia curricular que se está aprendiendo y servirán de ampliación el horizonte de espectativas para el aprendizaje y direccionalidad a lo que se aprende.

10.7.2.3.- ORGANIZADORES GRÁFICOS.

Son herramientas visuales que permiten presentar la información y exhibir sus regularidades y relaciones. Dicho de otra manera, son herramientas de enseñanza-aprendizaje visual, que permiten procesar, organizar, clasificar información nueva, para incorporarla de forma significativa a la red de conocimientos previos de cada persona. Por tanto, constituyen una vía para construir el pensamiento y los procesos cognitivos que permiten describir, comparar, clasificar, relacionar, jerarquizar, analizar la relación entre causas y consecuencias y también secuenciar hechos con un orden cronológico.

En conjunto, constituyen métodos visuales que colocan al aprendiz en situación de darse cuenta de lo que sabe sobre un tema y "visualizar" de qué forma se relacionan las palabras, los conceptos o las ideas, lo que es tan importante para el alumno como para el profesor que interactúa con él.

Al tratarse de herramientas visuales, los organizadores gráficos permiten captar de una manera holística las relaciones que (de manera individual y única) se establecen entre conceptos, hechos, acontecimientos o jerarquías. De esta manera constituyen métodos para el desarrollo de las habilidades superiores del pensamiento.

Por lo tanto, estas son herramientas que ayudan a pensar y a aprender más eficazmente, a reorganizar la información escrita, a identificar ideas relevantes y a transformar todo ello en información significativa. Es por tanto un sistema que permite comprender y relacionar ideas complejas dentro de un texto.

Los organizadores gráficos tienen múltiples aplicaciones entre las cuales se pueden mencionar las siguientes:

- *"La descripción y la definición"*: aplicada a palabras, frases y textos breves, (la idea central, sus atributos correspondientes y la definición: clase, función y atributos).
- *"La comparación"*: identificación de atributos propios y comunes con otros elementos de la misma clase, así como la formulación de criterios para la comparación.
- *"La inclusión y la clasificación"*: identificación de los elementos de un grupo, relación jerárquica dentro del grupo, atributos compartidos y diferenciales entre los elementos del mismo grupo (mediante organigramas u organización gráfica de jerarquías).
- *"Acontecimientos cíclicos"*: con reconocimiento de la sucesión cíclica de procesos, en este caso aplicados a los procesos naturales (empleando diagramas de ciclo).
- *"Secuencias"*: con reconocimiento de la sucesión temporal de acontecimientos cotidianos, de narraciones, instrucciones, etc. (Empleando secuenciador de hechos).
- "Línea del tiempo": con ordenamiento de acontecimientos a lo largo del tiempo: días, meses, años, siglos, (diagrama de línea de tiempo).

Los distintos tipos de organizadores gráficos con sus características, especialidad y manejo, están explicitados en muchísimos portales de internet. A continuación comentamos alguno de ellos:

1.- MAPAS CONCEPTUALES.

Tienen su origen en los trabajos de **J. Novak** y **B. Gowin** en la Universidad de Cornell, publicaron en 1984 el libro "Aprendiendo a aprender" apoyados en la Teoría del Aprendizaje Significativo de **D. Ausubel**, centrada en que cuando el individuo vincula los nuevos conocimientos a otros adquiridos anteriormente, el proceso de aprendizaje es más consistente e importante y en él se modifican los conceptos existentes, estableciéndose nuevos enlaces entre ellos.

Los mapas conceptuales son herramientas gráficas para organizar y representar el conocimiento de manera organizada. Un mapa conceptual se plantea como una red en la que los nodos representan los conceptos y los enlaces las relaciones entre esos conceptos. Así se elabora una red organizada de forma jerárquica mediante redes de proposiciones. Estos "organizadores" (los conceptos o las proposiciones), estimulan la actividad del aprendiz y le ayudan a sintetizar las tareas.

La teoría del aprendizaje significativo mantiene que los conocimientos se pueden adquirir de tres maneras:

- Aprendizaje por descubrimiento, que es el que utilizan los niños cuando adquieren los primeros conocimientos y el lenguaje.
- Aprendizaje receptivo, que es el sistema de aprendizaje basado en la memorización de los conceptos y no se requieren entender su significado.
- Aprendizaje activo, que se produce cuando se elabora un mapa conceptual, el estudiante tiene que establecer relaciones entre los conceptos, lo que implica un proceso activo.

Y plantea que los mapas conceptuales son una estrategia sencilla pero poderosa que ayuda al aprendiz a aprender y a los docentes a organizar los materiales de aprendizaje.

Un método que hace posible la captación del significado del material de estudio que se utiliza y un recurso que hace posible presentar un resumen esquemático en el que se expresa el orden jerárquico de los conceptos aprendidos.

Los mapas conceptuales son instrumentos que expresan gráficamente la organización y la representación de los conocimientos, lo que permite transmitir con claridad mensajes conceptuales complejos y facilitar tanto el aprendizaje como la enseñanza. Su objetivo es representar las relaciones entre los conceptos en forma de proposiciones. Los conceptos están encerrados normalmente en recuadros o círculos, que se representan mediante etiquetas, estas pueden ser palabras o símbolos, mientras que las relaciones entre ellos se explicitan mediante líneas que unen esos recuadros. Las líneas a su vez, tienen palabras en las que se describe que tipo de relación liga los conceptos.

Un mapa conceptual muy elemental podría estar compuesto por dos o tres palabras, unidas por un conector para generar una proposición, como la siguiente:

LOS MAPAS CONCEPTUALES ──son── CONCEPTOS ──unidos por── **CONECTORES**

Los elementos fundamentales que componen un mapa conceptual son los siguientes:

"Los conceptos": Simbolizan objetos o situaciones, que se identifican con un nombre o etiqueta. Por ejemplo: agua, átomo, caja, mesa, lluvia, lápiz, democracia, estado, frío... Por lo tanto el concepto es una palabra que se utiliza para designar la simbolización de un objeto (mesa) o de una situación (frío) que se producen en la mente del individuo. Los conceptos pueden referirse a elementos concretos (caja) o a nociones abstractas, que no son tangibles pero si existen en la realidad (democracia o pandemia). Por lo tanto, los conceptos designan las características que percibimos en los acontecimientos y en los objetos que nos rodean.

"Las palabras de enlace": Son palabras de diferentes categorías (conjunciones, preposiciones, adverbios, verbos...), no son conceptos, se utilizan para unir los conceptos e indicar el tipo de relación que se establece entre ellos. Ej.: para, por, donde, como.

"Las proposiciones": Se elaboran cuando las palabras de enlace junto con los conceptos permiten construir frases u oraciones con significado lógico, Ej.: El vestido es blanco con lunares negros. Son la forma más elemental de la lógica Ej. El agua está mojada. Puede también establecer conexión entre conceptos, Ej. El iris es parte del ojo. Puedes ser verdad o no, Ej.: La Tierra es plana. Las proposiciones son la expresión de los significados que los aprendices atribuyen a la relación que se establece entre los conceptos. Es evidente que según las palabras de enlace que se usen, el significado de las proposiciones variará. Por ejemplo, si relacionamos los conceptos "edad" y "experiencia", mediante las palabras de enlace "proporciona" o "modifica", las proposiciones que se generan son parecidas pero no distintas.

Las características de los mapas conceptuales. Son un procedimiento útil para favorecer el aprendizaje significativo de los contenidos conceptuales. Las características de los Mapas Conceptuales son:

"La Jerarquización". Los mapas conceptuales deben ser jerárquicos, es decir, los conceptos más generales e inclusivos han de situarse en la parte superior del mapa y los conceptos progresivamente más específicos y menos inclusivos, en la inferior, por lo que existe entre los conceptos una cierta relación de jerarquía o exclusividad.

"La Sencillez". Los Mapas Conceptuales tienen que ser simples y mostrar claramente las relaciones entre conceptos y/o proposiciones. Por ello, sólo expresarán lo más importante, ya que es un resumen de lo más significativo y deben permitir ver de forma sencilla y rápida las relaciones que se establecen entre las ideas principales. Por eso, se deben destacar los conceptos en letras mayúsculas y enmarcarlos en figuras como cuadrados u óvalos, y escribir las palabras de enlace, sobre la línea que unen a los conceptos.

El aprendizaje significativo se desarrolla cuando el aprendiz relaciona de forma no arbitraria y si sustantiva (no literal) los nuevos conceptos y el aspecto de su estructura cognitiva (que lógicamente se habrá ido formando mediante aprendizaje significativo). Naturalmente, estas estructuras organizativas se irán modificando por los nuevos conocimientos. Para que dicho aprendizaje ocurra, es necesario que el material que se proponga sea potencialmente significativo, que el alumno cuente con los conocimientos previos necesarios y que, esté interesado y comprometido con el aprendizaje.

"Un error bastante extendido entre el profesorado es concebir la comprensión como el resultado del aprendizaje y no como la base para darle sentido al aprendizaje".

Los mapas conceptuales se convierten en una visualización de conceptos y las relaciones jerárquicas que existen entre ellos, lo que puede ser muy útil tanto para el profesor, al mostrar el contenido de un tema, como para el alumnado, ya que es una manera de expresar gráficamente lo que cada uno ya sabe.

Para la construcción de un mapa conceptual se pueden establecer las siguientes orientaciones:

- Partiendo de un texto, de una lista de conceptos, de términos recogidos en un torbellino de ideas, etc., Se pide al aprendiz que seleccione los conceptos más importantes y hagan una lista de ellos.

- Se debate y se negocia cuál es el concepto más importante, el más general o inclusivo según el contexto y el enfoque.
- Se coloca el concepto más inclusivo al principio de la lista y se ordena el resto de mayor a menor generalidad, en tantas listas como criterios se consideren.
- Se elabora el mapa empleando las listas ordenadas de conceptos, conectándolos con líneas y eligiendo las palabras-enlace adecuadas para formar proposiciones (oraciones).
- Se buscan conexiones cruzadas entre los conceptos de una sección del mapa y los de otra ruta del mapa conceptual.
- Se rehace el mapa si tiene errores o presenta conceptos deslocalizados respecto a otros conceptos.
- Se valoran los mapas conceptuales teniendo en cuenta: jerarquía, palabras - enlace, conexiones cruzadas o ejemplos.
- Se señalan los posibles cambios estructurales que pudieran mejorar la significación del mapa.

Las más habituales de los mapas conceptuales son:

- Diagnóstico inicial detectando las ideas previas.
- Presentación del esquema de la totalidad del tema.
- Facilitar el aprendizaje las ideas fundamentales del tema tanto para un aprendiz con para un grupo.
- Poner de manifiesto la evolución de los conocimientos desarrollados.
- Presentación de la síntesis o acabado de un tema.
- Autoevaluación, regulación y control de la evolución del propio aprendizaje o del conocimiento, de las ideas centrales.
- Evaluación de la comprensión alcanzada por los estudiantes en un tema.
- Corrección de pruebas escritas.
- Preparación de escritos o temas, presentando un mapa conceptual del tema.

Facilitamos la dirección de un programa gratuito de libre distribución desarrollado por el IHMC (Institute for Human and Machine Cognition) de Florida: http://cmap.ihmc.us por si se quiere profundizar en el conocimiento y construcción de Mapas Conceptuales. La página Web del programa está construida con mapas conceptuales interactivos, realizados con la propia herramienta, bien elaborados y muy explicativos de lo que es el programa, sus posibilidades y cómo se ha de hacer para navegar por los mapas en tres sencillos pasos.

2.- ORGANIZADORES DEL PENSAMIENTO.

Creemos que no existe hasta ahora una metodología específica y sistemática para su aprendizaje. Estas notas permitirán comprender la función de los organizadores gráficos para la estructuración del pensamiento y de las funciones cognitivas que se activan y consolidan con su uso gráfico. Confiamos en que el conjunto de este material sea de utilidad a los profesionales que lo utilicen, ya que si bien suele recurrirse a diversos organizadores gráficos de manera habitual en el contexto escolar y/o reeducativo, en otros ámbitos son desconocidos.

Ejercicios para estructurar el pensamiento.

Para que los estudiantes aprendan, hay que asegurar que se desarrolle en el aula una cultura del pensamiento, a través de trabajos con actividades del pensamiento como: indagación, curiosidad, juego de ideas y análisis de temas complejos.

Según **Ron Ritchhart**[132], existen ocho fuerzas que ayudan a desarrollar una cultura del pensamiento en el aula:

- *"Tiempo":* Dedicar tiempo curricular para que los estudiantes puedan pensar y resolver las propuestas del profesor. No basta con que el profesor active al estudiante con buenas propuestas, debe brindar a los estudiantes suficiente tiempo y respetar las diferencias individuales, para que esta variable no sea limitante en su producción.
- *."Oportunidades"*: Proponer a los estudiantes actividades auténticas, donde puedan poner en práctica, desarrollar diferentes procesos cognitivos e implicarse en las distintas tareas.
- *"Rutinas"*: Son organizadores, que ayudan a estructurar, ordenar y desarrollar distintas formas de pensamiento en el proceso de aprendizaje y que promueven la autonomía de los estudiantes.
- *"Lenguaje"*: Para poder desarrollar el pensamiento, es necesario poder implementar en el aula un lenguaje del pensamiento,

---

[132] (Ron Ritchhart, Pedagogo, Inv. U. Harvard)

donde se puedan denominar, describir, distinguir los distintos procesos cognitivos y reflexionar sobre los mismos.
- *"Creación de modelos"*: Cuando los estudiantes comparten sus ideas, intercambian puntos de vista y los discuten, se van desarrollando entre todos, diferentes modelos de pensamiento.
- *"Interrelaciones"*: En un contexto donde cada uno puede decir lo que piensa y se promueve el respeto por las ideas del otro, se va creando un ambiente de confianza donde cada uno puede mostrar sus fortalezas y pero también sus debilidades.
- *"Entorno físico"*: Si bien es importante crear un ambiente emocional de confianza, también es importante establecer un ambiente físico, como puede ser de forma especial el aula, el laboratorio o el taller, para estimular la cultura del pensamiento.
- *"Expectativas"*: Establecer un "menú" u "orden del día" para que los estudiantes conozcan los objetivos de aprendizaje, ir focalizándose en qué aspectos debe pensar y conocer qué espera.

3 - RUTINAS, DE AYUDA PARA "HACER VISIBLE Y ORGANIZAR" EL PENSAMIENTO.

RUTINA 1, DEL CICLO DE PUNTOS DE VISTA

Pensar una lista de diferentes perspectivas y luego usar este protocolo como guía para explorar cada una:

YO PIENSO QUE... (El tema)... DESDE EL PUNTO DE VISTA DE... (El punto de vista que hayas elegido).
YO PIENSO... (Describir el tema desde tu punto de vista. Asumir la caracterización desde tu óptica).
TENGO UNA DUDA SOBRE ESTE PUNTO DE VISTA... Realizar una pregunta que se haya generado.
PARA CERRAR EL CICLO. ¿Qué nuevas IDEAS tienes ahora sobre el tema que no tenías antes? ¿Qué nuevas preguntas se te han ocurrido?

Propósito: Conocer ¿Qué tipo de pensamiento promueve? Esta estrategia ayuda a los estudiantes a considerar diferentes perspectivas sobre al tema y entender que las distintas personas pueden pensar y sentir de forma diferente sobre temas que son claves y despiertan controversia, como por ejemplo: "La crisis ambiental contemporánea".

RUTINA 2. LOS PUNTOS CARDINALES DEL PENSAMIENTO:

Una estrategia para examinar o analizar propuestas y ¿Qué tipo de pensamiento promueven?

1. Emocionante ¿Qué encuentras de emocionante (o positivo) en esta idea o planteamiento?
2. Preocupante (¿Qué encuentras preocupante o inquietante (negativo) sobre esta idea o propuesta?
3. Necesito saber ¿Qué sabes o averiguas sobre esta idea o planteo? ¿Qué información adicional te ayudaría a evaluar la propuesta?
4. Sugerencias para continuar avanzando. ¿Cuál es tu postura u opinión sobre esta idea o propuesta? ¿Qué aportarías o modificarías para seguir avanzando con la evaluación de…?

Propósito: Saber ¿Qué tipo de pensamiento promueve el tema propuesto? ayudar a los estudiantes a profundizar en una idea o propuesta y eventualmente evaluarla.

RUTINA 3. PREGUNTAS PROVOCADORAS

Una estrategia para generar preguntas provocadoras que incentiven el pensamiento.

Escribe una lista de ideas de al menos 12 preguntas provocadoras a cerca de un tópico, concepto u objeto. Usa estas preguntas iniciales para ayudar a pensar otras preguntas interesantes:

¿Por qué…?	¿Qué diferencia habría si…?
¿Cómo…?	¿Cómo sería si…?
¿Cuáles son las razones…?	Supónganse que… ¿…?
¿Y si…?	¿Qué ocurriría si supiéramos…?
¿Cuál es el propósito de…?	¿Qué cambiaría si…?

Revisa la lista de ideas y comienza con las preguntas que parecen más interesantes. Luego, elige una o más preguntas provocadoras para discutir durante unos minutos. Reflexiona: ¿Qué nuevas ideas tienen acerca del tema, concepto u objeto, que no tenían antes?

RUTINA 4. "PIENSA Y COMPARTE EN PAREJA"

Es una estrategia para activar el razonamiento y las explicaciones.

"Piensa y comparte en pareja", (trata de plantear una pregunta a los estudiantes, invitarlos a tomar unos minutos para reflexionar y luego girar y compartir sus ideas con el compañero de al lado).

El propósito: Saber ¿Qué tipo de pensamiento promueve? Esta estrategia anima a los estudiantes a pensar en algo: un problema, una pregunta o un tópico, y luego a articular sus pensamientos. Lo que promueve el entendimiento a través de razonamientos y explicaciones.

RUTINA 5. OBSERVAR/PENSAR/PREGUNTARSE

Es una estrategia para explorar trabajos gráficos y otras situaciones interesantes.

¿Qué es lo que observas?
¿Qué piensas sobre eso?
¿Qué preguntas te surgen?

Propósito: Saber ¿Qué tipo de pensamiento promueve esta estrategia? Esta estrategia alienta a los estudiantes a hacer observaciones cuidadosas e interpretaciones meditadas para estimular la curiosidad y establecer una base para la indagación.

RUTINA 6. ANTES PENSABA…, PERO AHORA PIENSO

Es una estrategia para reflexionar sobre cómo y porqué nuestro pensamiento ha cambiado. (Se debe recordar a los estudiantes el tema a considerar y proponerles que escriban una respuesta).

Antes pensaba…   Pero ahora pienso que

Propósito: saber qué tipo de pensamiento promueve. Esta estrategia ayuda a los estudiantes a reflexionar sobre sus pensamientos con respecto a un tema o problema y a explorar, cómo y porqué sus pensamientos han cambiado. Podría ser útil para consolidar nuevos aprendizajes y sobre todo para que los estudiantes tengan la oportunidad de identificar sus nuevas comprensiones, opiniones y creencias, porque los estudiantes deben estar desarrollando sus habilidades en razonar, reconocer la causa y el efecto de las relaciones.

RUTINA 7. PENSAR/PROBLEMATIZAR/EXPLORAR

Es una estrategia que establece una base para una indagación profunda

1-¿Qué es lo que piensas, que sabes sobre este tema?

2- ¿Qué preguntas o problemas te genera?
3- ¿Qué es lo que el tema te incentiva a explorar?

Propósito: Conocer ¿Qué tipo de pensamiento promueve el tema propuesto? Esta estrategia activa los conocimientos previos, genera ideas, curiosidad, y establece un escenario para la indagación profunda.

RUTINA 8. ¿QUÉ TE HACE PENSAR ESO...?

Es una estrategia de interpretación con posible justificación.
1. ¿Qué estás pensando?
2. ¿Qué viste que te hizo decir eso?
3. ¿En qué basas tu opinión o interpretación?

Propósito: Conocer ¿Qué tipo de pensamiento promueve? Esta estrategia ayuda a los estudiantes a describir qué ven o saben y los invita a construir explicaciones. Promueve el razonamiento basado en la evidencia, porque invita a los estudiantes a compartir sus interpretaciones, los motiva a valorar alternativas y otras perspectivas.

Estas rutinas, pueden ayudar a "hacer visible" el pensamiento. Son procedimientos o patrones para la reflexión, que se pueden aplicar varias veces en las actividades de aula. Juegan un papel importante en la organización y sistematización de la forma de pensar y ayudan a desarrollar el proceso de aprendizaje en una alguna asignatura. Estas rutinas son sencillas, con pocos pasos y colaboran en focalizar la atención en la movilización del pensamiento y en generar un andamiaje para desarrollar la comprensión.

www.ingramcontent.com/pod-product-compliance
Lightning Source LLC
Chambersburg PA
CBHW060409220526
45465CB00008B/2814